案例 8
快速复制

案例 9
[阵列]复制

案例 10
[镜像]复制

案例 11
[长方体]——方角几

案例 12
[长方体]——日式茶几

案例 13
[圆柱体]——圆茶几

案例 14
[圆柱体]——毛巾架

案例 15
[球体]——欧式落地灯

案例 16
[球体]——装饰鸡蛋

案例 17
[管状体]——装饰笔筒

案例 18
[管状体]——床头灯

案例 19
[圆锥体]——中式餐桌

案例 20
[平面]——地毯

案例 21
[切角长方体]——沙发

案例 22
[切角长方体]——盘子架

案例 23
[切角圆柱体]——储物架

案例 24
[切角圆柱体]——欧式圆桌

案例 25
[异面体]——装饰足球

案例 26
[纺锤]——水晶珠帘

案例 27
[植物]——窗外植物

案例 28
[螺旋楼梯]——螺旋楼梯

案例 29
[旋开窗]——窗户

案例 30
[推拉门]——玻璃推拉门

案例 31
[线]——中式画框

案例 32
[线]——铁艺红酒架

案例 33
[圆]——铁艺茶几

案例 34
[圆]——圆形双人床

案例 35
[矩形]——台灯

案例 36
[椭圆]——镜子

案例 37
[挤出]——窗框

案例 38
[挤出]——电视柜
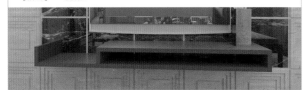

案例 39
[车削]——花瓶

案例 40
[车削]——玻璃果盘

案例 41
[倒角]——墙壁挂衣架
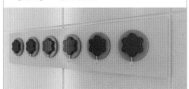

案例 42
[倒角]——墙壁储物架

案例 43
[倒角剖面]——相框

案例 44
[倒角剖面]——会议桌
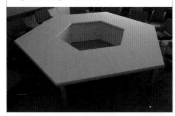

案例 45
[弯曲]——吊灯

案例 46
[弯曲]——弧形墙

案例 47
[扭曲]——蜡烛

案例 48
[扭曲]——烛台

案例 49
[锥化]——苹果

案例 50
[锥化]——垃圾篓

案例 51
[噪波]——石头

案例 52
[噪波]——冰块

案例 53
[编辑网格]——电视

案例 54
[编辑网格]——方形装饰柱

案例 55
[FFD 长方体]——抱枕

案例 56
[FFD 长方体]——休闲沙发

案例 57
[晶格]——装饰摆件

案例 58
[置换]——欧式镜框

案例 59
[网格平滑]——杯子

案例 60
[涡轮平滑]——烟灰缸

案例 61
[放样]——窗帘

案例 62
[放样]——菜篮

案例 63
[多截面放样]——圆桌布
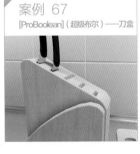

案例 64
[多截面放样]——欧式柱

案例 65
[布尔]——时尚凳

案例 66
[ProBoolean]（超级布尔）——DVD

案例 67
[ProBoolean]（超级布尔）——刀盒

案例 68
[NURBS 曲面]——双人床罩

案例 69
[面片栅格]——单人床

案例 70
[编辑多边形]——洗手盆

案例 71
[编辑多边形]——咖啡杯

案例 72
[编辑多边形]——液晶显示器

案例 74
[多维子对象]材质

案例 75
[光线跟踪]材质
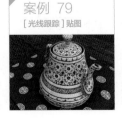

案例 76
[双面]材质

案例 77
[混合]材质

案例 78
[位图]贴图
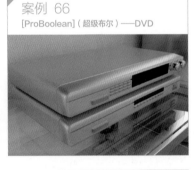

案例 79
[光线跟踪]贴图

案例 80
[平面镜]贴图

案例 81
[棋盘格]贴图

案例 82
[平铺]贴图

案例 83
[衰减]贴图

案例 84
[噪波]贴图

案例 85
[渐变]贴图

案例 86
目标灯光

案例 87
自由灯光

案例 88
泛光灯

案例 89
目标聚光灯
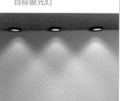

案例 90
目标平行光
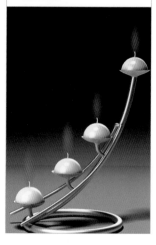

案例 91
天光

案例 92
体积光

案例 93
为效果图添加室外环境

案例 94
设置火效果

案例 95
镜头特效

案例 96
设置效果图的亮度对比度

案例 97
设置效果图的景深效果

案例 98
设置效果图的色彩平衡

案例 99
如何快速设置摄影机

案例 100
摄影机景深的使用

案例 101
会议室摄影机的设置

案例 102
水上亭子摄影机的设置

案例 103
商务大堂摄影机的设置

案例 106
保存光子与调用

案例 107
设置 VRay 的景深效果

案例 108
设置 VRay 焦散效果

案例 109
设置白膜线框渲染

案例 110
设置渲染输出参数

案例 111
设置渲染线框颜色

案例 112
乳胶漆材质

案例 113
冰裂玻璃材质

案例 114
不锈钢材质

案例 115
木纹材质

案例 116
沙发绒布材质

案例 117
皮革材质

案例 118
真实地毯——VR 毛皮

案例 119
真实地毯——VRay 置换模式

案例 120
砖墙材质

案例 121
室内水材质

案例 122
镂空贴图

案例 124
VR 灯光

案例 125
VR 太阳

案例 126
壁灯光效

案例 127
直型灯槽光效

案例 128
复杂型灯槽光效

案例 129
室内日光效果

案例 130
室内夜景效果

案例 131
室外日景效果

案例 132
室外夜景效果

案例 133
霓虹灯效果

案例 134
装饰盘

案例 135
卷轴画

案例 136
健腹板

案例 137
地球仪

案例 138
铁艺果盘

案例 139
植物

案例 140
碗盘架

案例 141
鸡蛋托盘

案例 142
调料瓶

案例 143
哑铃

案例 148
床头壁灯
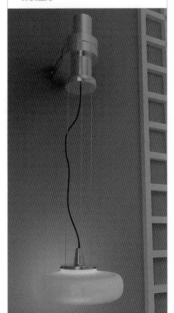

案例 144
玩具

案例 145
欧式吊灯

案例 146
现代客厅吊灯

案例 147
筒式壁灯

案例 149
中式落地灯

案例 150
新中式吊灯

案例 151
射灯

案例 152
圆筒灯

案例 153
方筒灯

案例 154
新中式沙发

案例 155
简约双人床

案例 156
欧式贵妃椅

案例 157
L 型组合沙发
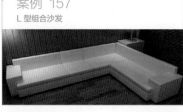

案例 158
中式书架

案例 159
坐便器

案例 160
洗手盆

案例 161
会议桌

案例 162
办公椅

案例 163
手机

案例 164
中式电视柜

案例 165
中式屏风

案例 166
电脑桌

案例 167
餐椅

案例 168
床头柜

案例 169
红绿灯

案例 170
石桌石凳

案例 171
户外垃圾箱

案例 172
双人漫步机

案例 173
雕塑

案例 174
小区围墙

案例 175
站牌

案例 176
交通护栏

案例 177
喷泉

案例 178
遮阳伞

案例 179
水井

案例 180
公共女卫的制作

案例 181
中式卧室的制作

案例 182
欧式客厅的制作

案例 183
简约餐厅的制作

案例 184
建筑门头效果图的制作

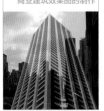
案例 185
商业建筑效果图的制作

案例 186
商业门头效果图的制作

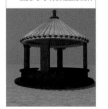
案例 187
圆形亭子效果图的制作

案例 188
别墅效果图的制作

案例 189
公共女卫的后期处理

案例 190
中式卧室的后期处理

案例 191
欧式客厅的后期处理

案例 192
简约餐厅的后期处理

案例 193
制作室内彩色平面图

案例 194
建筑门头的后期处理

案例 195
商业建筑的后期处理

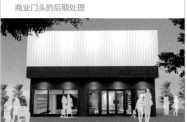
案例 196
商业门头的后期处理

案例 197
圆形亭子的后期处理

案例 198
别墅的后期处理

案例 199
室内浏览动画

案例 200
室外建筑动画

3ds Max 2013/VRay
效果图制作实战
从入门到精通（第2版）

新视角文化行◎编著

人民邮电出版社
北京

图书在版编目（ＣＩＰ）数据

3ds Max 2013/VRay效果图制作实战从入门到精通 /
新视角文化行编著. -- 2版. -- 北京 : 人民邮电出版社,
2017.7
ISBN 978-7-115-45589-5

Ⅰ. ①3… Ⅱ. ①新… Ⅲ. ①室内装饰设计－计算机
辅助设计－三维动画软件 Ⅳ. ①TU238.2-39

中国版本图书馆CIP数据核字(2017)第096371号

内 容 提 要

本书由浅入深，全面、详细地介绍了利用 3ds Max 进行室内、外设计及浏览动画的各项核心技术与精髓内容，通过室内、外各种场景的 200 个实例深入地讲解了 3ds Max 2013 应用于实践的原理和流程，案例讲解与知识点相结合，具有很强的实用性，帮助读者在最短的时间内掌握室内效果图的制作。

全书共分为 23 章，包括 3ds Max 2013 的基本操作，标准基本体的应用，扩展及特殊基本体的应用，二维图形的应用，二维图形转三维对象的应用，三维变形修改器的应用，高级建模的应用，3ds Max 材质及贴图的应用，3ds Max 默认的灯光，环境与效果，摄影机的应用，VRay 基础，VRay 真实材质的表现，VRay 真实灯光的表现，室内装饰物的制作，室内各种灯具的制作，室内家具模型的制作，室外建筑环境的制作，室内效果图的综合制作，室外效果图的综合制作，室内效果图的后期处理，室外效果图的后期处理，以及效果图漫游动画的设置等内容。

随书附带下载资源，包括 20 多个小时 200 个实例的具体操作过程的多媒体教学视频，还提供了所有实例的场景文件、效果文件及所有实例需要的贴图素材，供读者对比学习，直接实现书中案例，掌握学习内容的精髓。

本书既适合作为 3ds Max 2013/VRay 的初、中级读者的自学参考书，也适合作为大中专院校相关专业、各类社会培训班，以及建筑、工业设计专业的教辅教材，是一本实用的 3ds Max 2013/VRay 技术参考手册和操作宝典。

◆ 编　著　新视角文化行
　　责任编辑　杨　璐
　　责任印制　陈　犇

◆ 人民邮电出版社出版发行　　北京市丰台区成寿寺路 11 号
　　邮编　100164　　电子邮件　315@ptpress.com.cn
　　网址　http://www.ptpress.com.cn
　　三河市海波印务有限公司印刷

◆ 开本：787×1092　1/16
　　印张：32　　　　　　　　　　彩插：4
　　字数：865 千字　　　　　　　2017 年 7 月第 2 版
　　印数：8 701 — 11 700 册　　　2017 年 7 月河北第 1 次印刷

定价：69.80 元

读者服务热线：(010)81055410　印装质量热线：(010)81055316
反盗版热线：(010)81055315
广告经营许可证：京东工商广登字 20170147 号

前 言
PREFACE

3ds Max集三维建模、材质制作、灯光设定、摄影机设置、动画设定及渲染输出于一身，提供了三维动画及静态效果图全面完整的解决方案的三维制作软件。

本书主要内容

全书共分为23章，包括3ds Max 2013的基本操作，标准基本体的应用，扩展及特殊基本体的应用，二维图形的应用，二维图形转三维对象的应用，三维变形修改器的应用，高级建模的应用，3ds Max材质及贴图的应用，3ds Max默认的灯光，环境与效果，摄影机的应用，VRay基础，VRay真实材质的表现，VRay真实灯光的表现，室内装饰物的制作，室内各种灯具的制作，室内家具模型的制作，室外建筑环境的制作，室内效果图的综合制作，室外效果图的综合制作，室内效果图的后期处理，室外效果图的后期处理，以及效果图漫游动画的设置等内容。

本书特点

• 完善的学习模式

"效果展示＋操作步骤＋技巧提示＋同步视频"4大环节保障了可学习性。明确每一阶段的学习目的，做到有的放矢。200个实际案例，涵盖了大部分常见应用。

• 进阶式知识讲解

全书共23章，每一章都是一个技术专题，从基础入手，逐步进阶到灵活应用。基础讲解与操作紧密结合，内容全面、丰富，读者不但能学习到专业的制作方法与技巧，还能提高实际应用的能力。

配书资源

• 全程同步的教学视频

200个实例共20多个小时的多媒体语音教学视频，由一线教师亲授，详细记录了所有案例的具体操作过程，读者可以边学边做，同步提升操作技能。

• 配套源文件和贴图素材

附赠书中所有实例需要的2200多张贴图素材，便于读者直接实现书中案例，掌握学习内容的精髓。还提供了所有实例的场景文件和效果文件，供读者对比学习。

资源下载及其使用说明

本书正文知识讲解的配套资源已作为学习资料提供下载，扫描右侧二维码即可获得文件下载方式。如果大家在阅读或使用过程中遇到任何与本书相关的技术问题，或者需要什么帮助，请发邮件至szys@ptpress.com.cn，我们会尽力为大家解答。

本书读者对象

本书既适合作为3ds Max 2013/VRay的初、中级读者的自学参考书，也适合作为大中专院校相关专业、各类社会培训班，以及建筑、工业设计专业的教辅教材，是一本实用的3ds Max 2013/VRay技术参考手册和操作宝典。

由于编者水平有限，书中难免存在不足和疏漏之处，恳请读者批评指正。

目 录

CONTENTS

第 **01** 章

3ds Max 2013 的基本操作

在学习3ds Max 2013之前,首先要认识它的操作界面,以及如何打开与合并3ds Max模型、如何归档3ds Max模型,还要熟悉各控制区的用途和操作方法,这样才能在建模操作过程中得心应手地使用各种工具和命令,节省大量的工作时间。下面就对3ds Max 2013的基本操作过程进行介绍。

实例 001 打开与合并3ds Max模型

● **场景位置** ┃ 案例源文件 > Cha01 > 实例1打开与合并3ds Max模型

● **贴图位置** ┃ 贴图素材 > Cha01 > 实例1打开与合并3ds Max模型

● **视频教程** ┃ 教学视频 > Cha01 > 实例1

● **视频长度** ┃ 2分1秒

● **制作难度** ┃ ★☆☆☆☆

┃操作步骤┃

01 在 3ds Max 2013 的操作界面上单击 ⑤（应用程序）按钮，在弹出的下拉菜单中选择"打开"选项；在弹出的对话框中选择随书资源文件中的"案例源文件 > Cha01 > 实例1打开与合并3ds Max 模型 > 打开的室内场景"文件，单击"打开"按钮，打开的场景如图1-1所示。

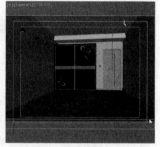

图 1-1

02 继续单击 ⑤（应用程序）按钮，在弹出的下拉菜单中选择"导入 > 合并"选项，在弹出的对话框中选择随书资源文件中的"案例源文件 > Cha01 > 实例1打开与合并3ds Max 模型 > 床和床头柜"场景文件，单击"打开"按钮，如图1-2所示。

03 在弹出对话框的左侧列表中单击选择"床和床头柜"，单击"确定"按钮，如图1-3所示。

图 1-2　　　　　　　　　　　　　　　　　　図 1-3

04 在弹出的对话框中勾选"应用于所有重复情况"复选框,单击"使用合并材质"按钮,在场景中调整模型的大小、角度和位置。调整后的场景如图 1-4 所示。

05 使用同样的方法将随书资源文件中的"吊灯"与"桌椅和壁画"文件合并到场景中,调整模型的大小、角度和位置。最终完成的场景如图 1-5 所示。

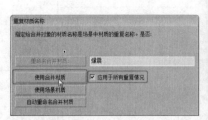

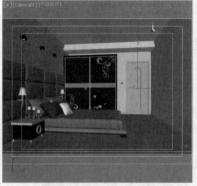

图 1-4　　　　　　　　　　　　　　　　　　图 1-5

技巧

除了可以单击 ⑤（应用程序）按钮,在弹出的下拉菜单中选择"打开"选项来打开场景外,还可以选择需要打开的场景文件,将其拖曳到已经启动的 3ds Max 2013 的操作界面中,再在弹出的快捷菜单中选择"打开文件"命令即可将场景打开,如图 1-6 所示。

除了可以单击 ⑤（应用程序）按钮,在弹出的下拉菜单中选择"导入 > 合并"选项来合并场景外,还可以选择需要打开的场景文件,将其拖曳到已经启动的 3ds Max 2013 的操作界面中,并在弹出的快捷菜单中选择"合并文件"命令,最后在弹出的对话框中勾选"应用于所有重复情况"复选框,单击"使用合并材质"按钮即可将场景合并,如图 1-7 所示。

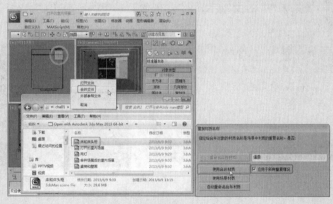

图 1-6　　　　　　　　　　　　　　　　　　图 1-7

实例 002　归档3ds Max模型

● **场景位置** ┃ 案例源文件 > Cha01 > 实例2 归档3ds Max模型

● **视频教程** ┃ 教学视频 > Cha01 > 实例2 归档3ds Max模型

● **视频长度** ┃ 51秒

● **制作难度** ┃ ★☆☆☆☆

┃操作步骤┃

01 打开随书资源文件中的" 案例源文件 > Cha01 > 实例1 打开与合并 3ds Max 模型 > 合并场景后的室内场景

".max"文件，如图1-8所示。

02 单击 ◎（应用程序）按钮，在弹出的下拉菜单中选择"另存为＞归档"选项，如图1-9所示。

图1-8

图1-9

03 在弹出的对话框中为其选择存储路径，单击"保存"按钮，如图1-10所示。

04 接下来会弹出一个窗口，系统会自动把贴图、模型和场景中用到的灯光等放进一个压缩文件中，这样就算以后原贴图改变了路径或者被删除，也不会影响归档文件，归档文件解压后模型及贴图都是完整的，如图1-11所示。

05 打开压缩文件后可以看到，场景中用到的相关文件已经都在里面了，如图1-12所示。

> **提示**
>
> 要养成做完一个文件后即时将其归档的习惯，因为不确定的因素太多，压缩到一个文件中比较保险，日后省时省心省力。

图1-10

图1-11

图1-12

实例 003 缩放、旋转、移动模型

● **视频教程** ┃ 教学视频＞Cha01＞实例3

● **视频长度** ┃ 1分43秒

● **制作难度** ┃ ★☆☆☆☆

──┃ **操作步骤** ┃──

01 单击"■（创建）＞◎（几何体）＞标准基本体＞茶壶"按钮，在"顶"视图中创建茶壶，在"参数"卷展栏中设置"半径"为60，如图1-13所示。

02 在工具栏中单击■（选择并均匀缩放）工具，将鼠标指针放置到操纵轴中心的三角区域，当"透视"视图中所有轴向都显示为黄色时，拖动鼠标对模型进行等比例缩放，如图1-14所示。

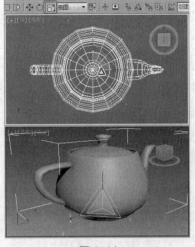

图 1-13　　　　　　　　　　　　　　图 1-14

提示

缩放工具由三个按钮组成，选择均匀缩放工具只会改变模型体积的大小，不会改变模型的形状；选择并非均匀缩放工具会同时改变模型的体积和形状；选择挤压工具不会改变模型的体积，但会使模型的形状发生改变。

03 鼠标指针放置到操纵轴需要缩放的区域，当"透视"视图中两个轴显示为黄色便可对模型进行不等比例缩放，如图 1-15 所示。

04 在"透视"视图中将鼠标指针放置到单独一个轴向上并拖动，可以对模型进行挤压缩放，如图 1-16 所示。

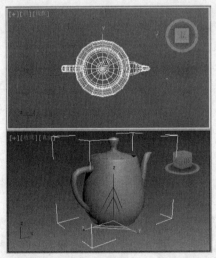

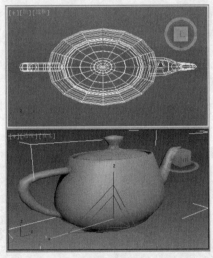

图 1-15　　　　　　　　　　　　　　图 1-16

提示

旋转工具可以将对象按照定义的坐标轴进行旋转操作，激活旋转工具后选择一个对象，对象上方会出现旋转操纵标志。将坐标放置到操纵轴的中心，操纵轴会变成灰色，这时可以在三个轴向上进行自由旋转。将鼠标指针放置到一个轴向上只能沿着选中的轴向进行旋转。

05 在场景中选择模型，在工具栏中单击〇（选择并旋转）工具，按住鼠标左键并拖动便可对模型进行旋转，如图 1-17 所示。

06 在场景中选择模型，在工具栏中单击✥（选择并移动）工具，按住鼠标左键并拖动便可移动模型的位置，如图 1-18 所示。

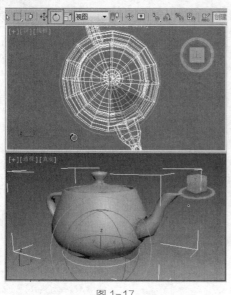
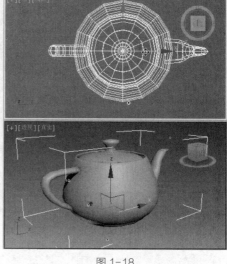

图 1-17　　　　　　　　　　　　　图 1-18

移动工具可以让对象按照定义的坐标轴在视图中进行移动。使用移动工具选择一个对象后，对象上会出现移动操纵标志。将鼠标指针放置到一个轴向上，就可以把移动限制在该轴向内，被选中的轴会以黄色高亮的方式显示。将鼠标指针放置到移动操纵标志中心的轴平面上，可以同时沿两个轴向对模型进行移动。

实例 004　对象属性设置

● 场景位置 ▎案例源文件 > Cha01 > 实例 4 对象属性设置
● 视频教程 ▎教学视频 > Cha01 > 实例 4
● 视频长度 ▎1分11秒
● 制作难度 ▎★ ☆ ☆ ☆ ☆

操作步骤

01 打开随书资源文件中的"案例源文件 > Cha01 > 实例 4 对象属性设置 .max"文件，如图 1-19 所示。

02 在场景中选择模型并右击，在弹出的快捷菜单中选择"对象属性"命令，如图 1-20 所示。

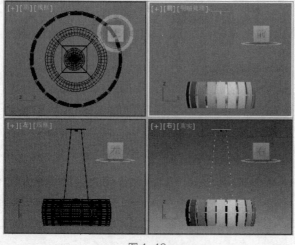

图 1-19　　　　　　　　　　　　　图 1-20

03 在弹出的对话框中勾选 "显示属性" 组中的 "显示为外框" 复选框，效果如图 1-21 所示。

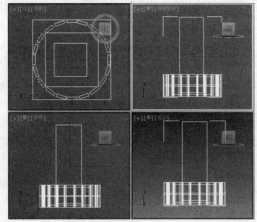

图 1-21

"渲染控制" 组中的 "可渲染" 选项用来设置某个对象或选定对象在渲染输出中是否可见。不可渲染对象不会投射阴影，也不会影响渲染场景中的可见组件。不可渲染对象（例如，虚拟对象）可以操纵场景中的其他对象。

在 "G 缓冲区" 组中将 "对象 ID" 设置为非零值意味着对象将接收与 "渲染效果" 中编号为该值的通道相关的渲染效果，以及与 Video Post 中编号为该值的通道相关的后期处理效果。

> **提示**
>
> 通过对 "显示属性" 组中 "显示为外框" 复选框的勾选可以确定对象的显示方式：3D 对象还是 2D 图形。该选项可将几何复杂性降到最低，以便在视口中快速显示，默认设置为禁用状态。

其他选项可以参考 3ds Max 软件自带的帮助文件进行设置。

实例 005 设置使用【组】

- **场景位置** | 案例源文件 > Cha01 > 实例5设置使用【组】
- **贴图位置** | 贴图素材 > Cha01 > 实例5设置使用【组】
- **视频教程** | 教学视频 > Cha01 > 实例5
- **视频长度** | 1分26秒
- **制作难度** | ★☆☆☆☆

操作步骤

01 打开随书资源文件中的 "案例源文件 > Cha01 > 实例 5 设置使用【组】.max" 文件，如图 1-22 所示。

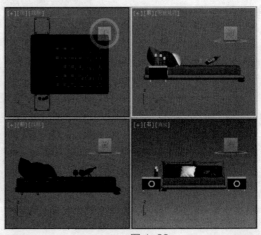

图 1-22

02 在场景中选择所有的模型，在菜单栏中选择"组 > 成组"命令，在弹出的"组"对话框中设置"组名"为组001，单击"确定"按钮，即可让选择的所有模型成组，如图1-23所示。

> **提示**
>
> 将对象成组后，可以将其视为场景中的单个对象。可以单击组中任意一个对象来选择组对象。可将组作为单个对象进行变换，也可如同对待单个对象那样为其应用修改器。组可以包含其他组，包含的层次不限。

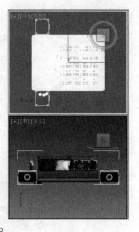

图1-23

03 选择成组的模型，在菜单栏中选择"组 > 解组"命令，便可将已经成组的模型解开，如图1-24所示。

04 选择模型，在菜单栏中选择"组 > 打开"命令，可以暂时对组进行解组，并访问组内的对象。可以在组内独立于组的剩余部分变换和修改对象，如图1-25所示。

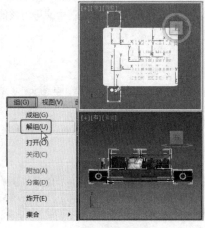

图1-24

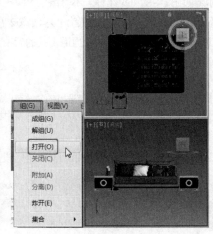

图1-25

05 选择模型，在菜单栏中选择"组 > 关闭"命令即可重新组合打开的组。对于嵌套组，"关闭"命令可以关闭最外层的组对象，关闭所有打开的内部组，如图1-26所示。

06 选择模型，在菜单栏中选择"组 > 炸开"命令即可解组组中的所有对象，无论嵌套组的数量如何；这与"解组"不同，后者只解组一个层级。如同"解组"命令一样，所有炸开的实体都保留在当前选择集中，如图1-27所示。

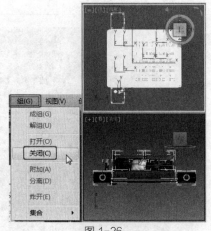

图1-26

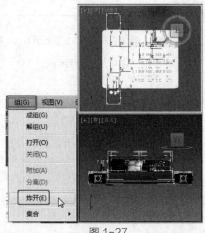

图1-27

设置使用【对齐】

● **场景位置**｜案例源文件 > Cha01 > 实例6设置使用【对齐】

● **视频教程**｜教学视频 > Cha01 > 实例6

● **视频长度**｜2分52秒

● **制作难度**｜★ ☆ ☆ ☆ ☆

操作步骤

01 打开随书资源文件中的"案例源文件 > Cha01 > 实例6 设置使用【对齐】o.max"文件，如图 1-28 所示。

02 在场景中选择较高的长方体模型，在工具栏中单击 ▣（对齐）按钮，在场景中选择需要对齐的模型，如图 1-29 所示。

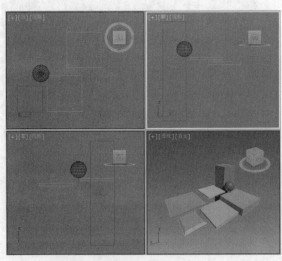

图 1-28

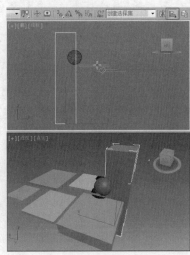

图 1-29

03 在弹出的对话框中设置"对齐位置（屏幕）"为"X 位置、Y 位置、Z 位置"，"当前对象"为"中心"，"目标对象"为"中心"，单击"应用"按钮，将模型对齐到中心位置，如图 1-30 所示。

04 继续设置"对齐位置（屏幕）"为"Y 位置"，"当前对象"为"最小"，"目标对象"为"最大"，单击"确定"按钮，将模型对齐到底部位置，如图 1-31 所示。

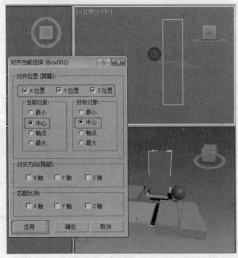

图 1-30

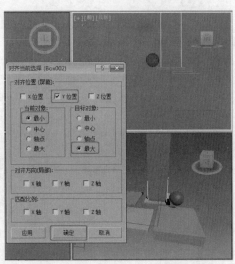

图 1-31

使用对齐工具可以将物体进行位置、方向和比例的对齐，还可以进行法线对齐、放置高光、对齐摄影机视图等操作。对齐工具有实时调节、实时显示效果的功能。

在使用对齐工具时，选择的视图不同，设置的对齐位置选项也不同。

05 继续在场景中选择需要对齐的模型，在工具栏中单击 ▣ （对齐）按钮，在场景中选择需要对齐的模型，如图 1-32 所示。

06 在弹出的对话框中设置"对齐位置（屏幕）"为"X位置、Z位置"，"当前对象"为"中心"，"目标对象"为"中心"，单击"确定"按钮，将模型对齐到底部位置，如图 1-33 所示。

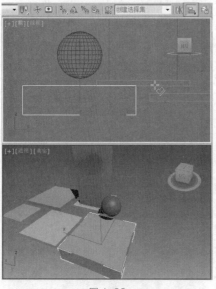

图 1-32

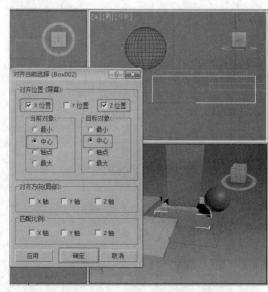

图 1-33

07 继续在场景中选择需要对齐的模型，在工具栏中单击 ▣ （对齐）按钮，在场景中选择需要对齐的模型，如图 1-34 所示。

08 在弹出的对话框中设置"对齐位置（屏幕）"为"X位置、Y位置、Z位置"，"当前对象"为"中心"，"目标对象"为"中心"，单击"应用"按钮，将模型对齐到中心位置，如图 1-35 所示。

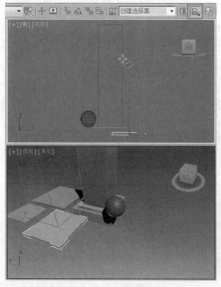

图 1-34

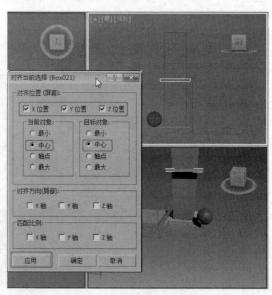

图 1-35

09 继续设置"对齐位置（屏幕）"为"Y 位置"，"当前对象"为"最小"，"目标对象"为"最大"，单击"确定"按钮，将模型对齐到顶部位置，如图 1-36 所示。

10 使用同样的方法对剩余模型进行对齐，完成的模型如图 1-37 所示。

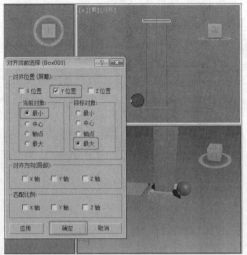

图 1-36

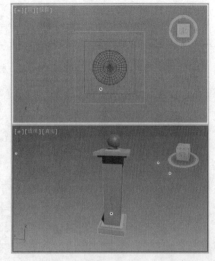

图 1-37

实例 007　如何使用【捕捉】

- **案例场景位置｜** 案例源文件 > Cha01 > 实例 7 如何使用【捕捉】
- **效果场景位置｜** 案例源文件 > Cha01 > 实例 7 如何使用【捕捉】场景
- **贴图位置｜** 贴图素材 > Cha01 > 实例 7 如何使用【捕捉】
- **视频教程｜** 教学视频 > Cha01 > 实例 7
- **视频长度｜** 1 分 17 秒
- **制作难度｜** ★ ☆ ☆ ☆ ☆

操作步骤

01 单击 " （创建）> （几何体）> 标准基本体 > 长方体"按钮，在"顶"视图中创建长方体，在"参数"卷展栏中设置"长度"为 110，"宽度"为 95，"高度"为 20，如图 1-38 所示。

02 在工具栏中的 （捕捉开关）按钮上右击，再在弹出的对话框中勾选"顶点"复选框，如图 1-39 所示。

图 1-38　　　　　　　　图 1-39

03 继续在"顶"视图中创建长方体，在"参数"卷展栏中设置"长度"为20，"宽度"为95，"高度"为50，使用"捕捉开关"工具调整其至合适的位置，如图1-40所示。

04 使用"捕捉开关"工具在"顶"视图中创建长方体，完成的模型如图1-41所示。

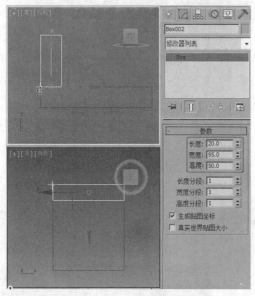

图 1-40

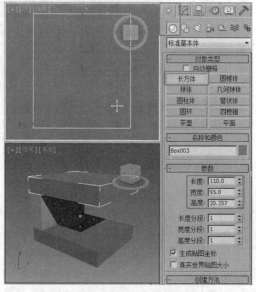

图 1-41

实例 008 快速复制

- **场景位置** | 案例源文件 > Cha01 > 实例8快速复制
- **贴图位置** | 贴图素材 > Cha01 > 实例8快速复制
- **视频教程** | 教学视频 > Cha01 > 实例8
- **视频长度** | 1分24秒
- **制作难度** | ★☆☆☆☆

操作步骤

01 打开随书资源文件中的"案例源文件 > Cha01 > 实例8 快速复制 o.max"文件，如图1-42所示。

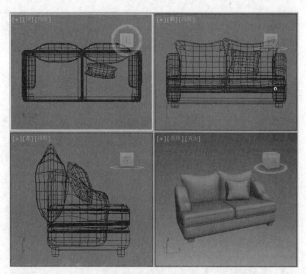

图 1-42

按住键盘上的 Shift 键不放，同时进行缩放、移动、旋转操作，在操作结束后会打开如图 1-43 所示的对话框。在该对话框中可选择复制对象的属性。复制：复制一份独立的对象，复制的对象会继承原始对象的所有属性；实例：以原始对象为模板进行复制，改变一个对象的属性，另一个属性也会发生同样的变化；参考：以单向关联方式复制对象。改变原始对象，参考对象同样产生变化，而参考对象的变化不会影响到原始对象。

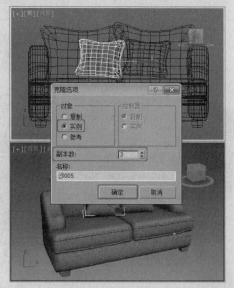

图 1-43

02 在场景中对模型的位置和角度进行调整，完成的模型如图 1-44 所示。

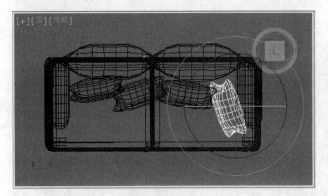

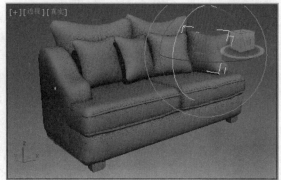

图 1-44

【阵列】复制

- **场景位置** | 案例源文件 > Cha01 > 实例9【阵列】复制
- **贴图位置** | 贴图素材 > Cha01 > 实例9【阵列】复制
- **视频教程** | 教学视频 > Cha01 > 实例9
- **视频长度** | 1分59秒
- **制作难度** | ★ ☆ ☆ ☆ ☆

─┤ **操作步骤** ├─

01 打开随书资源文件中的 "案例源文件 > Cha01 > 实例9【阵列】复制 o.max" 文件，如图1-45所示。

02 在场景中选择需要复制的模型，切换到 ▣（层次）命令面板，在"调整轴"卷展栏中单击"仅影响轴"按钮，在场景中调整轴的位置，如图1-46所示，之后关闭"仅影响轴"按钮。

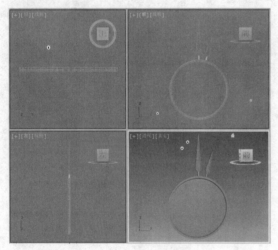

图1-45

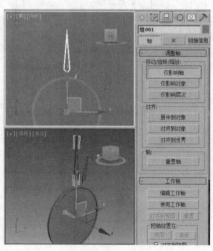

图1-46

03 在菜单栏中选择 "工具 > 阵列" 命令，在弹出的 "阵列" 对话框中单击 "总计" 组中 "旋转" 右侧的 > 按钮，设置Z为360，在 "对象类型" 组中选择 "实例" 选项，在 "阵列维度" 组中选择 "1D" 选项，设置 "数量" 为13，单击 "确定" 按钮，如图1-47所示。

04 使用同样的方法继续在场景中阵列复制模型，完成的模型如图1-48所示。

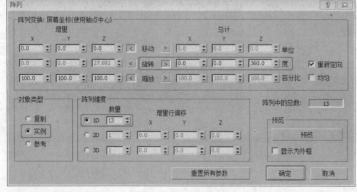

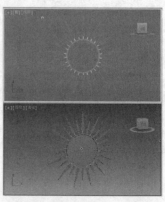

图1-47

图1-48

实例 010　【镜像】复制

- **场景位置** | 案例源文件 > Cha01 > 实例10【镜像】复制
- **贴图位置** | 贴图素材 > Cha01 > 实例10【镜像】复制
- **视频教程** | 教学视频 > Cha01 > 实例10
- **视频长度** | 59秒
- **制作难度** | ★☆☆☆☆

操作步骤

01 打开随书资源文件中的"案例源文件 > Cha01 > 实例10【镜像】复制 o.max"文件，如图 1-49 所示。

02 在场景中选择需要复制的模型，在工具栏中单击 [镜像] 工具，在弹出的"镜像：屏幕 坐标"对话框中选择"镜像轴"组中的 X 选项，设置"克隆当前选择"为"实例"，再设置合适的偏移数值，单击"确定"按钮，完成的模型如图 1-50 所示。

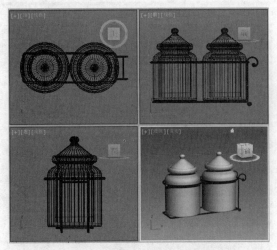

图 1-49

图 1-50

第 **02** 章

标准基本体的应用

在3ds Max中进行场景建模，首先需要掌握的是标准基本体的创建，只需在场景中拖动鼠标就可以创建一个几何体，而这些标准基本体是靠更改参数来改变模型形态的。使用标准基本体只能创建一些简单的模型，通过一些简单模型的拼凑就可以制作一些比较复杂的三维模型。但如果想做更加精致的模型，则需要在这些标准基本体的基础上为其施加一些修改命令，只需通过对基本模型的节点、线、面的编辑修改就能制作出想要的模型。下面我们就来看看如何创建标准基本体的模型。

实例 011 【长方体】——方角几

- 案例场景位置▎案例源文件 > Cha02 > 实例11【长方体】——方角几
- 效果场景位置▎案例源文件 > Cha02 > 实例11【长方体】——方角几场景
- 贴图位置▎贴图素材 > Cha02 > 实例11【长方体】——方角几
- 视频教程▎教学视频 > Cha02 > 实例11
- 视频长度▎3分35秒
- 制作难度▎★☆☆☆☆

▎操作步骤▎

01 单击 "（创建）> （几何体）> 标准基本体 > 长方体" 按钮，在 "顶" 视图中创建一个长方体作为底部支架模型。在 "参数" 卷展栏中设置 "长度" 为 15，"宽度" 为 150，"高度" 为 15，如图 2-1 所示。

02 确定长方体处于选择状态，按 Ctrl+V 组合键，在弹出的 "克隆选项" 对话框中选择 "复制" 选项，如图 2-2 所示，单击 "确定" 按钮。

03 切换到 （修改）命令面板，在 "参数" 卷展栏中设置 "长度" 为 150，"宽度" 为 15，"高度" 为 15，调整其至合适的位置，如图 2-3 所示。

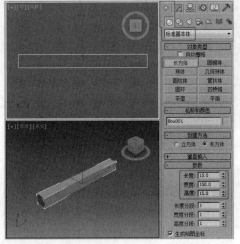

图 2-1

图 2-2

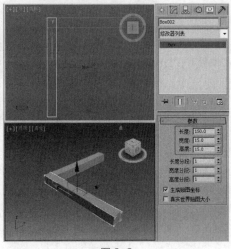

图 2-3

> **提示**
>
> 在弹出的 "克隆选项" 对话框中选择 "复制" 选项，对复制出的模型进行参数的调整后，实体模型不受影响，而选择 "实例" 选项则相反，更改复制出的模型的参数，实体模型参数也随之改变。

04 按住 Shift 键，移动并复制模型，在弹出的 "克隆选项" 对话框中选择 "实例" 选项，如图 2-4 所示，单击 "确定" 按钮。

05 继续对模型进行 "实例" 复制并调整其至合适的位置，如图 2-5 所示。

06 继续在 "顶" 视图中创建长方体作为竖支架模型，在 "参数" 卷展栏中设置 "长度" 为 15，"宽度" 为 15，"高度" 为 140，如图 2-6 所示。

  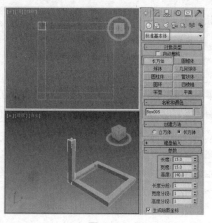

图 2-4　　　　　　　　　图 2-5　　　　　　　　　　图 2-6

07 按住 Shift 键，移动复制模型，在弹出的"克隆选项"对话框中选择"实例"选项，如图 2-7 所示，单击"确定"按钮。

08 使用同样的方法对竖支架模型进行"实例"复制，调整模型至合适的位置，如图 2-8 所示。

09 继续对底部支架模型进行"实例"复制，调整其到支架模型顶部的位置，如图 2-9 所示。

  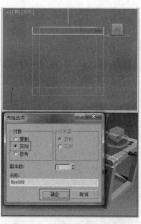

图 2-7　　　　　　　　　图 2-8　　　　　　　　　　图 2-9

提示

复制模型的方法有很多种：一种是上面介绍的按 Ctrl+V 组合键进行复制；一种是通过在菜单栏中执行"编辑 > 克隆"命令；一种是使用移动、旋转、缩放等变形工具结合 Shift 键复制模型。这里可根据自己的习惯选择复制方法。

10 单击" （创建）> （几何体）> 标准基本体 > 长方体"按钮，在"顶"视图中创建一个长方体作为方几桌面，在"参数"卷展栏中设置"长度"为 145，"宽度"为 145，"高度"为 11，如图 2-10 所示。

11 在场景中调整模型至合适的位置，完成模型的创建，完成的模型如图 2-11 所示。

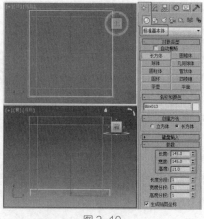 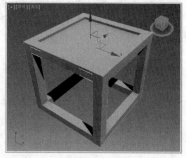

图 2-10　　　　　　　　　　　图 2-11

实例 012 【长方体】——日式茶几

- **案例场景位置**｜案例源文件 > Cha02 > 实例12【长方体】——日式茶几
- **效果场景位置**｜案例源文件 > Cha02 > 实例12【长方体】——日式茶几场景
- **贴图位置**｜贴图素材 > Cha02 > 实例12【长方体】——日式茶几
- **视频教程**｜教学视频 > Cha02 > 实例12
- **视频长度**｜1分22秒
- **制作难度**｜★ ★ ☆ ☆ ☆

┨ 操作步骤 ┠

01 单击 " 📷 （创建）> ⭕ （几何体）> 标准基本体 > 长方体"按钮，在"顶"视图中创建一个长方体。在"参数"卷展栏中设置"长度"为100，"宽度"为100，"高度"为10，如图2-12所示。

02 对长方体进行复制，以作为茶几腿模型之用，切换到 ☑ （修改）命令面板，在"参数"卷展栏中修改"长度"为10，"宽度"为10，"高度"为35，在场景中调整其至合适的位置，如图2-13所示。

03 继续移动并复制茶几腿模型，调整其至合适的位置，完成模型的创建，完成的模型如图2-14所示。

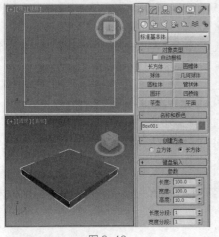

图 2-12

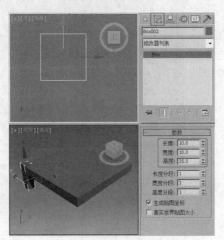

图 2-13

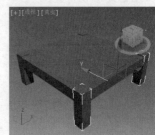

图 2-14

实例 013 【圆柱体】——圆茶几

- **案例场景位置**｜案例源文件 > Cha02 > 实例13【圆柱体】——圆茶几
- **效果场景位置**｜案例源文件 > Cha02 > 实例13【圆柱体】——圆茶几场景
- **贴图位置**｜贴图素材 > Cha02 > 实例13【圆柱体】——圆茶几
- **视频教程**｜教学视频 > Cha02 > 实例13
- **视频长度**｜2分23秒
- **制作难度**｜★ ★ ☆ ☆ ☆

┃操作步骤┃

01 单击"（创建）>（几何体）>标准基本体 > 圆柱体"按钮，在"顶"视图中创建一个圆柱体。在"参数"卷展栏中设置"半径"为700，"高度"为30，"边数"为40，如图2-15所示。

02 单击"（创建）>（几何体）>标准基本体 > 长方体"按钮，在"顶"视图中创建一个长方体作为底部支架模型。在"参数"卷展栏中设置"长度"为50，"宽度"为1000，"高度"为60，如图2-16所示。

03 对长方体进行复制，切换到（修改）命令面板，在"参数"卷展栏中设置"长度"为330，"宽度"为50，"高度"为60，调整其至合适的位置，如图2-17所示。

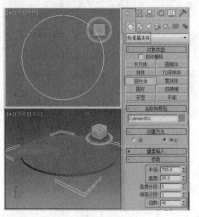

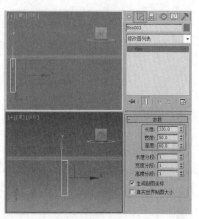

图2-15　　　　　图2-16　　　　　图2-17

04 继续复制长方体，调整其至合适的位置，如图2-18所示。

05 对制作出的所有长方体"成组"并进行复制，然后调整其至合适的角度和位置，完成的场景模型如图2-19所示。

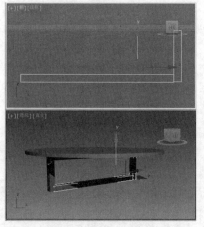
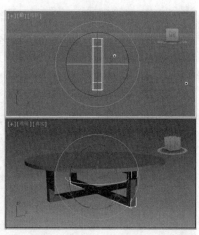

图2-18　　　　　图2-19

实例 014　【圆柱体】——毛巾架

- **案例场景位置** | 案例源文件 > Cha02 > 实例14【圆柱体】——毛巾架
- **效果场景位置** | 案例源文件 > Cha02 > 实例14【圆柱体】——毛巾架场景
- **贴图位置** | 贴图素材 > Cha02 > 实例14【圆柱体】——毛巾架
- **视频教程** | 教学视频 > Cha02 > 实例14
- **视频长度** | 2分10秒
- **制作难度** | ★★☆☆☆

操作步骤

01 单击"　　（创建）>　　（几何体）>标准基本体 > 圆柱体"按钮，在"前"视图中创建一个圆柱体，在"参数"卷展栏中设置"半径"为15，"高度"为300，"高度分段"为1，"边数"为25，如图 2-20 所示。

02 继续创建圆柱体，在"参数"卷展栏中设置"半径"为40，"高度"为10，"高度分段"为1，"边数"为30，如图 2-21 所示。

03 单击"　　（创建）>　　（几何体）> 标准基本体 > 球体"按钮，在"前"视图中创建一个球体，在"参数"卷展栏中设置"半径"为15，如图 2-22 所示，在场景中调整其至合适的位置。

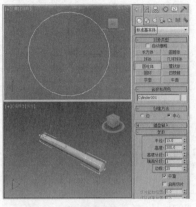 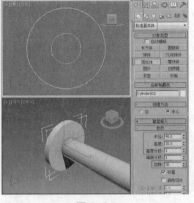 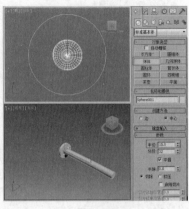

图 2-20　　　　　　　　　　　　图 2-21　　　　　　　　　　　　图 2-22

提示

设置分段的目的是为了修改方便，如果在修改命令中用不到分段，那就将分段设置为最小数值。因为分段越多，面数就越多，占用的系统资源就越大，机器运行起来就越慢。

04 继续在"左"视图中创建圆柱体，在"参数"卷展栏中设置"半径"为8，"高度"为600，"高度分段"为1，"边数"为25，如图 2-23 所示。

05 选择创建出的圆柱体，按住 Shift 键移动并复制模型，在弹出的"克隆选项"对话框中选择"实例"选项，设置"副本数"为3，如图 2-24 所示，单击"确定"按钮。

06 对右侧的两个圆柱体和球体进行"实例"复制，并调整其到模型左侧，完成的模型如图 2-25 所示。

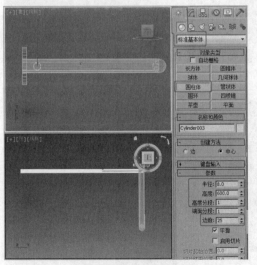 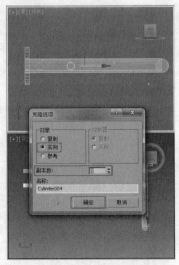 

图 2-23　　　　　　　　　　　　图 2-24　　　　　　　　　　　　图 2-25

实例 015 【球体】——欧式落地灯

- **案例场景位置**｜案例源文件 > Cha02 > 实例15【球体】——欧式落地灯
- **效果场景位置**｜案例源文件 > Cha02 > 实例15【球体】——欧式落地灯场景
- **贴图位置**｜贴图素材 > Cha02 > 实例15【球体】——欧式落地灯
- **视频教程**｜教学视频 > Cha02 > 实例15
- **视频长度**｜4分6秒
- **制作难度**｜★ ★ ☆ ☆ ☆

操作步骤

01 单击" （创建）>   （几何体）> 标准基本体 > 球体"按钮，在"顶"视图中创建一个球体，在"参数"卷展栏中设置"半径"为20，如图2-26所示。

02 换到   （修改）命令面板，在修改器列表中选择"编辑多边形"修改器，将选择集定义为"顶点"，在"软选择"卷展栏中勾选"使用软选择"复选框，设置"衰减"为20，在场景中对两端顶点的位置进行调整，如图2-27所示，关闭选择集。

03 对调整好的球体模型进行复制，如图2-28所示。

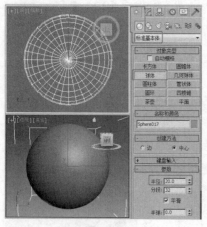

图 2-26

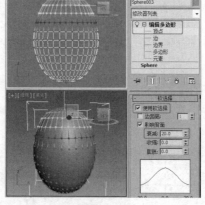

图 2-27

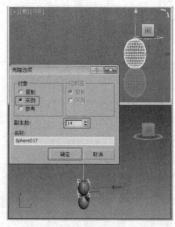

图 2-28

04 单击" （创建）>   （几何体）> 标准基本体 > 圆柱体"按钮，在"顶"视图中创建一个圆柱体，在"参数"卷展栏中设置"半径"为4，"高度"为800，"高度分段"为1，如图2-29所示。

05 继续创建圆柱体，在"参数"卷展栏中设置"半径"为50，"高度"为25，"高度分段"为1，调整其至合适的位置，如图2-30所示。

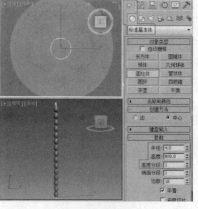

图 2-29

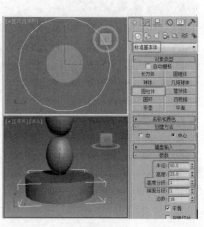

图 2-30

06 继续在"顶"视图中创建球体,在"参数"卷展栏中设置"半径"为12,如图2-31所示。

07 单击" （创建）> （几何体）>标准基本体 > 管状体"按钮,在"顶"视图中创建一个管状体,在"参数"卷展栏中设置"半径1"为120,"半径2"为115,"高度"为150,"高度分段"为1,"边数"为30,如图2-32所示。

08 切换到 （修改）命令面板,在修改器列表中选择"编辑多边形"修改器,将选择集定义为"顶点",在场景中对底部顶点进行缩放,如图2-33所示,关闭选择集。

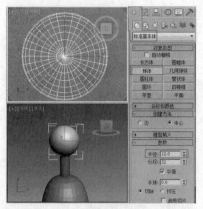
图 2-31

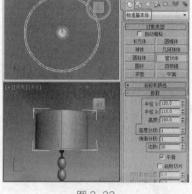
图 2-32

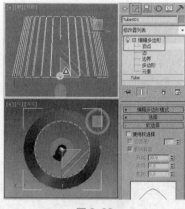
图 2-33

09 继续在"前"视图中创建圆柱体,在"参数"卷展栏中设置"半径"为1,"高度"为165,"高度分段"为1,调整其至合适的角度和位置,如图2-34所示。

10 对圆柱体进行复制并调整其至合适的角度和位置,完成的模型如图2-35所示。

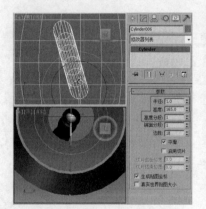
图 2-34

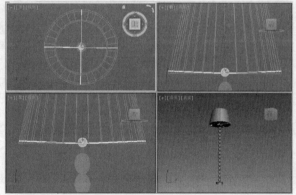
图 2-35

实例 016 【球体】——装饰鸡蛋

- **案例场景位置**|案例源文件 > Cha02 > 实例16【球体】——装饰鸡蛋
- **效果场景位置**|案例源文件 > Cha02 > 实例16【球体】——装饰鸡蛋场景
- **贴图位置**|贴图素材 > Cha02 > 实例16【球体】——装饰鸡蛋
- **视频教程**|教学视频 > Cha02 > 实例16
- **视频长度**|1分8秒
- **制作难度**|★★☆☆☆

┃ **操作步骤** ┃

01 单击"✦（创建）> ◯（几何体）> 标准基本体 > 球体"按钮，在"顶"视图中创建一个球体，在"参数"卷展栏中设置"半径"为100，如图2-36所示。

02 切换到 ☑（修改）命令面板，在修改器列表中选择FFD 4×4×4修改器，将选择集定义为"控制　点"，在"前"视图中选择顶端的4个控制点，并在"顶"视图中对控制点进行缩放，如图2-37所示。

03 对底部控制点的位置进行调整，完成的模型如图2-38所示。

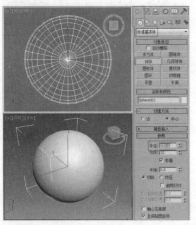

图 2-36　　　　　　　　　　　图 2-37　　　　　　　　　　　图 2-38

实例 017 　【管状体】——装饰笔筒

● **案例场景位置** ┃ 案例源文件 > Cha02 > 实例17【管状体】——装饰笔筒

● **效果场景位置** ┃ 案例源文件 > Cha02 > 实例17【管状体】——装饰笔筒场景

● **贴图位置** ┃ 贴图素材 > Cha02 > 实例17【管状体】——装饰笔筒

● **视频教程** ┃ 教学视频 > Cha02 > 实例17

● **视频长度** ┃ 1分2秒

● **制作难度** ┃ ★ ★ ☆ ☆ ☆

┃ **操作步骤** ┃

01 单击"✦（创建）> ◯（几何体）> 标准基本体 > 管状体"按钮，在"顶"视图中创建一个管状体，在"参数"卷展栏中设置"半径1"为100，"半径2"为110，"高度"为260，"高度分段"为1，"边数"为30，如图2-39所示。

02 单击"✦（创建）> ◯（几何体）> 标准基本体 > 圆柱体"按钮，在"顶"视图中创建一个圆柱体，在"参数"卷展栏中设置"半径"为110，"高度"为10，"高度分段"为1，"边数"为30，并在场景中调整模型作为笔筒的底，完成的模型如图2-40所示。

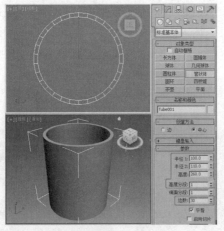
图 2-39

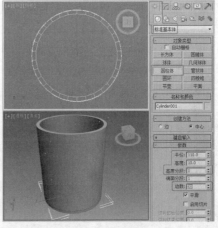
图 2-40

实例 018　【管状体】——床头灯

- **案例场景位置**｜案例源文件 > Cha02 > 实例18【管状体】——床头灯
- **效果场景位置**｜案例源文件 > Cha02 > 实例18【管状体】——床头灯场景
- **贴图位置**｜贴图素材 > Cha02 > 实例18【管状体】——床头灯
- **视频教程**｜教学视频 > Cha02 > 实例18
- **视频长度**｜2分37秒
- **制作难度**｜★ ★ ☆ ☆ ☆

▌ 操作步骤 ▌

01 单击"　（创建）> 　（几何体）> 标准基本体 > 管状体"按钮，在"顶"视图中创建一个管状体，在"参数"卷展栏中设置"半径 1"为 175，"半径 2"为 170，"高度"为 200，"高度分段"为 1，"边数"为 30，如图 2-41 所示。

02 单击"　（创建）> 　（几何体）> 标准基本体 > 圆柱体"按钮，在"顶"视图中创建一个圆柱体，在"参数"卷展栏中设置"半径"为 50，"高度"为 -330，"高度分段"为 10，如图 2-42 所示。

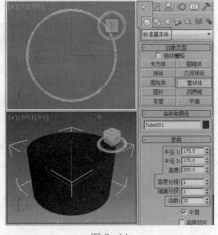
图 2-41

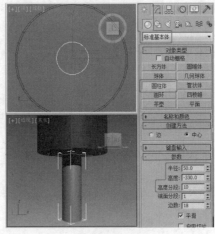
图 2-42

03 切换到 ◢（修改）命令面板，在修改器列表中选择"编辑多边形"修改器，将选择集定义为"顶点"。在"软选择"卷展栏中勾选"使用软选择"复选框，设置"衰减"为20，在场景中对顶点进行缩放，如图2-43所示，关闭选择集。

04 继续在"顶"视图中创建圆柱体，在"参数"卷展栏中设置"半径"为10，"高度"为30，"高度分段"为1，调整其至合适的位置，如图2-44所示。

05 对圆柱体进行复制，切换到 ◢（修改）命令面板，在"参数"卷展栏中设置"半径"为6，"高度"为15，调整其至合适的位置，如图2-45所示。

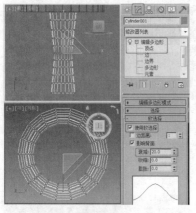
图 2-43

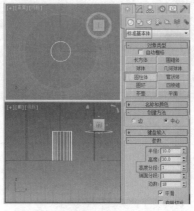
图 2-44

图 2-45

06 对圆柱体进行复制，在"参数"卷展栏中设置"半径"为13，"高度"为9，调整其至合适的位置，如图2-46所示。

07 继续对圆柱体进行复制，在"参数"卷展栏中设置"半径"为10，"高度"为6，调整其至合适的位置，完成的模型如图2-47所示。

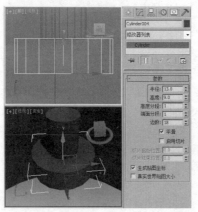
图 2-46

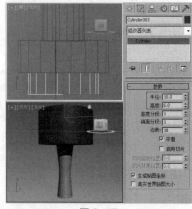
图 2-47

实例 019 【圆锥体】——中式餐桌

● **案例场景位置 |** 案例源文件 > Cha02 > 实例19【圆锥体】——中式餐桌

● **效果场景位置 |** 案例源文件 > Cha02 > 实例19【圆锥体】——中式餐桌场景

● **贴图位置 |** 贴图素材 > Cha02 > 实例19【圆锥体】——中式餐桌

● **视频教程 |** 教学视频 > Cha02 > 实例19

● **视频长度 |** 1分58秒

● **制作难度 |** ★★☆☆☆

┃ 操作步骤 ┃

01 单击 "██（创建）> ██（几何体）> 标准基本体 > 圆锥体"按钮，在"顶"视图中创建一个圆锥体作为顶部支架，在"参数"卷展栏中设置"半径1"为140，"半径2"为90，"高度"为550，"高度分段"为1，"边数"为4，如图2-48所示。

02 在场景中调整圆锥体至合适的角度，如图2-49所示。

03 单击 "██（创建）> ██（几何体）> 标准基本体 > 长方体"按钮，在"顶"视图中创建一个长方体作为中间支架，在"参数"卷展栏中设置"长度"为270，"宽度"为270，"高度"为-45，如图2-50所示。

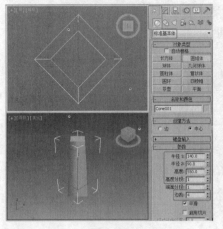
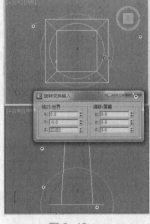
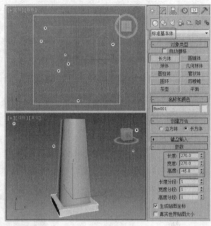

图 2-48　　　　　　　　　　　图 2-49　　　　　　　　　　　图 2-50

04 对长方体进行复制，切换到 ██（修改）命令面板，在"参数"卷展栏中设置"长度"为440，"宽度"为440，"高度"为45，调整到支架底部位置，如图2-51所示。

05 继续复制长方体作为桌面，在"参数"卷展栏中设置"长度"为1100，"宽度"为1800，"高度"为55，调整其至合适的位置，如图2-52所示。

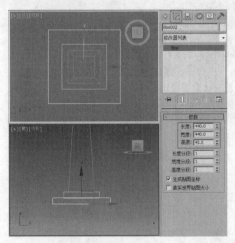

图 2-51　　　　　　　　　　　　　图 2-52

06 对制作出的支架模型进行复制，并调整其至合适的位置，模型效果如图2-53所示。

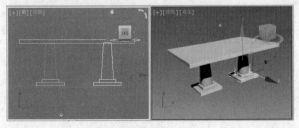

图 2-53

实 例
020 。 【平面】——地毯

- **案例场景位置** | 案例源文件 > Cha02 > 实例20【平面】——地毯
- **效果场景位置** | 案例源文件 > Cha02 > 实例20【平面】——地毯场景
- **贴图位置** | 贴图素材 > Cha02 > 实例20【平面】——地毯
- **视频教程** | 教学视频 > Cha02 > 实例20
- **视频长度** | 33秒
- **制作难度** | ★★☆☆☆

操作步骤

单击"＊（创建）> ◎（几何体）> 标准基本体 > 平面"按钮，在"顶"视图中创建一个平面，在"参数"卷展栏中设置"长度"为2100，"宽度"为3500，"长度分段"为1，"宽度分段"为1，完成的模型如图2-54所示。

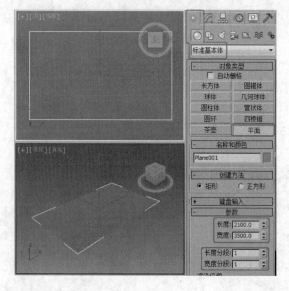

图 2-54

第 03 章

扩展及特殊基本体的应用

扩展基本体和特殊基本体的制作要比标准基本体更复杂。这些几
何体通过其他建模工具也可以创建，不过要花费大量的制作时
间。有了扩展及特殊基本体这些现成的工具，就能够节省大量
的制作时间。下面我们就来看看如何创建扩展及特殊基本体的
模型。

实例 021 【切角长方体】——沙发

- **案例场景位置** | 案例源文件 > Cha03 > 实例21【切角长方体】——沙发
- **效果场景位置** | 案例源文件 > Cha03 > 实例21【切角长方体】——沙发场景
- **贴图位置** | 贴图素材 > Cha03 > 实例21【切角长方体】——沙发
- **视频教程** | 教学视频 > Cha03 > 实例21
- **视频长度** | 3分34秒
- **制作难度** | ★★★☆☆

操作步骤

01 单击 " ✦ （创建）> ○（几何体）> 扩展基本体 > 切角长方体" 按钮，在 "顶" 视图中创建一个切角长方体作为沙发坐垫模型，在 "参数" 卷展栏中设置 "长度" 为50，"宽度" 为80，"高度" 为12，"圆角" 为3，"圆角分段" 为3，如图3-1所示。

02 在场景中对沙发坐垫模型进行 "实例" 复制，如图3-2所示。

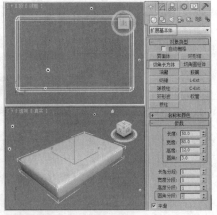

图 3-1

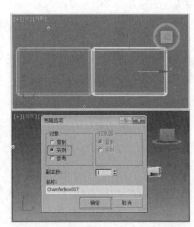

图 3-2

03 继续对沙发坐垫模型进行复制，切换到 ☑（修改）命令面板，在 "参数" 卷展栏中设置 "长度" 为60，"宽度" 为12，"高度" 为50，"圆角" 为3，"圆角分段" 为3，并在场景中调整模型的位置，将其作为沙发一侧扶手模型，如图3-3所示。

04 对沙发扶手模型进行复制，并调整其至合适的位置，作为沙发另一侧扶手模型，如图3-4所示。

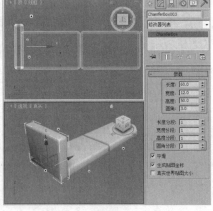

图 3-3

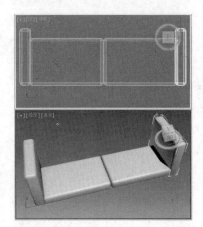

图 3-4

05 继续对沙发扶手模型进行复制，在 "参数" 卷展栏中设置 "长度" 为12，"宽度" 为180，"高度" 为50，"圆角" 为3，"圆角分段" 为3，并在场景中调整模型的位置作为沙发靠背模型，如图3-5所示。

06 使用同样的方法，复制模型后在 "参数" 卷展栏中设置 "长度" 为56，"宽度" 为180，"高度" 为2，"圆角" 为0.2，"圆角分段" 为1，然后在场景中调整模型位置作为沙发坐垫下的支架模型，如图3-6所示。

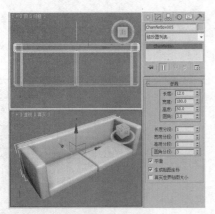
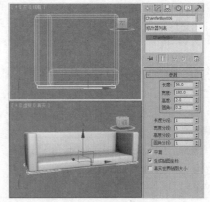

图 3-5　　　　　　　　　　　　　　　　图 3-6

07 单击 " ■ （创建）> ○ （几何体）> 标准基本体 > 长方体" 按钮，在 "顶" 视图中创建一个长方体作为沙发腿模型，在 "参数" 卷展栏中设置 "长度" 为 6，"宽度" 为 6，"高度" 为 −22，如图 3-7 所示。

08 切换到 ☑ （修改）命令面板，在 "修改器列表" 中选择 FFD 2×2×2 修改器并将选择集定义为 "控制点"，在 "前" 视图中选择底部控制点，对控制点进行缩放，如图 3-8 所示。

09 在 "前" 视图中对控制点的位置进行调整，如图 3-9 所示，关闭选择集。

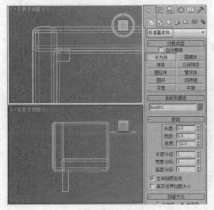
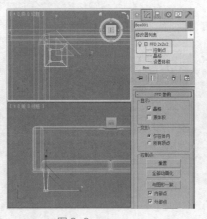
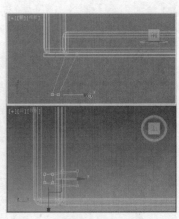

图 3-7　　　　　　　　　　　图 3-8　　　　　　　　　　　图 3-9

10 在场景中对沙发腿模型进行 "实例" 复制，如图 3-10 所示。

11 在场景中选择沙发腿模型，在主工具栏中单击 ▦ （镜像）按钮，在弹出的 "镜像：屏幕 坐标" 对话框中选择 "镜像轴" 为 X，"克隆当前选择" 为 "实例"，并设置合适的 "偏移" 数值，如图 3-11 所示，单击 "确定" 按钮。

12 最终完成的模型如图 3-12 所示。

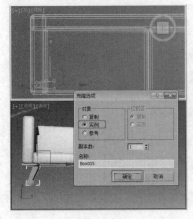

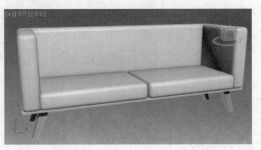

图 3-10　　　　　　　　　　　图 3-11　　　　　　　　　　　图 3-12

【切角长方体】——盘子架

- **案例场景位置** | 案例源文件 > Cha03 > 实例22【切角长方体】——盘子架
- **效果场景位置** | 案例源文件 > Cha03 > 实例22【切角长方体】——盘子架场景
- **贴图位置** | 贴图素材 > Cha03 > 实例22【切角长方体】——盘子架
- **视频教程** | 教学视频 > Cha03 > 实例22
- **视频长度** | 1分17秒
- **制作难度** | ★ ★ ★ ☆ ☆

操作步骤

01 单击"　（创建）>　（几何体）>扩展基本体 > 切角长方体"按钮，在"顶"视图中创建一个切角长方体，在"参数"卷展栏中设置"长度"为40，"宽度"为330，"高度"为20，"圆角"为3，"圆角分段"为3，如图3-13所示。

02 单击"　（创建）>　（几何体）>标准基本体 > 圆柱体"按钮，在"顶"视图中创建一个圆柱体，在"参数"卷展栏中设置"半径"为3，"高度"为80，"高度分段"为1，如图3-14所示。

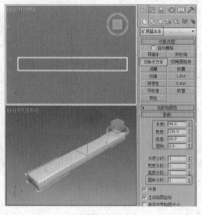

图 3-13

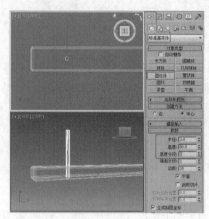

图 3-14

03 在场景中对圆柱体进行复制，调整其至合适的位置，如图3-15所示。

04 对所有的模型进行复制，并调整其至合适的位置，模型效果如图3-16所示。

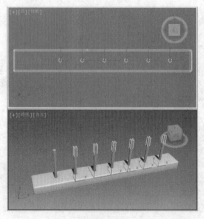

图 3-15

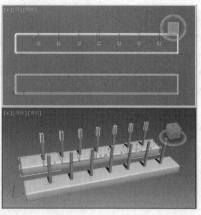

图 3-16

实例 023　【切角圆柱体】——储物架

- **案例场景位置** ｜ 案例源文件 > Cha03 > 实例23【切角圆柱体】——储物架
- **效果场景位置** ｜ 案例源文件 > Cha03 > 实例23【切角圆柱体】——储物架场景
- **贴图位置** ｜ 贴图素材 > Cha03 > 实例23【切角圆柱体】——储物架
- **视频教程** ｜ 教学视频 > Cha03 > 实例23
- **视频长度** ｜ 1分34秒
- **制作难度** ｜ ★ ★ ★ ☆ ☆

┃ **操作步骤** ┃

01 单击" （创建）> （几何体）> 扩展基本体 > 切角圆柱体"按钮，在"顶"视图中创建一个切角圆柱体，在"参数"卷展栏中设置"半径"为100，"高度"为10，"圆角"为3，"边数"为30，如图 3-17 所示。

02 在场景中对切角圆柱体进行复制，如图 3-18 所示。

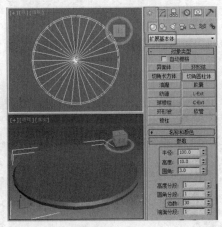

图 3-17

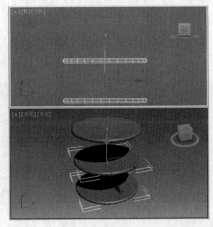

图 3-18

03 单击" （创建）> （几何体）> 标准基本体 > 圆柱体"按钮，在"顶"视图中创建一个圆柱体，在"参数"卷展栏中设置"半径"为5，"高度"为300，"高度分段"为1，如图 3-19 所示。

04 对圆柱体进行复制并调整其至合适的位置，完成的模型如图 3-20 所示。

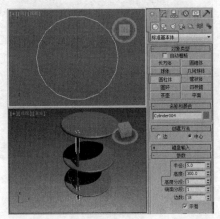

图 3-19

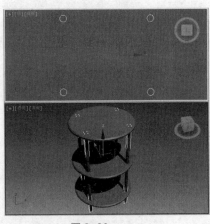

图 3-20

实例
024 【切角圆柱体】——欧式圆桌

- **案例场景位置** | 案例源文件 > Cha03 > 实例24【切角圆柱体】——欧式圆桌
- **效果场景位置** | 案例源文件 > Cha03 > 实例24【切角圆柱体】——欧式圆桌场景
- **贴图位置** | 贴图素材 > Cha03 > 实例24【切角圆柱体】——欧式圆桌
- **视频教程** | 教学视频 > Cha03 > 实例24
- **视频长度** | 2分25秒
- **制作难度** | ★★★☆☆

操作步骤

01 单击"☀（创建）> ◯（几何体）> 扩展基本体 > 切角圆柱体"按钮，在"顶"视图中创建一个切角圆柱体作为桌面模型，在"参数"卷展栏中设置"半径"为355，"高度"为28，"圆角"为6，"高度分段"为1，"圆角分段"为4，"边数"为30，如图3-21所示。

02 单击"☀（创建）> ◯（几何体）> 标准基本体 > 圆柱体"按钮，创建一个圆柱体作为支架，在"参数"卷展栏中设置"半径"为6，"高度"为-350，"高度分段"为1，如图3-22所示。

03 切换到 ▦（层次）面板中，激活"轴"按钮，在"调整轴"卷展栏中单击"仅影响轴"按钮，在"顶"视图中调整轴的位置，如图3-23所示。

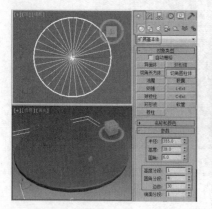
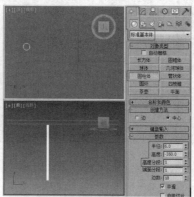
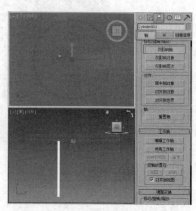

图3-21　　　　图3-22　　　　图3-23

04 在菜单栏中选择"工具 > 阵列"命令，在弹出的"阵列"对话框中激活"旋转"右侧的箭头按钮，并设置"总计"下Z为360度，再在"阵列维度"组中设置"1D"的"数量"为10，单击"确定"按钮，如图3-24所示。

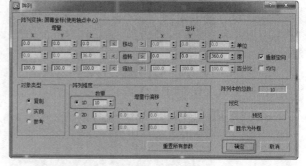

图3-24

05 阵列复制后的模型效果如图3-25所示。

06 单击"　（创建）>　（几何体）> 标准基本体 > 圆柱体"按钮，创建一个圆柱体作为中心支架，在"参数"卷展栏中设置"半径"为 15，"高度"为 -350，如图 3-26 所示。

07 对作为桌面的切角圆柱体进行复制，切换到　（修改）命令面板，在"参数"卷展栏中设置"半径"为 130，"高度"为 26，"圆角"为 5，调整其至合适的位置，模型效果如图 3-27 所示。

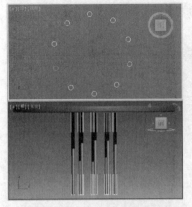

图 3-25

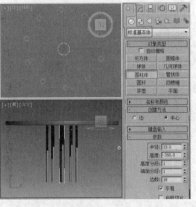

图 3-26

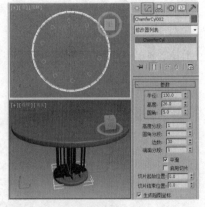

图 3-27

实例 025　【异面体】——装饰足球

- **案例场景位置** | 案例源文件 > Cha03 > 实例 25【异面体】——装饰足球
- **效果场景位置** | 案例源文件 > Cha03 > 实例 25【异面体】——装饰足球场景
- **贴图位置** | 贴图素材 > Cha03 > 实例 25【异面体】——装饰足球
- **视频教程** | 教学视频 > Cha03 > 实例 25
- **视频长度** | 1 分 34 秒
- **制作难度** | ★★★☆☆

操作步骤

01 单击"　（创建）>　（几何体）> 扩展基本体 > 异面体"按钮，在"顶"视图中创建一个异面体，在"参数"卷展栏选择"系列"组中的"十二面体 / 二十面体"选项，在"系列参数"组中设置 P 的值为 0.3，"半径"为 150，如图 3-28 所示。

02 右击异面体，将其转换为"可编辑多边形"并将选择集定义为"多边形"。在场景中选择全部的多边形，在"编辑多边形"卷展栏中单击"倒角"后的　（设置）按钮，在弹出的助手小盒中设置"类型"为"按多边形"，"高度"为 10，"轮廓"为 -1，单击　（确定）按钮，如图 3-29 所示。

03 确定多边形处于选择状态，在"编辑几何体"卷展栏中单击"细化"按钮，如图 3-30 所示，之后关闭选择集。

> **提示**
>
> 将模型转换为"可编辑多边形"之后，在修改器的命令堆栈里就找不到原来模型的参数，无法对模型原有的参数进行调节；如果用"编辑多边形"修改器的话，可以从修改器的命令堆栈返回到原有模型的参数调节栏，以对其进行参数的修改。

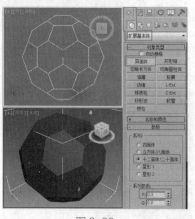 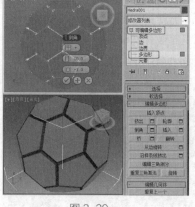 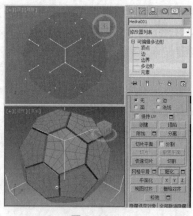

图 3-28　　　　　　　　　　　图 3-29　　　　　　　　　　　图 3-30

04 在"修改器列表"中选择"涡轮平滑"修改器，在"涡轮平滑"卷展栏中设置"迭代次数"为2，如图 3-31 所示。

05 继续为模型施加"球形化"修改器，在"参数"卷展栏中设置"百分比"为 80，完成的模型如图 3-32 所示。

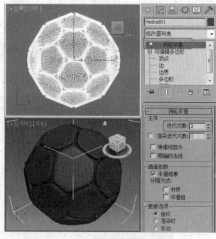 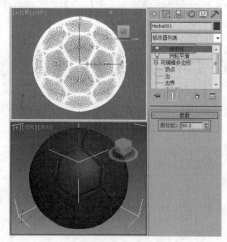

图 3-31　　　　　　　　　　　图 3-32

实例 026　【纺锤】——水晶珠帘

- **案例场景位置** | 案例源文件 > Cha03 > 实例26【纺锤】——水晶珠帘
- **效果场景位置** | 案例源文件 > Cha03 > 实例26【纺锤】——水晶珠帘场景
- **贴图位置** | 贴图素材 > Cha03 > 实例26【纺锤】——水晶珠帘
- **视频教程** | 教学视频 > Cha03 > 实例26
- **视频长度** | 2分33秒
- **制作难度** | ★★☆☆☆

操作步骤

01 单击"　（创建）>　（几何体）>扩展基本体 > 纺锤"按钮，在"前"视图中创建一个纺锤。在"参数"卷展栏中设置"半径"为 20，"高度"为 60，"封口高度"为 25，"混合"为 3，"边数"为 16，"端面分段"为 1，"高度分段"为 1，如图 3-33 所示。

02 对纺锤模型进行复制，在"参数"卷展栏中设置"半径"为 5，"高度"为 20，"封口高度"为 8，"混合"为 0.8，"边数"为 12，"端面分段"为 1，"高度分段"为 1，如图 3-34 所示。

03 继续对纺锤模型进行"实例"复制，设置"副本数"为 5，单击"确定"按钮，如图 3-35 所示。

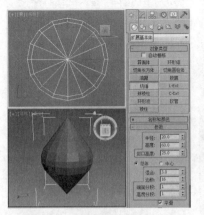

图 3-33

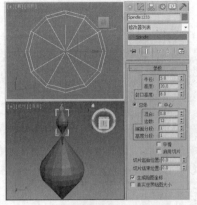

图 3-34

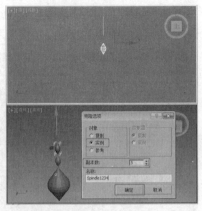

图 3-35

04 继续对所有的模型进行"实例"复制，设置"副本数"为 10，单击"确定"按钮，如图 3-36 所示。

05 单击"　（创建）>　（图形）>样条线 > 线"按钮，在"顶"视图中创建一条线，在"渲染"卷展栏中勾选"在渲染中启用"和"在视口中启用"复选框，设置"厚度"为 0.1，如图 3-37 所示。

06 对制作出的所有模型进行复制，调整其至合适的位置，完成的模型如图 3-38 所示。

图 3-36

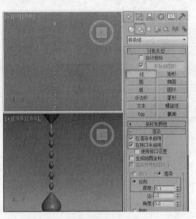

图 3-37

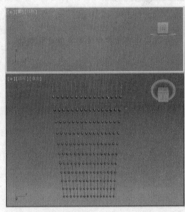

图 3-38

实例 027 　**【植物】——窗外植物**

- **原始场景位置 |** 案例源文件 > Cha03 > 实例27【植物】——窗外植物
- **效果场景位置 |** 案例源文件 > Cha03 > 实例27【植物】——窗外植物场景
- **贴图位置 |** 贴图素材 > Cha03 > 实例27【植物】——窗外植物
- **视频教程 |** 教学视频 > Cha03 > 实例27
- **视频长度 |** 1分6秒
- **制作难度 |** ★★☆☆☆

━┃ 操作步骤 ┃━

01 打开随书资源文件中的"案例源文件 > Cha03 > 实例 27【植物】—窗外植物 .max"文件，如图 3-39 所示。

02 单击"　（创建）> 　（几何体）> AEC 扩展 > 植物"按钮，在"收藏的植物"卷展栏中选择"春天的日本樱花"，在场景中合适的位置拖动鼠标进行创建，如图 3-40 所示。

03 在"参数"卷展栏中设置"高度"为260cm，如图 3-41 所示。

图 3-39　　　　　　　　　图 3-40　　　　　　　　　图 3-41

实例 028 【螺旋楼梯】——螺旋楼梯

● **案例场景位置**｜案例源文件 > Cha03 > 实例 28【螺旋楼梯】——螺旋 楼梯
● **效果场景位置**｜案例源文件 > Cha03 > 实例 28【螺旋楼梯】——螺旋楼梯场景
● **贴图位置**｜贴图素材 > Cha03 > 实例 28【螺旋楼梯】——螺旋楼梯
● **视频教程**｜教学视频 > Cha03 > 实例 28
● **视频长度**｜3分8秒
● **制作难度**｜★★☆☆☆

━┃ 操作步骤 ┃━

01 单击"　（创建）> 　（几何体）> 楼梯 > 螺旋楼梯"按钮，在"顶"视图中创建一个螺旋楼梯。在"参数"卷展栏中勾选"中柱"复选框，选择"外表面"扶手；在"布局"组中选择"逆时针"选项，设置"半径"为100，"旋转"为0.8，"宽度"为98；在"梯级"组中设置"总高"为300，"竖板高"为20，单击"竖板高"前的"枢轴竖板高度"按钮，设置"竖板数"为15；在"台阶"组中设置"厚度"为4，勾选"深度"复选框并设置其参数为20，勾选"分段"复选框并设置其参数为4；在"栏杆"卷展栏中设置"高度"为70，"偏移"为4，"分段"为19，"半径"为2.2；在"中柱"卷展栏中设置"半径"为10，"分段"为16，勾选"高度"复选框并设置其参数为360，如图 3-42 所示。

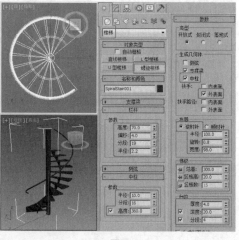

图 3-42

02 单击“ ■■ （创建）> ○ （几何体）> 标准基本体 > 圆柱体”按钮，在“顶”视图中创建一个圆柱体，在“参数”卷展栏中设置“半径”为 2，“高度”为 78，“高度分段”为 1，调整圆柱体的位置，如图 3-43 所示。

03 对圆柱体进行复制并调整位置，完成螺旋楼梯模型，最终效果如图 3-44 所示。

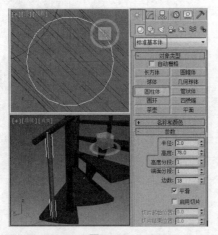

图 3-43

图 3-44

实例 029　【旋开窗】——窗户

- **案例场景位置** | 案例源文件 > Cha03 > 实例29【旋开窗】——窗户
- **效果场景位置** | 案例源文件 > Cha03 > 实例29【旋开窗】——窗户场景
- **贴图位置** | 贴图素材 > Cha03 > 实例29【旋开窗】——窗户
- **视频教程** | 教学视频 > Cha03 > 实例29
- **视频长度** | 1分
- **制作难度** | ★ ★ ☆ ☆ ☆

| 操作步骤 |

单击“ ■■ （创建）> ○ （几何体）> 窗 > 旋开窗”按钮，在“顶”视图中创建一扇旋开窗，在“参数”卷展栏中设置“高度”为 380，“宽度”为 360，“深度”为 30，在“窗框”组中设置“水平宽度”为 10，“垂直宽度”为 10，“厚度”为 10，在“玻璃”组中设置“厚度”为 0.1，在“窗格”组中设置“宽度”为 10，在“打开窗”组中设置“打开”为 76%，如图 3-45 所示。

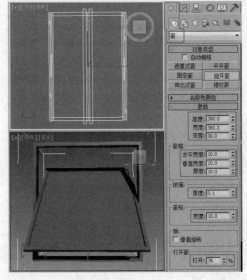

图 3-45

实例 030 【推拉门】——玻璃推拉门

- **案例场景位置** | 案例源文件 > Cha03 > 实例30【推拉门】——玻璃推拉门
- **效果场景位置** | 案例源文件 > Cha03 > 实例30【推拉门】——玻璃推拉门场景
- **贴图位置** | 贴图素材 > Cha03 > 实例30【推拉门】——玻璃推拉门
- **视频教程** | 教学视频 > Cha03 > 实例30
- **视频长度** | 1分22秒
- **制作难度** | ★ ★ ☆ ☆ ☆

操作步骤

单击"⬛（创建）> ⬤（几何体）> 门 > 推拉门"按钮，在"顶"视图中创建一扇推拉门。在"参数"卷展栏中设置"高度"为7620，"宽度"为10160，"深度"为508，勾选"侧翻"复选框并设置"打开"为60，在"门框"组中勾选"创建门框"复选框并设置"宽度"为150，"深度"为1，"门偏移"为0；在"页扇参数"卷展栏中设置"厚度"为145，"门挺／顶梁"为145，"底梁"为145，"水平窗格数"为3，"垂直窗格数"为3，"镶板间距"为50.8，在"镶板"组中选择"玻璃"选项，设置"厚度"为3，如图3-46所示。

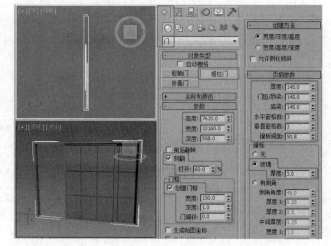

图 3-46

第

04 章

二维图形的应用

3ds Max提供了一些具有固定形态的二维图形，这些图形造型比较简单，但都各具特点。二维图形的绘制与编辑是制作精美三维物体的关键。本章主要讲解了二维图形绘制与编辑的方法和技巧，通过本章内容的学习，可以绘制出需要的二维图形，再通过使用相应的编辑和修改命令将二维图形进行调整和优化，并将其应用于设计中。下面我们来看看如何使用二维图形来建模。

实 例
031
【线】——中式画框

● **案例场景位置** | 案例源文件 > Cha04 > 实例31【线】——中式画框
● **效果场景位置** | 案例源文件 > Cha04 > 实例31【线】——中式画框场景
● **贴图位置** | 贴图素材 > Cha04 > 实例31【线】——中式画框
● **视频教程** | 教学视频 > Cha04 > 实例31
● **视频长度** | 6分51秒
● **制作难度** | ★★★☆☆

┤ 操作步骤 ├

01 单击" ▓ （创建）> ▧ （图形）> 样条线 > 线"按钮，在"前"视图中创建一条线，在"渲染"卷展栏中勾选"在渲染中启用"和"在视口中启用"复选框，设置"厚度"为35mm，如图4-1所示。

02 继续创建可渲染的样条线，设置"厚度"为30mm，如图4-2所示。

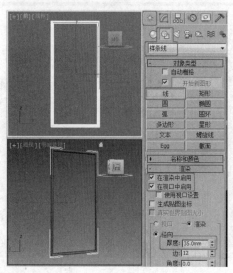

图 4-1

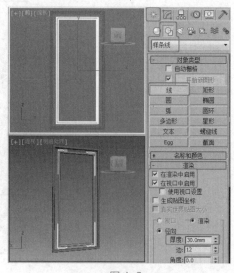

图 4-2

03 继续创建可渲染的样条线，设置"厚度"为10mm，并将其成组，如图4-3所示。

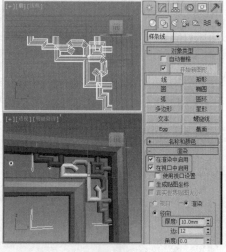

图 4-3

04 使用 ▷◁（镜像）工具，将成组的可渲染样条线进行复制，选择"镜像轴"为 X，"克隆当前选择"为"实例"，设置合适的"偏移"数值，单击"确定"按钮，如图 4-4 所示。

05 使用同样的方法，继续对两组可渲染的样条线进行复制，选择"镜像轴"为 Y，"克隆当前选择"为"实例"，设置合适的"偏移"数值，单击"确定"按钮，如图 4-5 所示。

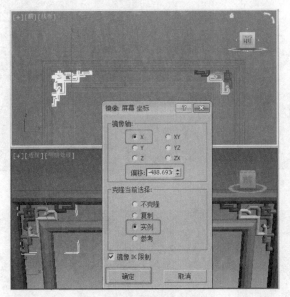

图 4-4

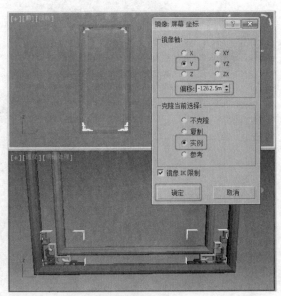

图 4-5

06 继续创建可渲染的样条线，设置"厚度"为 12mm，并将其成组，如图 4-6 所示。

07 对成组的可渲染样条线进行复制，并调整其至合适的位置，如图 4-7 所示。

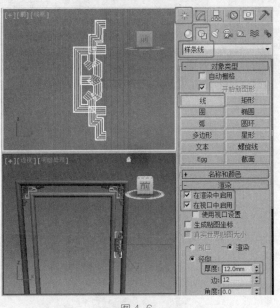

图 4-6

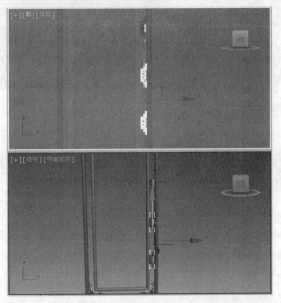

图 4-7

08 使用 ▷◁（镜像）工具对三组样条线进行复制，选择"镜像轴"为 X，"克隆当前选择"为"实例"，设置合适的"偏移"数值，单击"确定"按钮，如图 4-8 所示。

09 继续对成组的可渲染样条线进行复制，并调整其至合适的大小、角度和位置，如图 4-9 所示。

10 继续使用 ▷◁（镜像）工具对可渲染的样条线进行复制，选择"镜像轴"为 Y，"克隆当前选择"为"实例"，设置合适的"偏移"数值，单击"确定"按钮，如图 4-10 所示。

11 单击"　（创建）> ◯（几何体）> 标准基本体 > 长方体"按钮，在"前"视图中创建一个长方体，在"参数"

卷展栏中设置合适的
参数，完成的模型如
图 4-11 所示。

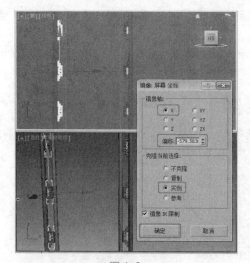

图 4-8

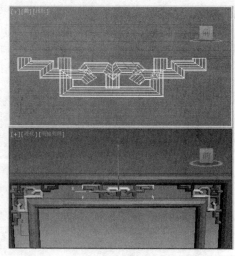

图 4-9

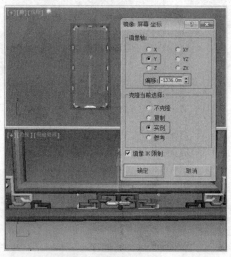

图 4-10

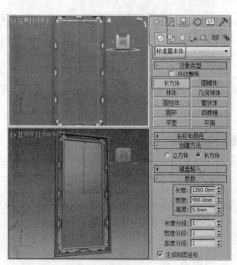

图 4-11

实例 032　**【线】——铁艺红酒架**

- 案例场景位置 | 案例源文件 > Cha04 > 实例32【线】——铁艺红酒架
- 效果场景位置 | 案例源文件 > Cha04 > 实例32【线】——铁艺红酒架场景
- 贴图位置 | 贴图素材 > Cha04 > 实例32【线】——铁艺红酒架
- 视频教程 | 教学视频 > Cha04 > 实例32
- 视频长度 | 7分1秒
- 制作难度 | ★★★☆☆

┤ 操作步骤 ├

01 单击" （创建）> （图形）> 样条线 > 螺旋线"按钮，在"左"视图中创建一条螺旋线。在"参数"卷展栏中设置"半径1"为150,"半径2"为150,"高度"为300,"圈数"为4,如图4-12所示。

02 在"渲染"卷展栏中勾选"在渲染中启用"和"在视口中启用"复选框,设置"厚度"为15,如图4-13所示。

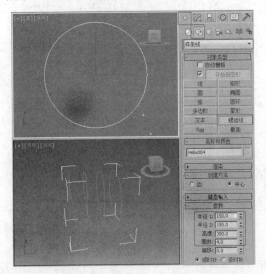
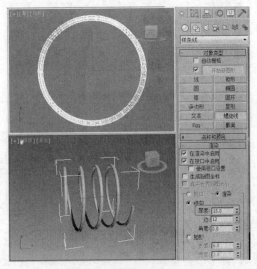

图 4-12　　　　　　　　　　　　　　　　图 4-13

03 单击"　(创建)>　(图形)>样条线>圆环"按钮,在"左"视图中创建一个圆环。在"参数"卷展栏中设置"半径1"为150,"半径2"为155,在"渲染"卷展栏中勾选"在渲染中启用"和"在视口中启用"复选框,设置"厚度"为15,如图4-14所示。

04 对圆环进行"实例"复制,并调整模型到螺旋线的两端,如图4-15所示。

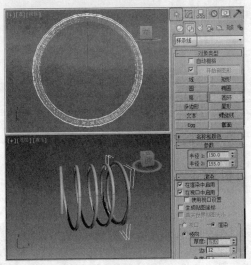
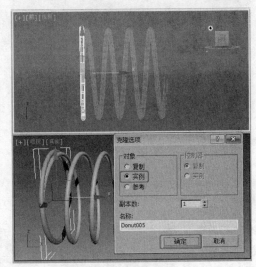

图 4-14　　　　　　　　　　　　　　　　图 4-15

05 单击"　(创建)>　(图形)>样条线>线"按钮,在"前"视图中创建一条样条线作为底部支架,在"插值"卷展栏中设置"步数"为12,在"渲染"卷展栏中勾选"在渲染中启用"和"在视口中启用"复选框,设置"厚度"为15,如图4-16所示。

06 切换到　(修改)命令面板,将选择集定义为"顶点",然后按Ctrl+A组合键全选顶点并右击,在弹出的快捷菜单中选择顶点类型为"平滑",如图4-17所示。

> **技巧**
>
> 调整顶点可以通过右击,在弹出的快捷菜单中选择"Bezier角点""Bezier""角点"和"平滑"4个选项。可以尝试一下各种顶点类型的调节。

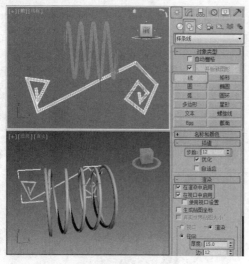

图 4-16　　　　　　　　　　　　图 4-17

07 平滑顶点后，再次右击顶点，在弹出的快捷菜单中选择顶点类型为 Bezier，对顶点进行调整，如图 4-18 所示。

08 单击" ▦（创建）> ◯（几何体）> 标准基本体 > 球体"按钮，在"前"视图中创建一个球体，在"参数"卷展栏中设置"半径"为 15，如图 4-19 所示。

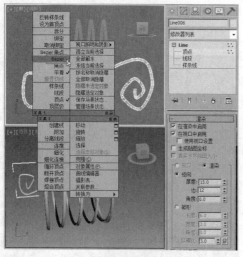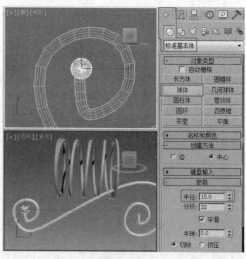

图 4-18　　　　　　　　　　　　图 4-19

09 对球体进行"实例"复制并调整模型到样条线的两端，如图 4-20 所示。

10 对样条线和球体模型进行复制，并调整其至合适的位置，再使用 ◔（选择并旋转）工具，调整螺旋线和圆环至合适的角度，如图 4-21 所示。

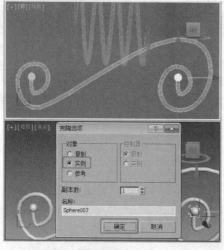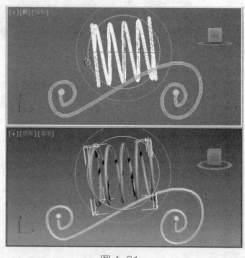

图 4-20　　　　　　　　　　　　图 4-21

11 继续在"左"视图中创建样条线，作为后部横支架。在"插值"卷展栏中设置"步数"为12，在"渲染"卷展栏中勾选"在渲染中启用"和"在视口中启用"复选框，设置"厚度"为15，调整其至合适的位置，如图4-22所示。

12 继续在"前"视图中创建样条线，作为顶支架。在"插值"卷展栏中设置"步数"为12，在"渲染"卷展栏中勾选"在渲染中启用"和"在视口中启用"复选框，设置"厚度"为15，调整其至合适的位置，如图4-23所示。

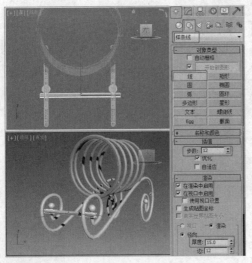
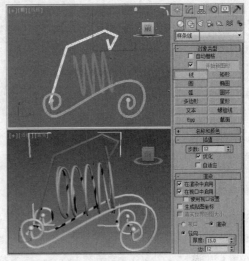

图 4-22　　　　　　　　　　　　　　　　　　图 4-23

13 切换到 （修改）命令面板，将选择集定义为"顶点"，按 Ctrl+A 组合键全选顶点后右击，在弹出的快捷菜单中选择 Bezier 命令，对顶点进行调整，如图 4-24 所示。最后关闭选择集。

14 对底部支架的球体进行"实例"复制，调整其到顶部支架的顶端，如图 4-25 所示。

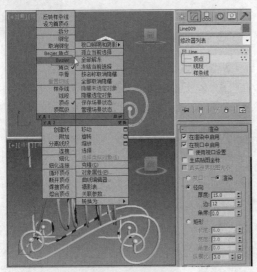
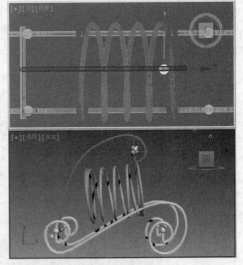

图 4-24　　　　　　　　　　　　　　　　　　图 4-25

15 继续在"左"视图中创建螺旋线作为顶部装饰。在"参数"卷展栏中设置"半径 1"为 60，"半径 2"为 60，"高度"为 360，"圈数"为 23，在"渲染"卷展栏中勾选"在渲染中启用"和"在视口中启用"复选框，设置"厚度"为 4，如图 4-26 所示。

16 切换到 （修改）命令面板，在修改器列表中选择 FFD 4×4×4 修改器，将选择集定义为"控制点"。在场景中选择样条线两端的 4 个控制点，并在"前"视图中对控制点进行缩放，如图 4-27 所示。

17 调整控制点至合适的角度和位置，完成的模型如图 4-28 所示。

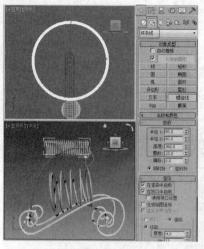

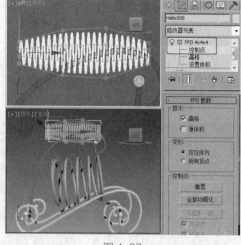

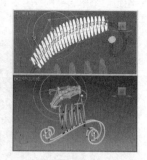

图 4-26 　　　　　　　　　　　　　　　　图 4-27 　　　　　　　　　　　　　　　　图 4-28

实例 033 【圆】——铁艺茶几

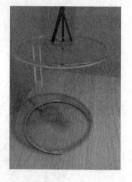

- **案例场景位置** | 案例源文件 > Cha04 > 实例33【圆】——铁艺茶几
- **效果场景位置** | 案例源文件 > Cha04 > 实例33【圆】——铁艺茶几
- **贴图位置** | 贴图素材 > Cha04 > 实例33【圆】——铁艺茶几
- **视频教程** | 教学视频 > Cha04 > 实例33
- **视频长度** | 2分13秒
- **制作难度** | ★★★☆☆

▋ 操作步骤 ▋

01 单击 " ■（创建）> ■（图形）> 样条线 > 弧"按钮，在"顶"视图中创建一条弧，在"参数"卷展栏中设置"半径"为190，"从"为200，"到"为110；在"插值"卷展栏中设置"步数"为12；在"渲染"卷展栏中勾选"在渲染中启用"和"在视口中启用"复选框，设置"厚度"为18，如图4-29所示。

02 单击 " ■（创建）> ■（图形）> 样条线 > 线"按钮，在"前"视图中创建一条可渲染的样条线，在"渲染"卷展栏中设置"厚度"为18，如图4-30所示。

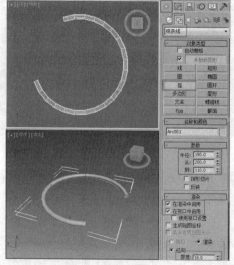

图 4-29

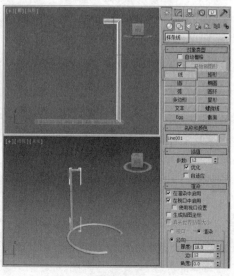

图 4-30

03 继续在"前"视图
中创建可渲染的样条
线,在"渲染"卷展
栏中设置"厚度"为
10,如图 4-31 所示。

04 继续在"前"视图
中创建样条线,在"渲
染"卷展栏中设置"厚
度"为 6,如图 4-32
所示。

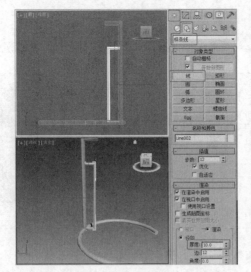

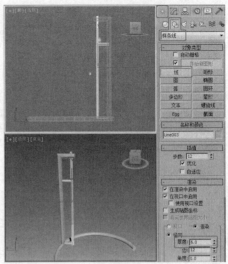

图 4-31   图 4-32

05 单击" (创建)
>   (图形)> 样条
线 > 圆"按钮,在"顶"
视图中创建一个圆,
在"参数"卷展栏中
设置"半径"为 190,
在"渲染"卷展栏中
设置"厚度"为 18,
如图 4-33 所示。

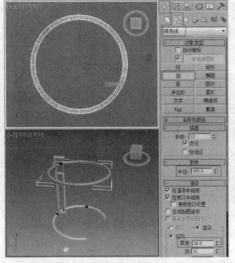

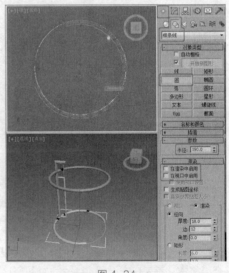

图 4-33   图 4-34

06 继续创建圆,在"参数"卷展栏中设置"半径"为 190,在"渲染"
卷展栏中取消对"在渲染中启用"和"在视口中启用"复选框的勾选,
如图 4-34 所示。

07 切换到   (修改)命令面板,在"修改器列表"中选择"挤出"
修改器,在"参数"卷展栏中设置"数量"为 15。调整挤出后的对
象至合适的位置,最终完成的模型如图 4-35 所示。

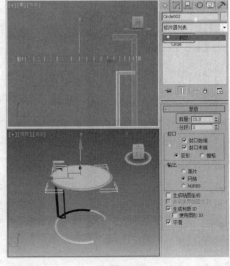

图 4-35

实例 034

【圆】——圆形双人床

- 案例场景位置｜案例源文件 > Cha04 > 实例34【圆】——圆形双人床
- 效果场景位置｜案例源文件 > Cha04 > 实例34【圆】——圆形双人床场景
- 贴图位置｜贴图素材 > Cha04 > 实例34【圆】——圆形双人床
- 视频教程｜教学视频 > Cha04 > 实例34
- 视频长度｜2分51秒
- 制作难度｜★★★☆☆

操作步骤

01 单击"　（创建）> 　（图形）> 样条线 > 圆"按钮，在"顶"视图中拖动鼠标创建一个圆作为床板，在"参数"卷展栏中设置"半径"为1050，在"插值"卷展栏中设置"步数"为12，如图4-36所示。

02 切换到　（修改）命令面板，在"修改器列表"中选择"挤出"修改器，在"参数"卷展栏中设置"数量"为200，如图4-37所示。

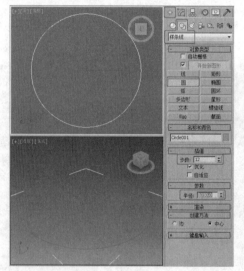

图 4-36

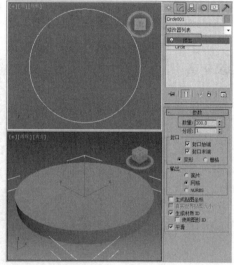

图 4-37

03 单击"　（创建）> 　（几何体）> 扩展基本体 > 切角圆柱体"按钮，在"顶"视图中创建一个切角圆柱体作为床垫，在"参数"卷展栏中设置"半径"为1000，"高度"为200，"圆角"为50，"圆角分段"为5，"边数"为30，如图4-38所示，调整其至合适的位置。

04 单击"　（创建）> 　（几何体）> 标准基本体 > 圆柱体"按钮，在"顶"视图中创建一个圆柱体作为床底部支架，在"参数"卷展栏中设置"半径"为950，"高度"为-40，"边数"为30，如图4-39所示。

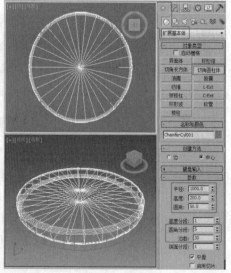

图 4-38

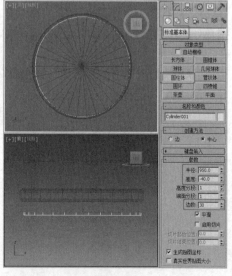

图 4-39

05 单击"　　（创建）> 　　（图形）> 样条线 > 弧"按钮，在"顶"视图中创建一条弧作为床头挡板，在"参数"卷展栏中设置"半径"为1050，"从"为40，"到"为90，如图 4-40 所示。

06 切换到 　　（修改）命令面板，在"修改器列表"中选择"编辑样条线"修改器，将选择集定义为"样条线"。在"几何体"卷展栏中单击"轮廓"按钮，在场景中拖动鼠标设置合适的轮廓，如图 4-41 所示，最后关闭选择集。

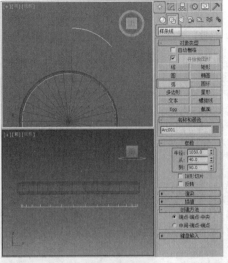

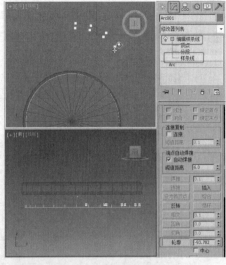

图 4-40　　　　　　　　　　　　图 4-41

07 在"修改器列表"中选择"挤出"修改器，在"参数"卷展栏中设置"数量"为 260，如图 4-42 所示。

08 对床头挡板模型进行复制，并调整其至合适的角度和位置，模型效果如图 4-43 所示。

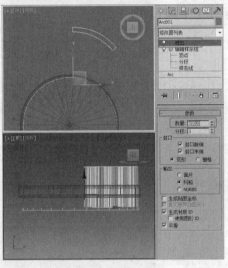

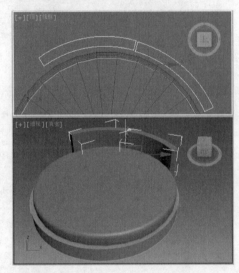

图 4-42　　　　　　　　　　　　图 4-43

实例 035　【矩形】——台灯

- **案例场景位置** | 案例源文件 > Cha04 > 实例35【矩形】——台灯
- **效果场景位置** | 案例源文件 > Cha04 > 实例35【矩形】——台灯场景
- **贴图位置** | 贴图素材 > Cha04 > 实例35【矩形】——台灯
- **视频教程** | 教学视频 > Cha04 > 实例35
- **视频长度** | 2分29秒
- **制作难度** | ★★★☆☆

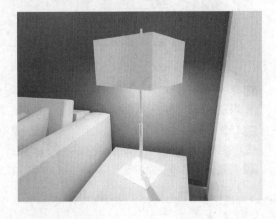

▌ **操作步骤** ▐

01 单击"﹡（创建）> 🔲（图形）> 样条线 > 矩形"按钮，在"顶"视图中创建一个矩形，在"参数"卷展栏中设置"长度"为150，"宽度"为150，"角半径"为6，如图4-44所示。

02 切换到 ☑（修改）命令面板，在"修改器列表"中选择"编辑样条线"修改器，将选择集定义为"样条线"。在"几何体"卷展栏中单击"轮廓"按钮，在场景中拖动鼠标设置合适的轮廓，如图4-45所示，最后关闭选择集。

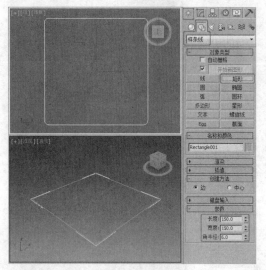
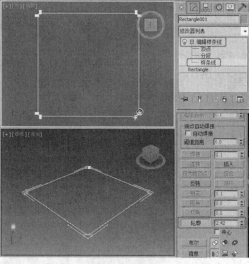

图4-44   图4-45

03 在"修改器列表"中选择"挤出"修改器，在"参数"卷展栏中设置"数量"为100，如图4-46所示。

04 单击"﹡（创建）> 🔘（几何体）> 标准基本体 > 圆柱体"按钮，在"顶"视图中创建一个圆柱体，在"参数"卷展栏中设置"半径"为4，"高度"为200，如图4-47所示，调整其至合适的位置。

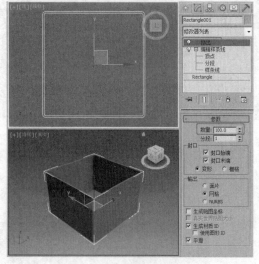
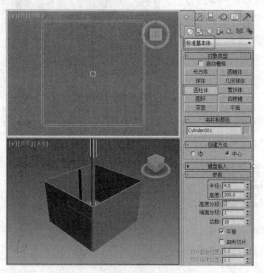

图4-46   图4-47

05 单击"﹡（创建）> 🔘（几何体）> 标准基本体 > 管状体"按钮，在"顶"视图中创建一个管状体，在"参数"卷展栏中设置"半径1"为5，"半径2"为4，"高度"为120，如图4-48所示，调整其至合适的位置。

06 单击"﹡（创建）> 🔘（几何体）> 扩展基本体 > 切角长方体"按钮，在"顶"视图中创建一个切角长方体，在"参数"卷展栏中设置"长度"为120，"宽度"为120，"高度"为8，"圆角"为8，如图4-49所示。

07 调整模型至合适的位置，完成模型的创建，模型效果如图4-50所示。

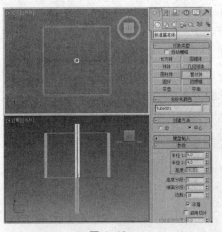

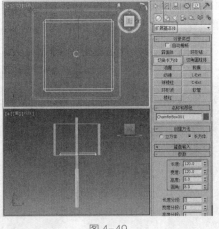

图 4-48   图 4-49   图 4-50

实例 036 【椭圆】——镜子

- **案例场景位置** | 案例源文件 > Cha04 > 实例36【椭圆】——镜子
- **效果场景位置** | 案例源文件 > Cha04 > 实例36【椭圆】——镜子场景
- **贴图位置** | 贴图素材 > Cha04 > 实例36【椭圆】——镜子
- **视频教程** | 教学视频 > Cha04 > 实例36
- **视频长度** | 1分
- **制作难度** | ★★★☆☆

操作步骤

01 单击"（创建）>（图形）> 样条线 > 椭圆"按钮，在"前"视图中创建一个椭圆。在"参数"卷展栏中设置"长度"为200，"宽度"为120，在"插值"卷展栏中设置"步数"为12，如图 4-51 所示。

02 在"渲染"卷展栏中勾选"在渲染中启用"和"在视口中启用"复选框，设置"厚度"为8，"边"为8，如图 4-52 所示。

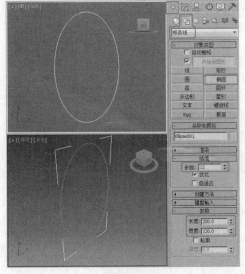

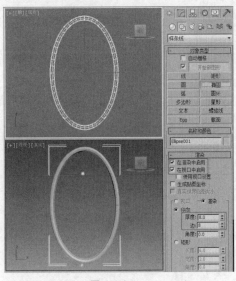

图 4-51   图 4-52

03 在"渲染"卷展栏中取消对"在渲染中启用"和"在视口中启用"复选框的勾选，继续在"前"视图中创建椭圆，在"参数"卷展栏中设置"长度"为 200，"宽度"为 120，如图 4-53 所示。

04 切换到 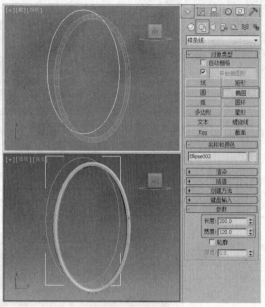（修改）命令面板，在"修改器列表"中选择"挤出"修改器，在"参数"卷展栏中设置"数量"为 3。调整模型至合适的位置，最终完成的模型如图 4-54 所示。

图 4-53   图 4-54

第

05 章

二维图形转三维对象
的应用

二维图形在效果图制作的过程中是使用频率最高的，复杂一点的
三维模型都需要先绘制二维图形，再对二维图形施加一些编辑命
令，得到计划中的三维模型。本章主要讲解了二维图形生成三维
模型的方法和技巧，通过本章内容的学习，可以设计制作出精美
的三维模型。下面我们来看看如何使用修改器命令将二维图形转
三维对象建模。

实例
037　【挤出】——窗框

- **案例场景位置** | 案例源文件 > Cha05 > 实例37【挤出】——窗框
- **效果场景位置** | 案例源文件 > Cha05 > 实例37【挤出】——窗框场景
- **贴图位置** | 贴图素材 > Cha05 > 实例37【挤出】——窗框
- **视频教程** | 教学视频 > Cha05 > 实例37
- **视频长度** | 1分
- **制作难度** | ★★★☆☆

┨ 操作步骤 ┠

01 单击"（创建）> （图形）> 样条线 > 矩形"按钮，在"前"视图中创建一个矩形，在"参数"卷展栏中设置"长度"为1800，"宽度"为650，如图5-1所示。

02 切换到 （修改）命令面板，在"修改器列表"中选择"编辑样条线"修改器，将选择集定义为"样条线"。在"几何体"卷展栏中单击"轮廓"按钮，在场景中拖曳鼠标设置合适的轮廓，如图5-2所示，最后关闭选择集。

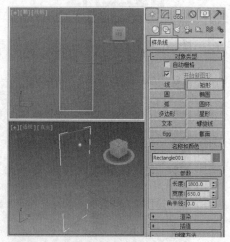

图 5-1

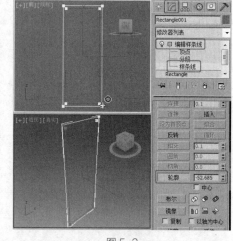

图 5-2

03 在"修改器列表"中选择"挤出"修改器，在"参数"卷展栏中设置"数量"为50，如图5-3所示。

04 对制作出的模型进行复制，调整其至合适的位置，完成后的模型效果如图5-4所示。

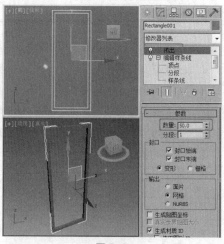

图 5-3

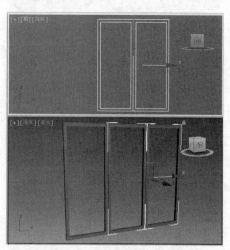

图 5-4

实例 038 【挤出】——电视柜

- **案例场景位置** | 案例源文件 > Cha05 > 实例38【挤出】——电视柜
- **效果场景位置** | 案例源文件 > Cha05 > 实例38【挤出】——电视柜场景
- **贴图位置** | 贴图素材 > Cha05 > 实例38【挤出】——电视柜
- **视频教程** | 教学视频 > Cha05 > 实例38
- **视频长度** | 1分4秒
- **制作难度** | ★★★☆☆

操作步骤

01 单击"（创建）>（图形）> 样条线 > 线"按钮，在"左"视图中创建一条线，如图 5-5 所示。

02 切换到（修改）命令面板，将选择集定义为"样条线"，在"几何体"卷展栏中单击"轮廓"按钮，在场景中拖动鼠标设置合适的轮廓，如图 5-6 所示。

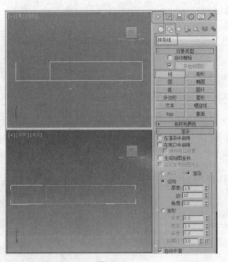

图 5-5

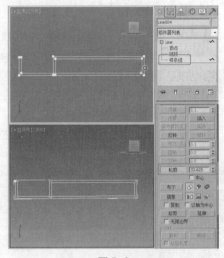

图 5-6

> **提示**
> 设置好样条线的轮廓后，如果有顶点位于轮廓内部（见图 5-6），则需将顶点调整到轮廓外部边缘位置（见图 5-7），否则对其施加"挤出"修改器后得不到理想的模型效果。

03 将选择集定义为"顶点"，在场景中调整顶点的位置，如图 5-7 所示。

04 在"修改器列表"中选择"挤出"修改器，在"参数"卷展栏中设置"数量"为370，完成的模型如图 5-8 所示。

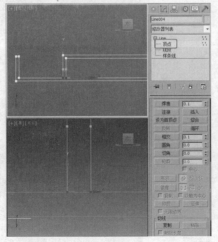

图 5-7

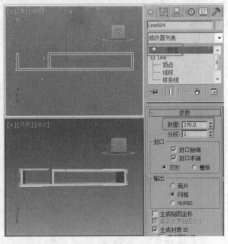

图 5-8

实例 039 【车削】——花瓶

- **案例场景位置** | 案例源文件 > Cha05 > 实例39【车削】——花瓶
- **效果场景位置** | 案例源文件 > Cha05 > 实例39【车削】——花瓶场景
- **贴图位置** | 贴图素材 > Cha05 > 实例39【车削】——花瓶
- **视频教程** | 教学视频 > Cha05 > 实例39
- **视频长度** | 2分
- **制作难度** | ★★★☆☆

操作步骤

01 单击"　（创建）> 　（图形）> 样条线 > 线"按钮,在"前"视图中创建一条线,然后调整样条线的形状,如图5-9所示。

02 切换到 　（修改）命令面板,将选择集定义为"样条线",在"几何体"卷展栏中单击"轮廓"按钮,并在场景中拖动鼠标设置合适的轮廓,如图5-10所示。

03 在"修改器列表"中选择"车削"修改器,在"参数"卷展栏中设置"度数"为360,"分段"为32,在"方向"组中单击Y按钮,在"对齐"组中单击"最小"按钮,完成后的模型如图5-11所示。

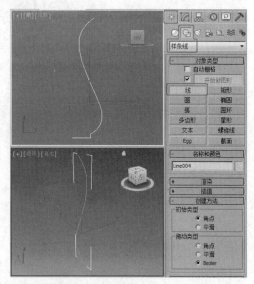

图5-9

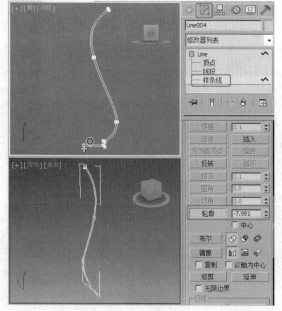

图5-10

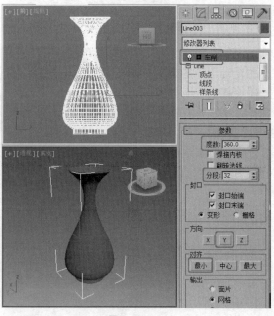

图5-11

实例 040 【车削】——玻璃果盘

- **案例场景位置** | 案例源文件 > Cha05 > 实例40【车削】——玻璃果盘
- **效果场景位置** | 案例源文件 > Cha05 > 实例40【车削】——玻璃果盘场景
- **贴图位置** | 贴图素材 > Cha05 > 实例40【车削】——玻璃果盘
- **视频教程** | 教学视频 > Cha05 > 实例40
- **视频长度** | 1分41秒
- **制作难度** | ★★★☆☆

操作步骤

01 单击" (创建)> (图形)> 样条线 > 线"按钮，在"前"视图中创建一条线，然后调整样条线的形状，如图 5-12 所示。

02 切换到 (修改)命令面板，将选择集定义为"样条线"，在"几何体"卷展栏中单击"轮廓"按钮，并在场景中拖动鼠标设置合适的轮廓，如图 5-13 所示。

03 在"修改器列表"中选择"车削"修改器，在"参数"卷展栏中设置"度数"为360并勾选"焊接内核"复选框，再设置"分段"为 8，在"方向"组中单击 Y 按钮，在"对齐"组中单击"最小"按钮，最终完成的模型如图 5-14 所示。

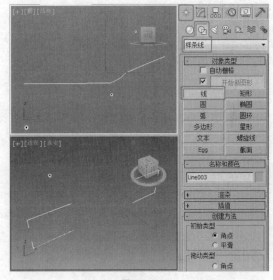

图 5-12

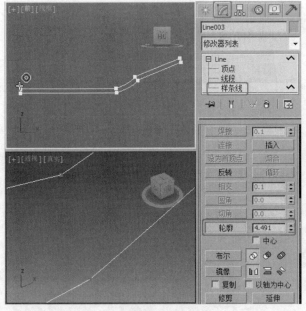

图 5-13

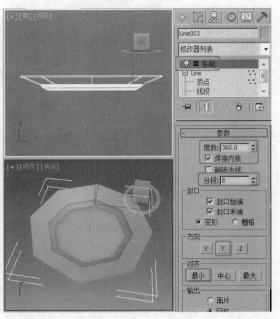

图 5-14

【倒角】——墙壁挂衣架

- **案例场景位置** | 案例源文件 > Cha05 > 实例41【倒角】——墙壁挂衣架
- **效果场景位置** | 案例源文件 > Cha05 > 实例41【倒角】——墙壁挂衣架场景
- **贴图位置** | 贴图素材 > Cha05 > 实例41【倒角】——墙壁挂衣架
- **视频教程** | 教学视频 > Cha05 > 实例41
- **视频长度** | 3分15秒
- **制作难度** | ★★★☆☆

操作步骤

01 单击"※（创建）> ☐（图形）> 样条线 > 圆"按钮，在"前"视图中创建一个圆，在"参数"卷展栏中设置"半径"为28，如图5-15所示。

02 切换到 ☐（修改）命令面板，在"修改器列表"中选择"倒角"修改器，在"倒角值"卷展栏中设置"级别1"的"高度"为0，"轮廓"为1，勾选"级别2"复选框并设置"高度"为5，勾选"级别3"复选框并设置"高度"为1，"轮廓"为-1，如图5-16所示。

03 单击"※（创建）> ☐（图形）> 样条线 > 星形"按钮，在"前"视图中创建一个星形，在"参数"卷展栏中设置"半径1"为25，"半径2"为15，"点"为6，"圆角半径1"为9，"圆角半径2"为2，如图5-17所示。

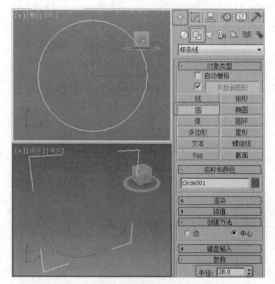

图 5-15

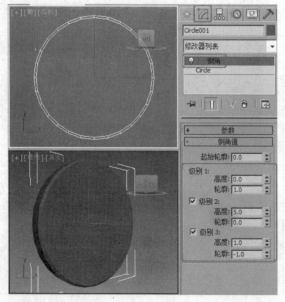

图 5-16

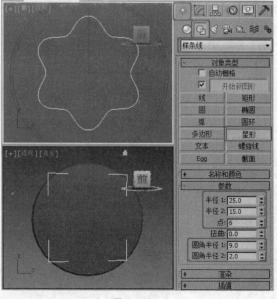

图 5-17

04 切换到 🖌 （修改）命令面板，在 "修改器列表" 中选择 "倒角" 修改器，在 "倒角值" 卷展栏中设置 "级别 1" 的 "高度" 为 0，"轮廓" 为 1，勾选 "级别 2" 复选框并设置 "高度" 为 5，勾选 "级别 3" 复选框并设置 "高度" 为 1，"轮廓" 为 -1，如图 5-18 所示。

05 单击 "※ （创建）> ⬡ （图形）> 样条线 > 线" 按钮，在 "左" 视图中创建一条线。在 "渲染" 卷展栏中勾选 "在渲染中启用" 和 "在视口中启用" 复选框，设置 "厚度" 为 2，调整其至合适的位置，如图 5-19 所示。

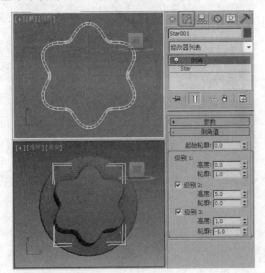

图 5-18

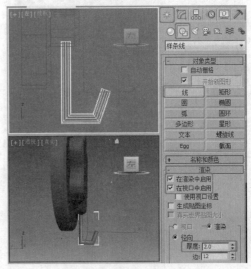

图 5-19

06 切换到 🖌 （修改）命令面板，将选择集定义为 "顶点"，调整模型至合适的形状和位置，如图 5-20 所示。

07 单击 "※ （创建）> ⬡ （几何体）> 标准基本体 > 球体" 按钮，在 "左" 视图中创建一个球体，在 "参数" 卷展栏中设置 "半径" 为 1.2，如图 5-21 所示。

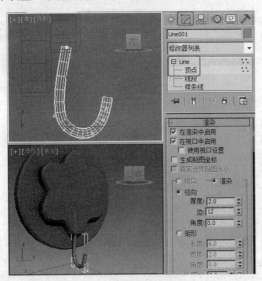

图 5-20

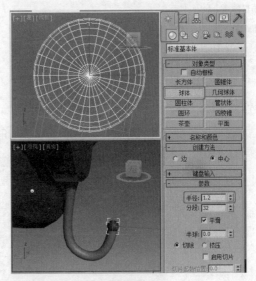

图 5-21

08 对制作出的所有模型进行复制，并调整复制出的模型至合适的位置，如图 5-22 所示。

09 单击 "※ （创建）> ⬡ （几何体）> 扩展基本体 > 切角长方体" 按钮，在 "左" 视图中创建一个切角长方体，设置合适的参数并调整其至合适的位置，完成的模型如图 5-23 所示。

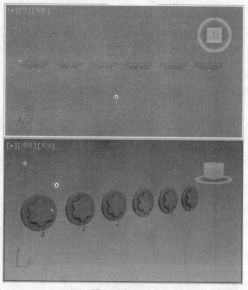

图 5-22

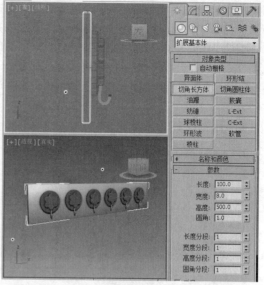

图 5-23

实例 042 　【倒角】——墙壁储物架

- **案例场景位置**｜案例源文件 > Cha05 > 实例42【倒角】——墙壁储物架
- **效果场景位置**｜案例源文件 > Cha05 > 实例42【倒角】——墙壁储物架场景
- **贴图位置**｜贴图素材 > Cha05 > 实例42【倒角】——墙壁储物架
- **视频教程**｜教学视频 > Cha05 > 实例42
- **视频长度**｜1分26秒
- **制作难度**｜★★★☆☆

操作步骤

01 单击"（创建）>（图形）> 样条线 > 多边形"按钮，在"前"视图中创建一个多边形，在"参数"卷展栏中设置"半径"为 200，如图 5-24 所示。

02 切换到（修改）命令面板，在"修改器列表"中选择"编辑样条线"修改器，将选择集定义为"样条线"。在"几何体"卷展栏中单击"轮廓"按钮，并在场景中拖动鼠标设置合适的轮廓，如图 5-25 所示，最后关闭选择集。

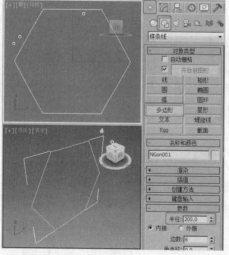

图 5-24

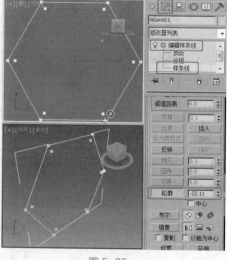

图 5-25

03 在"修改器列表"中选择"倒角"修改器，在"倒角值"卷展栏中设置"级别 1"的"高度"为 200，勾选"级别 2"复选框并设置"高度"为 1，"轮廓"为 −1，如图 5-26 所示。

04 对制作的模型进行复制并调整其至合适的位置，完成的模型如图 5-27 所示。

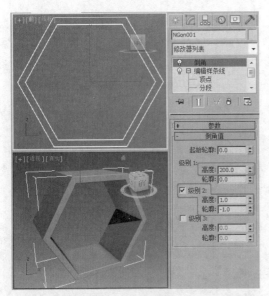

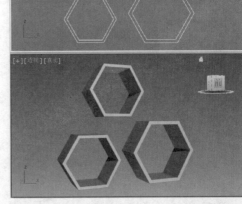

图 5-26　　　　　　　　　　　　　　　　　图 5-27

实例 043 　**【倒角剖面】——相框**

● **案例场景位置** | 案例源文件 > Cha05 > 实例 43【倒角剖面】——相框

● **效果场景位置** | 案例源文件 > Cha05 > 实例 43【倒角剖面】——相框场景

● **贴图位置** | 贴图素材 > Cha05 > 实例 43【倒角剖面】——相框

● **视频教程** | 教学视频 > Cha05 > 实例 43

● **视频长度** | 2 分 58 秒

● **制作难度** | ★★★☆☆

▌ **操作步骤** ▐

01 单击" （创建）> （图形）> 样条线 > 矩形"按钮，在"前"视图中创建一个矩形，在"参数"卷展栏中设置"长度"为 260，"宽度"为 200，"角半径"为 0，如图 5-28 所示。

02 单击" （创建）> （图形）> 样条线 > 线"按钮，在"前"视图中创建作为剖面图形的样条线，如图 5-29 所示。

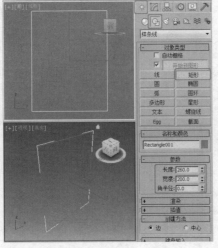

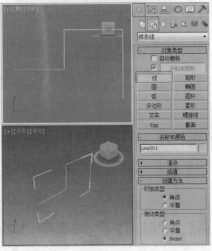

图 5-28　　　　　　　　　　　　　　　　　图 5-29

03 切换到 ☑ （修改）命令面板，将选择集定义为"顶点"，在场景中调整样条线的形状，如图 5-30 所示。

04 在场景中选择矩形，在"修改器列表"中选择"倒角剖面"修改器。在"参数"卷展栏中单击"倒角剖面"组中的"拾取剖面"按钮，在场景中拾取作为剖面图形的样条线，如图 5-31 所示。

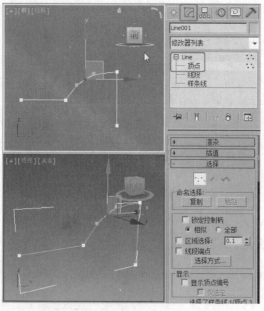

图 5-30

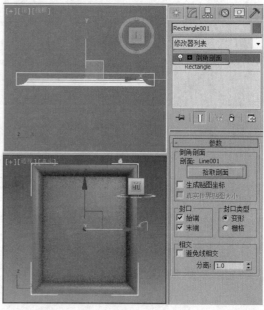

图 5-31

> **提示**
>
> 因为在绘制剖面图形时没有固定的参数作为参考，所以接下来创建的模型只能根据自己所创建的模型来定制参数，这里无法提供确切的参数。

05 继续在"前"视图中创建矩形，在"参数"卷展栏中设置合适的参数，如图 5-32 所示。

06 切换到 ☑ （修改）命令面板，在"修改器列表"中选择"编辑样条线"修改器，将选择集定义为"样条线"。在"几何体"卷展栏中单击"轮廓"按钮，并在场景中拖曳鼠标设置合适的轮廓，如图 5-33 所示，最后关闭选择集。

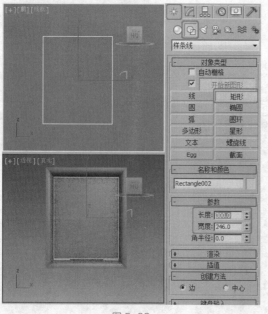

图 5-32

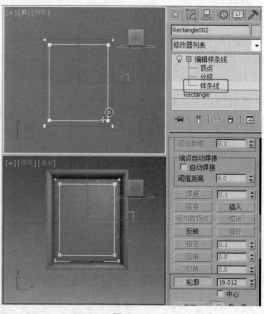

图 5-33

07 在"修改器列表"中选择"挤出"修改器，在"参数"卷展栏中设置"数量"为 5，如图 5-34 所示。

08 单击"　（创建）> 　（几何体）> 标准基本体 > 长方体"按钮，在"前"视图中创建一个长方体作为相片，在"参数"卷展栏中设置合适的参数，如图 5-35 所示。

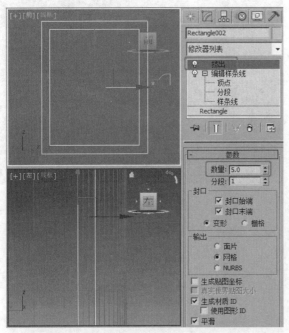

图 5-34

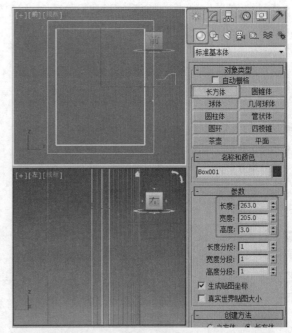

图 5-35

09 对制作出的所有模型进行复制，并调整其至合适的角度和位置，如图 5-36 所示。

10 单击"　（创建）> 　（几何体）> 标准基本体 > 圆柱体"按钮，在"顶"视图中创建一个圆柱体。在"参数"卷展栏中设置"半径"为 15，"高度"为 -120，"高度分段"为 1，完成的模型如图 5-37 所示。

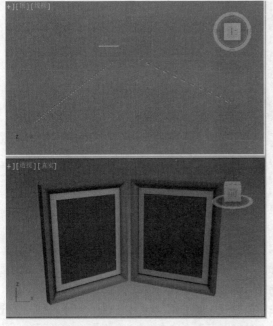

图 5-36

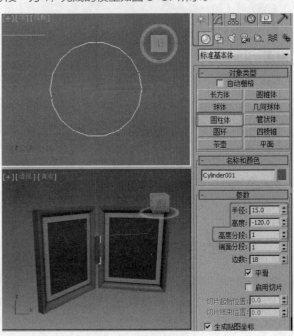

图 5-37

实例
044 【倒角剖面】——会议桌

- **案例场景位置** 案例源文件 > Cha05 > 实例44【倒角剖面】——会议桌
- **效果场景位置** 案例源文件 > Cha05 > 实例44【倒角剖面】——会议桌场景
- **贴图位置** 贴图素材 > Cha05 > 实例44【倒角剖面】——会议桌
- **视频教程** 教学视频 > Cha05 > 实例44
- **视频长度** 3分10秒
- **制作难度** ★★★☆☆

▌操作步骤 ▌

01 单击"▣（创建）> ▣（图形）> 样条线 > 多边形"按钮，在"前"视图中创建一个六边形，在"参数"卷展栏中设置"半径"为2000，如图5-38所示。

02 单击"▣（创建）> ▣（图形）> 样条线 > 线"按钮，在"前"视图中创建样条线作为剖面图形，如图5-39所示。

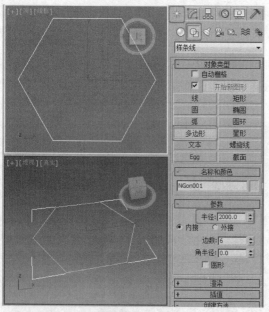

图 5-38

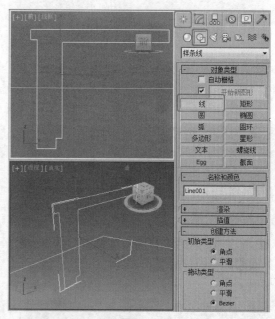

图 5-39

03 切换到 ▣（修改）命令面板，将选择集定义为"顶点"，在场景中调整样条线的形状，如图5-40所示，最后关闭选择集。

04 在场景中选择六边形，在"修改器列表"中选择"倒角剖面"修改器，再在"参数"卷展栏中单击"倒角剖面"组中的"拾取剖面"按钮，在场景中拾取作为剖面图形的样条线，如图5-41所示。

05 单击"▣（创建）> ▣（几何体）> 标准基本体 > 圆柱体"按钮，在"顶"视图中创建一个圆柱体作为会议桌的腿，再在"参数"卷展栏中设置"半径"为40，"高度"为-440，"高度分段"为1，如图5-42所示。

06 对腿模型进行复制，并调整其至合适的位置，完成的模型如图5-43所示。

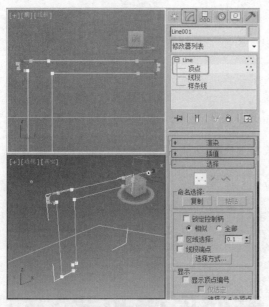

图 5-40

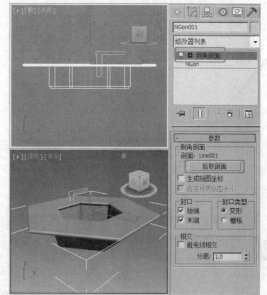

图 5-41

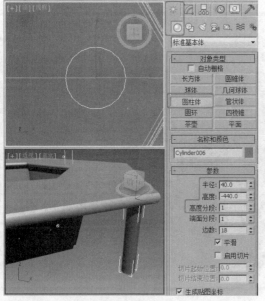

图 5-42

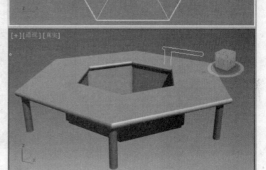

图 5-43

第06章

三维变形修改器的应用

通过几何体创建命令创建的三维模型往往不能完全满足效果图制作过程中的需求，因此就需要使用修改器对基础模型进行修改，从而使三维模型的外观更加符合要求。本章将主要讲解常用三维修改器的使用方法和应用技巧。通过本章内容的学习，可以运用常用三维修改器对三维模型进行精细的编辑和处理。

实例 045　【弯曲】——吊灯

- **案例场景位置**｜案例源文件 > Cha06 > 实例45【弯曲】——吊灯
- **效果场景位置**｜案例源文件 > Cha06 > 实例45【弯曲】——吊灯场景
- **贴图位置**｜贴图素材 > Cha06 > 实例45【弯曲】——吊灯
- **视频教程**｜教学视频 > Cha06 > 实例45
- **视频长度**｜8分48秒
- **制作难度**｜★★★☆☆

┨ 操作步骤 ┠

01 单击"　（创建）>　（图形）> 样条线 > 星形"按钮，在"前"视图中创建一个星形，在"参数"卷展栏中设置"半径1"为90，"半径2"为40，"点"为5，"扭曲"为0，"圆角半径1"为50，"圆角半径2"为0，如图6-1所示。

02 切换到　（修改）命令面板，在"修改器列表"中选择"编辑样条线"修改器，将选择集定义为"顶点"，选择如图6-2所示的顶点，并将其删除。

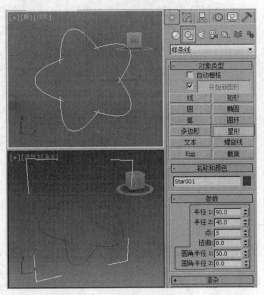

图 6-1

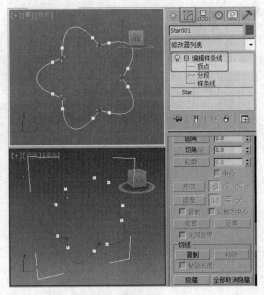

图 6-2

03 选择全部的顶点后右击，在弹出的快捷菜单中选择"Bezier角点"命令，在场景中对其进行调整，如图6-3所示，最后关闭选择集。

04 在"修改器列表"中选择"挤出"修改器，在"参数"卷展栏中设置"数量"为2，调整挤出模型至合适的角度，如图6-4所示。

05 单击"　（创建）>　（几何体）> 标准基本体 > 圆柱体"按钮，在"前"视图中创建一个圆柱体。在"参数"卷展栏中设置"半径"为10，"高度"为2.5，"高度分段"为1，"端面分段"为4，如图6-5所示。

06 继续创建星形，在"参数"卷展栏中设置"半径1"为50，"半径2"为15，"点"为4，"扭曲"为0，"圆角半径1"为20，"圆角半径2"为0，如图6-6所示。

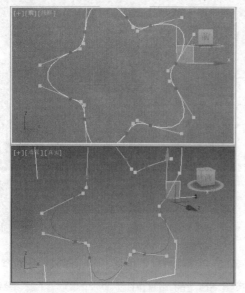

图 6-3

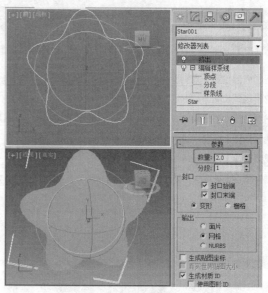

图 6-4

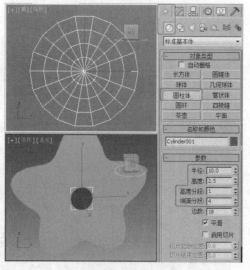

图 6-5

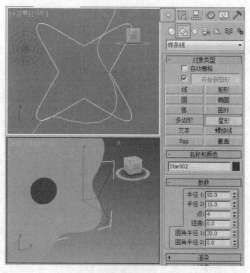

图 6-6

07 切换到 （修改）命令面板，在"修改器列表"中选择"编辑样条线"修改器，将选择集定义为"顶点"，对星形的形状进行调整，如图 6-7 所示，最后关闭选择集。

08 在"修改器列表"中选择"挤出"修改器，在"参数"卷展栏中设置"数量"为 2，调整挤出对象至合适的位置，如图 6-8 所示。

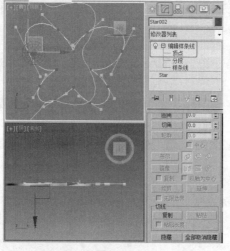

图 6-7

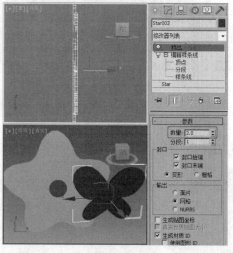

图 6-8

09 在"修改器列表"中选择"编辑多边形"修改器,将选择集定义为"多边形"。在"编辑几何体"卷展栏中单击"附加"按钮,将新创建的星形模型与场景中另外一个星形模型附加到一起,如图 6-9 所示,最后关闭"附加"按钮。

10 在场景中选择全部的多边形,单击"切片平面"按钮并勾选其后的"分割"复选框,在场景中调整切片至合适的角度,如图 6-10 所示。

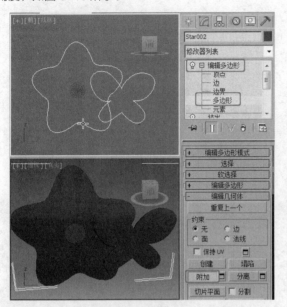

图 6-9

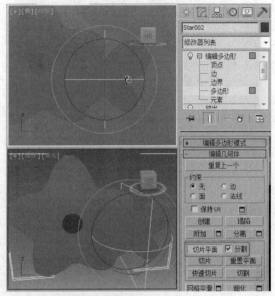

图 6-10

11 单击"切片"按钮,为多边形设置切片,如图 6-11 所示,最后关闭选择集。

12 将全部的模型进行复制,并调整其至合适的位置,如图 6-12 所示。

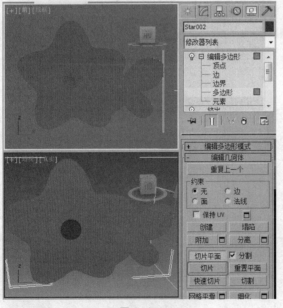

图 6-11

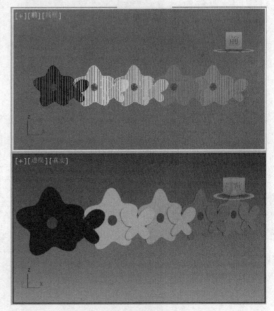

图 6-12

技巧

只有给附加到一起的模型设置切片,才能够在接下来为其施加"弯曲"修改器时,使制作的模型更加平滑、美观。

13 在场景中选择所有的模型,在"修改器列表"中选择"弯曲"修改器。在"参数"卷展栏中设置"弯曲"组中

的"角度"为390，
"方向"为-90，在
"弯曲轴"组中选择
X选项，如图6-13
所示。

14 在"修改器列表"
中选择"锥化"修改器，
在"参数"卷展栏中
设置"锥化"组中的"数
量"为-0.3，如图
6-14所示。

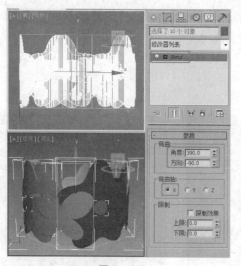
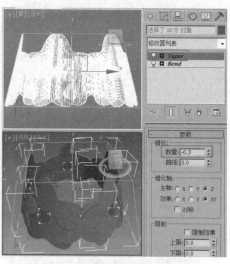

图6-13　　　　　　　　　　　图6-14

15 继续在"前"视
图中创建圆柱体，在
"参数"卷展栏中设
置"半径"为1，"高
度"为86，"高度分
段"为1，"端面分段"
为1，调整其至合适
的角度和位置，如图
6-15所示。

16 对圆柱体进行复
制，调整其至合适的
角度和位置，如图
6-16所示。

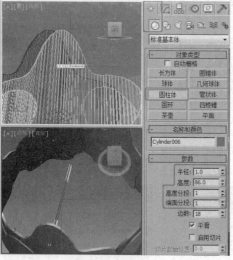
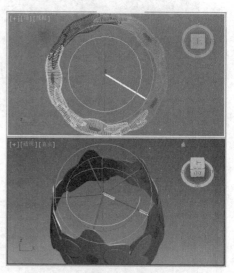

图6-15　　　　　　　　　　　图6-16

17 继续在"顶"视图中创建圆柱体，在"参数"卷展栏中设置"半径"为1，"高度"为200，"高度分段"为1，"端
面分段"为1，如图
6-17所示。

18 单击" ※ （创建）
> ☐ （图形）> 样条
线 > 线"按钮，在
"前"视图中创建一
条线，并调整其形状，
如图6-18所示。

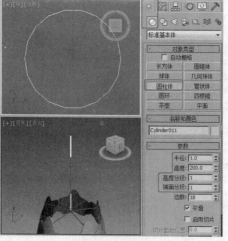
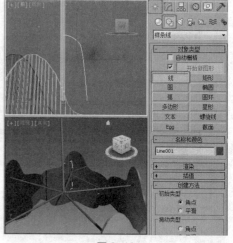

图6-17　　　　　　　　　　　图6-18

19 切换到 ☑ （修改）命令面板，在"修改器列表"中选择"车削"修改器。在"参数"卷展栏中设置"度数"为

360 并勾选"焊接内核"复选框,在"方向"组中单击 Y 按钮,在"对齐"组中单击"最小"按钮,如图 6-19 所示。

20 单击"![]（创建）> ![]（几何体）> 标准基本体 > 球体"按钮,在"顶"视图中创建一个球体作为灯泡,在"参数"卷展栏中设置"半径"为 15,完成的模型如图 6-20 所示。

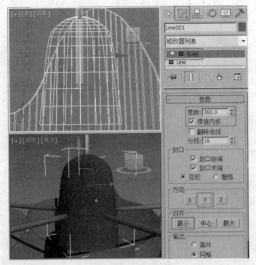

图 6-19

图 6-20

实例 046 【弯曲】——弧形墙

- **案例场景位置** | 案例源文件 > Cha06 > 实例 46【弯曲】——弧形墙
- **效果场景位置** | 案例源文件 > Cha06 > 实例 46【弯曲】——弧形墙场景
- **贴图位置** | 贴图素材 > Cha06 > 实例 46【弯曲】——弧形墙
- **视频教程** | 教学视频 > Cha06 > 实例 46
- **视频长度** | 4 分 40 秒
- **制作难度** | ★★★☆☆

操作步骤

01 单击"![]（创建）> ![]（图形）> 样条线 > 矩形"按钮,在"前"视图中创建一个矩形,在"参数"卷展栏中设置"长度"为 200,"宽度"为 400,如图 6-21 所示。

02 切换到 ![]（修改）命令面板,在"修改器列表"中选择"编辑样条线"修改器,如图 6-22 所示。

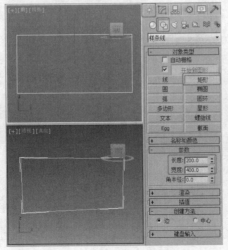

图 6-21

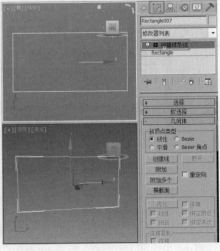

图 6-22

03 单击"（创建）>（图形）"按钮，在"对象类型"卷展栏中取消对"开始新图形"复选框的勾选，单击"矩形"按钮，在"前"视图中创建一个矩形。在"参数"卷展栏中设置"长度"为80，"宽度"为130，如图 6-23 所示。

04 切换到（修改）命令面板，将选择集定义为"样条线"，选择内部小矩形，并对其进行复制，调整其至合适的位置，如图 6-24 所示，最后关闭选择集。

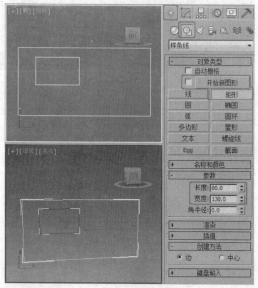
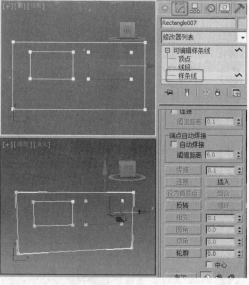

图 6-23　　　　　　　　　　图 6-24

> **提示**
>
> 创建第二个小矩形时，"修改器堆栈"中的"编辑多边形"修改器会自动变为"可编辑多边形"修改器，此时将无法对原图形参数进行调整。

05 将选择集定义为"线段"，选择外侧矩形顶、底的分段，在"几何体"卷展栏中设置"拆分"为20，单击"拆分"按钮，如图 6-25 所示。

06 选择内侧两个小矩形顶、底的分段，在"几何体"卷展栏中设置"拆分"为8，单击"拆分"按钮，如图 6-26 所示，最后关闭选择集。

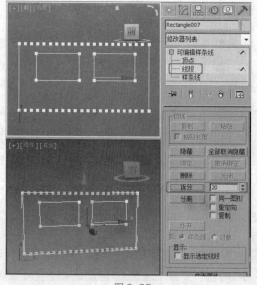
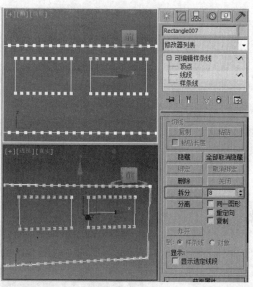

图 6-25　　　　　　　　　　图 6-26

07 在"修改器列表"中选择"挤出"修改器,在"参数"卷展栏中设置"数量"为 20,如图 6-27 所示。

08 继续创建矩形作为窗框模型,在"参数"卷展栏中设置"长度"为 70,"宽度"为 54,如图 6-28 所示。

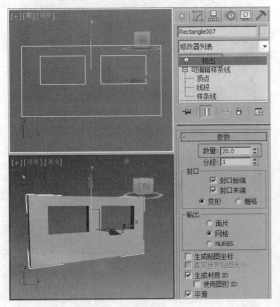

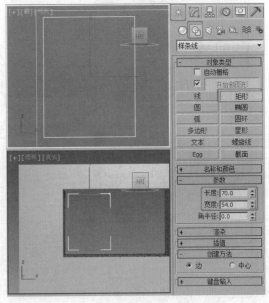

图 6-27

图 6-28

09 切换到 （修改）命令面板,在"修改器列表"中选择"编辑样条线"修改器,将选择集定义为"分段"。选择外侧矩形顶、底的分段,在"几何体"卷展栏中设置"拆分"为 8,单击"拆分"按钮,如图 6-29 所示。

10 选择集定义为"样条线",在"几何体"卷展栏中单击"轮廓"按钮,并在场景中拖曳鼠标设置合适的轮廓,如图 6-30 所示,最后关闭选择集。

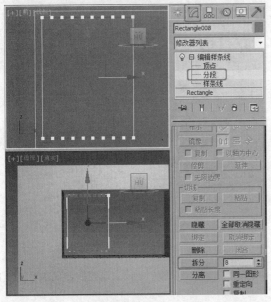

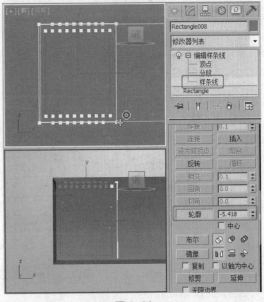

图 6-29

图 6-30

11 在"修改器列表"中选择"挤出"修改器,在"参数"卷展栏中设置"数量"为 8,如图 6-31 所示。

12 对制作出的窗框模型进行复制,并调整其至合适的位置,如图 6-32 所示。

技巧

从模型效果来看,虽然整体已经弯曲了,但还存在很多问题,有很明显的黑斑及连线,下面我们来进行调整。

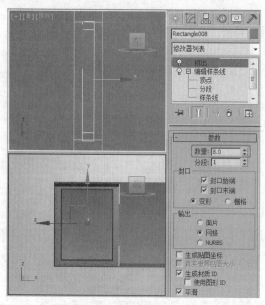

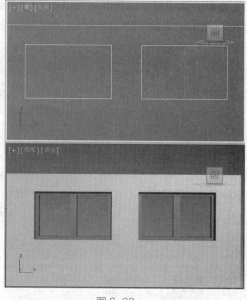

图 6-31 图 6-32

13 继续创建矩形作为玻璃，在"参数"卷展栏中设置"长度"为90，"宽度"为330，如图6-33所示。

14 切换到 （修改）命令面板，在"修改器列表"中选择"编辑样条线"修改器，将选择集定义为"分段"。选择矩形顶、底的分段，在"几何体"卷展栏中设置"拆分"为15，单击"拆分"按钮，如图6-34所示，最后关闭选择集。

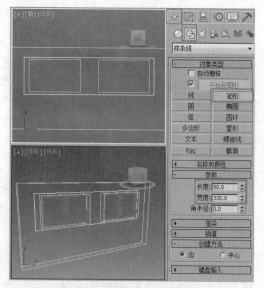

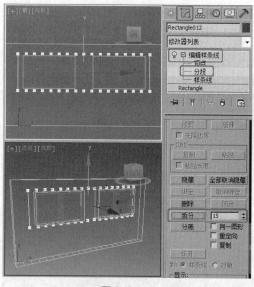

图 6-33 图 6-34

15 在"修改器列表"中选择"挤出"修改器，在"参数"卷展栏中设置"数量"为5，调整挤出对象到窗框的中间位置，如图6-35所示。

16 在场景中选择所有的模型，在"修改器列表"中选择"弯曲"修改器，在"参数"卷展栏中设置"弯曲"组中的"角度"为100，"方向"为90，再在"弯曲轴"组中选择X选项，如图6-36所示。

技巧

当对模型施加"弯曲"修改器后，如果还存在很明显的黑斑及连线，就可以通过改变线形的首选项和调整"挤出"修改器中的"栅格"选项来对模型进行调整。

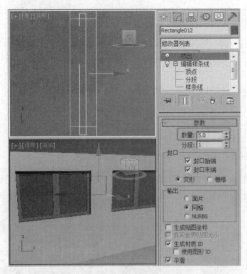

图 6-35

图 6-36

17 在"修改器堆栈"中选择"可编辑样条线"修改器，将选择集定义为"顶点"，然后在"前"视图中选择左下方的顶点，在"几何体"卷展栏中单击"设为首顶点"按钮，如图 6-37 所示，最后关闭选择集。

18 在"修改器堆栈"中选择"挤出"修改器，再在"参数"卷展栏中选择"封口"组中的"栅格"选项，完成的模型如图 6-38 所示。

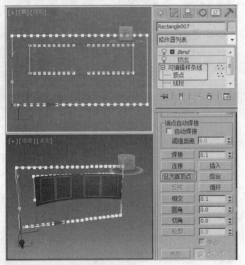

图 6-37

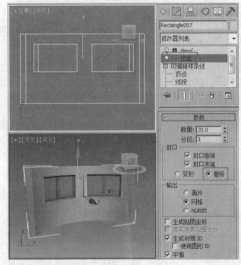

图 6-38

实例 047 【扭曲】——蜡烛

- **案例场景位置** | 案例源文件 > Cha06 > 实例47【扭曲】——蜡烛
- **效果场景位置** | 案例源文件 > Cha06 > 实例47【扭曲】——蜡烛场景
- **贴图位置** | 贴图素材 > Cha06 > 实例47【扭曲】——蜡烛
- **视频教程** | 教学视频 > Cha06 > 实例47
- **视频长度** | 5分49秒
- **制作难度** | ★★★☆☆

操作步骤

01 单击"🔆（创建）> 🔲（图形）> 样条线 > 星形"按钮，在"前"视图中创建一个星形，然后在"参数"卷展栏中设置"半径1"为66，"半径2"为50，"点"为8，"扭曲"为0，"圆角半径1"为16，"圆角半径2"为5，如图6-39所示。

02 切换到 🗃（修改）命令面板，在"修改器列表"中选择"挤出"修改器，在"参数"卷展栏中设置"数量"为800，"分段"为50，如图6-40所示。

> **提示**
>
> 我们在为三维图像施加"挤出"修改器时，必须为对象设置足够的段数，否则达不到理想的效果。此处设置"分段"的目的就是为了使模型在应用"扭曲"修改器时能达到所期望的扭曲效果。

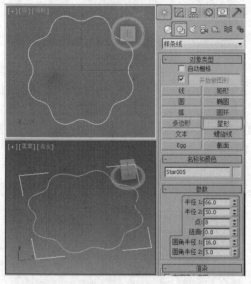

图6-39

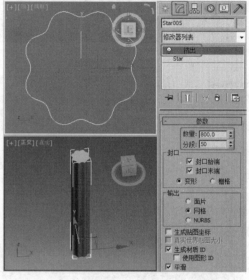

图6-40

03 在"修改器列表"中选择"锥化"修改器，在"参数"卷展栏中设置"锥化"组中的"数量"为-0.5，"曲线"为0.5，如图6-41所示。

04 在"修改器列表"中选择"扭曲"修改器，在"参数"卷展栏中设置"扭曲"组中的"角度"为450，如图6-42所示。

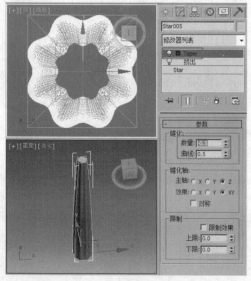

图6-41

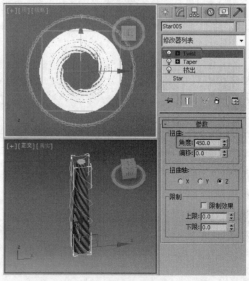

图6-42

05 单击"■（创建）> ☑（图形）> 样条线 > 线"按钮，在"前"视图中创建一条线作为蜡烛芯，在"渲染"卷展栏中勾选"在渲染中启用"和"在视口中启用"复选框，设置"厚度"为 4，如图 6-43 所示。

06 单击"■（创建）> ◎（几何体）> 标准基本体 > 管状体"按钮，在"顶"视图中创建一个管状体，再在"参数"卷展栏中设置"半径 1"为 70，"半径 2"为 62，"高度"为 80，"高度分段"为 1，"边数"为 25，如图 6-44 所示。

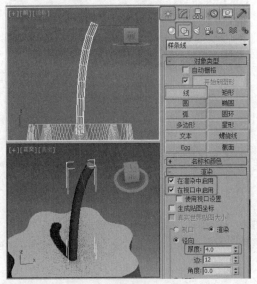

图 6-43

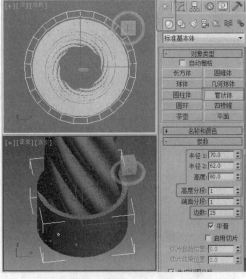

图 6-44

07 单击"■（创建）> ◎（几何体）> 标准基本体 > 圆柱体"按钮，在"前"视图中创建一个圆柱体，在"参数"卷展栏中设置"半径"为 85，"高度"为 10，"高度分段"为 1，"边数"为 25，如图 6-45 所示。

08 单击"■（创建）> ☑（图形）> 样条线 > 圆"按钮，在"前"视图中创建一个圆作为支架。在"渲染"卷展栏中勾选"在渲染中启用"和"在视口中启用"复选框，设置"厚度"为 15，在"参数"卷展栏中设置"半径"为 100，如图 6-46 所示。

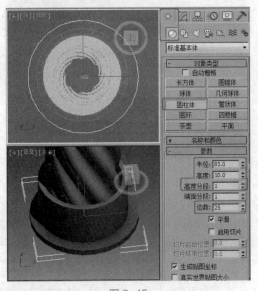

图 6-45

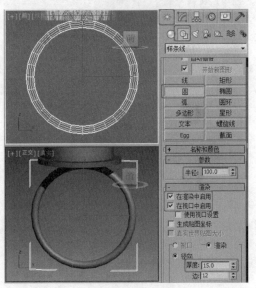

图 6-46

09 继续创建可渲染的圆，在"参数"卷展栏中设置"半径"为 118，如图 6-47 所示。

10 继续创建可渲染的圆，在"参数"卷展栏中设置"半径"为 165，如图 6-48 所示。

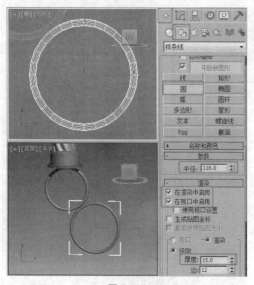

图 6-47

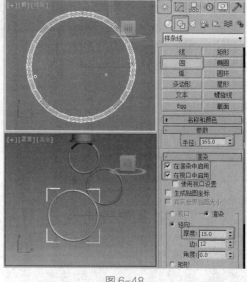

图 6-48

11 单击" （创建）>   （图形）> 样条线 > 星形"按钮，在"前"视图中创建一个星形。在"渲染"卷展栏中勾选"在渲染中启用"和"在视口中启用"复选框，设置"厚度"为15，在"参数"卷展栏中设置"半径1"为68，"半径2"为26，"点"为8，如图 6-49 所示。

12 继续创建可渲染的星形，在"参数"卷展栏中设置"半径1"为86，"半径2"为30，"点"为8，如图 6-50 所示。

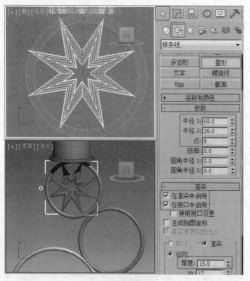

图 6-49

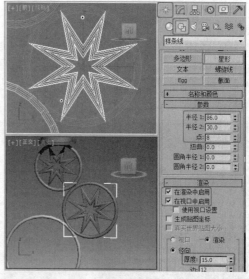

图 6-50

13 继续创建可渲染的星形，在"参数"卷展栏中设置"半径1"为120，"半径2"为40，"点"为8，如图 6-51 所示。

14 单击" （创建）>   （图形）> 样条线 > 多边形"按钮，在"前"视图中创建一个多边形。在"渲染"卷展栏中勾选"在渲染中启用"和"在视口中启用"复选框，设置"厚度"为15，在"参数"卷展栏中设置"半径"为130，"边数"为6，如图 6-52 所示。

技巧

模型中创建的可渲染的圆和可渲染的星形，除重新创建外也可以创建一个模型后对其进行复制，再切换到   （修改）命令面板对其参数进行修改即可。

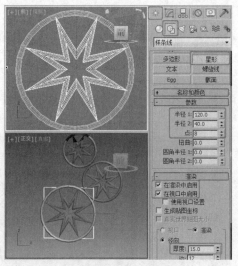
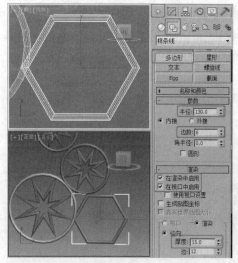

图 6-51　　　　　　　　　　　　　　　　　　图 6-52

15 单击 "　（创建）> 　（图形）> 样条线 > 圆环" 按钮，在 "前" 视图中创建一个圆环。在 "渲染" 卷展栏中勾选 "在渲染中启用" 和 "在视口中启用" 复选框，设置 "厚度" 为 15，在 "参数" 卷展栏中设置 "半径 1" 为 78，"半径 2" 为 30，如图 6-53 所示。

16 继续在 "顶" 视图中创建圆柱体，在 "参数" 卷展栏中设置 "半径" 为 240，"高度" 为 20，"高度分段" 为 1，"边数" 为 30，完成的模型如图 6-54 所示。

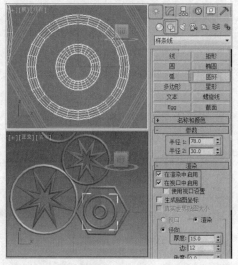
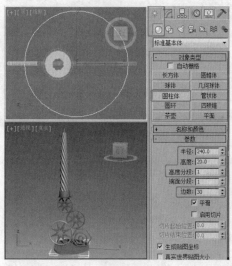

图 6-53　　　　　　　　　　　　　　　　　　图 6-54

实例 048 【扭曲】——烛台

- 案例场景位置 | 案例源文件 > Cha06 > 实例 48【扭曲】——烛台
- 效果场景位置 | 案例源文件 > Cha06 > 实例 48【扭曲】——烛台场景
- 贴图位置 | 贴图素材 > Cha06 > 实例 48【扭曲】——烛台
- 视频教程 | 教学视频 > Cha06 > 实例 48
- 视频长度 | 4 分 16 秒
- 制作难度 | ★★★☆☆

┃ **操作步骤** ┃

01 单击"＊（创建）＞ ⬚（图形）＞ 样条线 ＞ 星形"按钮，在"前"视图中创建一个星形，在"参数"卷展栏中设置"半径1"为80，"半径2"为50，"点"为8，"圆角半径1"为20，"圆角半径2"为10，如图6-55所示。

02 切换到 ⬚（修改）命令面板，在"修改器列表"中选择"挤出"修改器，在"参数"卷展栏中设置"数量"为400，"分段"为30，如图6-56所示。

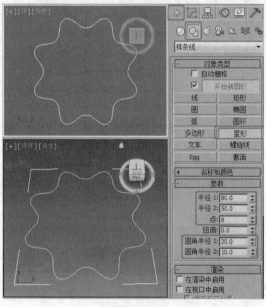

图 6-55

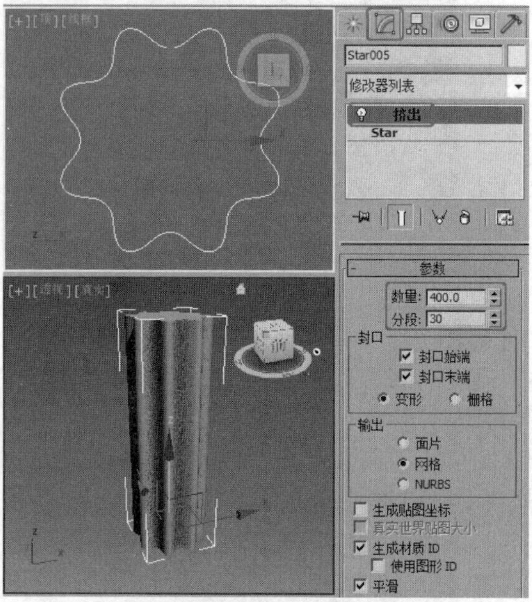

图 6-56

03 在"修改器列表"中选择"锥化"修改器，在"参数"卷展栏中设置"锥化"组中的"数量"为-0.5，"曲线"为1，如图6-57所示。

04 在"修改器列表"中选择"扭曲"修改器，在"参数"卷展栏中设置"扭曲"组中的"角度"为260，如图6-58所示。

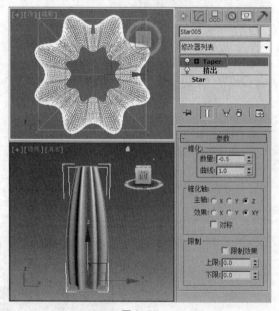

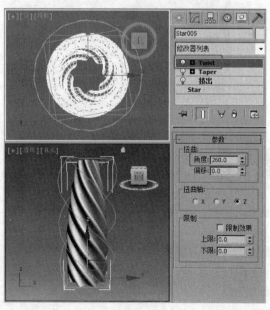

图 6-57

图 6-58

05 使用 ▦（镜像）工具对模型进行复制，在弹出的对话框中选择"镜像轴"为 Y，"克隆当前选择"为"实例"，单击"确定"按钮，如图 6-59 所示。

06 单击" ✳（创建）> ⚙（图形）> 样条线 ＞ 线"按钮，在"前"视图中创建一条线并调整其至合适的形状，如图 6-60 所示。

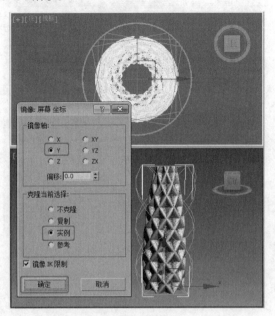

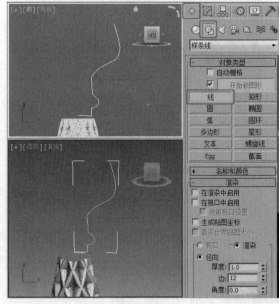

图 6-59　　　　　　　　　　　　　　　　　图 6-60

07 切换到 ▨（修改）命令面板，将选择集定义为"样条线"，在"几何体"卷展栏中单击"轮廓"按钮，并在场景中拖曳鼠标设置合适的轮廓，如图 6-61 所示，最后关闭选择集。

08 在"修改器列表"中选择"车削"修改器，在"参数"卷展栏中设置"度数"为 360，"分段"为 32，在"方向"组中单击 Y 按钮，在"对齐"组中单击"最小"按钮，调整模型至合适的位置，如图 6-62 所示。

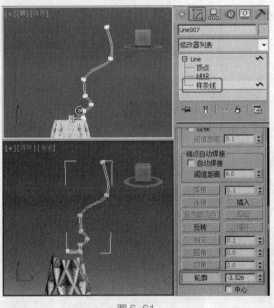

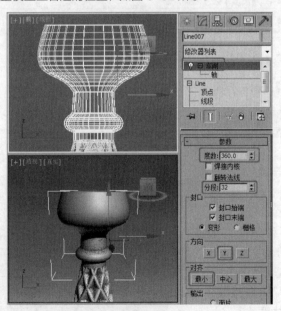

图 6-61　　　　　　　　　　　　　　　　　图 6-62

09 继续创建样条线，并调整其至合适的形状，如图 6-63 所示。

10 切换到 ▨（修改）命令面板，在"修改器列表"中选择"车削"修改器，在"参数"卷展栏中设置"度数"为 360，"分段"为 32，在"方向"组中单击 Y 按钮，在"对齐"组中单击"最小"按钮，调整模型至合适的位置，完成的模型如图 6-64 所示。

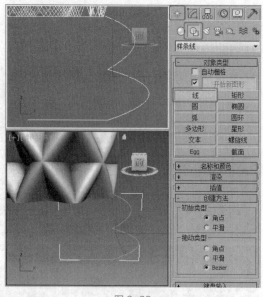

图 6-63

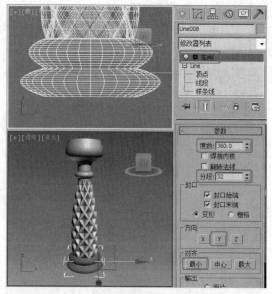

图 6-64

实例 049 【锥化】——苹果

- **案例场景位置** | 案例源文件 > Cha06 > 实例 49【锥化】——苹果
- **效果场景位置** | 案例源文件 > Cha06 > 实例 49【锥化】——苹果场景
- **贴图位置** | 贴图素材 > Cha06 > 实例 49【锥化】——苹果
- **视频教程** | 教学视频 > Cha06 > 实例 49
- **视频长度** | 2 分 26 秒
- **制作难度** | ★★★☆☆

操作步骤

01 单击" （创建） >   （几何体） > 标准基本体 > 球体"按钮，在"顶"视图中创建一个球体，在"参数"卷展栏中设置"半径"为 168，如图 6-65 所示。

02 切换到 （修改）命令面板，在"修改器列表"中选择"FFD（圆柱体）"修改器，将选择集定义为"控制点"，在场景中调整顶部中心位置的控制点，如图 6-66 所示。

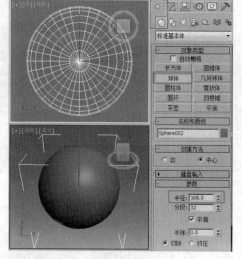

图 6-65

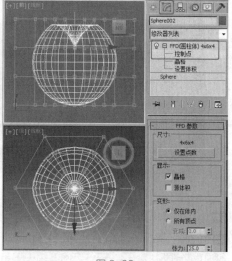

图 6-66

03 在场景中选择顶部中心位置周围的控制点，对控制点进行缩放并调整其至合适的位置，如图 6-67 所示。

04 在场景中选择底部中心位置的控制点，调整其至合适的位置，如图 6-68 所示，最后关闭选择集。

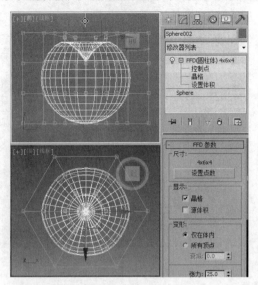 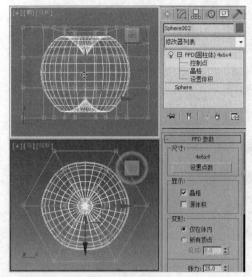

图 6-67　　　　　　　　　　　　图 6-68

05 在"修改器列表"中选择"锥化"修改器，在"参数"卷展栏中设置"锥化"选项组中的"数量"为 0.17，如图 6-69 所示。

06 单击"■（创建）> ○（几何体）> 标准基本体 > 圆柱体"按钮，在"顶"视图中创建一个圆柱体，在"参数"卷展栏中设置"半径"为 5，"高度"为 150，"高度分段"为 10，"端面分段"为 1，"边数"为 18，如图 6-70 所示。

提示

创建圆柱体的时候设置较大"高度分段"的目的是为了在之后为其施加"FFD（圆柱体）"修改器时，能更好地对控制点进行调整，并且使调整的模型更加平滑、美观。

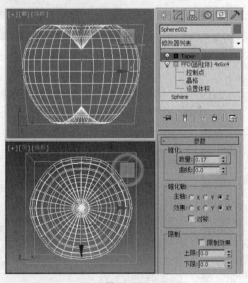 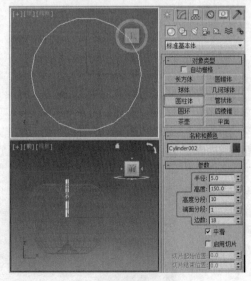

图 6-69　　　　　　　　　　　　图 6-70

07 切换到 ☑（修改）命令面板，在"修改器列表"中选择"FFD（圆柱体）"修改器，将选择集定义为"控制点"，对控制点进行缩放，如图 6-71 所示。

08 在场景中调整控制点至合适的角度和位置，完成的模型如图 6-72 所示。

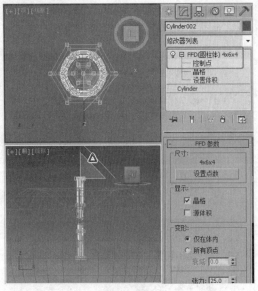
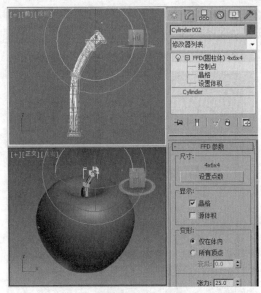

图 6-71　　　　　　　　　　　　　　图 6-72

| 实例 050 | 【锥化】——垃圾篓 |

- **案例场景位置** | 案例源文件 > Cha06 > 实例50【锥化】——垃圾篓
- **效果场景位置** | 案例源文件 > Cha06 > 实例50【锥化】——垃圾篓场景
- **贴图位置** | 贴图素材 > Cha06 > 实例50【锥化】——垃圾篓
- **视频教程** | 教学视频 > Cha06 > 实例50
- **视频长度** | 2分29秒
- **制作难度** | ★★★☆☆

操作步骤

01 单击"　　（创建）>　　（几何体）> 标准基本体 > 圆柱体"按钮，在"顶"视图中创建一个圆柱体，再在"参数"卷展栏中设置"半径"为100，"高度"为200，"高度分段"为25，"端面分段"为1，"边数"为50，如图6-73所示。

02 切换到　　（修改）命令面板，在"修改器列表"中选择"晶格"修改器，在"参数"卷展栏中选择"几何体"组中的"仅来自边的支柱"选项，再在"支柱"组中设置"边数"为12，勾选"平滑"复选框，如图6-74所示。

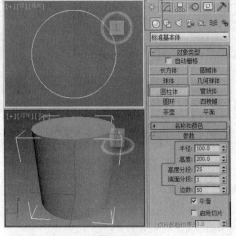
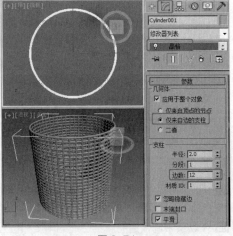

图 6-73　　　　　　　　　　　　　　图 6-74

03 单击"![]（创建）>![]（几何体）>标准基本体 > 管状体"按钮，在"顶"视图中创建一个管状体，在"参数"卷展栏中设置"半径1"为102，"半径2"为99，"高度"为-30，"高度分段"为1，"端面分段"为1，"边数"为35，如图6-75所示。

04 在场景中选择两个模型，切换到![]（修改）命令面板，在"修改器列表"中选择"锥化"修改器，在"参数"卷展栏中设置"锥化"组中的"数量"为0.2，如图6-76所示。

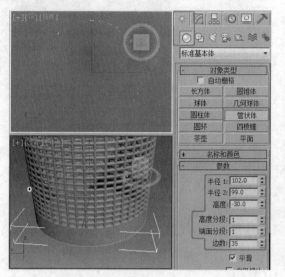

图 6-75

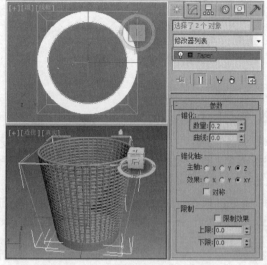

图 6-76

05 继续在"顶"视图中创建管状体，在"参数"卷展栏中设置"半径1"为113，"半径2"为107，"高度"为25，"高度分段"为1，"端面分段"为1，"边数"为35，调整其至合适的位置，如图6-77所示。

06 继续创建圆柱体，在"参数"卷展栏中设置"半径"为92，"高度"为5，"高度分段"为1，"端面分段"为1，"边数"为30，调整其至合适的位置，完成的模型如图6-78所示。

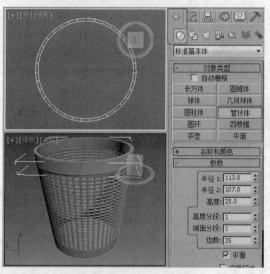

图 6-77

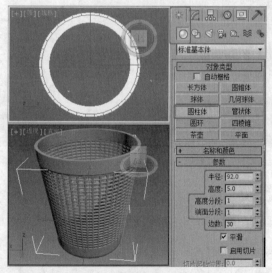

图 6-78

实例 051 【噪波】——石头

● **案例场景位置** | 案例源文件 > Cha06 > 实例51【噪波】——石头

● **效果场景位置** | 案例源文件 > Cha06 > 实例51【噪波】——石头场景

- **贴图位置** | 贴图素材 > Cha06 > 实例51【噪波】——石头
- **视频教程** | 教学视频 > Cha06 > 实例51
- **视频长度** | 1分
- **制作难度** | ★★★☆☆

┃ 操作步骤 ┃

01 单击"＊（创建）> ○（几何体）> 标准基本体 > 几何球体"按钮，在"顶"视图中创建一个几何球体，在"参数"卷展栏中设置"半径"为140，"分段"为8，如图6-79所示。

02 在场景中对几何球体进行缩放，如图6-80所示。

03 切换到 ☑（修改）命令面板，在"修改器列表"中选择"噪波"修改器，在"参数"卷展栏中设置"噪波"组的"种子"为2并勾选"分形"复选框，再在"强度"组中设置X为15、Y为30、Z为60，完成的模型如图6-81所示。

技巧

对几何球体进行缩放时，可以先在"顶"视图中沿 y 轴进行缩放，再在"前"视图中沿 y 轴进行缩放。

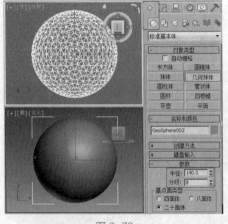

图6-79

图6-80

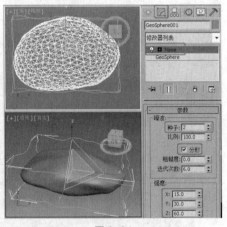

图6-81

实例 052 【噪波】——冰块

- **案例场景位置** | 案例源文件 > Cha06 > 实例52【噪波】——冰块
- **效果场景位置** | 案例源文件 > Cha06 > 实例52【噪波】——冰块 场景
- **贴图位置** | 贴图素材 > Cha06 > 实例52【噪波】——冰块
- **视频教程** | 教学视频 > Cha06 > 实例52
- **视频长度** | 1分
- **制作难度** | ★★★☆☆

┨ 操作步骤 ┠

01 单击"🔆（创建）> ⚪（几何体）> 扩展基本体 > 切角长方体"按钮，在"顶"视图中创建一个切角长方体，在"参数"卷展栏中设置"长度"为 50，"宽度"为 50，"高度"为 50，"圆角"为 5，"长度分段"为 10，"宽度分段"为 10，"高度分段"为 10，"圆角分段"为 5，如图 6-82 所示。

02 切换到 🖉（修改）命令面板，在"修改器列表"中选择"噪波"修改器，在"参数"卷展栏中设置"噪波"组的"种子"为 1 并勾选"分形"复选框，再在"强度"组中设置 X 为 15、Y 为 15、Z 为 15，完成的模型如图 6-83 所示。

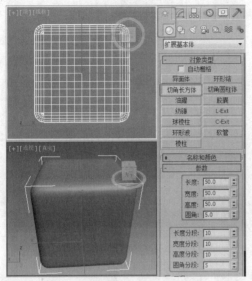

图 6-82   图 6-83

> **提示**
>
> "噪波"修改器可对物体表面的顶点进行随机变动，使表面变得起伏而不规则。它常用于制作复杂的地形和地面，也常常指定给物体以产生不规则的造型。

实例 053 【编辑网格】——电视

- **案例场景位置** ┃ 案例源文件 > Cha06 > 实例 53【编辑网格】——电视
- **效果场景位置** ┃ 案例源文件 > Cha06 > 实例 53【编辑网格】——电视场景
- **贴图位置** ┃ 贴图素材 > Cha06 > 实例 53【编辑网格】——电视
- **视频教程** ┃ 教学视频 > Cha06 > 实例 53
- **视频长度** ┃ 4 分 8 秒
- **制作难度** ┃ ★ ★ ★ ☆ ☆

┨ 操作步骤 ┠

01 单击"🔆（创建）> ⚪（几何体）> 标准基本体 > 长方体"按钮，在"顶"视图中创建一个长方体，在"参数"卷展栏中设置"长度"为 85，"宽度"为 1050，"高度"为 650，"长度分段"为 1，"宽度分段"为 3，"高度分段"为 3，如图 6-84 所示。

02 切换到 🖉（修改）命令面板，在"修改器列表"中选择"编辑网格"修改器，将选择集定义为"顶点"，然后在场景中调整顶点的位置，如图 6-85 所示。

03 将选择集定义为"多边形"，在"选择"卷展栏中勾选"忽略背面"复选框，在场景中选择中间的多边形，如图

6-86 所示。

04 在"编辑几何体"卷展栏中单击"挤出"按钮，在场景中向下拖动鼠标设置合适的挤出厚度，如图 6-87 所示，最后关闭选择集。

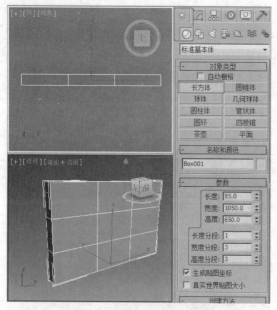

图 6-84

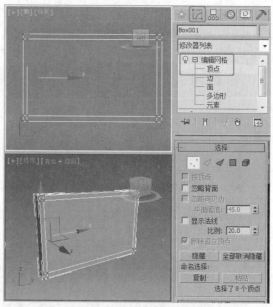

图 6-85

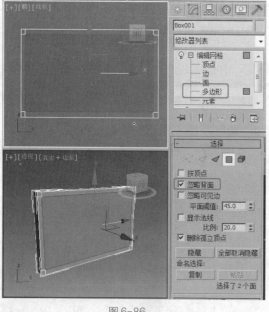

图 6-86

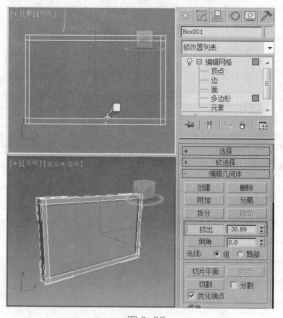

图 6-87

05 继续"顶"视图中创建长方体作为屏幕模型，在"参数"卷展栏中设置"长度"为18，"宽度"为980，"高度"为570，"长度分段"为1，"宽度分段"为1，"高度分段"为1，如图 6-88 所示。

06 继续在"顶"视图中创建长方体作为喇叭，在"参数"卷展栏中设置"长度"为85，"宽度"为60，"高度"为600，"长度分段"为1，"宽度分段"为3，"高度分段"为3，调整其至合适的位置，如图 6-89 所示。

> **提示**
>
> 在"编辑几何体"卷展栏中单击"挤出"按钮，可以在场景中拖动鼠标设置合适的挤出参数，也可以直接输入需要挤出的参数数值。

图 6-88

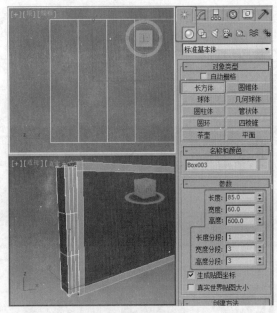

图 6-89

07 切换到 （修改）命令面板，在"修改器列表"中选择"编辑网格"修改器，将选择集定义为"顶点"，在"选择"卷展栏中取消对"忽略背面"复选框的勾选，在场景中调整顶点的位置，如图 6-90 所示。

08 将选择集定义为"多边形"，在"选择"卷展栏中勾选"忽略背面"复选框，在场景中选择中间的多边形，如图 6-91 所示。

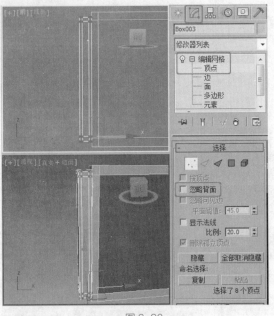

图 6-90

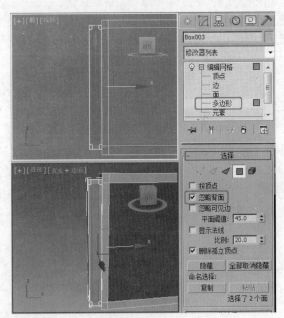

图 6-91

09 在"编辑几何体"卷展栏中单击"挤出"按钮，在场景中向下拖动鼠标设置合适的挤出厚度，如图 6-92 所示，最后关闭选择集。

10 继续"顶"视图中创建长方体作为喇叭的纱布模型，在"参数"卷展栏中设置"长度"为 10，"宽度"为 35，"高度"为 560，"长度分段"为 1，"宽度分段"为 1，"高度分段"为 1，如图 6-93 所示。

11 将制作出的喇叭和喇叭纱布模型进行复制，并调整其至合适的位置，完成的模型如图 6-94 所示。

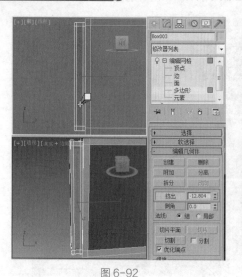

图 6-92

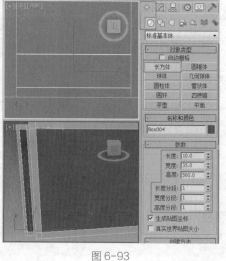

图 6-93

图 6-94

实例 054 【编辑网格】——方形装饰柱

- **案例场景位置** | 案例源文件 > Cha06 > 实例54【编辑网格】——方形装饰柱
- **效果场景位置** | 案例源文件 > Cha06 > 实例54【编辑网格】——方形装饰柱场景
- **贴图位置** | 贴图素材 > Cha06 > 实例54【编辑网格】——方形装饰柱
- **视频教程** | 教学视频 > Cha06 > 实例54
- **视频长度** | 1分7秒
- **制作难度** | ★★★☆☆

操作步骤

01 单击"（创建）>（几何体）>标准基本体 > 长方体"按钮，在"顶"视图中创建一个长方体，在"参数"卷展栏中设置"长度"为300，"宽度"为300，"高度"为100，"长度分段"为1，"宽度分段"为1，"高度分段"为1，如图 6-95 所示。

02 切换到（修改）命令面板，在"修改器列表"中选择"编辑网格"修改器，将选择集定义为"多边形"，在场景中选择顶部的多边形，如图 6-96 所示。

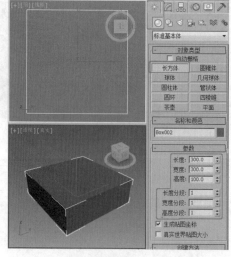

图 6-95

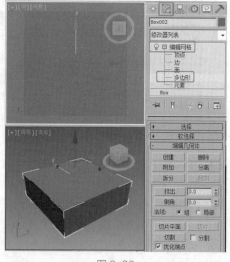

图 6-96

03 在"编辑几何体"卷展栏中设置"挤出"为 80，单击"挤出"按钮，如图 6-97 所示。

04 设置"倒角"为 -50，单击"倒角"按钮，如图 6-98 所示。

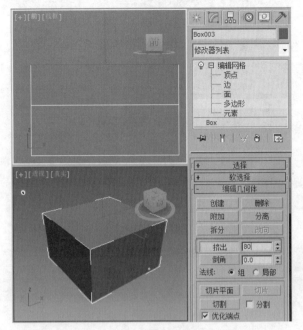

图 6-97

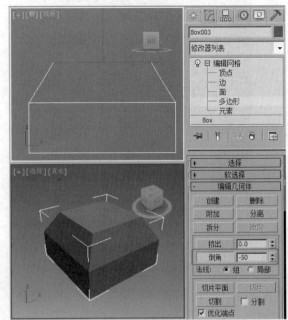

图 6-98

05 设置"挤出"为 1500，单击"挤出"按钮，如图 6-99 所示。

06 设置"挤出"为 80，单击"挤出"按钮，如图 6-100 所示。

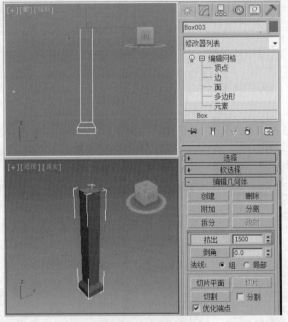

图 6-99

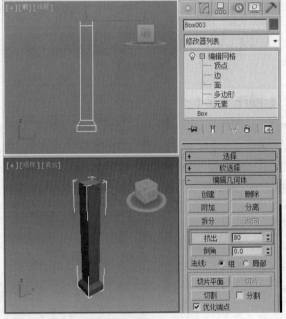

图 6-100

07 设置"倒角"为 50，单击"倒角"按钮，如图 6-101 所示。

08 设置"挤出"为 100，单击"挤出"按钮，完成的模型如图 6-102 所示，最后关闭选择集。

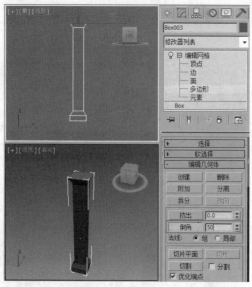

图 6-101   图 6-102

实例 055 【FFD长方体】——抱枕

- **案例场景位置** | 案例源文件 > Cha06 > 实例55【FFD长方体】——抱枕
- **效果场景位置** | 案例源文件 > Cha06 > 实例55【FFD长方体】——抱枕场景
- **贴图位置** | 贴图素材 > Cha06 > 实例55【FFD长方体】——抱枕
- **视频教程** | 教学视频 > Cha06 > 实例55
- **视频长度** | 1分41秒
- **制作难度** | ★★★☆☆

操作步骤

01 单击 " ▓ （创建）> ○ （几何体）> 扩展基本体 > 切角长方体"按钮，在"前"视图中创建一个切角长方体，在"参数"卷展栏中设置"长度"为200，"宽度"为700，"高度"为700，"圆角"为40，"长度分段"为3，"宽度分段"为5，"高度分段"为5，"圆角分段"为4，如图6-103所示。

02 切换到 ▓ （修改）命令面板，在"修改器列表"中选择"FFD（长方体）"修改器，在"FFD参数"卷展栏中单击"设置点数"按钮，在弹出的"设置FFD尺寸"对话框中设置"长度"为2，"宽度"为5，"高度"为5，单击"确定"按钮，如图6-104所示。

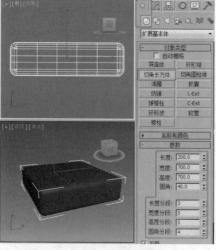

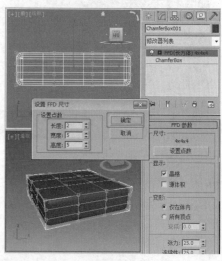

图 6-103   图 6-104

03 将选择集定义为"控制点",在场景中选择周边的控制点,在"前"视图中沿 y 轴缩放控制点,如图 6-105 所示。
04 在"前"视图中选择中间的控制点进行缩放,如图 6-106 所示。

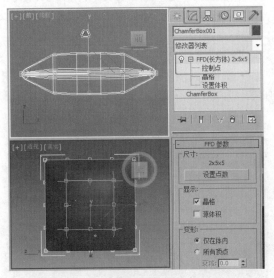

图 6-105　　　　　　　　图 6-106

05 在"左"视图中选择中间的控制点进行缩放,如图 6-107 所示。
06 在"顶"视图中对除 4 个角以外的所有控制点进行缩放,完成的模型如图 6-108 所示。

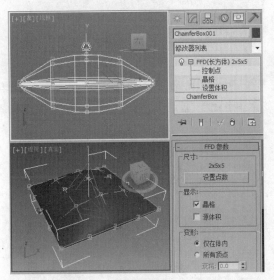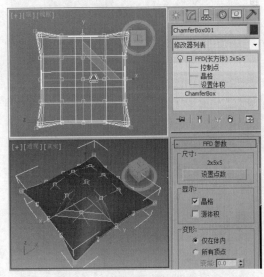

图 6-107　　　　　　　　图 6-108

实例 056　【FFD长方体】——休闲沙发

- **案例场景位置** | 案例源文件 > Cha06 > 实例56【FFD长方体】——休闲沙发
- **效果场景位置** | 案例源文件 > Cha06 > 实例56【FFD长方体】——休闲沙发场景
- **贴图位置** | 贴图素材 > Cha06 > 实例56【FFD长方体】——休闲沙发
- **视频教程** | 教学视频 > Cha06 > 实例56
- **视频长度** | 4分10秒
- **制作难度** | ★★★☆☆

┃ **操作步骤** ┃

01 单击"＊（创建）>（几何体）>扩展基本体 > 切角长方体"按钮,在"顶"视图中创建一个切角长方体,在"参数"卷展栏中设置"长度"为700,"宽度"为800,"高度"为150,"圆角"为20,"长度分段"为8,"宽度分段"为7,"高度分段"为1,"圆角分段"为3,如图6-109所示。

02 切换到（修改）命令面板,在"修改器列表"中选择"编辑多边形"修改器,将选择集定义为"多边形"。选择长方体顶部的多边形,在"编辑多边形"卷展栏中单击"倒角"后的（设置）按钮,在弹出的"助手小盒"中设置"类型"为"组法线","高度"为400,单击（确定）按钮,如图6-110所示。

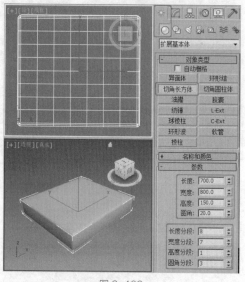

图 6-109

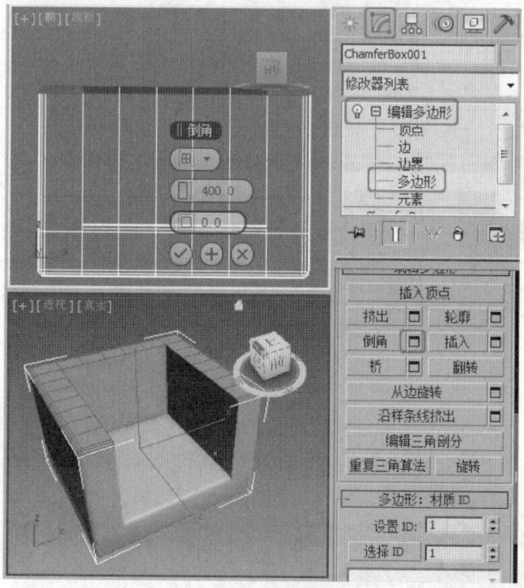

图 6-110

03 在"修改器列表"中选择"涡轮平滑"修改器,在"涡轮平滑"卷展栏中设置"迭代次数"为2,如图6-111所示。

04 在"修改器列表"中选择"FFD（长方体）"修改器,将选择集定义为"控制点",在"左"视图中调整控制点,如图6-112所示,关闭选择集。

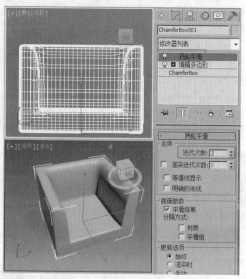

图 6-111

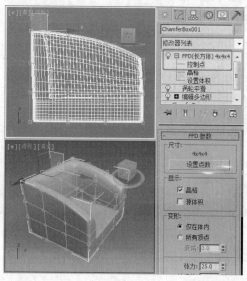

图 6-112

05 在"修改器列表"中选择"FFD（长方体）"修改器,将选择集定义为"控制点",在"左"视图中调整控制点,如图6-113所示,关闭选择集。

06 继续在"顶"视图中创建切角长方体作为沙发垫模型,在"参数"卷展栏中设置"长度"为595,"宽度"为540,"高度"为100，"圆角"为15，"长度分段"为8，"宽度分段"为7，"高度分段"为1，"圆角分段"为3，如图6-114所示。

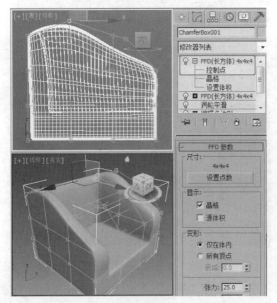
图 6-113

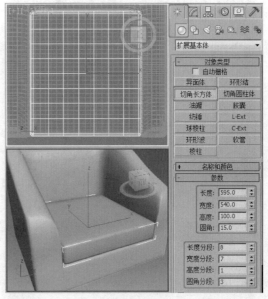
图 6-114

07 切换到　（修改）命令面板，在"修改器列表"中选择"涡轮平滑"修改器，在"涡轮平滑"卷展栏中设置"迭代次数"为2，如图6-115所示。

08 在"修改器列表"中选择"FFD（长方体）"修改器，将选择集定义为"控制点"。在场景中选择模型顶部中间的4个控制点，在"前"视图中进行调整，如图6-116所示，最后关闭选择集。

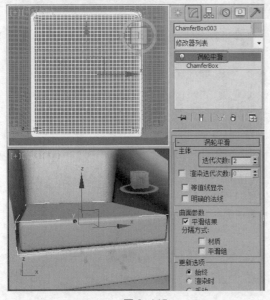
图 6-115

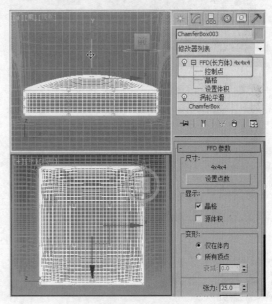
图 6-116

09 单击"　（创建）> 　（图形）> 样条线 > 矩形"按钮，在"左"视图中创建一个矩形，在"参数"卷展栏中设置"长度"为60，"宽度"为600，"角半径"为10，如图6-117所示。

10 切换到　（修改）命令面板，在"修改器列表"中选择"编辑样条线"修改器，将选择集定义为"样条线"，再在"几何体"卷展栏中单击"轮廓"按钮，并在场景中拖曳鼠标设置合适的轮廓，如图6-118所示，最后关闭选择集。

图 6-117

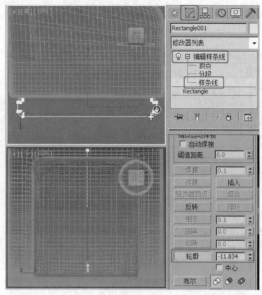

图 6-118

11 在"修改器列表"中选择"挤出"修改器，在"参数"卷展栏中设置"数量"为 40，调整挤出模型至合适的位置作为沙发腿模型，如图 6-119 所示。

12 对沙发腿模型进行复制，并将其调整到另一侧沙发腿的位置，最终完成的模型如图 6-120 所示。

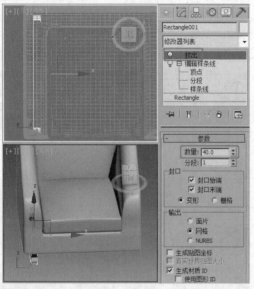

图 6-119

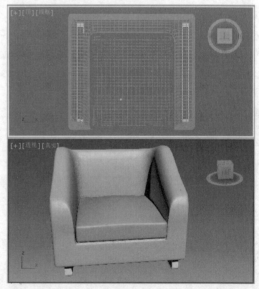

图 6-120

实例 057 【晶格】——装饰摆件

● **案例场景位置** | 案例源文件 > Cha06 > 实例57【晶格】——装饰摆件

● **效果场景位置** | 案例源文件 > Cha06 > 实例57【晶格】——装饰摆件场景

● **贴图位置** | 贴图素材 > Cha06 > 实例57【晶格】——装饰摆件

● **视频教程** | 教学视频 > Cha06 > 实例57

● **视频长度** | 1分13秒

● **制作难度** | ★ ★ ★ ☆ ☆

┤ **操作步骤** ├

01 单击"☀（创建）>◯（几何体）> 标准基本体 > 几何球体"按钮，在"前"视图中创建一个几何球体。在"参数"卷展栏中设置"半径"为120，"分段"为2，在"基点面类型"组中选择"八面体"选项，如图6-121所示。

02 切换到◿（修改）命令面板，在"修改器列表"中选择"晶格"修改器。在"参数"卷展栏中设置"支柱"组中的"半径"为3并勾选"平滑"复选框，在"节点"组中选择"基点面类型"为"二十面体"，设置"半径"为20，"分段"为3，勾选"平滑"复选框，如图6-122所示。

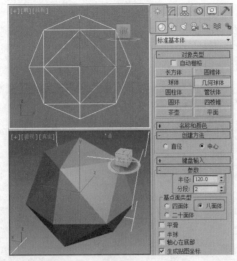

图 6-121

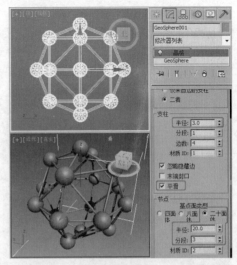

图 6-122

03 单击"☀（创建）>◯（几何体）> 标准基本体 > 长方体"按钮，在"顶"视图中创建一个长方体，在"参数"卷展栏中设置"长度"为200，"宽度"为200，"高度"为10，"长度分段"为1，"宽度分段"为1，"高度分段"为1，最终模型效果如图6-123所示。

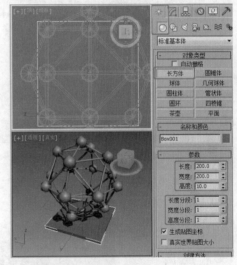

图 6-123

实例 058 【置换】——欧式镜框

- **案例场景位置** ┃ 案例源文件 > Cha06 > 实例58【置换】——欧式镜框
- **效果场景位置** ┃ 案例源文件 > Cha06 > 实例58【置换】——欧式镜框场景
- **贴图位置** ┃ 贴图素材 > Cha06 > 实例58【置换】——欧式镜框
- **视频教程** ┃ 教学视频 > Cha06 > 实例58
- **视频长度** ┃ 1分42秒
- **制作难度** ┃ ★★★☆☆

┨ 操作步骤 ┠

01 单击"⚡（创建）> ◯（几何体）> 标准基本体 > 长方体"按钮，在"前"视图中创建一个长方体，在"参数"卷展栏中设置"长度"为300，"宽度"为450，"高度"为10，"长度分段"为200，"宽度分段"为200，"高度分段"为1，如图6-124所示。

02 切换到 ◿（修改）命令面板，在"修改器列表"中选择"置换"修改器，在"参数"卷展栏中单击"图像"组中"位图"下的"无"按钮，在弹出的对话框中选择随书资源文件中的"贴图素材 > Cha06 > 实例58【置换】—装饰摆件 > 置换.tif"文件，单击"打开"按钮，如图6-125所示。

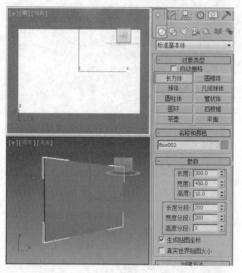
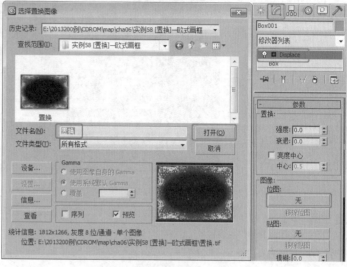

图6-124   图6-125

03 在"参数"卷展栏中设置"置换"组中的"强度"为20，"衰退"为2，如图6-126所示。

04 单击"⚡（创建）> ◿（图形）> 样条线 > 椭圆"按钮，在"前"视图中创建一个椭圆，在"参数"卷展栏中设置"长度"为180，"宽度"为360，再在"渲染"卷展栏中勾选"在渲染中启用"和"在视口中启用"复选框，设置"厚度"为10，完成的模型如图6-127所示。

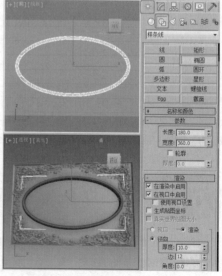

图6-126   图6-127

实例 059 【网格平滑】——杯子

● **案例场景位置** ┃ 案例源文件 > Cha06 > 实例59【网格平滑】——杯子

● **效果场景位置** ┃ 案例源文件 > Cha06 > 实例59【网格平滑】——杯子场景

- **贴图位置** | 贴图素材 > Cha06 > 实例59【网格平滑】——杯子
- **视频教程** | 教学视频 > Cha06 > 实例59
- **视频长度** | 5分49秒
- **制作难度** | ★★★☆☆

---| 操作步骤 |---

01 单击 " （创建）> （几何体）> 标准基本体 > 圆柱体" 按钮，在 "顶" 视图中创建一个圆柱体，在 "参数" 卷展栏中设置 "半径" 为100，"高度" 为280，"高度分段" 为7，"端面分段" 为2，"边数" 为30，如图 6-128 所示。

02 在场景中右击圆柱体，再在弹出的快捷菜单中选择 "转换为 > 转换为可编辑多边形" 命令，如图 6-129 所示。

> **提示**
>
> 在选择多边形时，一定要使用 （选择对象）工具，如果使用 （选择并移动）工具则有可能会将其移动，从而导致出现错误的效果。

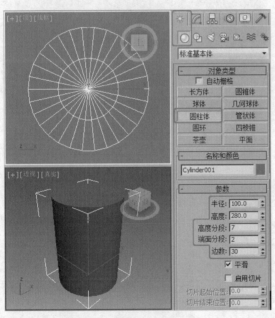

图 6-128

图 6-129

03 切换到 （修改）命令面板，将选择集定义为 "顶点"，在场景中选择内侧的顶点，并对其进行缩放，如图 6-130 所示。

04 将选择集定义为 "多边形"，在场景中选如图 6-131 所示的多边形，在 "选择" 卷展栏中勾选 "忽略背面" 复选框。

05 在 "编辑多边形" 卷展栏中单击 "挤出" 后的 （设置）按钮，在弹出的 "助手小盒" 中设置 "类型" 为 "局部法线"，"高度" 为 -255，单击 （确定）按钮，如图 6-132 所示。

06 将选择集定义为 "边"，在场景中选择如图 6-133 所示的边。

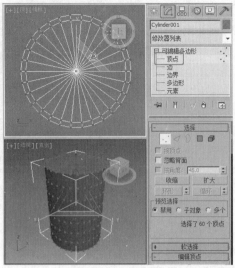

图 6-130

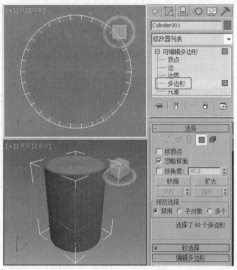

图 6-131

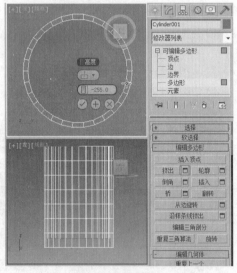

图 6-132

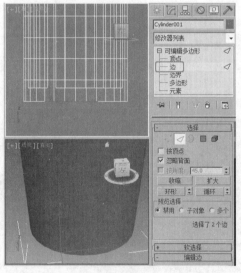

图 6-133

07 在"选择"卷展栏中单击"循环"按钮，如图 6-134 所示。

08 在"编辑边"卷展栏中单击"切角"后的 □（设置）按钮，在弹出的"助手小盒"中设置"边切角量"为 7，"连接边分段"为 1，单击 ⊘（确定）按钮，如图 6-135 所示。

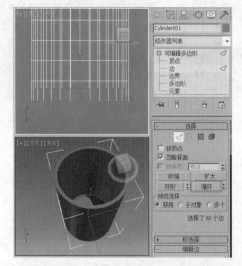

图 6-134

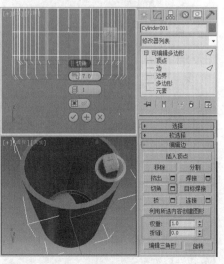

图 6-135

09 使用同样的方法，在场景中选择杯子口的边，如图 6-136 所示。

10 在"编辑边"卷展栏中单击"切角"后的▣（设置）按钮，在弹出的"助手小盒"中设置"边切角量"为 2，"连接边分段"为 1，单击✓（确定）按钮，如图 6-137 所示。

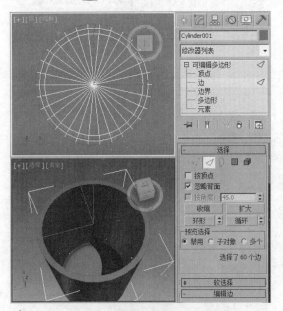
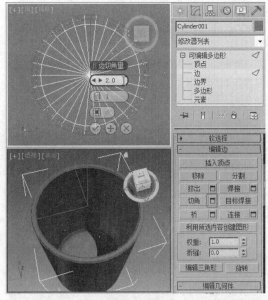

图 6-136   图 6-137

11 将选择集定义为"顶点"，在"选择"卷展栏中取消对"忽略背面"复选框的勾选，在场景中缩放顶点，如图 6-138 所示。

12 将选择集定义为"多边形"，在场景中选择多边形，如图 6-139 所示。

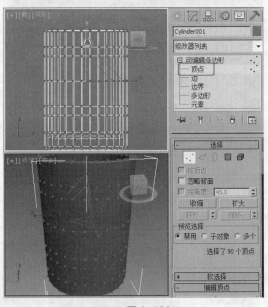
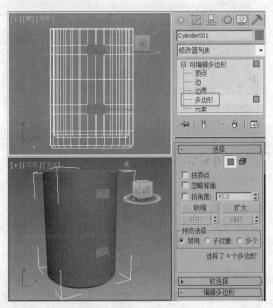

图 6-138   图 6-139

13 在"编辑多边形"卷展栏中单击"挤出"后的▣（设置）按钮，在弹出的"助手小盒"中设置"类型"为"局部法线"，"高度"为 50，单击✓（确定）按钮，如图 6-140 所示。

14 使用与上一步同样的方法继续挤出多边形，设置"高度"为 30，如图 6-141 所示。

15 继续挤出多边形，设置"高度"为 30，如图 6-142 所示。

16 在场景中选择如图 6-143 所示的多边形。

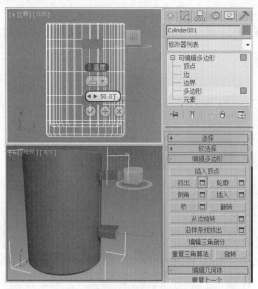

图 6-140

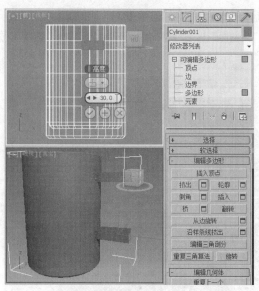

图 6-141

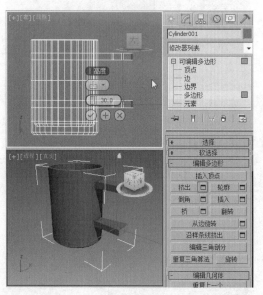

图 6-142

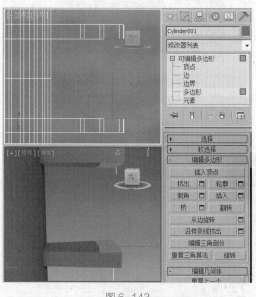

图 6-143

17 在"编辑多边形"卷展栏中单击"桥"后的 □（设置）按钮，在弹出的"助手小盒"中设置"分段"为3，单击 ✓（确定）按钮，如图 6-144 所示。

18 将选择集定义为"顶点"，然后分别在"顶"视图和"左"视图中调整杯子把的形状，如图 6-145 所示。

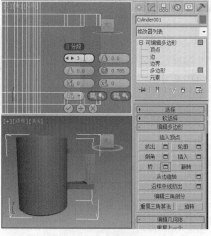

图 6-144

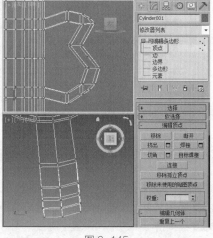

图 6-145

19 在场景中调整底部顶点的位置，如图 6-146 所示。

20 在场景中调整顶部顶点的位置，如图 6-147 所示，最后关闭选择集。

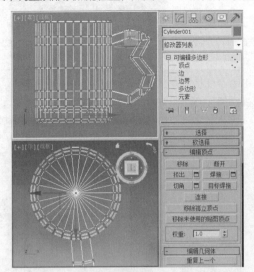

图 6-146   图 6-147

21 在"修改器列表"中选择"网格平滑"修改器，在"参数"卷展栏中设置"迭代次数"为 2，如图 6-148 所示。

22 在"修改器列表"中选择"锥化"修改器，再在"参数"卷展栏中设置"锥化"组中的"数量"为 0.03，"曲线"为 –1，最终完成的模型如图 6-149 所示。

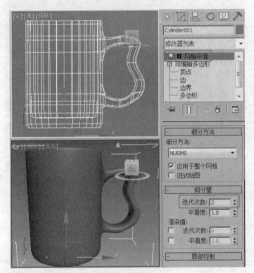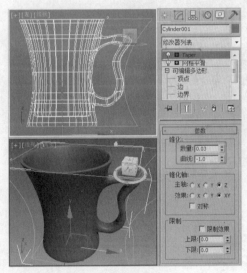

图 6-148   图 6-149

实例 060 **【网格平滑】——烟灰缸**

- **案例场景位置** | 案例源文件 > Cha06 > 实例60【涡轮平滑】——烟灰缸

- **效果场景位置** | 案例源文件 > Cha06 > 实例60【涡轮平滑】——烟灰缸场景

- **贴图位置** | 贴图素材 > Cha06 > 实例60【涡轮平滑】——烟灰缸

- **视频教程** | 教学视频 > Cha06 > 实例60

- **视频长度** | 1分33秒

- **制作难度** | ★★★☆☆

┃ 操作步骤 ┃

01 单击"★（创建）> ◎（几何体）> 标准基本体 > 圆柱体"按钮，在"顶"视图中创建一个圆柱体，再在"参数"卷展栏中设置"半径"为150，"高度"为50，"高度分段"为1，"端面分段"为5，"边数"为30，如图6-150所示。

02 将圆柱体转换为可编辑多边形，然后切换到 ◢（修改）命令面板，将选择集定义为"多边形"，再在"选择"卷展栏中勾选"忽略背面"复选框，选择顶部外侧的多边形，如图6-151所示。

03 在"编辑多边形"卷展栏中单击"挤出"后的 □（设置）按钮，在弹出的"助手小盒"中设置"高度"为25，单击 ✅（确定）按钮，如图6-152所示。

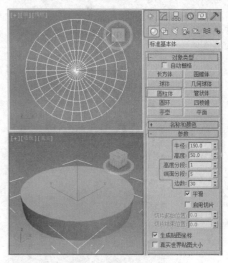

图 6-150

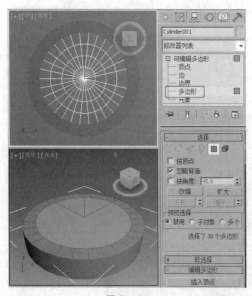

图 6-151

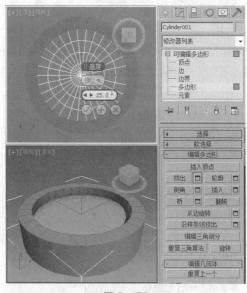

图 6-152

04 在场景中选择需要挤出的多边形，在"编辑多边形"卷展栏中单击"倒角"后的 □（设置）按钮，在弹出的"助手小盒"中设置"高度"为30，"轮廓"为-6，单击 ✅（确定）按钮，如图6-153所示，最后关闭选择集。

05 在"修改器列表"中选择"网格平滑"修改器，在"参数"卷展栏中设置"迭代次数"为2，最终完成的模型如图6-154所示。

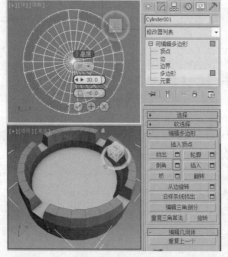

图 6-153

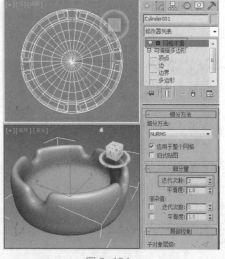

图 6-154

第

07

章

高级建模的应用

在前面各章中我们讲解了在3ds Max中挤出建模、通过修改器对基本模型进行修改产生新的模型和复合建模的方法。然而这些建模方式只能够制作一些简单或者很粗糙的基本模型，要想表现和制作一些更加精细的真实复杂的模型就要使用高级建模的技巧才能实现，通过本章学习我们应掌握"多边形建模""网格建模""NURBS建模"和"面片建模"4种高级建模的方法。

实例 061 【放样】——窗帘

- **案例场景位置** | 案例源文件 > Cha07 > 实例61【放样】——窗帘
- **效果场景位置** | 案例源文件 > Cha07 > 实例61【放样】——窗帘场景
- **贴图位置** | 贴图素材 > Cha07 > 实例61【放样】——窗帘
- **视频教程** | 教学视频 > Cha07 > 实例61
- **视频长度** | 6分49秒
- **制作难度** | ★ ★ ★ ☆ ☆

操作步骤

01 单击"★（创建）> ◙（图形）> 样条线 > 线"按钮,在"顶"视图中创建一条样条线, 如图7-1所示。

02 切换到 ☑（修改）命令面板, 将当前选择集定义为"线段", 在场景中选择线段, 在"几何体"卷展栏中设置"拆分"后的参数为40,并单击"拆分"按钮, 如图7-2所示。

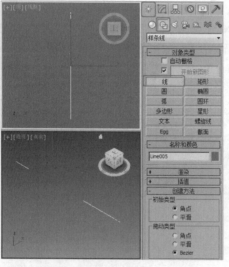

图 7-1

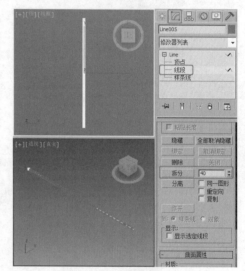

图 7-2

03 将选择集定义为"顶点", 在场景中选择并调整顶点的位置, 如图7-3所示。

04 在场景中按 Ctrl+A 组合键全选顶点, 然后右击, 在弹出的快捷菜单中选择"平滑"命令, 平滑顶点, 如图7-4所示。

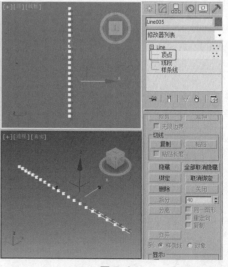

图 7-3

05 关闭选择集，在"修改器列表"中选择"挤出"修改器，在"参数"卷展栏中设置"数量"为800，如图 7-5 所示。

在"几何体"卷展栏中设置线段的"拆分"，是通过添加顶点数来细分所选线段的。

由于创建线的时候没有参数可以参考，所以在下面的制作中涉及到的参数可以根据情况设置。

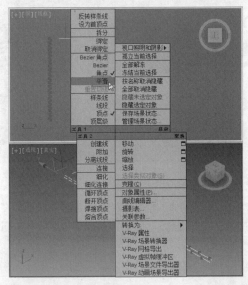
图 7-4

图 7-5

06 在场景中选择纱窗模型，按 Ctrl+V 组合键，在弹出的对话框中选择"复制"选项，单击"确定"按钮。在"参数"卷展栏中设置"数量"为100，将复制出的对象调整到纱窗的下方，如图 7-6 所示。

07 在"顶"视图中创建线，作为窗帘在 0 位置放样的图形，并在场景中调整图形的形状，如图 7-7 所示。

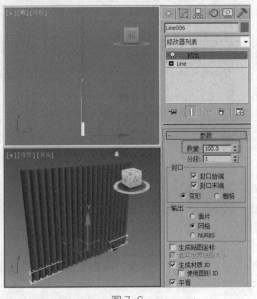

图 7-6

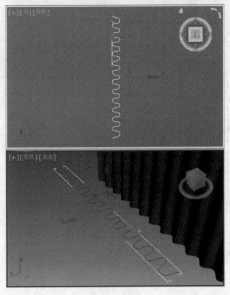
图 7-7

08 在"前"视图中创建线，作为窗帘的放样路径，如图 7-8 所示。

09 继续在"顶"视图创建线，作为窗帘在 100 位置放样的图形，并在场景中调整图形的形状，如图 7-9 所示。

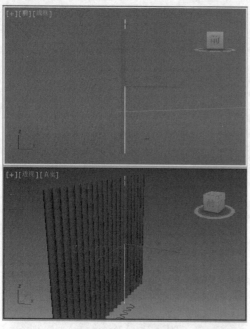

图 7-8　　　　　　　　　　　　　　　　图 7-9

10 在场景中选择作为窗帘的放样路径，单击" ◆（创建）> ◯（几何体）> 复合对象 > 放样"按钮，在"路径参数"卷展栏中设置"路径"为 0，在"创建方法"卷展栏中单击"获取图形"按钮，在视图中拾取 0 位置处窗帘的放样图形，如图 7-10 所示。

11 在"路径参数"卷展栏中设置"路径"为 100，在"创建方法"卷展栏中单击"获取图形"按钮，在场景中拾取路径位置为 100 时窗帘的放样图形，如图 7-11 所示。

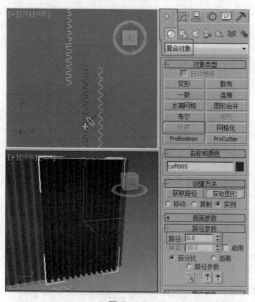

图 7-10

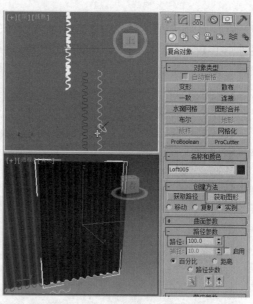

图 7-11

提示

通过在"路径参数"卷展栏中设置"路径"参数来设置路径的级别，定位拾取的放样图形在路径上的位置。

12 切换到 ◢（修改）命令面板，单击"变形"卷展栏中的"缩放"按钮，在弹出的窗口中单击 ✛（插入角点）按钮，在曲线上插入角点，再使用 ✛（移动控制点）按钮调整曲线的形状，如图 7-12 所示。

13 单击"■（创建）> ⚙（图形）> 样条线 > 矩形"按钮，在场景中创建一个矩形作为窗帘系带的放样图形，在"参数"卷展栏中设置"长度"为 10，"宽度"为 5，"角半径"为 2，如图 7-13 所示。

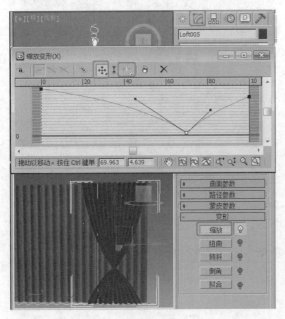

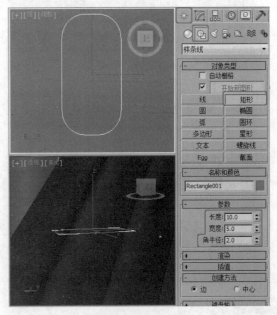

图 7-12   图 7-13

14 单击"■（创建）> ⚙（图形）> 样条线 > 椭圆"按钮，在场景中创建一个椭圆作为窗帘系带的放样路径，在"参数"卷展栏中设置"长度"为 35，"宽度"为 25，如图 7-14 所示。

15 确定椭圆处于选择状态，单击"■（创建）> ⚪（几何体）> 复合对象 > 放样"按钮，在"创建方法"卷展栏中单击"获取图形"按钮，在视图中拾取作为窗帘系带放样图形的矩形，如图 7-15 所示。

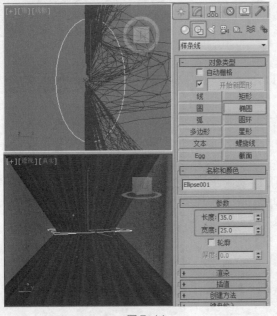

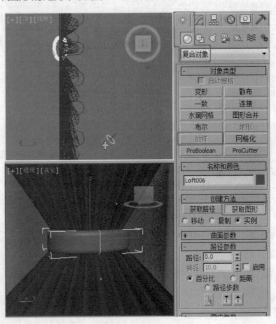

图 7-14   图 7-15

16 对制作出的窗帘模型和窗帘系带模型进行复制，并调整其至合适的位置，如图 7-16 所示。

17 单击"■（创建）> ⚪（几何体）> 标准基本体 > 圆柱体"按钮，在"前"视图中创建一个圆柱体，并在"参数"卷展栏中设置"半径"为 10，"高度"为 1200，调整其至合适的位置，最终完成的模型如图 7-17 所示。

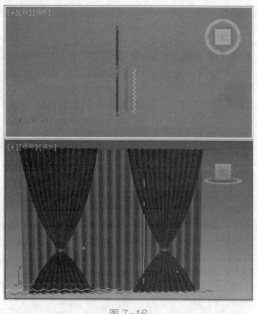

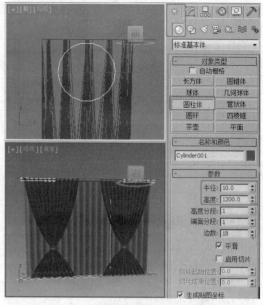

图 7-16

图 7-17

实例 062 【放样】——菜篮

- **案例场景位置** | 案例源文件 > Cha07 > 实例62【放样】——菜篮
- **效果场景位置** | 案例源文件 > Cha07 > 实例62【放样】——菜篮场景
- **贴图位置** | 贴图素材 > Cha07 > 实例62【放样】——菜篮
- **视频教程** | 教学视频 > Cha07 > 实例62
- **视频长度** | 5分27秒
- **制作难度** | ★ ★ ★ ☆ ☆

操作步骤

01 单击"（创建）> （图形）> 样条线 > 星形"按钮，在"前"视图中创建一个星形作为放样图形，在"参数"卷展栏中设置"半径1"为30，"半径2"为10，"点"为4，如图 7-18 所示。

02 切换到 （修改）命令面板，在"修改器列表"中选择"编辑样条线"修改器，将选择集定义为"顶点"，在"顶"视图中调整星形至合适的形状，如图 7-19 所示。

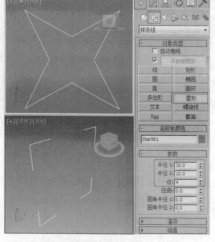

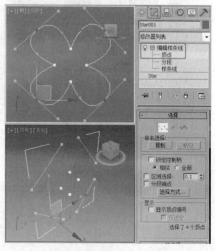

图 7-18

图 7-19

03 单击"　(创建) > 　(图形) > 样条线 > 圆"按钮,在"顶"视图中创建一个圆作为篮子上花边的放样路径, 在"参数"卷展栏中设置"半径"为 360,如图 7-20 所示。

04 单击"　(创建) > 　(几何体) > 复合对象 > 放样"按钮,在"创建方法"卷展栏中单击"获取图形"按钮, 拾取场景中的放样图形,如图 7-21 所示。

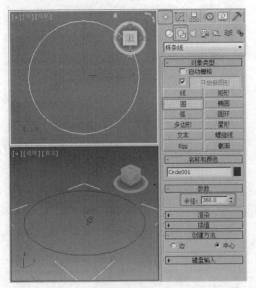

图 7-20

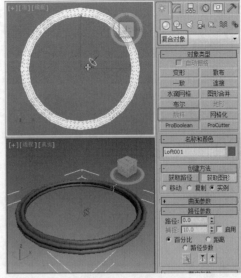

图 7-21

05 切换到　(修改)命令面板,在"变形"卷展栏中单击"扭曲"按钮,在弹出的"扭曲变形"窗口中单击　(垂直缩放)按钮,将窗口中的表格进行垂直缩放,单击　(移动控制点)工具,调整右侧的控制节点,调整"位置"为 1500,如图 7-22 所示。

06 在"蒙皮参数"卷展栏中设置"选项"组中的"路径步数"为 25,如图 7-23 所示。

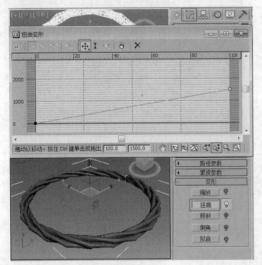

图 7-22

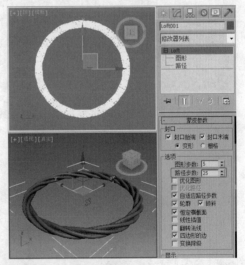

图 7-23

07 单击"　(创建) > 　(图形) > 样条线 > 弧"按钮,在"前"视图中创建一条弧作为篮子提手的放样路径, 在"参数"卷展栏中设置"半径"为 360,"从"为 350,"到"为 186,如图 7-24 所示。

08 单击"　(创建) > 　(几何体) > 复合对象 > 放样"按钮,在"创建方法"卷展栏中单击"获取图形"按钮, 拾取场景中的放样图形,如图 7-25 所示。

09 切换到　(修改)命令面板,在"变形"卷展栏中单击"扭曲"按钮,在弹出的"扭曲变形"窗口中单击　(垂直缩放)按钮,将窗口中的表格进行垂直缩放,单击　(移动控制点)工具,调整右侧的控制节点,调整"位置"

为1300，如图7-26所示。

10 在"蒙皮参数"卷展栏中设置"选项"组中的"路径步数"为20，如图7-27所示。

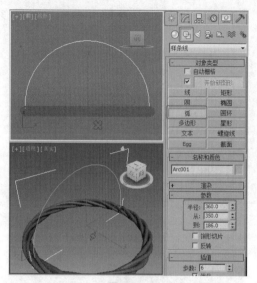

图 7-24

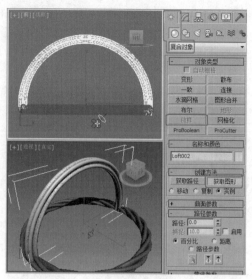

图 7-25

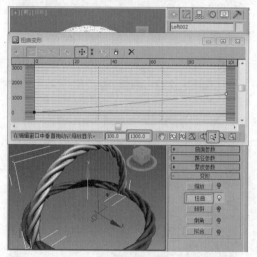

图 7-26

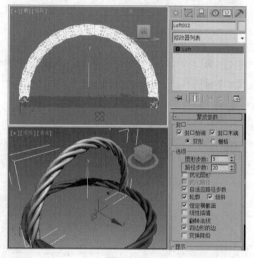

图 7-27

11 单击" ＊ （创建）> （图形）> 样条线 > 线"按钮，在"前"视图中创建一条样条线并调整样条线的形状，如图7-28所示。

12 切换到 （修改）命令面板，将选择集定义为"样条线"，在"几何体"卷展栏中单击"轮廓"按钮，为样条线设置合适的轮廓，如图7-29所示，最后关闭选择集。

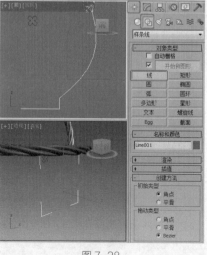

图 7-28

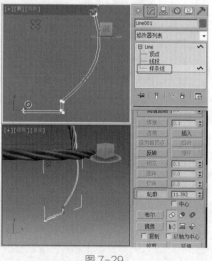

图 7-29

13 在"修改器列表"中选择"车削"修改器，在"参数"卷展栏中设置"度数"为 360 并勾选"焊接内核"复选框，设置"分段"为 20，再在"方向"组中单击 Y 按钮，在"对齐"组中单击"最小"按钮，如图 7-30 所示。

14 对篮子上的花边模型进行复制，调整其到底部位置作为底部花边模型，并调整其至合适的大小，最终完成的模型如图 7-31 所示。

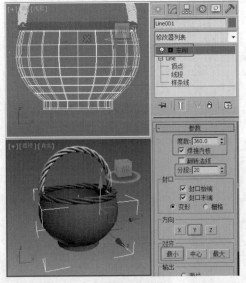

图 7-30

图 7-31

实例 063　【多截面放样】——圆桌布

- ● **案例场景位置** ∣ 案例源文件 > Cha07 > 实例 63【多截面放样】——圆桌布
- ● **效果场景位置** ∣ 案例源文件 > Cha07 > 实例 63【多截面放样】——圆桌布场景
- ● **贴图位置** ∣ 贴图素材 > Cha07 > 实例 63【多截面放样】——圆桌布
- ● **视频教程** ∣ 教学视频 > Cha07 > 实例 63
- ● **视频长度** ∣ 4 分 11 秒
- ● **制作难度** ∣ ★ ★ ★ ☆ ☆

▎操作步骤 ▎

01 单击"（创建）>（图形）> 样条线 > 圆"按钮，在"顶"视图中创建一个圆，作为路径参数为 100 的放样图形，在"参数"卷展栏中设置"半径"为 130，如图 7-32 所示。

02 切换到（修改）命令面板，在"修改器列表"中选择"编辑样条线"修改器，将选择集定义为"分段"。在场景中选择全部的分段，在"几何体"卷展栏中，设置"拆分"的参数为 8，单击"拆分"按钮，如图 7-33 所示。

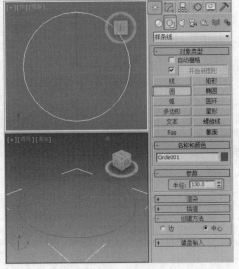

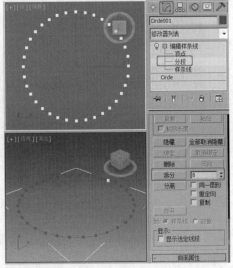

图 7-32

图 7-33

03 将选择集定义为"顶点"，在场景中调整顶点的角度和位置，如图 7-34 所示，最后关闭选择集。

04 单击"◈（创建）> ◭（图形）> 样条线 > 圆"按钮，在"顶"视图中创建一个圆，在"参数"卷展栏中设置"半径"为 130，作为路径参数为 0 的放样图形，如图 7-35 所示。

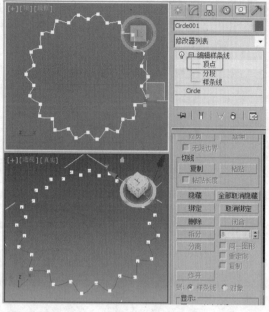
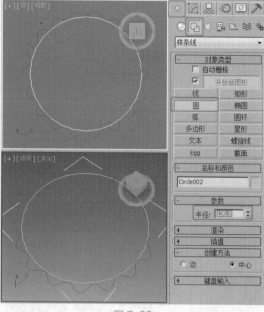

图 7-34   图 7-35

05 单击"◈（创建）> ◭（图形）> 样条线 > 线"按钮，在"前"视图中创建一条线作为路径，如图 7-36 所示。

06 单击"◈（创建）> ◯（几何体）> 复合对象 > 放样"按钮，在"路径参数"卷展栏中设置路径为 0，在"创建方法"卷展栏中单击"获取图形"按钮，在场景中选择路径参数为 0 的放样图形，如图 7-37 所示。

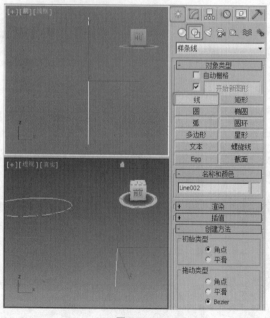
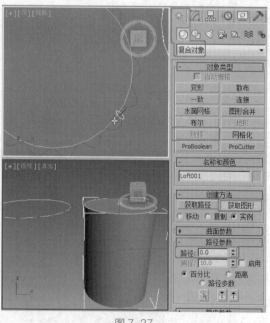

图 7-36   图 7-37

07 在"路径参数"卷展栏中设置路径为 100，在"创建方法"卷展栏中单击"获取图形"按钮，在场景中选择路径参数为 100 的放样图形，如图 7-38 所示。

08 单击"◈（创建）> ◯（几何体）> 标准基本体 > 平面"按钮，在"顶"视图中创建一个平面作为桌布模型，为其设置合适的参数，调整其至合适的位置，如图 7-39 所示。

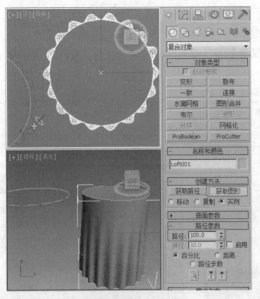

图 7-38

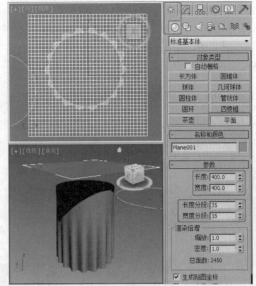

图 7-39

技巧

在创建"平面"时一定要设置足够多的分段,以便于在为其施加"Cloth"修改器后能有更好的效果。

09 切换到 ☑ (修改)命令面板,在"修改器列表"中选择"Cloth"修改器,在"对象"卷展栏中单击"对象属性"按钮,在弹出的对话框中单击"添加对象"按钮,再在弹出的对话框中选择"Loft001"选项并单击"添加"按钮,单击"确定"按钮,如图 7-40 所示。

10 继续在"对象"卷展栏中单击"对象属性"按钮,在左侧对象列表中选择添加的"Loft001"对象,选择"冲突对象"选项,如图 7-41 所示。

11 在左侧对象列表中选择"Plane001"对象,然后选择"Cloth"选项,单击"确定"按钮,如图 7-42 所示。

提示

在"对象"卷展栏中单击"对象属性"按钮,在弹出对话框中添加完对象后一定要单击"确定"按钮确定操作,再次打开对话框进行设置操作,否则容易出现错误。

图 7-40

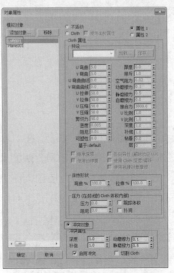

图 7-41

图 7-42

⑫ 单击"模拟"按钮，制作布料下落的动画效果，如图 7-43 所示。

⑬ 在场景中对桌布模型进行缩放，调整其至合适位置，如图 7-44 所示。

⑭ 在"修改器列表"中选择"涡轮平滑"修改器，在"涡轮平滑"卷展栏中设置"迭代次数"为 2，最终完成的模型如图 7-45 所示。

> **提示**
>
> 单击"模拟"按钮，所制作出的是布料下落的动画效果，可以通过拖动时间滑块来看到效果。

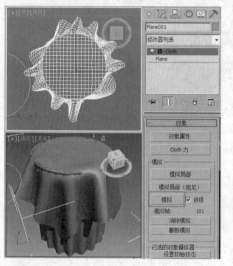
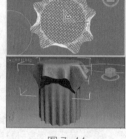
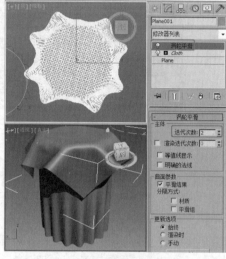

图 7-43   图 7-44   图 7-45

实例 064 【多截面放样】——欧式柱

● **案例场景位置** ┃ 案例源文件 > Cha07 > 实例64【多截面放样】——欧式柱

● **效果场景位置** ┃ 案例源文件 > Cha07 > 实例64【多截面放样】——欧式柱场景

● **贴图位置** ┃ 贴图素材 > Cha07 > 实例64【多截面放样】——欧式柱

● **视频教程** ┃ 教学视频 > Cha07 > 实例64

● **视频长度** ┃ 5分14秒

● **制作难度** ┃ ★★★☆☆

┃ 操作步骤 ┃

01 单击"█（创建）> █（图形）> 样条线 > 圆"按钮，在"顶"视图中创建圆，分别作为路径参数为 0、10、90 的放样图形，在"参数"卷展栏中设置"半径"为 300，如图 7-46 所示。

02 单击"█（创建）> █（图形）> 样条线 > 星形"按钮，在"顶"视图中创建星形，分别作为路径参数为 12 和 88 的放样图形，在"参数"卷展栏中设置"半径 1"为 300，"半径 2"为 280，"点"为 30，"圆角半径 1"为 10，"圆角半径 2"为 10，如图 7-47 所示。

03 单击"█（创建）> █（图形）> 样条线 > 线"按钮，在"前"视图中创建一条线作为路径，如图 7-48 所示。

04 单击"█（创建）> █（几何体）> 复合对象 > 放样"按钮，在"路径参数"卷展栏中设置路径为 0，在"创建方法"卷展栏中单击"获取图形"按钮，在场景中选择路径参数为 0 的放样图形，如图 7-49 所示。

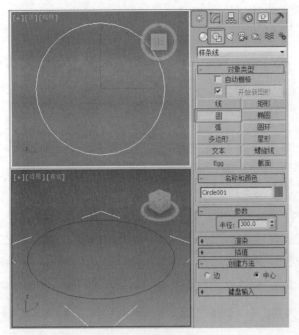

图 7-46

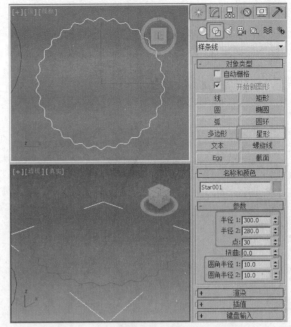

图 7-47

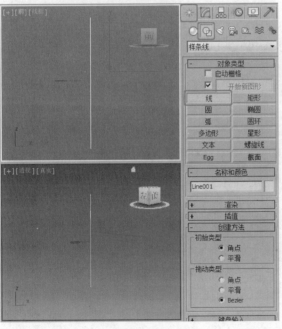

图 7-48

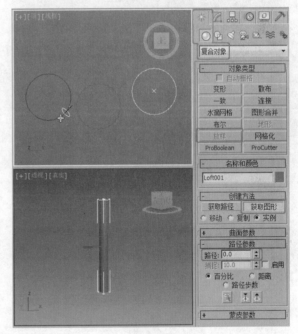

图 7-49

05 在"路径参数"卷展栏中设置路径为 10，在"创建方法"卷展栏中单击"获取图形"按钮，在场景中选择路径参数为 10 的放样图形，如图 7-50 所示。

06 在"路径参数"卷展栏中设置路径为 12，在"创建方法"卷展栏中单击"获取图形"按钮，在场景中选择路径参数为 12 的放样图形，如图 7-51 所示。

07 在"路径参数"卷展栏中设置路径为 88，在"创建方法"卷展栏中单击"获取图形"按钮，在场景中选择路径参数为 88 的放样图形，如图 7-52 所示。

08 在"路径参数"卷展栏中设置路径为 90，在"创建方法"卷展栏中单击"获取图形"按钮，在场景中选择路径参数为 90 的放样图形，如图 7-53 所示。

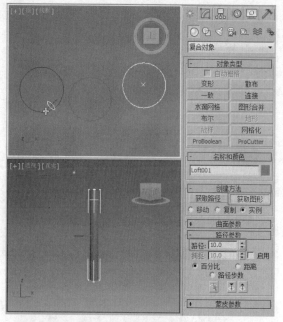

图 7-50

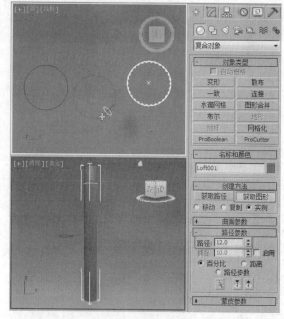

图 7-51

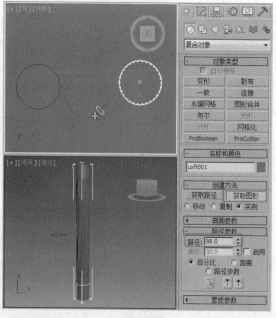

图 7-52

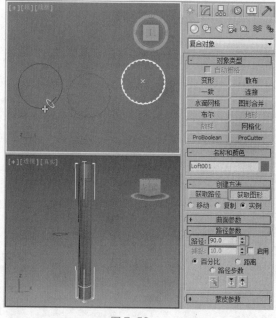

图 7-53

09 切换到 ☑（修改）命令面板，在"变形"卷展栏中单击"缩放"按钮，在弹出的"缩放变形"窗口中单击 ⚲（水平缩放）按钮，将窗口中的表格进行水平缩放，单击 ⚹（插入角点）按钮，在左侧控制线上插入角点，使用 ✛（移动控制点）按钮调整曲线的形状，如图 7-54 所示。

10 使用同样的方法对右侧控制线的形状进行调整，完成的模型如图 7-55 所示。

> **提示**
>
> 如果想要使左右两侧插入的控制线完全一样，除了使用 ✛（移动控制点）按钮对其进行调整外，还可以在"缩放变形"窗口的下方文本框中输入数值，第一个文本框代表 x 轴的数值，第二个文本框代表 y 轴的数值。

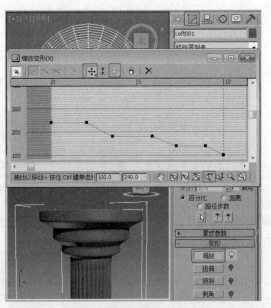

图 7-54

图 7-55

实 例
065 【布尔】——时尚凳

- **案例场景位置** | 案例源文件 > Cha07 > 实例65【布尔】——时尚凳
- **效果场景位置** | 案例源文件 > Cha07 > 实例65【布尔】——时尚凳场景
- **贴图位置** | 贴图素材 > Cha07 > 实例65【布尔】——时尚凳
- **视频教程** | 教学视频 > Cha07 > 实例65
- **视频长度** | 3分5秒
- **制作难度** | ★★★☆☆

■ 操作步骤 ■

01 单击"   （创建）>   （几何体）> 标准基本体 > 球体"按钮，在"顶"视图中创建一个球体，设置"半径"为135，"分段"为50，如图 7-56 所示。

02 按 Ctrl+V 组合键复制球体，并修改"半径"为126，如图 7-57 所示。

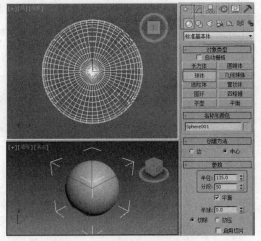

图 7-56

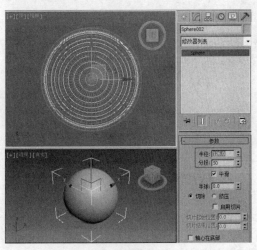

图 7-57

03 单击"🔆（创建）> ◯（几何体）> 标准基本体 > 圆柱体"按钮，在"前"视图中创建一个圆柱体作为布尔对象，在"参数"卷展栏中设置"半径"为 70，"高度"为 300，"高度分段"为 1，"边数"为 50，如图 7-58 所示，对圆柱体进行复制。

04 在场景中选择稍大的球体模型，单击"🔆（创建）> ◯（几何体）> 复合对象 > 布尔"按钮，在"拾取布尔"卷展栏中单击"拾取操作对象 B"按钮，在场景中拾取稍小的球体，如图 7-59 所示。

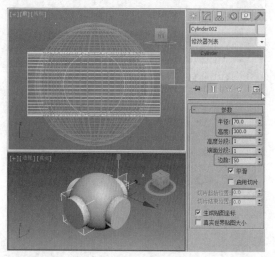

图 7-58

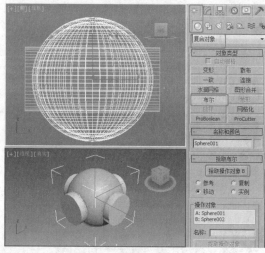

图 7-59

05 分别使用"布尔"工具拾取小球体和圆柱体模型，效果如图 7-60 所示。

06 选择布尔出的模型，为其施加"编辑多边形"修改器，将选择集定义为"顶点"，分别缩放顶底的部分顶点，如图 7-61 所示。

> **提示**
>
> 可以将两个作为布尔对象的圆柱体模型转换为"可编辑网格"或"可编辑多边形"，将其附加到一起后对其进行一次性拾取；"布尔"运算只可以执行一次，所以要在场景中右击重新打开重新执行操作。

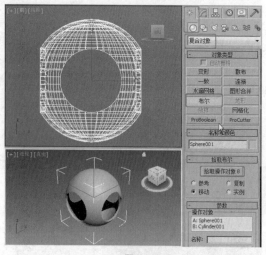

图 7-60

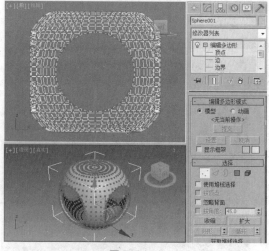

图 7-61

07 单击"🔆（创建）> ◯（几何体）> 扩展基本体 > 切角圆柱体"按钮，在"顶"视图中创建一个切角圆柱体，在"参数"卷展栏中设置"半径"为 80，"高度"为 6，"圆角"为 1.5，"圆角分段"为 2，"边数"为 50，如图 7-62 所示。

08 完成的模型如图 7-63 所示。

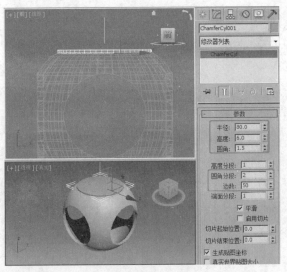

图 7-62

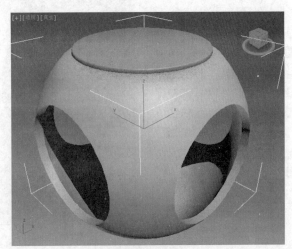

图 7-63

实例 066 【ProBoolean】（超级布尔）——DVD

- **案例场景位置** | 案例源文件 > Cha07 > 实例66【ProBoolean】（超级布尔）——DVD
- **效果场景位置** | 案例源文件 > Cha07 > 实例66【ProBoolean】（超级布尔）——DVD场景
- **贴图位置** | 贴图素材 > Cha07 > 实例66【ProBoolean】（超级布尔）——DVD
- **视频教程** | 教学视频 > Cha07 > 实例66
- **视频长度** | 8分44秒
- **制作难度** | ★★★☆☆

操作步骤

01 单击 " （创建）> （几何体）> 扩展基本体 > 切角长方体" 按钮，在 "顶" 视图中创建一个切角长方体作为 DVD，在 "参数" 卷展栏中设置 "长度" 为 50，"宽度" 为 80，"高度" 为 10，"圆角" 为 2，"长度分段" 为 3，"宽度分段" 为 1，"高度分段" 为 1，"圆角分段" 为 3，调整其至合适的角度和位置，如图 7-64 所示。

02 切换到 （修改）命令面板，在 "修改器列表" 中选择 "编辑多边形" 修改器，将选择集定义为 "顶点"，在 "左" 视图中调整顶点至合适的位置，如图 7-65 所示。

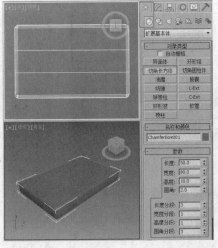

图 7-64

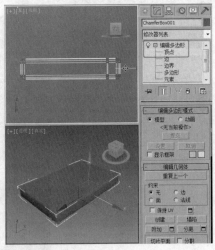

图 7-65

03 将选择集定义为"多边形"，选择如图 7-66 所示的多边形。

04 在"编辑多边形"卷展栏中单击"倒角"后的■按钮，在弹出的助手小盒中设置"类型"为"本地法线"，"高度"为 -0.3，"轮廓"为 -0.2，单击⊘按钮，如图 7-67 所示。

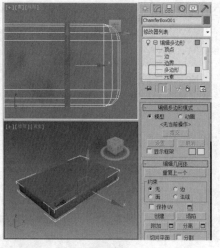

图 7-66

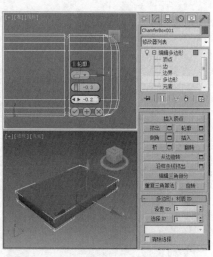

图 7-67

05 将选择集定义为"顶点"，在"左"视图中对顶点进行调整，如图 7-68 所示，最后关闭选择集。

06 单击" ✳ （创建）> ◎ （几何体）> 标准基本体 > 长方体"按钮，在"顶"视图中创建一个长方体作为布尔模型，在"参数"卷展栏中设置"长度"为 1，"宽度"为 90，"高度"为 0.4，调整其至合适的位置，如图 7-69 所示。

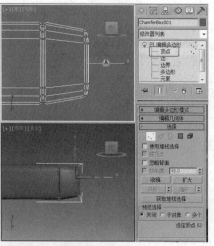

图 7-68

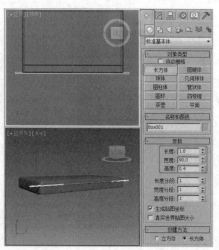

图 7-69

> **提示**
>
> ProBoolean 运算相比"布尔"运算要好用得多，它可以执行多次，而且不会出现一些乱线。

07 在场景中选择 DVD 模型，单击" ✳ （创建）> ◎ （几何体）> 复合对象 > ProBoolean"按钮，在"拾取布尔对象"卷展栏中单击"开始拾取"按钮，拾取场景中作为布尔对象的长方体模型，如图 7-70 所示。

08 单击" ✳ （创建）> ◈ （图形）> 样条线 > 矩形"按钮，在"顶"视图中创建一个矩形作为支架，在"参数"卷展栏中设置"长度"为 4，"宽度"为 75，"角半径"为 1，调整图形的位置，如图 7-71 所示。

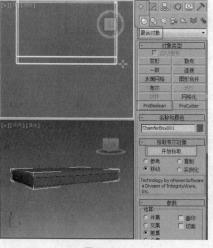

图 7-70

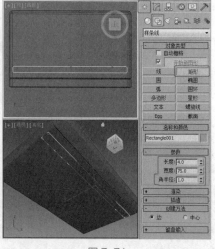

图 7-71

09 切换到 （修改）命令面板，在"修改器列表"中选择"挤出"修改器，在"参数"卷展栏中设置"数量"为 0.5，如图 7-72 所示。

10 对支架模型进行"实例"复制，调整复制出的对象至合适的位置，如图 7-73 所示。

图 7-72

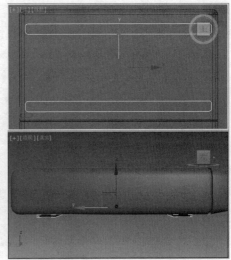

图 7-73

11 单击" 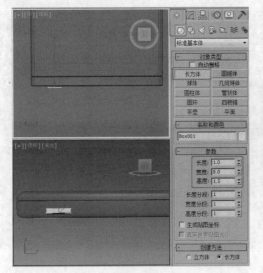（创建）> （几何体）> 标准基本体 > 长方体"按钮，在"顶"视图中创建一个长方体作为开关按钮，在"参数"卷展栏中设置"长度"为 1，"宽度"为 8，"高度"为 1.5，调整其至合适的角度和位置，如图 7-74 所示。

12 对制作出的全部模型进行"实例"复制，调整复制出的对象至合适的位置，如图 7-75 所示。

图 7-74

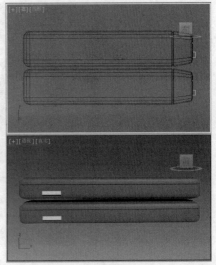

图 7-75

13 继续在"顶"视图中创建长方体，在"参数"卷展栏中设置"长度"为 1，"宽度"为 2，"高度"为 0.5，对其进行复制并调整其至合适的位置，如图 7-76 所示。

14 继续在"顶"视图中创建长方体，在"参数"卷展栏中设置"长度"为 1，"宽度"为 30，"高度"为 5，调整其至合适的位置，如图 7-77 所示。

图 7-76

图 7-77

15 继续在"顶"视图中
创建长方体，在"参数"
卷展栏中设置"长度"
为1，"宽度"为25，"高
度"为2，调整其至合适
的位置，如图7-78所示。

16 继续在"顶"视图中
创建长方体，在"参数"
卷展栏中设置"长度"
为1，"宽度"为4，"高度"
为1.2，对其进行复制并
调整其至合适的位置，
如图7-79所示。

图 7-78

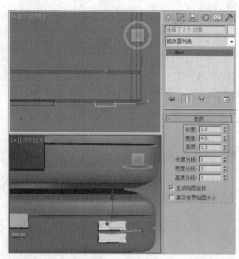

图 7-79

17 单击"☀（创建）> ⭕（几何体）> 扩展基本体 > 切角圆柱体"按钮，在"前"视图中创建一个切角圆柱体作
为旋转开关底座，在"参数"卷展栏中设置"半径"为2.5，"高度"为1，"圆角"为0.2，"圆角分段"为1，"边
数"为20，如图7-80
所示。

18 对旋转开关底座模型
进行复制，作为旋转开
关，切换到 ✏️（修改）
命令面板，在"参数"
卷展栏中设置"半径"
为2，"高度"为3，"圆
角"为0.2，"圆角分段"
为2，"边数"为20，如
图7-81所示。

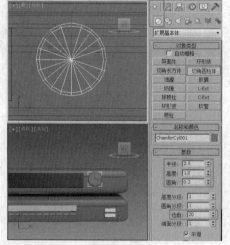

图 7-80

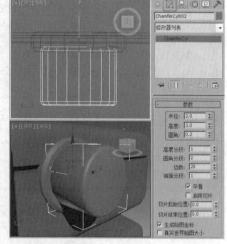

图 7-81

19 对旋转开关底座和旋
转开关模型进行复制，
调整其至合适的位置，
如图7-82所示。

20 单击"☀（创建）>
⭕（几何体）> 标准基
本体 > 圆环"按钮，在
"前"视图中创建一个圆
环作为布尔模型，在"参
数"卷展栏中设置"半
径1"为0.5，"半径2"
为0.1，如图7-83所示。

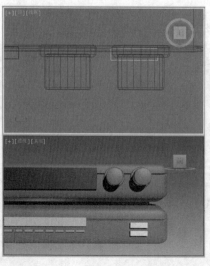

图 7-82

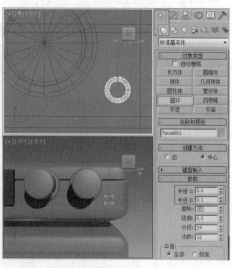

图 7-83

21 单击"[图标]（创建）>[图标]（几何体）>标准基本体 > 圆柱体"按钮，在"前"视图中创建一个圆柱体作为布尔模型，在"参数"卷展栏中设置"半径"为 0.45，"高度"为 1，"高度分段"为 1，调整其至合适的位置，如图 7-84 所示。

22 将作为布尔模型的圆柱体转换为可编辑多边形，在"编辑几何体"卷展栏中单击"附加"按钮，将作为布尔模型的圆环附加到一起，如图 7-85 所示，最后关闭"附加"按钮。

23 在场景中选择 DVD 模型，单击"[图标]（创建）>[图标]（几何体）> 复合对象 > ProBoolean"按钮，在"拾取布尔对象"卷展栏中单击"开始拾取"按钮，拾取场景中附加到一起的布尔对象模型，最终完成的模型如图 7-86 所示。

> **提示**
>
> 为方便拾取，可以将两个作为布尔对象的模型转换为可编辑多边形，将其附加到一起后再进行一次性拾取，当然也可以逐一对其进行拾取。

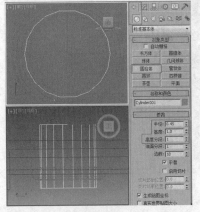
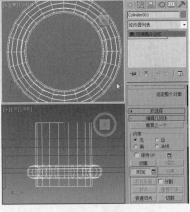
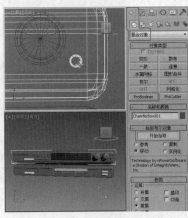

图 7-84　　　　　　　图 7-85　　　　　　　图 7-86

实例 067　【ProBoolean】（超级布尔）——刀盒

- **案例场景位置** ┃ 案例源文件 > Cha07 > 实例67【ProBoolean】（超级布尔）——刀盒
- **效果场景位置** ┃ 案例源文件 > Cha07 > 实例67【ProBoolean】（超级布尔）——刀盒场景
- **贴图位置** ┃ 贴图素材 > Cha07 > 实例67【ProBoolean】（超级布尔）——刀盒
- **视频教程** ┃ 教学视频 > Cha07 > 实例67
- **视频长度** ┃ 6分14秒
- **制作难度** ┃ ★★★☆☆

▌操作步骤▐

01 单击"[图标]（创建）>[图标]（图形）> 样条线 > 线"按钮，在"前"视图中创建一条可闭合的样条线作为刀盒模型，如图 7-87 所示。

02 切换到 [图标]（修改）命令面板，将选择集定义为"顶点"，在场景中对顶点进行调整，如图 7-88 所示，最后关闭选择集。

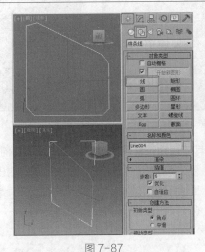
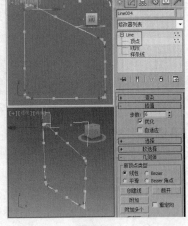

图 7-87　　　　　　　　　　　图 7-88

03 在"修改器列表"中选择选择"倒角"修改器，在"倒角值"卷展栏中设置"级别1"的"高度"为–2，"轮廓"为2，勾选"级别2"复选框并设置"高度"为100，勾选"级别3"复选框并设置"高度"为2，"轮廓"为–2，如图7-89所示。

04 单击" ![按钮]（创建）> ![按钮]（几何体）> 标准基本体 > 长方体"按钮，在"顶"视图中创建一个长方体作为布尔模型，在"参数"卷展栏中设置"长度"为50，"宽度"为10，"高度"为220，调整其至合适的位置，如图7-90所示。

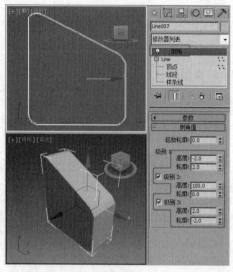

图 7-89

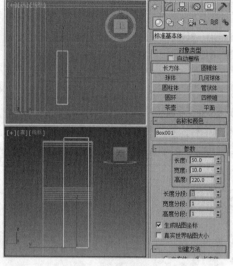

图 7-90

05 对长方体进行复制，选择中间的长方体。切换到 ![按钮]（修改）命令面板，在"参数"卷展栏中设置"长度"为80，"宽度"为10，"高度"为220，再调整其至合适的位置，如图7-91所示。

06 选择左侧的长方体，在"参数"卷展栏中设置"长度"为40，"宽度"为10，"高度"为220，调整其至合适的位置，如图7-92所示。

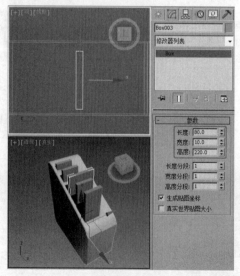

图 7-91

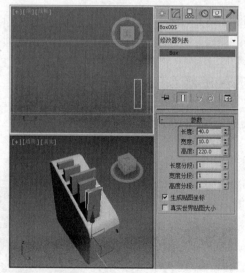

图 7-92

07 选择其中一个长方体并右击，将其转换为可编辑多边形，在"编辑几何体"卷展栏中单击"附加"按钮，将作为布尔模型的长方体附加到一起，如图7-93所示，最后关闭"附加"按钮。

08 在场景中选择倒角出的刀盒模型，单击" ![按钮]（创建）> ![按钮]（几何体）> 复合对象 > ProBoolean"按钮，在"拾取布尔对象"卷展栏中单击"开始拾取"按钮，拾取场景中附加到一起的布尔对象模型，完成的模型如图7-94所示。

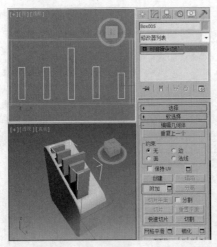

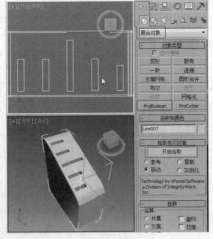

图 7-93   图 7-94

09 继续创建闭合的样条线作为旁侧案板，将选择集定义为"顶点"，在场景中对顶点进行调整，如图 7-95 所示，最后关闭选择集。

10 在"修改器列表"中选择选择"倒角"修改器，在"倒角值"卷展栏中设置"级别1"的"高度"为 -2，"轮廓"为 2，勾选"级别 2"复选框并设置"高度"为 20，勾选"级别 3"复选框并设置"高度"为 2，"轮廓"为 -2，如图 7-96 所示。

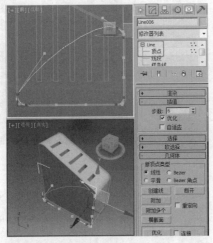

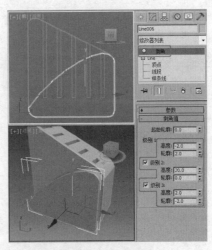

图 7-95   图 7-96

11 单击"﹡（创建）> ◯（几何体）> 标准基本体 > 圆柱体"按钮，在"前"视图中创建一个圆柱体作为布尔模型，在"参数"卷展栏中设置"半径"为 15，"高度"为 40，"高度分段"为 1，"边数"为 30，调整其至合适的位置，如图 7-97 所示。

12 选择旁侧案板模型，单击"﹡（创建）> ◯（几何体）> 复合对象 > ProBoolean"按钮，在"拾取布尔对象"卷展栏中单击"开始拾取"按钮，拾取场景中作为布尔对象的圆柱体模型，如图 7-98 所示。

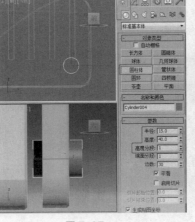

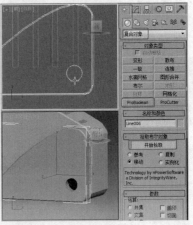

图 7-97   图 7-98

13 继续在"前"视图中创建圆柱体作为横支架，在"参数"卷展栏中设置"半径"为6，"高度"为30，"高度分段"为1，调整其至合适的位置，如图7-99所示。

14 对横支架模型进行复制，并调整其至合适的位置，最终完成的模型如图7-100所示。

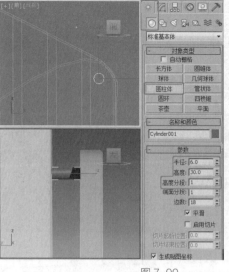
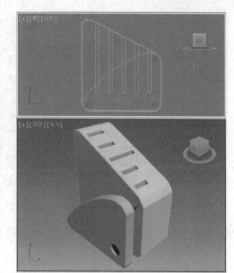

图 7-99　　　　　　　　　　图 7-100

实例 068 【NURBS曲面】——双人床罩

- **案例场景位置** ┃ 案例源文件 > Cha07 > 实例68【NURBS曲面】——双人床罩
- **效果场景位置** ┃ 案例源文件 > Cha07 > 实例68【NURBS曲面】——双人床罩场景
- **贴图位置** ┃ 贴图素材 > Cha07 > 实例68【NURBS曲面】——双人床罩
- **视频教程** ┃ 教学视频 > Cha07 > 实例68
- **视频长度** ┃ 1分40秒
- **制作难度** ┃ ★★★☆☆

┃操作步骤┃

01 单击" （创建）>   （几何体）> NURBS 曲面 > 点曲面"按钮，在"顶"视图中创建一个点曲面，在"参数"卷展栏中设置"长度"为2200，"宽度"为1800，"长度点数"为13，"宽度点数"为21，如图7-101所示。

02 切换到   （修改）命令面板，将选择集定义为"点"，在场景中选择中间所有的控制点，如图7-102所示。

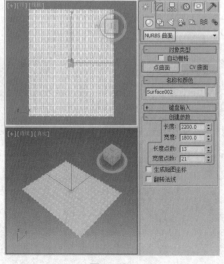
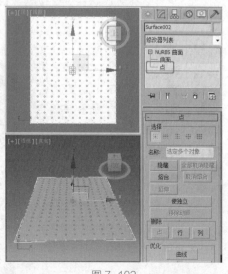

图 7-101　　　　　　　　　　图 7-102

在"参数"卷展栏中将"长度点数"和"宽度点数"的值都设置为奇数，目的是便于在后面对控制点的调整。

03 在"前"视图中调整控制点的位置，如图 7-103 所示。

04 在"顶"视图中选择四周的控制点，每间隔一个控制点选择一个，如图 7-104 所示。

05 对选择的控制点进行缩放，最终完成的模型如图 7-105 所示。

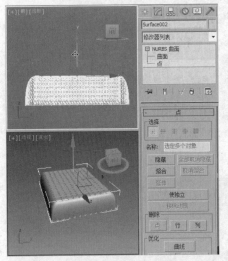
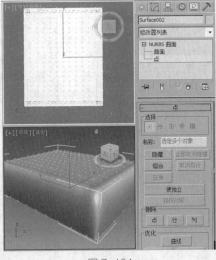
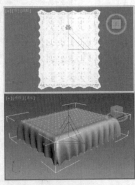

图 7-103　　　　　　　　　图 7-104　　　　　　　图 7-105

实例 069 【面片栅格】——单人床

- **案例场景位置** | 案例源文件 > Cha07 > 实例69【面片栅格】——单人床
- **效果场景位置** | 案例源文件 > Cha07 > 实例69【面片栅格】——单人床场景
- **贴图位置** | 贴图素材 > Cha07 > 实例69【面片栅格】——单人床
- **视频教程** | 教学视频 > Cha07 > 实例69
- **视频长度** | 1分53秒
- **制作难度** | ★★★☆☆

┃ 操作步骤 ┃

01 单击" （创建）> （几何体）> 面片栅格 > 四边形面片"按钮，在"顶"视图中创建一个四边形面片，在"参数"卷展栏中设置"长度"为2000，"宽度"为1200，"长度分段"为3，"宽度分段"为2，如图 7-106 所示。

02 切换到 （修改）命令面板，在"修改器列表"中选择"网格平滑"修改器，将选择集定义为"顶点"，在"顶"视图中选择中间所有的顶点，如图 7-107 所示。

03 在"前"视图中对顶点的位置进行调整，如图 7-108 所示。

04 在"顶"视图中选择四周的顶点，每间隔一个顶点选择一个，如图 7-109 所示。

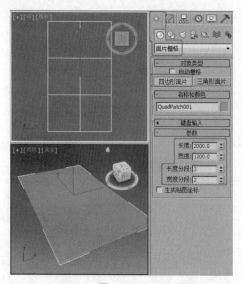

图 7-106

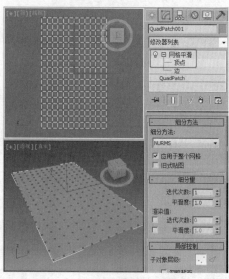

图 7-107

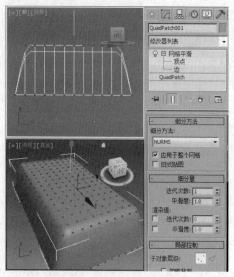

图 7-108

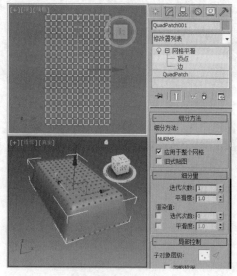

图 7-109

05 对选择的控制点进行缩放，如图 7-110 所示。

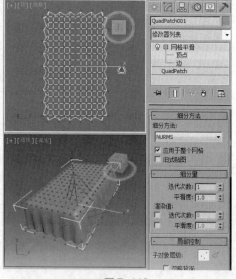

图 7-110

06 在"顶"视图中选择顶点，如图 7-111 所示。

07 在"前"视图中对顶点的位置进行调整，在"细分量"卷展栏中设置"迭代次数"为 2，完成的模型如图
7-112 所示。

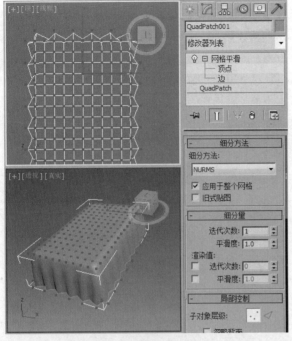

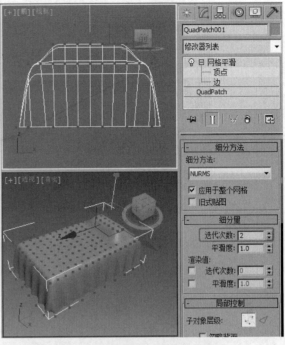

图 7-111　　　　　　　　　　　　　图 7-112

实例 070　【编辑多边形】——洗手盆

- **案例场景位置** | 案例源文件 > Cha07 > 实例70【编辑多边
形】——洗手盆
- **效果场景位置** | 案例源文件 > Cha07 > 实例70【编辑多边
形】——洗手盆场景
- **贴图位置** | 贴图素材 > Cha07 > 实例70【编辑多边形】——洗
手盆
- **视频教程** | 教学视频 > Cha07 > 实例70
- **视频长度** | 5分4秒
- **制作难度** | ★★★☆☆

┃ 操作步骤 ┃

01 单击" ※ （创建）> ○ （几何体）> 标准基本体 > 球体"按钮，在"顶"视图中创建一个球体作为洗手盆模型，
在"参数"卷展栏中设置"半径"为 200，"分段"为 32，如图 7-113 所示

02 在场景中选择球体，切换到 ／ （修改）命令面板，在"修改器列表"中选择"编辑多边形"修改器，将选择集
定义为"多边形"，选择如图 7-114 所示的多边形，并将其删除。

03 将选择集定义为"顶点"，选择底部的顶点，沿 y 轴对其进行缩放，如图 7-115 所示。

04 在"软选择"卷展栏中勾选"使用软选择"复选框，设置"衰减"为 60，对顶点进行调整，如图 7-116
所示。

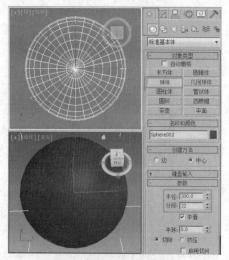
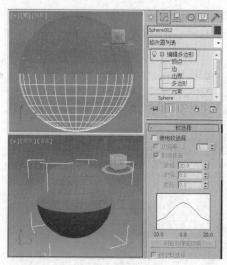

图 7-113   图 7-114

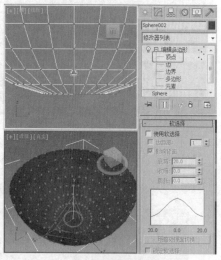
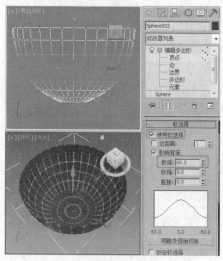

图 7-115   图 7-116

05 在场景中全选顶点，
沿 x 轴对其进行缩放，
如图 7-117 所示，然后
关闭选择集。

06 在"修改器列表"
中选择"壳"修改器，
在"参数"卷展栏中设
置"内部量"为 35，如
图 7-118 所示。

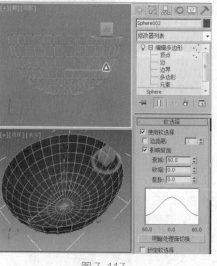
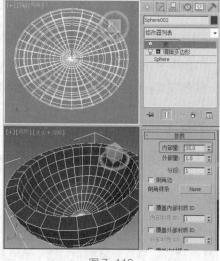

图 7-117   图 7-118

07 在"修改器列表"中选择"编辑多边形"修改器，将选择集定义为"多边形"，选择如图 7-119 所示的多边形。

08 在"编辑多边形"卷展栏中单击"挤出"后的■（设置）按钮，在弹出的助手小盒中设置"高度"为98，如图7-120所示，单击✓（确定）按钮。

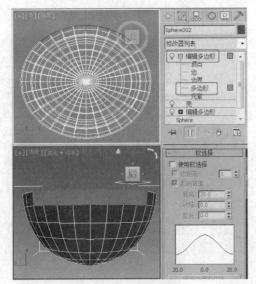

图 7-119   图 7-120

09 将选择集定义为"边"，在场景中选择底部内、外侧的边和顶部内、外侧的边，在"编辑边"卷展栏中单击"切角"后的■（设置）按钮，在弹出的助手小盒中设置"数量"为2，"分段"为3，如图7-121所示，单击✓（确定）按钮。

10 选择挤出的模型的边，在"编辑边"卷展栏中单击"切角"后的■（设置）按钮，在弹出的助手小盒中设置"数量"为2，"分段"为3，如图7-122所示，单击✓（确定）按钮，最后关闭选择集。

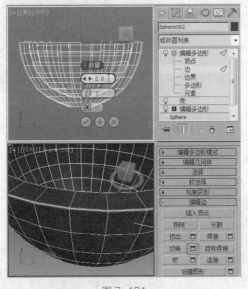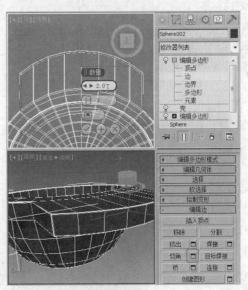

图 7-121   图 7-122

11 单击"（创建）>（几何体）> 标准基本体 > 圆柱体"按钮，在"前"视图中创建一个圆柱体作为布尔模型，在"参数"卷展栏中设置"半径"为15，"高度"为50，"高度分段"为1，调整其至合适的位置，如图7-123所示。

12 在场景中选择洗手盆模型，单击"（创建）>（几何体）> 复合对象 > ProBoolean"按钮，在"拾取布尔对象"卷展栏中单击"开始拾取"按钮，拾取场景中作为布尔对象的圆柱体模型，最终完成的模型如图7-124所示。

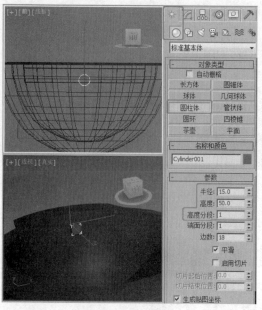

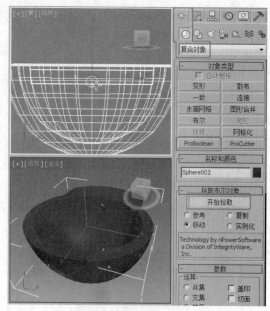

图 7-123 图 7-124

实例 071 【编辑多边形】——咖啡杯

- **案例场景位置** | 案例源文件 > Cha07 > 实例71【编辑多边形】——咖啡杯
- **效果场景位置** | 案例源文件 > Cha07 > 实例71【编辑多边形】——咖啡杯场景
- **贴图位置** | 贴图素材 > Cha07 > 实例71【编辑多边形】——咖啡杯
- **视频教程** | 教学视频 > Cha07 > 实例71
- **视频长度** | 8分2秒
- **制作难度** | ★★★☆☆

操作步骤

一. 杯子的制作

01 单击"(创建) > (几何体) > 标准基本体 > 球体"按钮,在"顶"视图中创建一个球体,在"参数"卷展栏中设置"半径"为128,如图 7-125 所示。

02 切换到 (修改)命令面板,在"修改器列表"中选择"编辑多边形"修改器,将选择集定义为"多边形",选择如图 7-126 所示的多边形,将其删除。

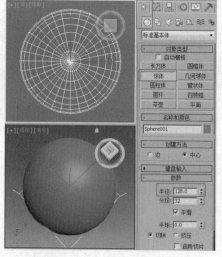

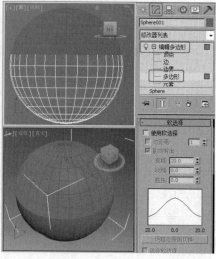

图 7-125 图 7-126

03 将选择集定义为"顶
点",在场景中选择底部
的顶点,在"编辑顶点"
卷展栏中单击"移除"
按钮,移除顶点,如图
7-127 所示。

04 在"软选择"卷展栏
中勾选"使用软选择"
复选框,设置"衰减"
为 60,在场景中调整顶
点,如图 7-128 所示。

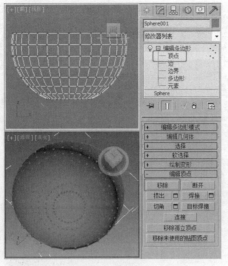

图 7-127

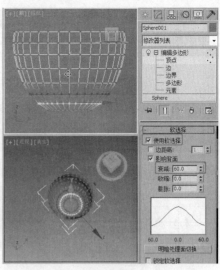

图 7-128

05 在"软选择"卷展栏
中取消对"使用软选择"
复选框的勾选,在场景
中对顶部的顶点进行缩
放,如图 7-129 所示。

06 关闭选择集,为模型
施加"壳"修改器,在"参
数"卷展栏中设置"内
部量"为 1,"外部量"
为 8,如图 7-130 所示。

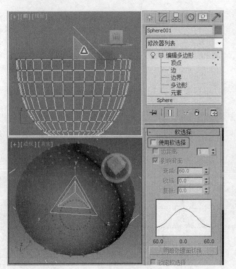

图 7-129

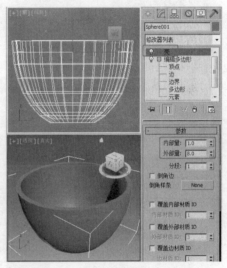

图 7-130

07 右击模型,将其转换
为"可编辑多边形",将
选择集定义为"多边形",
选择如图 7-131 所示的
多边形。

08 在"编辑多边形"卷
展栏中单击"倒角"后
的 □(设置)按钮,在
弹出的助手小盒中设置
"高度"为 2,"轮廓"
为 -2,如图 7-132 所示,
单击 ✓(确定)按钮。

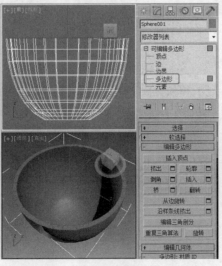

图 7-131

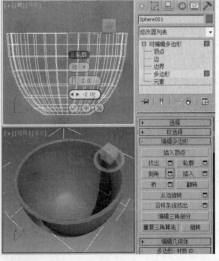

图 7-132

09 在场景中选择如图 7-133 所示的多边形。

10 在"编辑多边形"卷展栏中单击"挤出"后的 □（设置）按钮，在弹出的助手小盒中设置"高度"为 20，如图 7-134 所示，单击 ☑（确定）按钮。

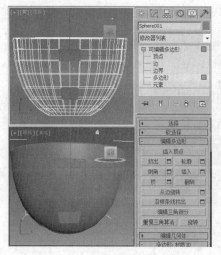

图 7-133

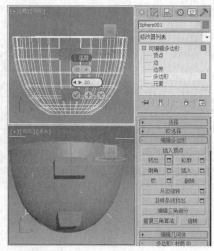

图 7-134

提示

使用助手小盒时，单击 ☑（确定）按钮可以确定操作，单击 ⊕（应用并继续）按钮可以应用参数后继续设置，单击 ⊗（取消）按钮则为取消操作。

11 继续设置多边形的"挤出"，设置"高度"为 20，如图 7-135 所示，单击 ☑（确定）按钮。

12 继续设置多边形的"挤出"，设置"高度"为 20，如图 7-136 所示。

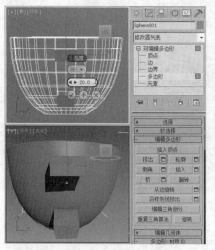

图 7-135

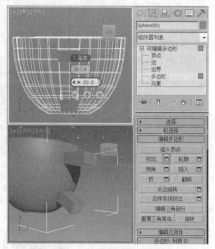

图 7-136

13 将选择集定义为"顶点"，在场景中调整挤出模型的顶点，如图 7-137 所示。

14 定义选择集为"多边形"，选择如图 7-138 所示的多边形。

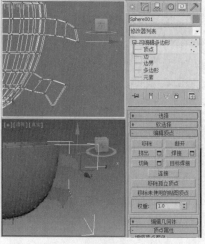

图 7-137

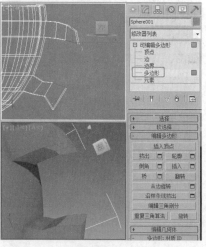

图 7-138

15 在"编辑多边形"卷展栏中单击"桥"后的 □（设置）按钮，在弹出的助手小盒中设置"分段"为 3，如图 7-139 所示，单击 ⊘（确定）按钮。

16 将选择集定义为"顶点"，在场景中调整顶点，如图 7-140 所示。

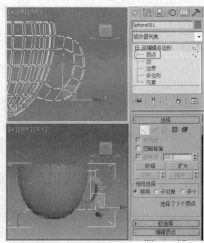

图 7-139　　　　　图 7-140

17 将选择集定义为"边"，在场景中选择如图 7-141 所示的边。

18 在"编辑边"卷展栏中单击"切角"后的 □（设置）按钮，在弹出的助手小盒中设置"边切角量"为 2，"连接边分段"为 3，如图 7-142 所示，单击 ⊘（确定）按钮，关闭选择集。

19 在"细分曲面"卷展栏中勾选"使用 NURMS 细分"复选框，设置"迭代次数"为 2，如图 7-143 所示。

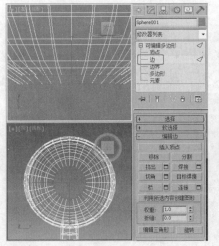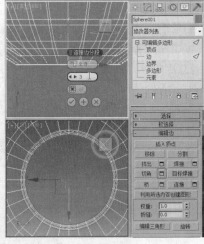

图 7-141　　　　　图 7-142

二. 碟子的制作

01 单击" （创建）> （几何体）> 标准基本体 > 球体"按钮，在"顶"视图中创建一个球体，在"参数"卷展栏中设置"半径"为 240，如图 7-144 所示。

02 在"前"视图中对球体进行缩放，如图 7-145 所示。

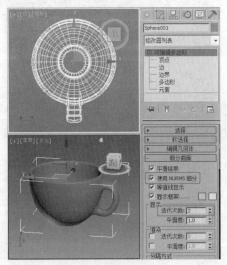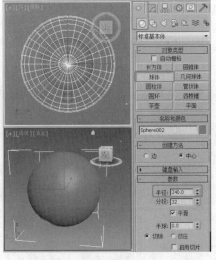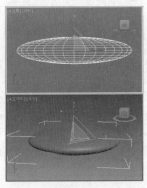

图 7-143　　　　　图 7-144　　　　　图 7-145

03 在场景中右击球体，将其转换为可编辑多边形，将选择集定义为"多边形"，选择如图7-146所示的多边形，并将其删除。

04 将选择集定义为"顶点"，在场景中选择底部的顶点，如图7-147所示。

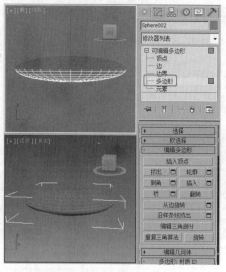

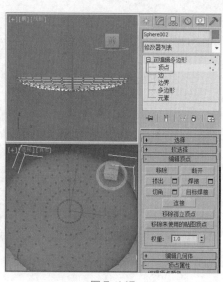

图 7-146

图 7-147

05 在"编辑顶点"卷展栏中单击"移除"按钮，将选择的顶点移除，如图7-148所示。

06 将选择集定义为"多边形"，选择底部的多边形，在"编辑多边形"卷展栏中单击"挤出"后的 □（设置）按钮，在弹出的助手小盒中设置"高度"为10，如图7-149所示，单击 ⊘（确定）按钮，最后关闭选择集。

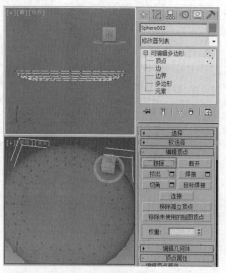

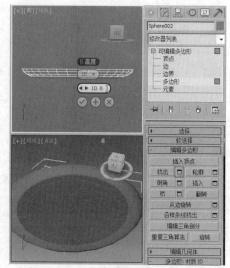

图 7-148

图 7-149

07 在"修改器列表"中选择"壳"修改器，在"参数"卷展栏中设置"内部量"为1，"外部量"为6，如图7-150所示。

08 为模型施加"涡轮平滑"修改器，在"涡轮平滑"卷展栏中设置"迭代次数"为2，调整其至合适的位置，最终完成的模型如图7-151所示。

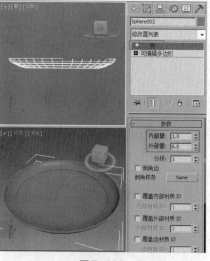

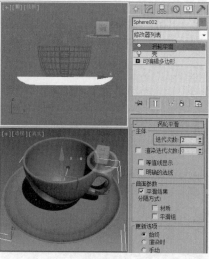

图 7-150

图 7-151

实例 072 【编辑多边形】——液晶显示器

- **案例场景位置**┃案例源文件 > Cha07 > 实例72【编辑多边形】——
  液晶显示器
- **效果场景位置**┃案例源文件 > Cha07 > 实例72【编辑多边形】——
  液晶显示器场景
- **贴图位置**┃贴图素材 > Cha07 > 实例72【编辑多边形】——液晶显示器
- **视频教程**┃教学视频 > Cha07 > 实例72
- **视频长度**┃15分18秒
- **制作难度**┃★ ★ ★ ☆ ☆

▎操作步骤 ▎

01 单击"※（创建）> ⭕（几何体）> 扩展基本体 > 切角长方体"按钮，在"前"视图中创建一个切角长方体作

为液晶显示器，在"参数"卷展栏中设置"长度"为230，"宽度"为350，"高度"为15，"圆角"为2，"长度分段"为5，"宽度分段"为3，"高度分段"为1，"圆角分段"为5，调整其至合适的角度和位置，如图7-152所示。

02 将模型转换为可编辑多边形，将选择集定义为"顶点"，在"前"视图中调整顶点到合适的位置，如图7-153所示。

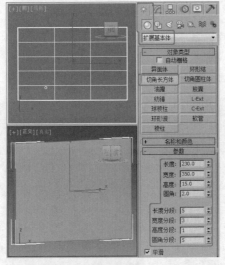

图 7-152

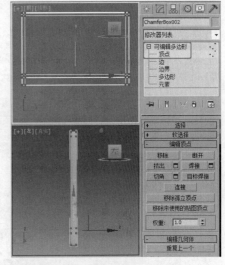

图 7-153

03 继续在"左"视图中对顶点的位置进行调整，如图7-154所示。

04 将选择集定义为"多边形"，在场景中选择多边形。在"编辑多边形"卷展栏中单击"倒角"后的▢（设置）按钮，在弹出的助手小盒中设置"高度"为-7，"轮廓"为0，如图7-155所示，单击✅（确定）按钮。

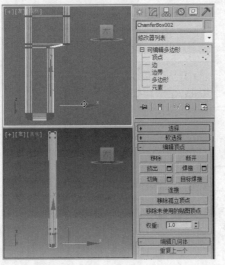

图 7-154

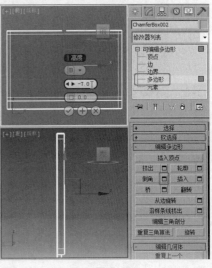

图 7-155

05 在工具栏中单击激活 ³⌒ₘ（捕捉开关）按钮，然后右击该按钮，在弹出的对话框中勾选"顶点"复选框，如图7-156所示，关闭对话框。

06 单击" ☀ （创建）> ◯ （几何体）> 标准基本体 > 长方体"按钮，使用顶点捕捉，在"前"视图中创建一个长方体作为屏幕，在"参数"卷展栏中设置合适的"高度"参数，如图7-157所示。调整长方体至合适的位置，关闭 ³⌒ₘ（捕捉开关）按钮。

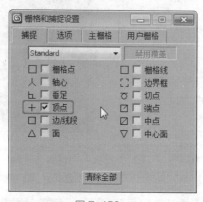

图 7-156

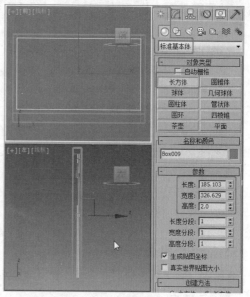

图 7-157

07 继续创建在"前"视图中创建长方体，作为显示器上的按钮，在"参数"卷展栏中设置"长度"为4，"宽度"为20，"高度"为5，调整其至合适的位置，如图7-158所示。

08 对作为按钮的长方体模型进行复制，并调整其至合适的位置，如图7-159所示。

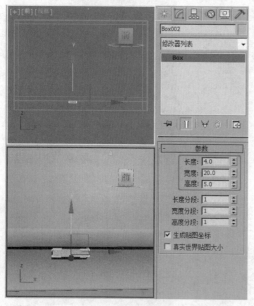

图 7-158

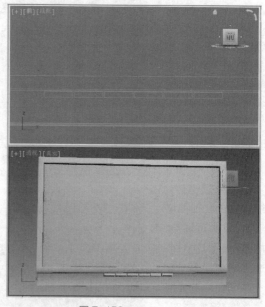

图 7-159

> **提示**
>
> 此处不可以"实例"复制模型，否则无法对复制出的模型的参数进行修改。

09 选择复制出的右侧模型作为开关按钮指示灯模型，在"参数"卷展栏中设置"长度"为4，"宽度"为2，"高度"为5，调整模型至合适的位置，如图7-160所示。

10 选择复制出的左侧模型，修改其参数"长度分段"为10，"宽度分段"为15，如图7-161所示。

11 将模型转换为可编辑多边形，将选择集定义为"顶点"，在场景中调整左侧顶点的位置，如图7-162所示，最后关闭选择集。

12 使用 [镜像] （镜像）工具对模型进行复制，设置"镜像轴"为 X，"克隆当前选择"为"实例"，设置合适的偏移数值，单击"确定"按钮，如图 7-163 所示。

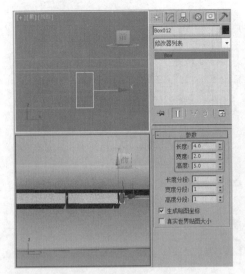

图 7-160

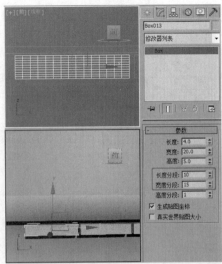

图 7-161

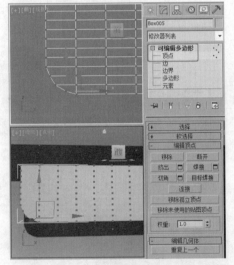

图 7-162

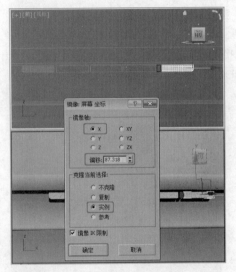

图 7-163

13 单击" [创建] （创建）> [图形] （图形）> 样条线 > 多边形"按钮，在"前"视图中创建多边形作为图标，在"参数"卷展栏中设置"半径"为 3，"边数"为 3，如图 7-164 所示。

14 为创建的多边形施加"挤出"修改器，在"参数"卷展栏中设置"数量"为 0.3，调整其至合适的位置，如图 7-165 所示。

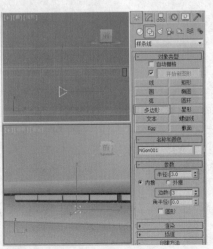

图 7-164

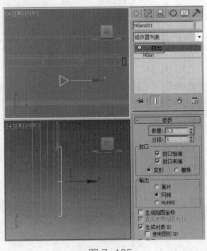

图 7-165

⑮ 对图标模型进行复制，并调整其至合适的角度和位置，如图 7-166 所示。

⑯ 单击"　（创建）>　（图形）> 样条线 > 文本"按钮，在"参数"卷展栏中设置字体为"仿宋"，"大小"为 6，"文本"为 AUTU，在"前"视图中创建文本作为图标，如图 7-167 所示。

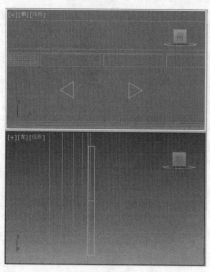

图 7-166

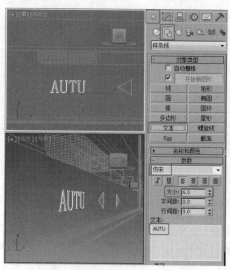

图 7-167

⑰ 继续在"参数"卷展栏中设置字体为"仿宋"，"大小"为 6，"文本"为 MENU，在"前"视图中创建文本作为图标，如图 7-168 所示。

⑱ 在场景中选择作为图标的两个文本，为其施加"挤出"修改器，在"参数"卷展栏中设置"数量"为 0.3，调整其至合适的位置，如图 7-169 所示。

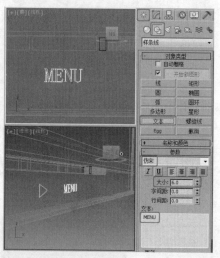

图 7-168

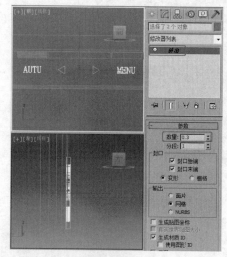

图 7-169

⑲ 单击"　（创建）>　（图形）> 样条线 > 弧"按钮，在"前"视图中创建一条弧作为图标，在"参数"卷展栏中设置"半径"为 2，"从"为 130，"到"为 50，如图 7-170 所示。

⑳ 为弧施加"编辑样条线"修改器，将选择集定义为"样条线"，在"几何体"卷展栏中单击"轮廓"按钮，为其设置合适的轮廓，如图 7-171 所示，关闭"轮廓"按钮，最后关闭选择集。

㉑ 为弧模型施加"挤出"修改器，在"参数"卷展栏中设置"数量"为 0.3，调整其至合适的位置，如图 7-172 所示。

㉒ 在"前"视图中创建长方体作为图标，在"参数"卷展栏中设置"长度"为 3，"宽度"为 0.3，"高度"为 0.3，调整其至合适的位置，如图 7-173 所示。

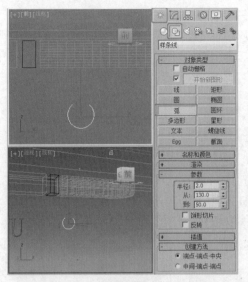

图 7-170

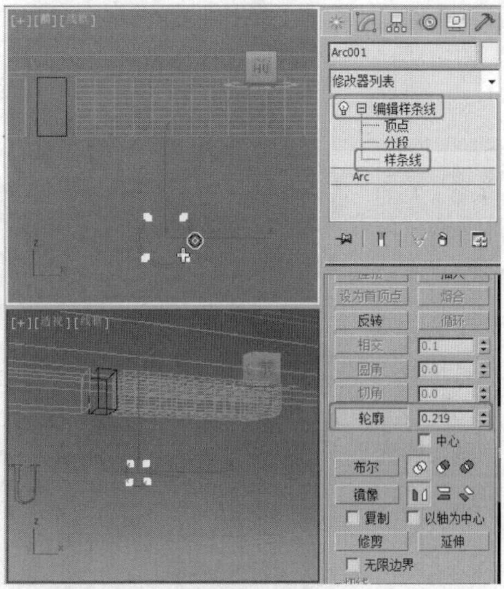

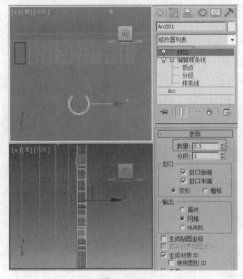

图 7-172

图 7-171

图 7-173

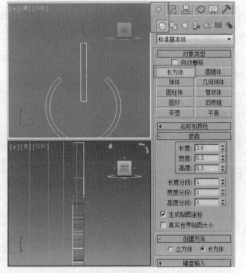

23 在场景中选择液晶显示器模型，切换到 ![icon]（修改）命令面板，将选择集定义为"顶点"，在"左"视图中调整顶点的位置，如图 7-174 所示。

24 将选择集定义为"多边形"，在场景中选择如图 7-175 所示的多边形并将其删除。

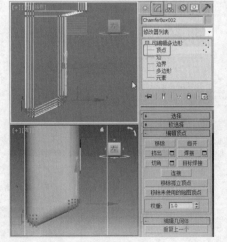

图 7-174

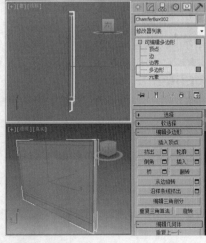

图 7-175

25 在"前"视图中创建切角长方体作为后壳，在"参数"卷展栏中设置"长度"为230，"宽度"为350，"高度"为20，"圆角"为2，"长度分段"为1，"宽度分段"为1，"高度分段"为3，"圆角分段"为5，如图7-176所示，调整其至合适的角度和位置。

26 将外壳模型转换为可编辑多边形，将选择集定义为"多边形"，然后在场景中选择如图7-177所示的多边形并将其删除。

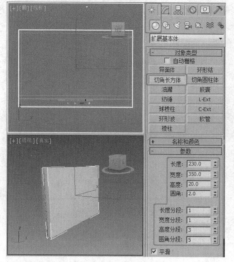

图 7-176

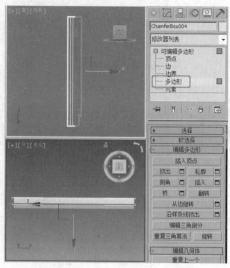

图 7-177

27 将选择集定义为"顶点"，在场景中选择顶点，并对其进行缩放和位置的调整，如图7-178所示。

28 继续在场景中选择顶点，对其进行缩放和位置的调整，如图7-179所示。

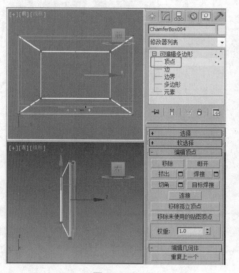

图 7-178

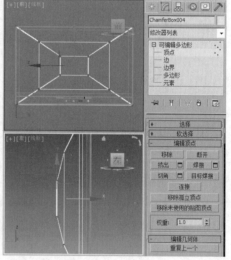

图 7-179

29 将选择集定义为"多边形"，选择多边形，在"编辑多边形"卷展栏中单击"倒角"后的■（设置）按钮，在弹出的助手小盒中设置"高度"为1，"轮廓"为-10，单击✓（确定）按钮，如图7-180所示。

30 继续对多边形进行倒角操作，在弹出的助手小盒中设置"高度"为10，"轮廓"为-10，单击✓（确定）按钮，如图7-181所示。

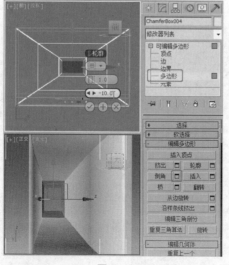

图 7-180

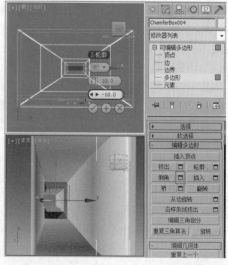

图 7-181

31 将选择集定义为"边"，选择如图 7-182 所示的边。

32 在"编辑边"卷展栏中单击"切角"后的 □（设置）按钮，在弹出的助手小盒中设置"边切角量"为 6，"连接边分段"为 5，单击 ✓（确定）按钮，如图 7-183 所示，最后关闭选择集。

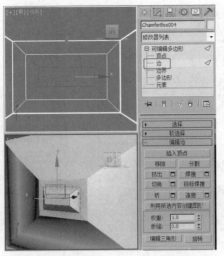
图 7-182

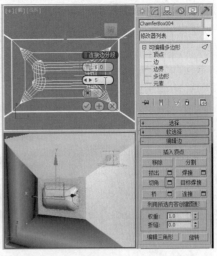
图 7-183

33 单击" ✦ （创建）> ⬚（图形）> 样条线 > 线"按钮，在"左"视图中创建一条可闭合的样条线作为支架，如图 7-184 所示。

34 切换到 ⬚（修改）命令面板，将选择集定义为"顶点"，对可闭合的样条线的形状进行调整，如图 7-185 所示，最后关闭选择集。

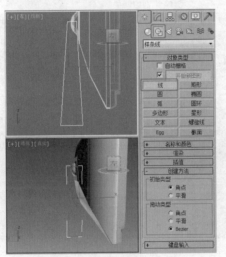
图 7-184

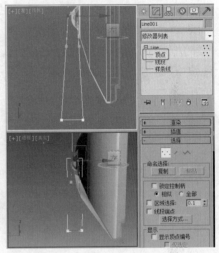
图 7-185

35 为样条线施加"挤出"修改器，在"参数"卷展栏中设置"数量"为 80，如图 7-186 所示。

36 单击" ✦ （创建）> ⬚（几何体）> 标准基本体 > 长方体"按钮，在"顶"视图中创建一个长方体作为布尔模型，在"参数"卷展栏中设置合适的参数，调整其至合适的位置，如图 7-187 所示。

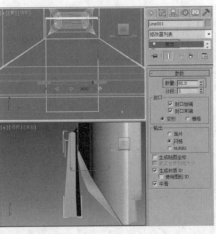
图 7-186

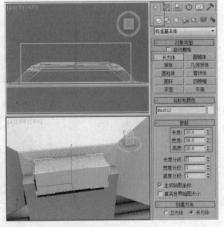
图 7-187

37 在场景中选择支架模型，单击" ✦ （创建）> ⬚（几何体）> 复合对象 > ProBoolean"按钮，在"拾取布尔对象"卷展栏中单击"开始拾取"按钮，拾取场景中作为布尔对象的模型，如图 7-188 所示。

38 单击" ✦ （创建）> ⬚（几何体）> 扩展基本体 > 切角长方体"按钮，在"顶"视图中创建一个切角长方体作为底座，在"参数"卷展栏中设置"长度"为200，"宽度"为180，"高度"为15，"圆角"为3，"长度分段"为5，"宽度分段"为8，"高度分段"为1，"圆角分段"为3，调整其至合适的角度和位置，如图7-189所示。

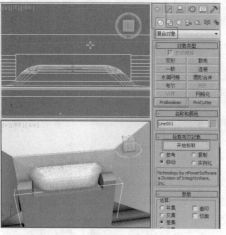

图 7-188

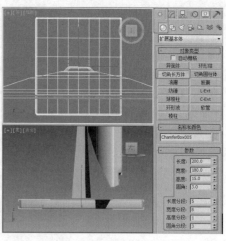

图 7-189

39 将底座模型转换为可编辑多边形，将选择集定义为"顶点"，然后在"软选择"卷展栏中勾选"使用软选择"复选框，设置"衰减"为180，再在场景中选择顶部位置的顶点，并对其进行缩放，如图7-190所示。

40 在"软选择"卷展栏中取消对"使用软选择"复选框的勾选，在场景中调整顶点的位置，如图7-191所示。

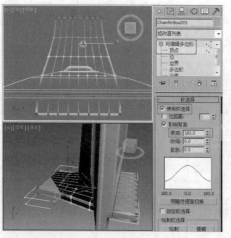

图 7-190

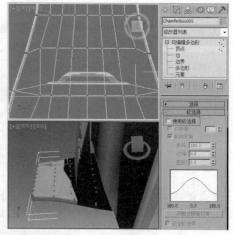

图 7-191

41 将选择集定义为"多边形"，在场景中选择多边形，然后在"编辑多边形"卷展栏中单击"倒角"后的▢（设置）按钮，在弹出的助手小盒中设置"高度"为3，"轮廓"为-6，单击☑（确定）按钮，如图7-192所示，最后关闭选择集。

42 在场景中对按钮模型的位置进行调整，最终完成的模型如图7-193所示。

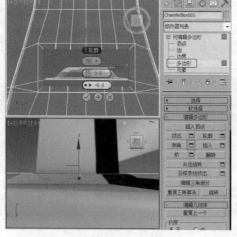

图 7-192

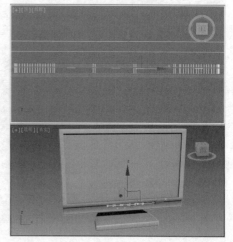

图 7-193

第 08 章

3ds Max 材质及贴图的应用

在效果图制作中，材质是三维世界中的一个重要的概念，是对现实世界中各种材料视觉效果的模拟，这些视觉效果包括颜色、感光特性、反射、折射、透明度、表面粗糙程度以及纹理等，在 3ds Max 中创建的模型，其本身不具备任何的表面特征，通过材质自身的参数调控可以模拟现实中与实际的建筑装潢材料完全相同的视觉效果。3ds Max 中的材质和贴图有很多种，本章将对在制作过程中常用的材质及贴图来进行设置。

实例 073 认识材质编辑器

● **视频教程** ┃ 教学视频 > Cha08 > 实例73

● **视频长度** ┃ 1分49秒

● **制作难度** ┃ ★☆☆☆☆

┃ **操作步骤** ┃

01 在工具栏中单击 📷（材质编辑器）按钮，打开"Slate 材质编辑器"窗口，如图 8-1 所示。

02 在"Slate 材质编辑器"窗口中执行"模式 > 精简材质编辑器"命令，如图 8-1 所示，即可切换到如图 8-3 所示的"材质编辑器"窗口。

03 在示例窗中包含 24 个材质样本球，用于显示材质编辑的结果，一个材质样本球代表一个材质，在修改材质的参数时，修改后的效果会马上显示到材质样本球上，使我们能够在制作过程中更加方便地观察设置效果。系统默认的材质样本球数量为 6，其显示的大小与个数都可以调整。右击任意一个材质样本球均会弹出一个如图 8-2 所示的快捷菜单，如果选择"5×3 示例窗"命令或"6×4 示例窗"命令，在示例窗中就会显示 15 个或者 24 个材质样本球，这样可以方便根据材质使用数量的多少对其进行适当调整，也便于观察材质的纹理显示情况。

> **提示**
>
> 除了可以在工具栏中单击 📷（材质编辑器）按钮打开"Slate 材质编辑器"窗口外，还可以按键盘上的 M 键快速打开"Slate 材质编辑器"窗口。

图 8-1

图 8-2

04 竖排工具行中的工具主要用于调整材质在样本球上的显示效果，以便于更好地观察材质的颜色与纹理，横排工具行中的工具主要用于获取材质、显示贴图纹理，以及将制作好的材质赋予场景中的对象等；在"明暗器基本参数"卷展栏中可以选择不同的材质渲染明暗类型，也就是确定材质的基本性质，默认"类型"为（B）Blinn，如图 8-3 所示。

05 单击 Standard（标准）按钮，会弹出"材质/贴图浏览器"对话框，在此对话框中可以选择所需要的材质类型，如图 8-4 所示。

06 在"材质编辑器"窗口中，工具按钮下面的部分内容繁多，包括 6 部分的卷展栏，由于"材质编辑器"窗口大小的限制，有一部分内容不能全部显示出来，我们可以将鼠标指针放置到卷展栏的空白处，待指针变成图 8-5 所

示的 形状时，按住鼠标左键就可以上下拖曳，从而推动卷展栏以观察全部的内容。"材质编辑器"窗口中的参数控制区在不同的材质设置时会发生不同的变化，一种材质的初始设置是"标准"，其他材质类型的参数与标准材质的也是大同小异。

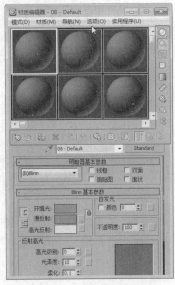

图 8-3

图 8-4

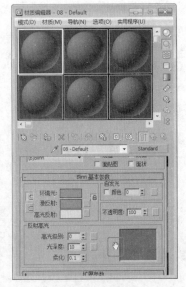

图 8-5

实例 074　【多维/子对象】材质

- **案例场景位置** | 案例源文件 > Cha08 > 实例 74【多维/子对象】材质
- **效果场景位置** | 案例源文件 > Cha08 > 实例 74【多维/子对象】材质 O
- **贴图位置** | 贴图素材 > Cha08 > 实例 74【多维/子对象】材质
- **视频教程** | 教学视频 > Cha08 > 实例 74
- **视频长度** | 3 分 29 秒
- **制作难度** | ★★☆☆☆

操作步骤

01 打开随书资源文件中的"案例源文件 > Cha08 > 实例 74 多维子对象材质 .max"文件，可以看到事先已经为场景中的模型设置了材质 ID，看一下材质 ID1，如图 8-6 所示。

02 看一下设置的材质 ID2，如图 8-7 所示。

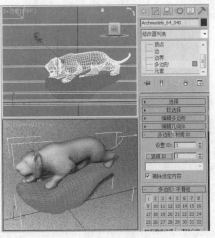

图 8-6

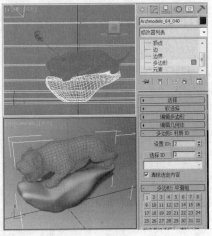

图 8-7

03 在场景中选择石雕模型,打开"材质编辑器"窗口,单击 Standard （标准）按钮,在弹出"材质 / 贴图浏览器"对话框中选择"多维 / 子对象"材质,单击"确定"按钮,如图 8-8 所示。

04 在"多维 / 子对象基本参数"卷展栏中单击"设置数量"按钮,在弹出的对话框中设置"材质数量"为 2,单击"确定"按钮,如图 8-9 所示。

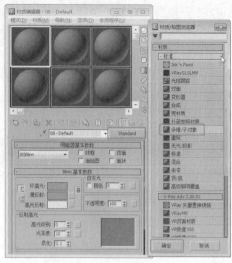

图 8-8　　　　　　　　　　　　图 8-9

05 分别单击（1）号材质和（2）号材质后的"无"按钮,在弹出的"材质 / 贴图浏览器"对话框中选择 VRayMtl 材质,如图 8-10 所示。

06 进入（1）号材质设置面板,在"基本参数"卷展栏中设置"反射"组中"反射"的红、绿、蓝值均为 33,设置"反射光泽度"为 0.8,如图 8-11 所示。

07 在"贴图"卷展栏中分别单击"漫反射"、"半透明"和"凹凸"后的 None 按钮,在弹出的"材质 / 贴图浏览器"对话框中为其指定相同的"位图"贴图,即随书资源文件中的"贴图素材 > Cha08 > 实例 74　多维 / 子对象材质 > 大理石 01.jpg"文件,如图 8-12 所示。

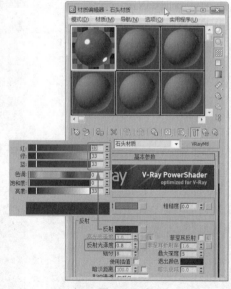
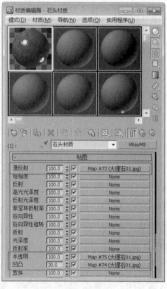

图 8-10　　　　　　　　图 8-11　　　　　　　　图 8-12

08 进入（2）号材质设置面板,在"基本参数"卷展栏中设置"反射"组中"反射"的红、绿、蓝值均为 33,设置"反射光泽度"为 0.8,如图 8-13 所示。

09 在"贴图"卷展栏中分别单击"漫反射"和"凹凸"后的 None 按钮,在弹出的"材质 / 贴图浏览器"对话框中为其指定相同的"位图"贴图,即随书资源文件中的"贴图素材 > Cha08 > 实例 74 多维 / 子对象材质 > 大理石 02.jpg"文件,如图 8-14 所示。

10 单击 （转到父对象）按钮,返回主材质面板,单击 （将材质指定给选定对象）按钮,将材质赋予场景中的石雕模型,如图 8-15 所示。

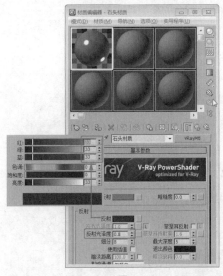
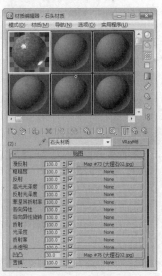
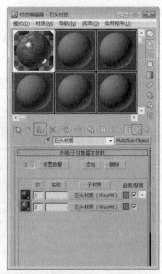

| 图 8-13 | 图 8-14 | 图 8-15 |

实例 075　【光线跟踪】材质

- **案例场景位置** | 案例源文件 > Cha08 > 实例 75【光线跟踪】材质
- **效果场景位置** | 案例源文件 > Cha08 > 实例 75【光线跟踪】材质场景 O
- **贴图位置** | 贴图素材 > Cha08 > 实例 75【光线跟踪】材质
- **视频教程** | 教学视频 > Cha08 > 实例 75
- **视频长度** | 2 分 10 秒
- **制作难度** | ★ ★ ☆ ☆ ☆

▐ 操作步骤 ▐

01 打开随书资源文件中的"案例源文件 > Cha08 > 实例 75 光线跟踪材质 .max"文件，如图 8-16 所示。

02 在场景中选择果盘模型，打开"材质编辑器"窗口。单击 （标准）按钮，在弹出的"材质 / 贴图浏览器"对话框中选择"光线跟踪"材质，单击"确定"按钮，如图 8-17 所示。

图 8-16

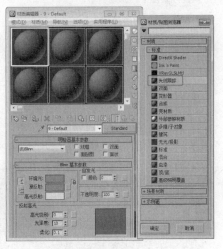

图 8-17

03 在"光线跟踪基本参数"卷展栏中设置"明暗处理"为"各向异性"并勾选"双面"复选框，设置"环境光"的红、绿、蓝值均为 255，设置"漫反射"的红、绿、蓝值分别为 0、0、255，设置"反射"的红、绿、蓝值均为 18，取消对"自发光"复选框的勾选，设置"透明度"的红、绿、蓝值均为 200，设置"折射率"为 1.5、"高光级别"为259，"光泽度"为54，"各向异性"为87，如图8-18所示。

04 在"扩展参数"卷展栏中设置"半透明"的红、绿、蓝值分别为144、0、255，单击 ![icon]（将材质指定给选定对象）按钮，将材质赋予场景中的果盘模型，如图8-19所示。

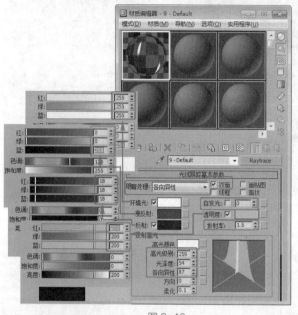

图 8-18

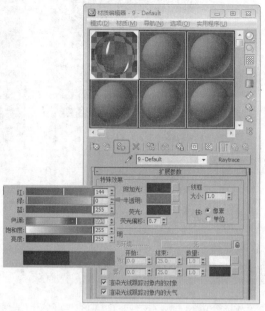

图 8-19

<table>
<tr><td>**实 例**
076</td><td>**【双面】材质**</td></tr>
</table>

- **案例场景位置** | 案例源文件 > Cha08 > 实例76【双面】材质
- **效果场景位置** | 案例源文件 > Cha08 > 实例76【双面】材质场景O
- **贴图位置** | 贴图素材 > Cha08 > 实例76【双面】材质
- **视频教程** | 教学视频 > Cha08 > 实例76
- **视频长度** | 1分38秒
- **制作难度** | ★★☆☆☆

┃ 操作步骤 ┃

01 打开随书资源文件中的"案例源文件 > Cha08 > 实例76 双面材质 .max"文件，如图8-20所示。

02 在场景中选择山水画模型，打开"材质编辑器"窗口。单击 Standard （标准）按钮，在弹出"材质/贴图浏览器"对话框中选择"双面"材质，单击"确定"按钮，如图8-21所示。

图 8-20

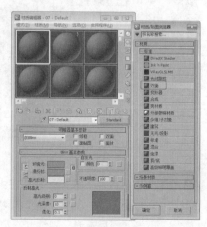

图 8-21

03 进入"正面"材质设置面板，在"贴图"卷展栏中单击"漫反射颜色"后的 None 按钮，在弹出的"材质／贴图浏览器"对话框中为其指定"位图"贴图，即随书资源文件中的"贴图素材 > Cha08 > 实例 76【双面】材质 > 978.jpg"文件，如图 8-22 所示。

04 单击 （转到父对象）按钮，返回主材质面板。进入"背面"材质设置面板，在"Blinn 基本参数"卷展栏中设置"环境光"和"漫反射"的红、绿、蓝值均为 255，如图 8-23 所示。

05 单击 （转到父对象）按钮，返回主材质面板，单击 （将材质指定给选定对象）按钮，将材质赋予场景中的山水画模型，如图 8-24 所示。

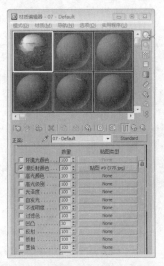
图 8-22

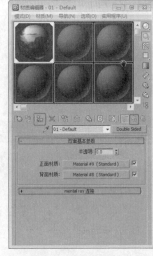
图 8-23　　　　图 8-24

实例 077　【混合】材质

- **案例场景位置** | 案例源文件 > Cha08 > 实例 77【混合】材质
- **效果场景位置** | 案例源文件 > Cha08 > 实例 77【混合】材质 O
- **贴图位置** | 贴图素材 > Cha08 > 实例 77【混合】材质
- **视频教程** | 教学视频 > Cha08 > 实例 776
- **视频长度** | 2 分 4 秒
- **制作难度** | ★★☆☆☆

｜操作步骤｜

01 打开随书资源文件中的"案例源文件 > Cha08 > 实例 77【混合】材质.max"文件，如图 8-25 所示。

02 在场景中选择地毯模型，打开"材质编辑器"窗口。单击 Standard （标准）按钮，在弹出"材质／贴图浏览器"对话框中选择"混合"材质，单击"确定"按钮，如图 8-26 所示。

图 8-25

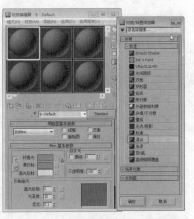
图 8-26

03 进入"材质1"设置面板，在"贴图"卷展栏中单击"漫反射颜色"后的 None 按钮，在弹出的"材质/贴图浏览器"对话框中为其指定"位图"贴图。在弹出对话框中选择随书资源文件中的"贴图素材 > Cha08 > 实例 77【混合】材质 > bg22_037.jpg"文件，单击"打开"按钮，如图 8-27 所示。

04 进入"漫反射颜色"贴图层级面板，在"坐标"卷展栏中设置"瓷砖"下 U、V 的值均为 5，如图 8-28 所示。

05 单击两次 （转到父对象）按钮，返回主材质面板，进入"材质2"设置面板，在"贴图"卷展栏中单击"漫反射颜色"后的 None 按钮，在弹出的"材质/贴图浏览器"对话框中为其指定"位图"贴图。在弹出对话框中选择随书资源文件中的"贴图素材 > Cha08 > 实例 77【混合】材质 > BW-126.jpg"文件，单击"打开"按钮，如图 8-29 所示。

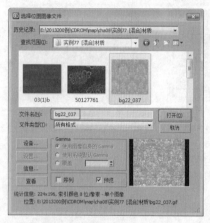

图 8-27

图 8-28

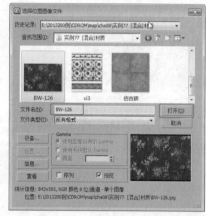

图 8-29

06 进入"漫反射颜色"贴图层级面板，在"坐标"卷展栏中设置"瓷砖"下 U、V 的值均为 5，如图 8-30 所示。

07 单击两次 （转到父对象）按钮，返回主材质面板，在"混合基本参数"卷展栏中单击"遮罩"后的 None 按钮，在弹出的"材质/贴图浏览器"对话框中为其指定"位图"贴图，即随书资源文件中的"贴图素材 > Cha08 > 实例 77【混合】材质 > 50127761.jpg"文件，如图 8-31 所示。单击 （将材质指定给选定对象）按钮，将材质赋予场景中的地毯模型。

图 8-30

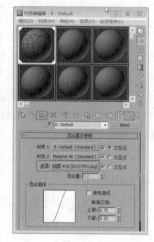

图 8-31

实例
078 【位图】贴图

- **案例场景位置** | 案例源文件 > Cha08 > 实例78【位图】贴图
- **效果场景位置** | 案例源文件 > Cha08 > 实例78【位图】贴图O
- **贴图位置** | 贴图素材 > Cha08 > 实例78【位图】贴图
- **视频教程** | 教学视频 > Cha08 > 实例78
- **视频长度** | 1分18秒
- **制作难度** | ★★☆☆☆

操作步骤

01 打开随书资源文件中的“案例源文件 > Cha08 > 实例 78【位图】贴图 .max”文件，如图 8-32 所示。

02 在场景中选择木凳模型，打开“材质编辑器”窗口，在“Blinn 基本参数”卷展栏中设置“高光级别”为 42，如图 8-33 所示。

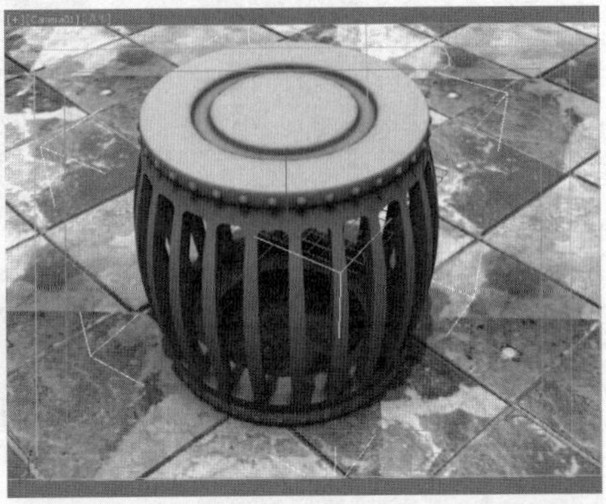

图 8-32

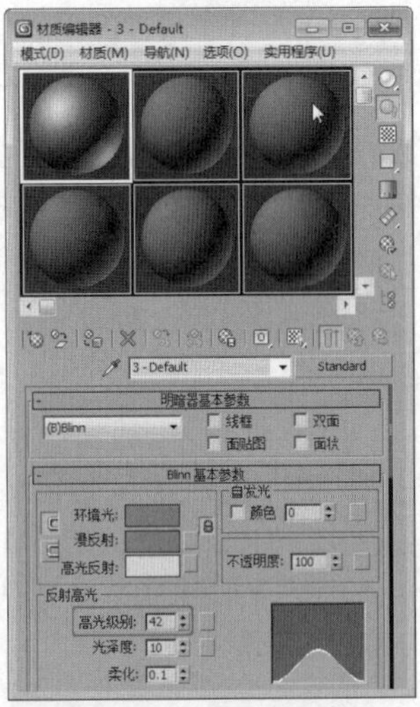

图 8-33

03 在“贴图”卷展栏中单击“漫反射颜色”后的 None 按钮，在弹出的“材质 / 贴图浏览器”对话框中为其指定“位图”贴图。在弹出对话框中选择随书资源文件中的“贴图素材 > Cha08 > 实例 78【位图】贴图 > 03（1）b.jpg”文件，单击“打开”按钮，如图 8-34 所示。

04 单击（转到父对象）按钮，返回主材质面板，单击（将材质指定给选定对象）按钮，将材质赋予场景中的木凳模型，如图 8-35 所示。

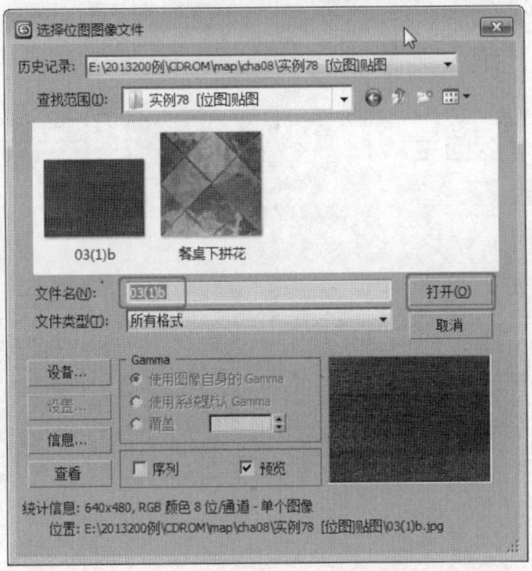

图 8-34

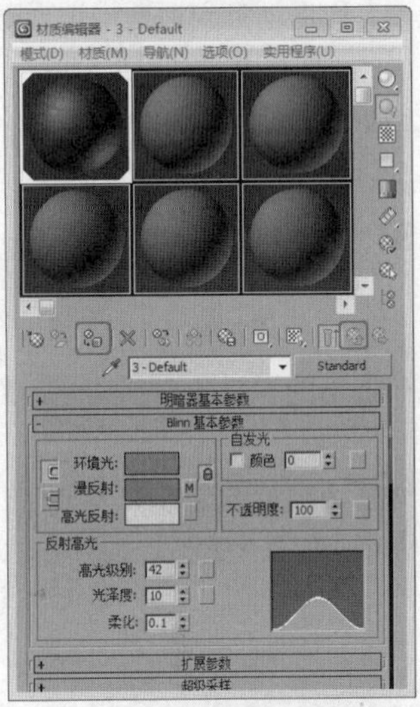

图 8-35

实例 079 【光线跟踪】贴图

- **案例场景位置 |** 案例源文件 > Cha08 > 实例 79【光线跟踪】贴图
- **效果场景位置 |** 案例源文件 > Cha08 > 实例 79【光线跟踪】贴图 O
- **贴图位置 |** 贴图素材 > Cha08 > 实例 79【光线跟踪】贴图
- **视频教程 |** 教学视频 > Cha08 > 实例 79
- **视频长度 |** 1 分 35 秒
- **制作难度 |** ★★☆☆☆

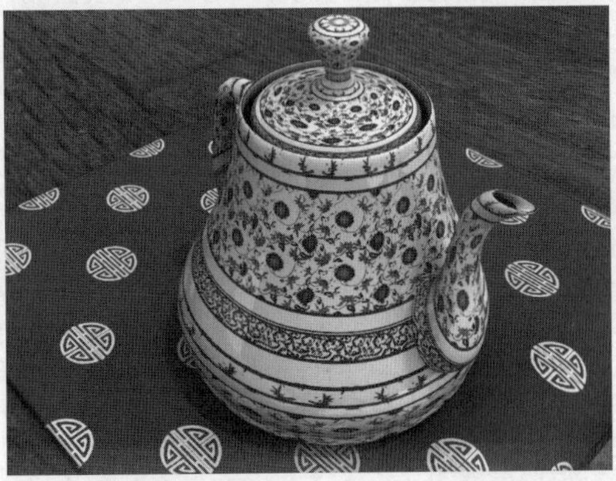

┃ 操作步骤 ┃

01 打开随书资源文件中的"案例源文件 > Cha08 > 实例79【光线跟踪】贴图.max"文件，如图8-36所示。

02 在场景中选择茶壶模型，打开"材质编辑器"窗口，在"明暗器基本参数"卷展栏中勾选"双面"复选框，如图8-37所示。

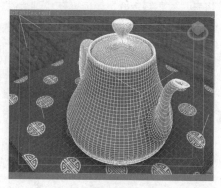

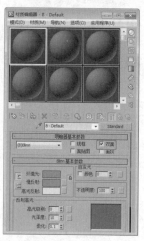

图8-36   图8-37

03 在"贴图"卷展栏中单击"漫反射颜色"后的None按钮，在弹出的"材质/贴图浏览器"对话框中为其指定"位图"贴图。在对话框中选择随书资源文件中的"贴图素材 > Cha08 > 实例79【光线跟踪】贴图 > ci3.jpg"文件，单击"打开"按钮，如图8-38所示。

04 单击 （转到父对象）按钮，返回主材质面板，在"贴图"卷展栏中设置"反射"数量为20，单击"反射"后的None按钮，在弹出的"材质/贴图浏览器"对话框中为其指定"光线跟踪"贴图，单击 （将材质指定给选定对象）按钮，将材质赋予场景中的茶壶模型，如图8-39所示。

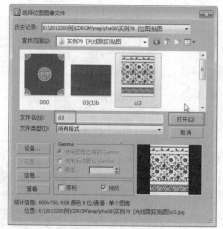

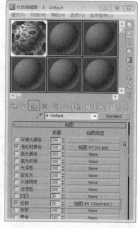

图8-38   图8-39

实例
080 **【平面镜】贴图**

- **案例场景位置** ┃ 案例源文件 > Cha08 > 实例80【平面镜】贴图
- **效果场景位置** ┃ 案例源文件 > Cha08 > 实例80【平面镜】贴图O
- **贴图位置** ┃ 贴图素材 > Cha08 > 实例80【平面镜】贴图
- **视频教程** ┃ 教学视频 > Cha08 > 实例80
- **视频长度** ┃ 1分18秒
- **制作难度** ┃ ★★☆☆☆

┃ 操作步骤 ┃

01 打开随书资源文件中的"案例源文件 > Cha08 > 实例80【平面镜】贴图.max"文件，如图8-40所示。

02 在场景中选择镜子模型，打开"材质编辑器"窗口，在"Blinn基本参数"卷展栏中设置"环境光"和"漫反射"

的红、绿、蓝值均为 0,如图 8-41 所示。

图 8-40

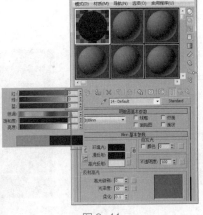

图 8-41

03 在"贴图"卷展栏中单击"反射"后的 None 按钮,在弹出的"材质 / 贴图浏览器"对话框中为其指定"平面镜"贴图,单击"确定"按钮,如图 8-42 所示。

04 进入"反射"贴图层级面板,在"平面镜参数"卷展栏中勾选"渲染"组中的"应用于带 ID 的面"复选框,如图 8-43 所示。

05 单击 按钮,返回主材质面板,单击 按钮,将材质赋予场景中的镜子模型,如图 8-44 所示。

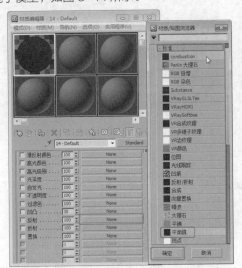

图 8-42

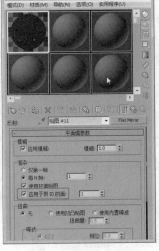

图 8-43

图 8-44

实例 081 【棋盘格】贴图

- **案例场景位置** | 案例源文件 > Cha08 > 实例 81【棋盘格】贴图
- **效果场景位置** | 案例源文件 > Cha08 > 实例 81【棋盘格】贴图 O
- **贴图位置** | 贴图素材 > Cha08 > 实例 81【棋盘格】贴图
- **视频教程** | 教学视频 > Cha08 > 实例 81
- **视频长度** | 1 分 56 秒
- **制作难度** | ★ ★ ☆ ☆ ☆

┨ 操作步骤 ┠

01 打开随书资源文件中的"案例源文件 > Cha08 > 实例81【棋盘格】贴图 .max"文件，如图 8-45 所示。

02 在场景中选择地毯模型，打开"材质编辑器"窗口，在"贴图"卷展栏中单击"漫反射颜色"后的 None 按钮，在弹出的"材质/贴图浏览器"对话框中为其指定"棋盘格"贴图，如图 8-46 所示。

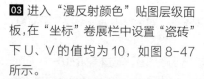
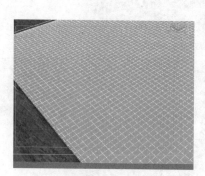

图 8-45

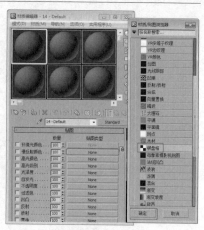

图 8-46

03 进入"漫反射颜色"贴图层级面板，在"坐标"卷展栏中设置"瓷砖"下 U、V 的值均为 10，如图 8-47 所示。

04 在"棋盘格参数"卷展栏中设置"颜色 #1"的红、绿、蓝值分别为 222、0、255，设置"颜色 #2"的红、绿、蓝值分别为 247、193、255，如图 8-48 所示。

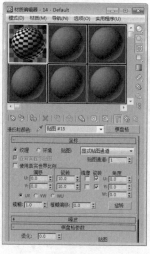

图 8-47

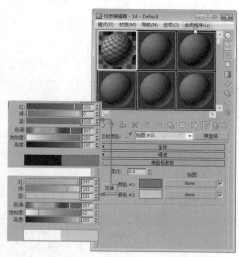

图 8-48

05 单击 🔝（转到父对象）按钮，返回主材质面板，在"贴图"卷展栏中单击"凹凸"后的 None 按钮，在弹出的"材质/贴图浏览器"对话框中为其指定"位图"贴图。在对话框中选择随书资源文件中的"贴图素材 > Cha08 > 实例81【棋盘格】贴图 > cloth02.jpg"文件，单击"打开"按钮，如图 8-49 所示。

06 进入"凹凸"贴图层级面板，在"坐标"卷展栏中设置"瓷砖"下 U、V 的值均为 5，如图 8-50 所示。

07 单击 🔝（转到父对象）按钮，返回主材质面板，单击 🔝（将材质指定给选定对象）按钮，将材质赋予场景中的地毯模型，如图 8-51 所示。

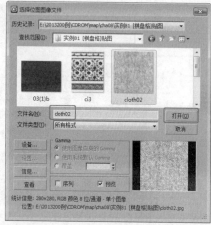

图 8-49

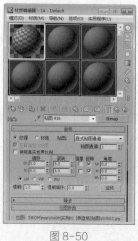

图 8-50

图 8-51

实例 082 【平铺】贴图

- **案例场景位置** | 案例源文件 > Cha08 > 实例82【平铺】贴图
- **效果场景位置** | 案例源文件 > Cha08 > 实例82【平铺】贴图O
- **贴图位置** | 贴图素材 > Cha08 > 实例82【平铺】贴图
- **视频教程** | 教学视频 > Cha08 > 实例82
- **视频长度** | 1分48秒
- **制作难度** | ★ ★ ☆ ☆ ☆

▌操作步骤▐

01 打开随书资源文件中的"案例源文件 > Cha08 > 实例82【平铺】贴图 .max"文件，如图 8-52 所示。

02 在场景中选择墙壁模型，打开"材质编辑器"窗口，在"贴图"卷展栏中单击"漫反射颜色"后的 None 按钮，在弹出的"材质 / 贴图浏览器"对话框中为其指定"平铺"贴图，单击"确定"按钮，如图 8-53 所示。

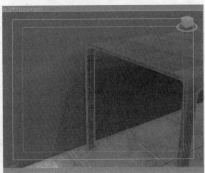

图 8-52　　　　　　　　图 8-53

03 进入"漫反射颜色"贴图层级面板，在"坐标"卷展栏中设置"角度"下 W 的值为 90，在"标准控制"卷展栏中设置"预设类型"为"1/2 连续砌合"，如图 8-54 所示。

04 单击 （转到父对象）按钮，返回主材质面板，在"贴图"卷展栏中单击"凹凸"后的 None 按钮，在弹出的"材质 / 贴图浏览器"对话框中为其指定"平铺"贴图，单击"确定"按钮，如图 8-55 所示。

05 进入"凹凸"贴图层级面板，在"坐标"卷展栏中设置"角度"下 W 的值为 90，在"标准控制"卷展栏中设置"预设类型"为"1/2 连续砌合"，如图 8-56 所示。

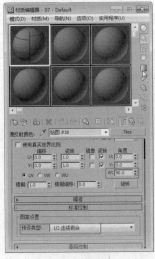

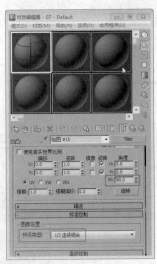

图 8-54　　　　　　　图 8-55　　　　　　　图 8-56

06 在"高级控制"卷展栏中单击"平铺设置"组中"纹理"后的 None 按钮，在弹出的"材质／贴图浏览器"对话框中为其指定"凹痕"贴图，单击"确定"按钮，如图 8-57 所示。

07 进入"平铺"贴图层级面板，在"凹痕参数"卷展栏中设置"大小"为 50，如图 8-58 所示。返回主材质面板，单击 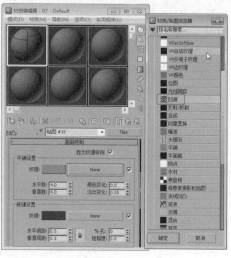（将材质指定给选定对象）按钮，将材质赋予场景中的墙壁模型。

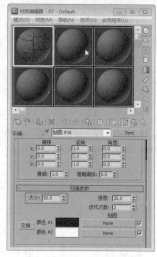

图 8-57　　　　　　　　　　图 8-58

实例 083　【衰减】贴图

- **案例场景位置**｜案例源文件 > Cha08 > 实例 83【衰减】贴图
- **效果场景位置**｜案例源文件 > Cha08 > 实例 83【衰减】贴图 O
- **贴图位置**｜贴图素材 > Cha08 > 实例 83【衰减】贴图
- **视频教程**｜教学视频 > Cha08 > 实例 83
- **视频长度**｜1分51秒
- **制作难度**｜★★☆☆☆

▌操作步骤▐

01 打开随书资源文件中的"案例源文件 > Cha08 > 实例 83【衰减】贴图 .max"文件，如图 8-59 所示。

02 在场景中选择花瓣模型，打开"材质编辑器"窗口，在"Blinn 基本参数"卷展栏中设置"自发光"组中的颜色为 20，如图 8-60 所示。

03 在"贴图"卷展栏中单击"漫反射颜色"后的 None 按钮，在弹出的"材质／贴图浏览器"对话框中为其指定"衰减"贴图，单击"确定"按钮，如图 8-61 所示。

图 8-59　　　　　　　　　图 8-60　　　　　　　　图 8-61

04 进入"漫反射颜色"贴图层级面板，在"衰减参数"卷展栏中设置"前：侧"组中第一个色块颜色的红、绿、蓝值分别为 255、60、230，设置第二个色块颜色的红、绿、蓝值分别为 255、206、206，如图 8-62 所示。

05 在"混合曲线"卷展栏中单击 （添加点）按钮在曲线上添加点，然后右击添加的点，在弹出的快捷菜单中选择"Bezier- 平滑"命令，再单击 （移动工具）按钮对曲线进行调整，如图 8-63 所示。返回主材质面板，单击 （将材质指定给选定对象）按钮，将材质赋予场景中的花瓣模型。

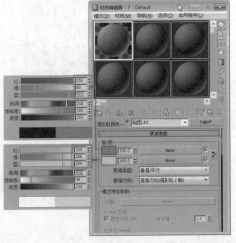

图 8-62

图 8-63

实例 084 【噪波】贴图

- **案例场景位置 |** 案例源文件 > Cha08 > 实例84【噪波】贴图
- **效果场景位置 |** 案例源文件 > Cha08 > 实例84【噪波】贴图 O
- **贴图位置 |** 贴图素材 > Cha08 > 实例84【噪波】贴图
- **视频教程 |** 教学视频 > Cha08 > 实例84
- **视频长度 |** 1分18秒
- **制作难度 |** ★ ★ ☆ ☆ ☆

操作步骤

01 打开随书资源文件中的"案例源文件 > Cha08 > 实例 84【噪波】贴图 .max"文件，如图 8-64 所示。

02 在场景中选择墙壁模型，打开"材质编辑器"窗口，在"Blinn 基本参数"卷展栏中设置"环境光"和"漫反射"的红、绿、蓝值均为 255，如图 8-65 所示。

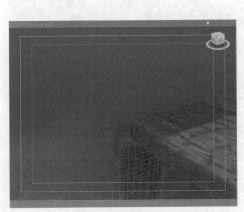
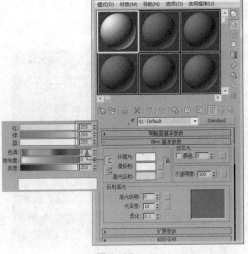

图 8-64

图 8-65

03 在"贴图"卷展栏中单击"凹凸"后的 None 按钮，在弹出的"材质/贴图浏览器"对话框中为其指定"噪波"贴图，单击"确定"按钮，如图 8-66 所示。

04 进入"凹凸"贴图层级面板，在"噪波参数"卷展栏中设置"大小"为 0.5，如图 8-67 所示。返回主材质面板，单击 （将材质指定给选定对象）按钮，将材质赋予场景中的墙壁模型。

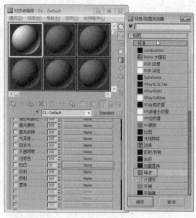 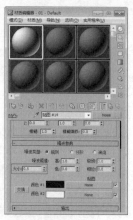

图 8-66 图 8-67

实例 085 【渐变】贴图

- **案例场景位置** | 案例源文件 > Cha08 > 实例 85【渐变】贴图
- **效果场景位置** | 案例源文件 > Cha08 > 实例 85【渐变】贴图 O
- **贴图位置** | 贴图素材 > Cha08 > 实例 85【渐变】贴图
- **视频教程** | 教学视频 > Cha08 > 实例 85
- **视频长度** | 1分28秒
- **制作难度** | ★ ★ ☆ ☆ ☆

操作步骤

01 打开随书资源文件中的"案例源文件 > Cha08 > 实例 85【渐变】贴图 .max"文件，如图 8-68 所示。

02 按 8 键打开"环境和效果"窗口，在"公共参数"卷展栏中单击"背景"组中的"无"按钮，在弹出的"材质/贴图浏览器"对话框中为其指定"渐变"贴图，单击"确定"按钮，如图 8-69 所示。

 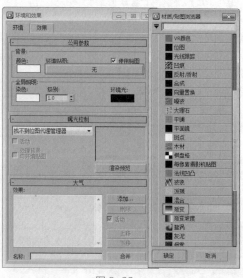

图 8-68 图 8-69

03 打开"材质编辑器"窗口，将"环境和效果"窗口中指定的渐变贴图拖曳到"材质编辑器"窗口中新的材质样本球上，在弹出的对话框中选择"实例"选项，单击"确定"按钮，如图 8-70 所示。

04 在"渐变参数"卷展栏中设置"颜色 #1"的红、绿、蓝值分别为 0、91、255，单击"颜色 #2"后的 None 按钮，在弹出的"材质 / 贴图浏览器"对话框中为其指定"位图"贴图，即随书资源文件中的"贴图素材 > Cha08 > 实例 85【渐变】贴图 > 1168509516.jpg"文件，如图 8-71 所示。

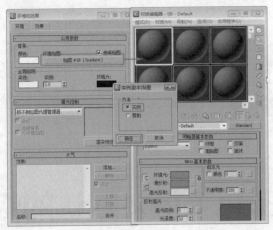

图 8-70

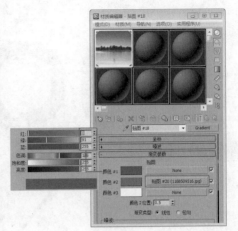

图 8-71

05 返回主材质面板，将设置好的材质赋予场景中的油画模型。

3ds Max 默认的灯光

当3ds Max里的场景中没有灯光时,它会使用默认的照明着色或渲染场景,此时可以通过添加灯光使场景的外观更逼真。照明增强了场景的清晰度和三维效果。除了获得常规的照明效果之外,灯光还可以用作投射图像。一旦创建了一个灯光,那么默认的照明就会被禁用。如果在场景中删除所有的灯光,则会重新启用默认照明。默认照明包含两个不可见的灯光:一个灯光位于场景的左上方,而另一个位于场景的右下方。创建灯光的主要目的是对场景产生照明、烘托场景气氛和产生视觉冲击,产生照明是由灯光的亮度决定的,烘托气氛是由灯光的颜色、衰减和阴影决定的,产生视觉冲击是结合前面建模和材质并配合灯光的运用来实现的。不同种类的灯光对象用不同的方法投射灯光,模拟真实世界中不同种类的光源。下面我们来看看如何创建各种灯光效果。

实 例 086 目标灯光

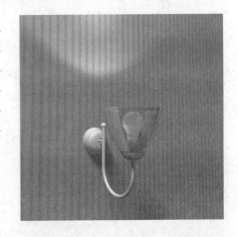

- **案例场景位置** | 案例源文件 > Cha09 > 实例86目标灯光
- **效果场景位置** | 案例源文件 > Cha09 > 实例86目标灯光O
- **贴图位置** | 贴图素材 > Cha09 > 实例86目标灯光
- **视频教程** | 教学视频 > Cha09 > 实例86
- **视频长度** | 1分57秒
- **制作难度** | ★★☆☆☆

▌ 操作步骤 ▌

01 打开随书资源文件中的"案例源文件 > Cha09 > 实例86目标灯光 .max"文件。图 9-1 所示是将打开的场景文件渲染后的效果。

02 单击" ✦（创建）> ◁（灯光）> 光度学 > 目标灯光"按钮，在弹出的对话框中单击"否"按钮，在"左"视图中创建一盏目标灯光，如图 9-2 所示。

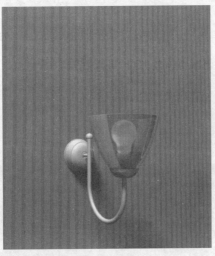

图 9-1

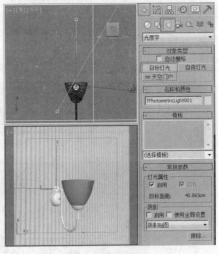

图 9-2

03 在"前"视图中调整灯光的位置和照射角度，如图 9-3 所示，在"常规参数"卷展栏的"灯光分布（类型）"下拉列表框中选择"光度学 Web"类型，并在"分布（光度学 Web）"卷展栏中单击"选择光度学文件"按钮，再在弹出的对话框中选择随书资源文件中的"贴图素材 > Cha09 > 实例 86 目标灯光 > 15.ies 文件。

04 在"强度 / 颜色 / 衰减"卷展栏中设置"强度"组中的 cd 强度为 3000，如图 9-4 所示。

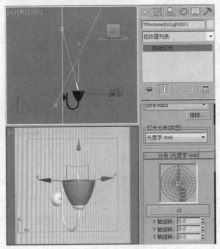

图 9-3

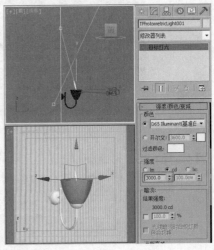

图 9-4

实例 087 自由灯光

- **案例场景位置** | 案例源文件 > Cha09 > 实例87自由灯光
- **效果场景位置** | 案例源文件 > Cha09 > 实例87自由灯光O
- **贴图位置** | 贴图素材 > Cha09 > 实例87自由灯光
- **视频教程** | 教学视频 > Cha09 > 实例87
- **视频长度** | 1分52秒
- **制作难度** | ★★★☆☆

操作步骤

01 打开随书资源文件中的"案例源文件 > Cha09 > 实例87自由灯光.max"文件。图9-5所示是将打开的场景文件渲染后的效果。

02 单击"（创建）> （灯光）> 光度学 > 自由灯光"按钮，在弹出的对话框中单击"否"按钮，在"左"视图中创建一盏自由灯光，如图9-6所示。

> **提示**
>
> 目标灯光和自由灯光这两种灯光都能够模拟射灯效果，并且为其调用广域网文件后效果会更好。目标灯光和自由灯光的区别就是目标灯光有光源和目标控制点，而自由灯光没有目标控制点。

图9-5

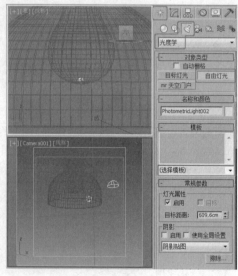

图9-6

03 在"顶"视图中调整灯光的位置和照射角度，如图9-7所示。在"常规参数"卷展栏中设置"目标距离"为50cm；在"阴影"组中勾选"启用"和"使用全局设置"复选框，在下拉列表框中选择"光线跟踪阴影"；在"灯光分布（类型）"组的下拉列表框中选择"光度学Web"类型；在"分布（光度学Web）"卷展栏中单击"选择光度学文件"按钮，在弹出的对话框中选择随书资源文件中的"贴图素材 > Cha09 > 实例87自由灯光 > 筒灯（牛眼灯）.IES"文件。

04 在"强度/颜色/衰减"卷展栏中设置"强度"组中的cd强度为200，如图9-8所示。

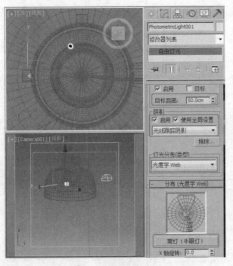

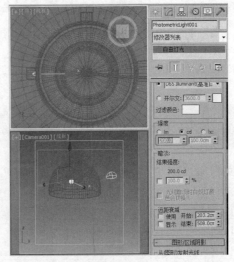

图 9-7　　　　　　　　　　　　　　　图 9-8

实例 088　泛光灯

- **案例场景位置** | 案例源文件 > Cha09 > 实例 88 泛光灯
- **效果场景位置** | 案例源文件 > Cha09 > 实例 88 泛光灯 O
- **贴图位置** | 贴图素材 > Cha09 > 实例 88　泛光灯
- **视频教程** | 教学视频 > Cha09 > 实例 88
- **视频长度** | 1 分 12 秒
- **制作难度** | ★ ★ ★ ☆ ☆

操作步骤

01 打开随书资源文件中的 "案例源文件 > Cha09 > 实例 88 泛光灯 .max" 文件。图 9-9 所示是将打开的场景文件渲染后的效果。

02 单击 "（创建）> （灯光）> 标准 > 泛光" 按钮，在 "左" 视图中灯泡中心位置创建一盏泛光灯，如图 9-10 所示。

03 在 "强度 / 颜色 / 衰减" 卷展栏中勾选 "近距衰减" 组中的 "使用" 复选框，如图 9-11 所示。

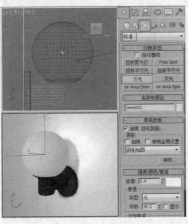

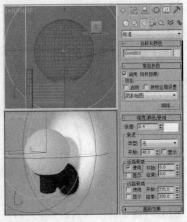

图 9-9　　　　　　　　　　图 9-10　　　　　　　　　　图 9-11

提示

泛光灯是一种可以向四面八方均匀照射的点光源，它的照射范围可以任意调整，在场景中表现为一个正八面体的图标。泛光灯是在效果图制作当中应用最广泛的一种光源，标准泛光灯用来照亮整个场景。场景中可以应用多盏泛光灯。本例要制作出壁灯的效果，所以在"强度／颜色／衰减"卷展栏中勾选"近距衰减"组中的"使用"复选框来控制灯光。

实例 089　目标聚光灯

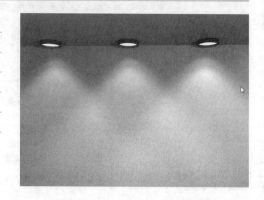

- **案例场景位置** | 案例源文件 > Cha09 > 实例89目标聚光灯
- **效果场景位置** | 案例源文件 > Cha09 > 实例89目标聚光灯O
- **贴图位置** | 贴图素材 > Cha09 > 实例89目标聚光灯
- **视频教程** | 教学视频 > Cha09 > 实例89
- **视频长度** | 3分9秒
- **制作难度** | ★★★☆☆

操作步骤

01 打开随书资源文件中的"案例源文件 > Cha09 > 实例89目标聚光灯 .max"文件。图9-12所示是将打开的场景文件渲染后的效果。

02 单击"（创建）>（灯光）> 标准 > 目标聚光灯"按钮，在"左"视图中圆筒灯位置创建一盏目标聚光灯，如图9-13所示。

03 在"前"视图中对目标聚光灯的位置进行调整。选择灯头，在"常规参数"卷展栏中勾选"阴影"组中的"启用"复选框，在下拉列表框中选择"VRay阴影"；在"强度／颜色／衰减"卷展栏中设置"倍增"为0.6，色块颜色为白色，在"远距衰减"组中勾选"使用"复选框并设置"开始"为1200，"结束"为3000，如图9-14所示。

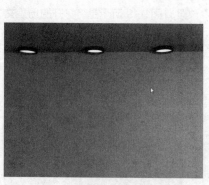

图9-12

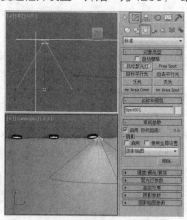

图9-13

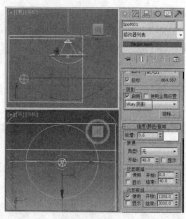

图9-14

04 在"聚光灯参数"卷展栏中设置"光锥"组中的"聚光区／光束"为50，"衰减区／区域"为80，如图9-15所示。

05 在"前"视图中复制目标聚光灯，并调整灯光至合适的位置，然后在"强度／颜色／衰减"卷展栏中设置"倍增"为0.4，在"聚光灯参数"卷展栏中设置"光锥"组中的"聚光区／光束"为60，"衰减区／区域"为100，如图9-16所示。

06 在场景中选择两盏目标聚光灯，对其进行复制并调整其至合适的位置，如图9-17所示。

自由聚光灯是一种没有目标的聚光灯，主要用于在动画路设置灯光，或者作为一种子物体连接到另一个物体上。

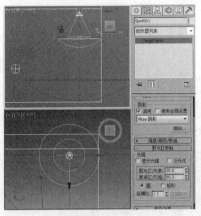

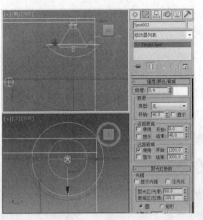

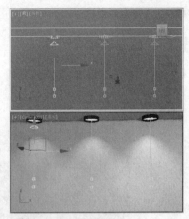

图 9-15　　　　　　　　　　　图 9-16　　　　　　　　　　　图 9-17

实例 090　目标平行光

- **案例场景位置** | 案例源文件 > Cha09 > 实例 90 目标平行光
- **效果场景位置** | 案例源文件 > Cha09 > 实例 90 目标平行光 O
- **贴图位置** | 贴图素材 > Cha09 > 实例 90 目标平行光
- **视频教程** | 教学视频 > Cha09 > 实例 90
- **视频长度** | 2 分 8 秒
- **制作难度** | ★ ★ ★ ☆ ☆

操作步骤

01 打开随书资源文件中的 "案例源文件 > Cha09 > 实例 90 目标平行光 .max" 文件。图 9-18 所示是将打开的场景文件渲染后的效果。

02 单击 " ＊ (创建) > ＜ (灯光) > 标准 > 目标平行光" 按钮，在 "前" 视图中创建灯光，如图 9-19 所示。

图 9-18

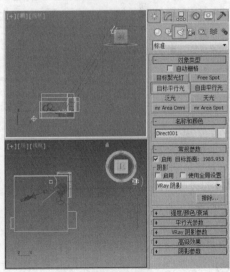

图 9-19

> **提示**
>
> 目标聚光灯是一种投射出来的灯光，它可以影响光束内的物体，产生出阴影和特殊效果。

03 在场景中对目标平行光的位置进行调整，在"常规参数"卷展栏的"阴影"组中勾选"启用"复选框，在下拉列表框中选择"VRay 阴影"；在"强度 / 颜色 / 衰减"卷展栏中设置"倍增"为 5，色块颜色为白色，如图 9-20 所示。

04 在"平行光参数"卷展栏中设置"光锥"组中的"聚光区 / 光束"为 2600，"衰减区 / 区域"为 5800；在"VRay 阴影参数"卷展栏中勾选"区域阴影"复选框，选择"长方体"选项，设置"U 大小"为 500，"V 大小"为 500，"W 大小"为 500，如图 9-21 所示。

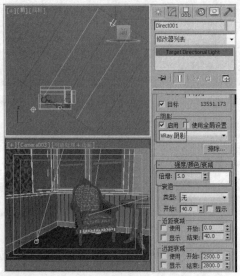

图 9-20   图 9-21

实例 091 天光

- **案例场景位置** | 案例源文件 > Cha09 > 实例 91 天光
- **效果场景位置** | 案例源文件 > Cha09 > 实例 91 天光 O
- **贴图位置** | 贴图素材 > Cha09 > 实例 91 天光
- **视频教程** | 教学视频 > Cha09 > 实例 91
- **视频长度** | 1 分 11 秒
- **制作难度** | ★★★☆☆

操作步骤

01 打开随书资源文件中的"案例源文件 > Cha09 > 实例 91 天光 .max"文件。图 9-22 所示是将打开的场景文件渲染后的效果。

02 单击"■（创建）> ◁（灯光）> 标准 > 天光"按钮，在"顶"视图中创建灯光，在"天光参数"卷展栏中设置"倍增"为 1.2，如图 9-23 所示。

03 在工具栏中单击 ⬚（渲染设置）按钮，打开"渲染设置"窗口，切换到"高级照明"选项卡，在"选择高级照明"卷展栏中选择下拉列表里的"光跟踪器"选项，如图 9-24 所示。

> **提示**
>
> 可以在任意视图中创建天光，位置和角度不影响渲染效果。

图 9-22

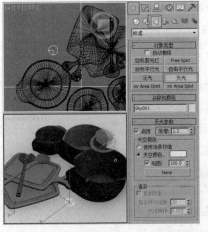

图 9-23

图 9-24

> **提示**
>
> 如果使用天光,则在对其进行渲染时必须配合"光跟踪器"才能达到所需的效果,否则达不到好的效果。

实例 092 体积光

- **案例场景位置** | 案例源文件 > Cha09 > 实例 92 体积光
- **效果场景位置** | 案例源文件 > Cha09 > 实例 92 体积光 O
- **贴图位置** | 贴图素材 > Cha09 > 实例 92 体积光
- **视频教程** | 教学视频 > Cha09 > 实例 92
- **视频长度** | 3 分 51 秒
- **制作难度** | ★★★☆☆

┃操作步骤┃

01 打开随书资源文件中的"案例源文件 > Cha09 > 实例 92 体积光 .max"文件。图 9-25 所示是将打开的场景文件渲染后的效果。

02 单击" （创建）> （灯光）> 标准 > 目标聚光灯"按钮,在"左"视图中创建一盏目标聚光灯。对目标聚光灯的位置进行调整,选择灯头后在"强度 / 颜色 / 衰减"卷展栏中设置"倍增"为 1.5,色块颜色为白色,在"聚光灯参数"卷展栏的"光锥"组中设置"聚光区 / 光束"为 5,"衰减区 / 区域"为 15,如图 9-26 所示。

图 9-25

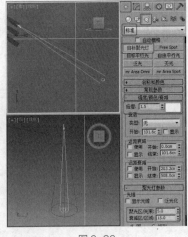

图 9-26

> **提示**
>
> 如果使用目标聚光灯模拟光束效果，则在"聚光灯参数"卷展栏中应将"光锥"组中的"聚光区/光束"参数设置得稍小些，将"衰减区/区域"参数设置得稍大些，这样才能实现柔和的光束效果。

03 对目标聚光灯进行复制并调整其至合适的角度和位置。选择复制出的目标聚光灯，在"聚光灯参数"卷展栏的"光锥"组中设置"聚光区/光束"为0.5，"衰减区/区域"为20，如图9-27所示。

04 在"大气和效果"卷展栏中单击"添加"按钮，在弹出的"添加大气或效果"对话框中选择"体积光"，单击"确定"按钮，如图9-28所示。

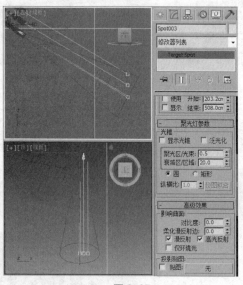
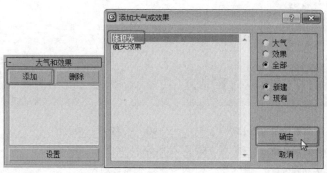

图 9-27   图 9-28

05 在"大气和效果"卷展栏中选择"体积光"，单击"设置"按钮，弹出"环境和效果"窗口，在"体积光参数"卷展栏中单击"拾取灯光"按钮，在场景中拾取其中一个目标聚光灯，并设置体积光的"雾颜色"为浅红色，勾选"指数"复选框，设置"密度"为100，"最大亮度%"为50，如图9-29所示。

06 使用同样的方法为另外两盏目标聚光灯添加体积光，并对目标聚光灯进行拾取，设置体积光的"雾颜色"分别为浅黄色和浅绿色，如图9-30和图9-31所示。

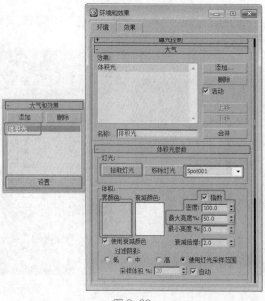

图 9-29   图 9-30

提示

除了可以在"大气和效果"卷展栏中选择"体积光"进行添加外，还可以在键盘上按 8 键打开"环境和效果"窗口，单击"大气"卷展栏中的"添加"按钮，在弹出的对话框中选择"体积光"并单击"确定"按钮进行添加，如图 9-32 所示。

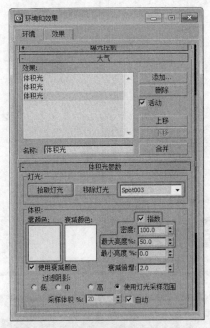

图 9-31

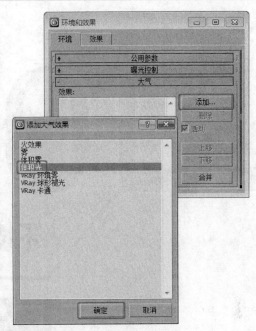

图 9-32

第

10 章

环境与效果

通过"环境和效果"对话框不但可以设置背景和背景贴图，还可以模拟现实生活中对象被特定环境围绕的现象，例如雾、火苗等。

为效果图添加室外环境

- **案例场景位置** | 案例源文件 > Cha10 > 实例 93 为效果图添加室外 环境
- **效果场景位置** | 案例源文件 > Cha10 > 实例 93 为效果图添加室外环境场景 O
- **贴图位置** | 贴图素材 > Cha10 > 实例 93 为效果图添加室外环境
- **视频教程** | 教学视频 > Cha10 > 实例 93
- **视频长度** | 1 分 18 秒
- **制作难度** | ★ ★ ★ ☆ ☆

┨ 操作步骤 ┠

01 打开随书资源文件中的"案例源文件 > Cha10 > 实例 93 为效果图添加室外环境 .max"文件。图 10-1 所示为打开的场景文件。

02 按 8 键打开"环境和效果"窗口，在"公用参数"卷展栏中单击背景组中的"无"按钮，在弹出的对话框中选择"位图"贴图，单击"确定"按钮，如图 10-2 所示。

图 10-1

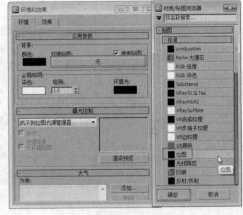

图 10-2

03 在弹出的对话框中选择随书资源文件中的"案例源文件 > Cha10 > 实例 93 树林 .JPG"文件，如图 10-3 所示。

04 选择"透"视图，按 Alt+B 组合键，在弹出的对话框中选择"背景"选项卡中的"使用环境背景"，单击"应用到活动视图"按钮后，单击"确定"按钮，如图 10-4 所示。

图 10-3

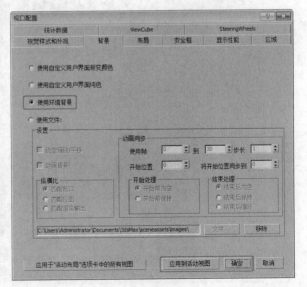

图 10-4

094　设置火效果

- **案例场景位置** | 案例源文件 > Cha10 > 实例94 设置火效果
- **效果场景位置** | 案例源文件 > Cha10 > 实例94 设置火效果场景O
- **贴图位置** | 贴图素材 > Cha10 > 实例94 设置火效果
- **视频教程** | 教学视频 > Cha10 > 实例94
- **视频长度** | 2分38秒
- **制作难度** | ★★★☆☆

▌操作步骤▐

01 打开随书资源文件中的"案例源文件 > Cha10 > 实例94 设置火效果.max"文件，图 10-5 所示为打开的场景文件。

02 单击" ✱ （创建）> ◻ （辅助对象）> 大气装置 > 球体Gizmo"按钮，在"球体 Gizmo 参数"卷展栏中设置半径为 6.6，如图 10-6 所示。

03 在场景中对球体 Gizmo 进行缩放，如图 10-7 所示。

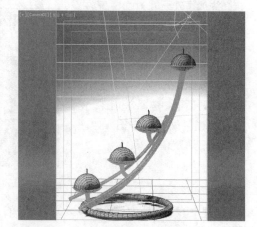

图 10-5

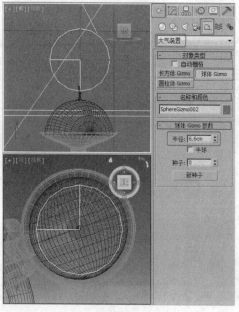

图 10-6

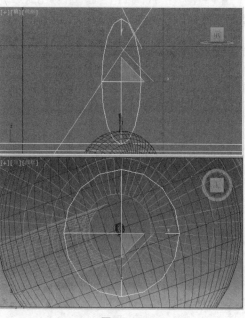

图 10-7

04 对调整的球体 Gizmo 进行复制，并调整其至合适的角度和位置，如图 10-8 所示。

05 按 8 键打开"环境和效果"窗口，在"大气"卷展栏中单击"添加"按钮，在弹出的"添加大气效果"卷展栏中选择"火效果"，单击"确定"按钮，如图 10-9 所示。

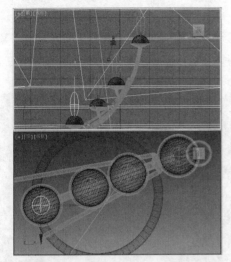

图 10-8

图 10-9

06 在"火效果参数"卷展栏中单击"拾取 Gizmo"按钮，在场景中对球体 Gizmo 进行逐个拾取，如图 10-10 所示。

07 在"图形"组中设置"火焰类型"为"火球"，设置"拉伸"为 0.6，"规则性"为 1；在"特性"组中设置"火焰大小"为 35，"密度"为 80，"火焰细节"为 3；在"动态"组中设置"相位"为 0，"漂移"为 0，如图 10-11 所示。

图 10-10

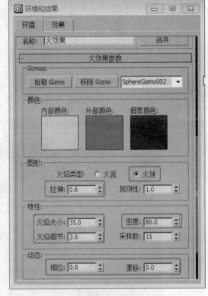

图 10-11

实例 095 镜头特效

- **案例场景位置** | 案例源文件 > Cha10 > 实例 95 镜头特效
- **效果场景位置** | 案例源文件 > Cha10 > 实例 95 镜头特效场景 O
- **贴图位置** | 贴图素材 > Cha10 > 实例 95 镜头特效
- **视频教程** | 教学视频 > Cha10 > 实例 95
- **视频长度** | 3 分 25 秒
- **制作难度** | ★★★☆☆

┃ **操作步骤** ┃

01 按8键打开"环境和效果"窗口，在"环境"选项卡中单击"公用参数"卷展栏"背景"组中的"无"按钮，为其指定"位图"贴图，在弹出的对话框中选择随书资源文件中的"案例源文件 > Cha10 > 实例95 > 中式餐厅 .jpg"文件，单击"打开"按钮，如图10-12所示。

02 选择"透"视图，按 Alt+B 组合键，在弹出的对话框中选择"背景"选项卡中的"使用文件"，单击"文件"按钮，在弹出的对话框中选择随书资源文件中的"案例源文件 > Cha10 > 实例95 > 中式餐厅 .jpg"文件，单击"确定"按钮，如图10-13所示。

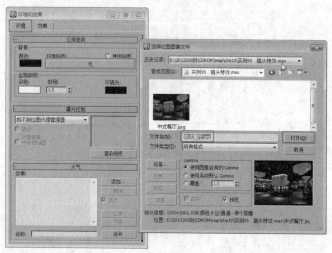

图 10-12

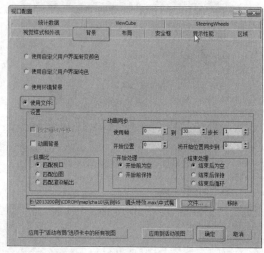

图 10-13

03 单击" （创建）> （灯光）> 标准 > 泛光"按钮，在"前"视图中创建泛光灯，并在场景中调整其至合适的位置，如图10-14所示。

04 继续创建泛光灯，并调整其至合适的位置，如图10-15所示。

图 10-14

图 10-15

05 按8键打开"环境和效果"窗口，切换到"效果"命令面板，在"效果"卷展栏中单击"添加"按钮，在弹出的对话框中选择"镜头效果"，单击"确定"按钮，如图10-16所示。

06 在"镜头效果参数"卷展栏中的左侧列表中选择 Streak，单击 > 按钮，将其指定到右侧的列表中；在"镜头效果全局"卷展栏中单击"拾取灯光"按钮，拾取场景中的两盏泛光灯，如图10-17所示。

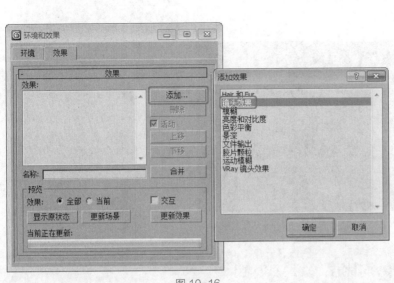

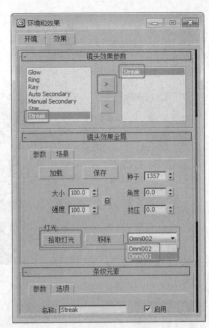

图 10-16　　　　　　　　　　　　　　　　　　　　　　　　图 10-17

07 在"条纹元素"卷展栏中设置"参数"选项卡中的"大小"为 4,"宽度"为 0.2,"强度"为 100,"角度"为 -45,如图 10-18 所示。

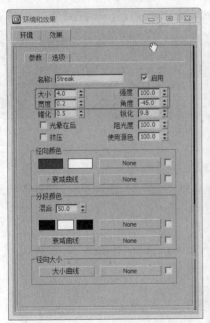

图 10-18

08 在"镜头效果参数"卷展栏的左侧列表中选择 Star,单击 > 按钮,将其指定到右侧的列表中;在"星形元素"卷展栏中设置"参数"选项卡中的"大小"为 0.5,"宽度"为 0.2,"锥化"为 0.8,"数量"为 10,"强度"为 60,如图 10-19 所示。

09 在"镜头效果参数"卷展栏的左侧列表中选择 Glow,单击 > 按钮,将其指定到右侧的列表中,在"光晕元素"卷展栏中设置"大小"为 1,"强度"为 20,如图 10-20 所示。

图 10-19   图 10-20

实 例
096 设置效果图的亮度/对比度

- **案例场景位置** ┃ 案例源文件 > Cha10 > 实例96 设置效果图的亮度对比度
- **效果场景位置** ┃ 案例源文件 > Cha10 > 实例96 设置效果图的亮度对比度场景O
- **贴图位置** ┃ 案例源文件 > Cha10 > 实例96 设置效果图的亮
  度对比度
- **视频教程** ┃ 教学视频 > Cha10 > 实例96
- **视频长度** ┃ 1分14秒
- **制作难度** ┃ ★ ★ ★ ☆ ☆

┃ **操作步骤** ┃

01 按8键打开"环境和效果"窗口，在"环境"选项卡中单击"公用参数"卷展栏"背景"组中的"无"按钮，
为其指定"位图"贴图，在弹出的对话框中选择随书资源文件中的"案例源文件 > Cha10 > 实例96 > c014.
JPG"文件，单击"打开"按钮，如图10-21所示。

02 选择"透"视图，按Alt+B组合键，在弹出的对话框中选择"背景"选项卡中的"使用文件"，单击"文件"按钮，
在弹出的对话框中选择随书资源文件中的"案例源文件 > Cha10 > 实例96 > c014.JPG"文件，单击"确定"按钮，
如图10-22所示。

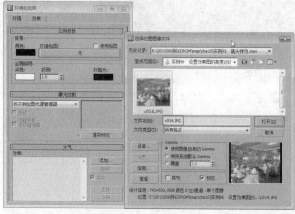
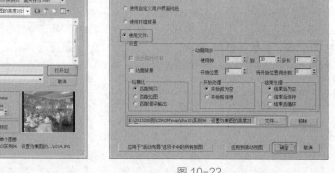

图 10-21   图 10-22

03 按 8 键打开"环境和效果"窗口，切换到"效果"命令面板，在"效果"卷展栏中单击"添加"按钮，在弹出的对话框中选择"亮度和对比度"，单击"确定"按钮，如图 10-23 所示。

04 在"亮度和对比度参数"卷展栏中设置"亮度"为 0.8，"对比度"为 0.8，如图 10-24 所示。

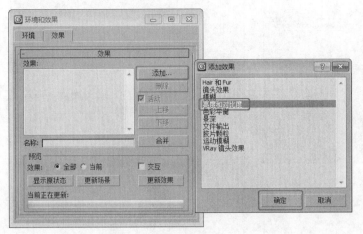

图 10-23

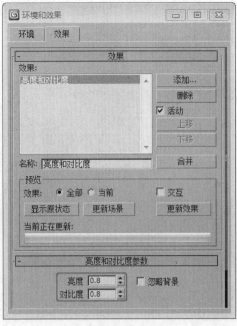

图 10-24

实例 097　设置效果图的景深效果

- **案例场景位置**｜案例源文件 > Cha10 > 实例 97 设置效果图的景深效果
- **效果场景位置**｜案例源文件 > Cha10 > 实例 97 设置效果图的景深效果场景 O
- **贴图位置**｜贴图素材 > Cha10 > 实例 97 设置效果图的景深效果
- **视频教程**｜教学视频 > Cha10 > 实例 97
- **视频长度**｜1 分 30 秒
- **制作难度**｜★★★☆☆

操作步骤

01 打开随书资源文件中的"案例源文件 > Cha10 > 实例 97 设置效果图的景深效果 .max"文件，图 10-25 所示为打开场景文件渲染后的效果。

02 按 8 键打开"环境和效果"窗口，切换到"效果"命令面板，在"效果"卷展栏中单击"添加"按钮，在弹出的对话框中选择"景深"，单击"确定"按钮，如图 10-26 所示。

03 在"景深参数"卷展栏中单击"拾取节点"按钮，在场景中拾取最前面的苹果模型；在"焦点参数"卷展栏中设置"水平焦点损失"为 20，"垂直焦点损失"为 20，如图 10-27 所示。

图 10-25

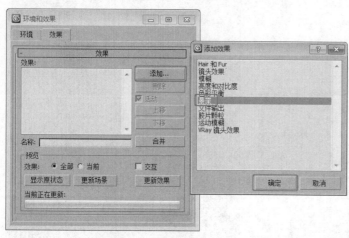

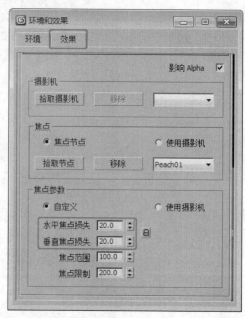

图 10-26   图 10-27

实例 098　设置效果图的色彩平衡

- **案例场景位置** | 案例源文件 > Cha10 > 实例98设置效果图的色彩平衡
- **效果场景位置** | 案例源文件 > Cha10 > 实例98设置效果图的色彩平衡场景O
- **贴图位置** | 案例源文件 > Cha10 > 实例98设置效果图的色彩平衡
- **视频教程** | 教学视频 > Cha10 > 实例98
- **视频长度** | 1分26秒
- **制作难度** | ★★★☆☆

操作步骤

01 按 8 键打开"环境和效果"窗口，在"环境"选项卡中单击"公用参数"卷展栏"背景"组中的"无"按钮，为其指定"位图"贴图，在弹出的对话框中选择随书资源文件中的"案例源文件 > Cha10 > 实例 98 > c052.JPG"文件，单击"打开"按钮，如图 10-28 所示。

02 选择"透"视图，按 Alt+B 组合键，在弹出的对话框中选择"背景"选项卡中的"使用文件"，单击"文件"按钮，在弹出的对话框中选择随书资源文件中的"案例源文件 > Cha10 > 实例 98 > c052.JPG"文件，单击"确定"按钮，如图 10-29 所示。

03 按 8 键打开"环境和效果"窗口，切换到"效果"命令面板，在"效果"卷展栏中单击"添加"按钮；在弹出的对话框中选择"色彩平衡"，单击"确定"按钮，如图 10-30 所示。

04 在"色彩平衡参数"卷展栏中设置"青/红"为 -17，"洋红/绿"为 13，"黄/蓝"为 -14，如图 10-31 所示。

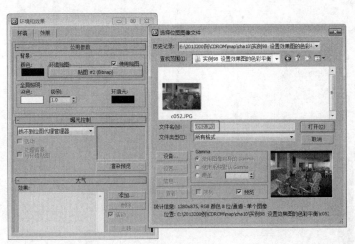

图 10-28

图 10-29

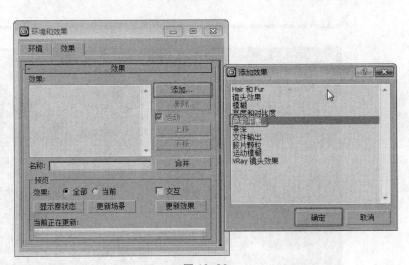

图 10-30

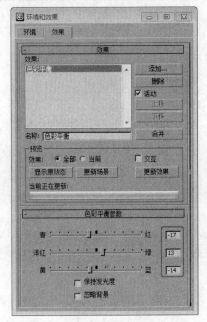

图 10-31

第 11 章

摄影机的应用

3ds Max中的摄影机与现实中的摄影机在使用原理上相同，可是它却比现实中的摄影机功能更强大，它的很多效果是现实中摄影机所不能达到的。摄影机决定了视图中物体的位置和大小，也就是说看到的内容是由摄影机决定的，所以掌握3ds Max中摄影机的用法与技巧是进行效果图制作的关键。本章主要讲解了摄影机的使用方法和应用技巧，通过本章内容的学习，可以充分地利用好摄影机对效果图进行完美的表现。

如何快速设置摄影机

- **案例场景位置**｜案例源文件 > Cha11 > 实例99如何快速设置摄影机
- **效果场景位置**｜案例源文件 > Cha11 > 实例99如何快速设置摄影机O
- **贴图位置**｜贴图素材 > Cha11 > 实例99如何快速设置摄影机
- **视频教程**｜教学视频 > Cha11 > 实例96
- **视频长度**｜1分11秒
- **制作难度**｜★ ★ ★ ☆ ☆

┨ 操作步骤 ┠

01 打开随书资源文件中的"案例源文件 > Cha11 > 实例 99
如何快速设置摄影机 .max"文件。图11-1示为打开的场景文件。

02 在透视图中对场景的角度进行调整，按 Ctrl+C 组合键在视
图中创建摄影机，如图 11-2 所示。

03 在"顶"视图中选择摄影机的镜头，在"参数"卷展栏"剪
切平面"组中勾选"手动剪切"复选框，设置"近距剪切"为
3500，"远距剪切"为 11000，在场景中对摄影机的高度和位
置进行调整，如图 11-3 所示。

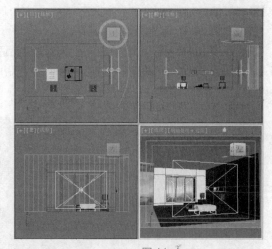

图 11-1

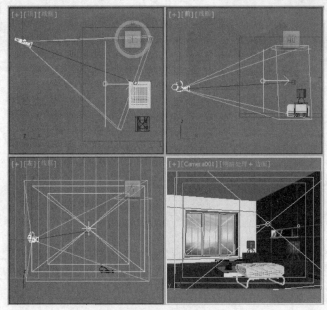

图 11-2

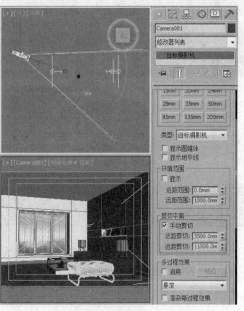

图 11-3

实例 100 摄影机景深的使用

- **案例场景位置** | 案例源文件 > Cha11 > 实例100摄影机景深的使用
- **效果场景位置** | 案例源文件 > Cha11 > 实例100摄影机景深的使用O
- **贴图位置** | 贴图素材 > Cha11 > 实例100摄影机景深的使用
- **视频教程** | 教学视频 > Cha11 > 实例100
- **视频长度** | 1分7秒
- **制作难度** | ★★★☆☆

操作步骤

01 打开随书资源文件中的"案例源文件 > Cha11 > 实例100摄影机景深的使用.max"文件。图11-4所示为打开的场景文件渲染后的效果。

02 在场景中选择目标摄影机的目标，调整其至合适的位置，激活摄影机视图，如图11-5所示。

03 在场景中选择目标摄影机，在"参数"卷展栏中选择"多过程效果"组中的"启用"复选框，在"景深参数"卷展栏中设置"采样"组中的"过程总数"为2，"采样半径"为30，如图11-6所示。

图 11-4

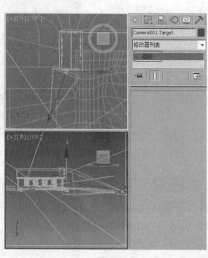

图 11-5

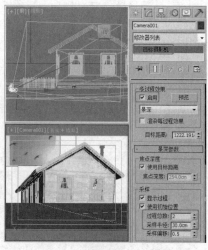

图 11-6

> **提示**
>
> 在场景中将透视图转换为摄影机视图，在键盘上按C键即可；如果需要将摄影机视图转换为透视图，在键盘上按P键即可。

实例 101 会议室摄影机的设置

- **案例场景位置** | 案例源文件 > Cha11 > 实例101会议室摄影机的设置
- **效果场景位置** | 案例源文件 > Cha11 > 实例101会议室摄影机的设置O
- **贴图位置** | 贴图素材 > Cha11 > 实例101会议室摄影机的设置

- **视频教程**│教学视频 > Cha11 > 实例101
- **视频长度**│1分21秒
- **制作难度**│★★★☆☆

│操作步骤│

01 打开随书资源文件中的"案例源文件 > Cha11 > 实例 101 会议室摄影机的设置 .max"文件，图 11-7 所示为打开的场景文件。

02 单击" （创建）> （摄影机）> 标准 > 目标"按钮，在"顶"视图中创建摄影机，如图 11-8 所示。

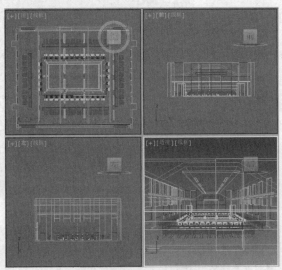

图 11-7

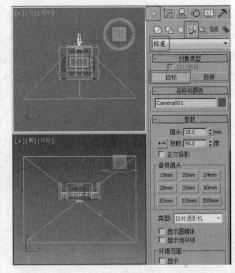

图 11-8

03 在场景中对摄影机的位置进行调整，如图 11-9 所示。

04 在场景中选择目标摄影机，在"参数"卷展栏"剪切平面"组中勾选"手动剪切"复选框，设置"近距剪切"为 2150，"远距剪切"为 16500，在场景中对摄影机的高度和位置进行调整，如图 11-10 所示。

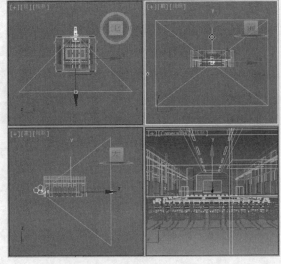

图 11-9

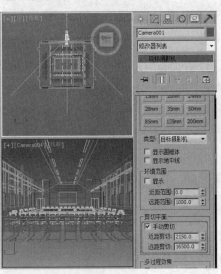

图 11-10

102　水上亭子摄影机的设置

- **案例场景位置** | 案例源文件 > Cha11 > 实例102水上亭子摄影机的设置
- **效果场景位置** | 案例源文件 > Cha11 > 实例102水上亭子摄影机的设置 O
- **贴图位置** | 贴图素材 > Cha11 > 实例102水上亭子摄影机的设置
- **视频教程** | 教学视频 > Cha11 > 实例102
- **视频长度** | 52秒
- **制作难度** | ★★★☆☆

┃ 操作步骤 ┃

01 打开随书资源文件中的"案例源文件 > Cha11 > 实例102水上亭子摄影机的设置 .max"文件。图11-11所示为打开的场景文件。

02 单击" ▓ （创建）> ▓ （摄影机）> 标准 > 目标"按钮，在"顶"视图中创建摄影机，如图11-12所示。

03 在场景中对摄影机的位置和角度进行调整，如图11-13所示。

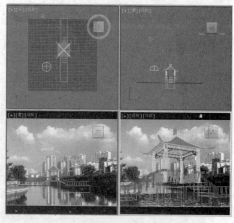

图 11-11

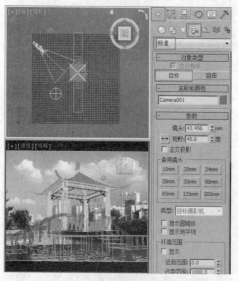

图 11-12

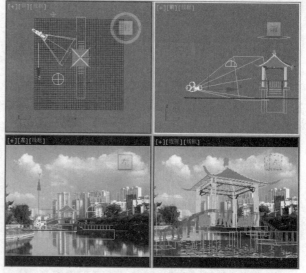

图 11-13

103　商务大堂摄影机的设置

- **案例场景位置** | 案例源文件 > Cha11 > 实例103商务大堂摄影机的设置
- **效果场景位置** | 案例源文件 > Cha11 > 实例103商务大堂摄影机的设置 O

- **贴图位置** | 贴图素材 > Cha11 > 实例103 商务大堂摄影机的 设置
- **视频教程** | 教学视频 > Cha11 > 实例103
- **视频长度** | 1分32秒
- **制作难度** | ★ ★ ★ ☆ ☆

┤操作步骤┣

01 打开随书资源文件中的"案例源文件 > Cha11 > 实例 103 商务大堂摄影机的设置 .max"文件，图 11-14 所示为打开的场景文件。

02 单击"□（创建）> □（摄影机）> 标准 > 目标"按钮，在"顶"视图中创建摄影机，如图 11-15 所示。

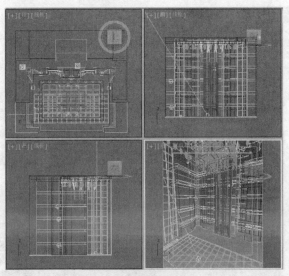

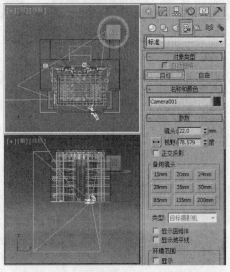

图 11-14　　　　　　　　　　　　　　　　图 11-15

03 在场景中对摄影机的位置进行调整，如图 11-16 所示。

04 在场景中选择目标摄影机，在"参数"卷展栏"剪切平面"组中勾选"手动剪切"复选框，设置"近距剪切"为 2825，"远距剪切"为 60116，在场景中对摄影机的高度和位置进行调整，如图 11-17 所示。

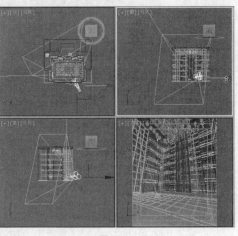

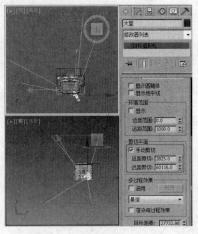

图 11-16　　　　　　　　　　　　　　　　图 11-17

提示

我们已经为打开的场景设置好了渲染尺寸，它可以影响到摄影机的镜头。

第 **12** 章

VRay 基础

VRay是目前最优秀的渲染插件之一，尤其是在产品渲染和室内外效果图制作中，VRay几乎可以称得上是速度最快、渲染效果数一数二的渲染软件。

VRay渲染器的材质类型较多，3ds Max 2013材质系统中的标准材质，通过VRay材质也可以进行漫反射、反射、折射、透明、双面等基本设置，但该材质类型必须在当前渲染器类型为VRay材质时才可使用，而贴图系统中VRay贴图类似于3ds Max 9贴图系统中的光线跟踪贴图，只是功能更加强大。

实 例 104　指定VRay渲染器

● 视频教程 | 教学视频 > Cha12 > 实例104 指定 VRay 渲染器

● 视频长度 | 1分16秒

● 制作难度 | ★★☆☆☆

┃ 操作步骤 ┃

在工具栏中单击 （渲染设置）按钮，在弹出的"渲染设置"窗口中选择"公用"选项卡，单击"指定渲染器"卷展栏中"产品级"后的 ... 按钮，在弹出的对话框中选择 VRay Adv2.30.01 渲染器，单击"确定"按钮，如图12-1 所示，这样场景就可以使用 VRay 渲染器了，图 12-2 所示为 VRay 选项卡。

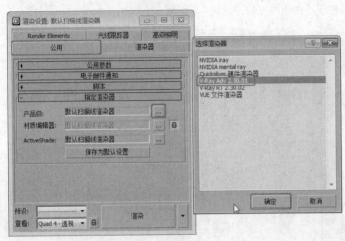

图 12-1

图 12-2

图12-3和图12-4所示为VRay Adv 2.30.01的贴图和材质的"材质/贴图浏览器"对话框。

若要将材质指定为VRay材质，可以选择单击"Standard"按钮，在弹出的"材质/贴图浏览器"对话框中选择VRayMtl，这样即可将材质转换为VRayMtl材质，如图12-5所示。

图 12-3

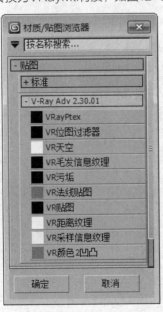

图 12-4

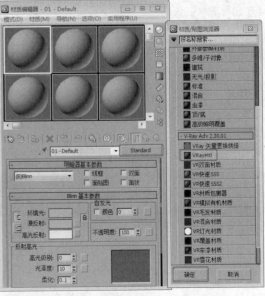

图 12-5

实例 105 设置草图渲染参数

● **视频教程** | 教学视频 > Cha12 > 实例105设置草图渲染参数

● **视频长度** | 1分16秒

● **制作难度** | ★★☆☆☆

▌操作步骤 ▌

01 在"渲染设置"窗口中选择"公用"选项卡，在"公共参数"卷展栏中设置"输出大小"组中合适的"宽度"和"高度"，如图12-6所示。

02 切换到VRay选项卡，进入"VRay：：图像采样器（反锯齿）"卷展栏，在"图像采样器"组中选择"类型"为"固定"，在"抗锯齿过滤器"组中勾选"开"，在下拉列表中选择"区域"，如图12-7所示。

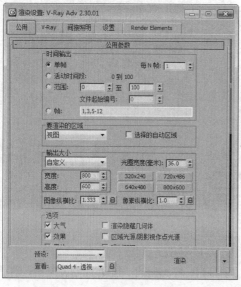

图 12-6

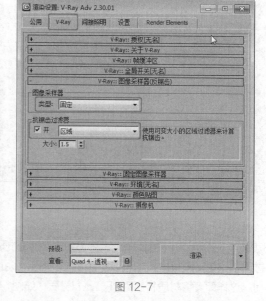

图 12-7

03 切换到"间接照明"选项卡，进入"VRay：：间接照明（GI）"卷展栏，勾选"开"，在"首次反弹"组中设置"全局照明引擎"为"发光图"，在"二次反弹"组中设置"全局照明引擎"为"灯光缓存"；在"VRay：：发光图【无名】"卷展栏中设置"内建预置"组中"当前预置"为"非常低"，如图12-8所示。

04 在"VRay：：灯光缓存"卷展栏中设置"计算参数"组中的"细分"为100，单击"渲染"按钮即可进行草图渲染，如图12-9所示。

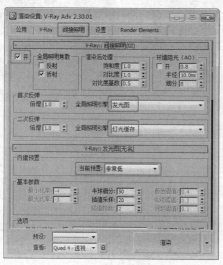

图 12-8

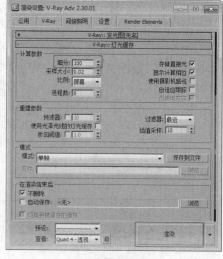

图 12-9

实例
106 保存光子与调用

- **案例场景位置** | 案例源文件 > Cha12 > 实例106 保存光子与调用
- **效果场景位置** | 案例源文件 > Cha12 > 实例106 保存光子与调用 O
- **贴图位置** | 贴图素材 > Cha12 > 实例106 保存光子与调用
- **视频教程** | 教学视频 > Cha12 > 实例106
- **视频长度** | 3分8秒
- **制作难度** | ★★★☆☆

操作步骤

01 打开随书资源文件中的"案例源文件 > Cha012 > 实例106 保存光子与调用 .max"文件,打开"渲染设置"对话框,在"公用"选项卡的"公用参数"卷展栏中设置一个相对较小的渲染尺寸,如图 12-10 所示。

02 切换到"间接照明"选项卡,在"VRay∶∶发光图【无名】"卷展栏"在渲染结束后"组中勾选"自动保存和切换到保存的贴图"选项,单击"浏览"按钮,为贴图指定存储路径,如图 12-11 所示。

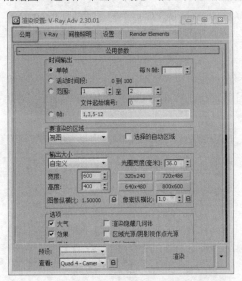

图 12-10

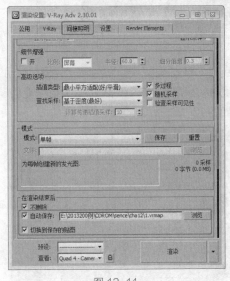

图 12-11

03 在"VRay∶∶灯光缓存"卷展栏中设置"细分"为 500,在"在渲染结束后"组中勾选"自动保存""切换到被保存的缓存"选项,单击"浏览"按钮,为贴图指定存储路径,如图 12-12 所示。

04 切换到 VRay 选项卡,在"VRay∶∶全局开关【无名】"卷展栏"间接照明"组中勾选"不渲染最终的图像"选项,如图 12-13 所示。

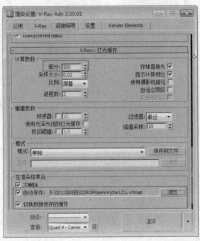

图 12-12

图 12-13

05 单击"渲染"按钮渲染光子贴图，光子贴图效果如图 12-14 所示。

06 打开"渲染设置"对话框，在"间接照明"选项卡的"VRay::发光图【无名】"卷展栏中光子贴图已自动保存，如图 12-15 所示。

图 12-14

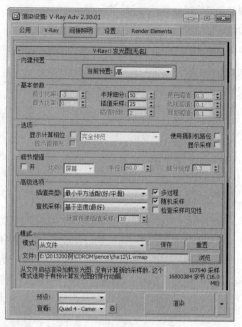

图 12-15

07 在"VRay：：灯光缓存"卷展栏中光子贴图已自动保存，如图 12-16 所示。

08 切换到 VRay 选项卡，在"VRay：：全局开关【无名】"卷展栏"间接照明"组中取消勾选"不渲染最终的图像"选项，如图 12-17 所示。

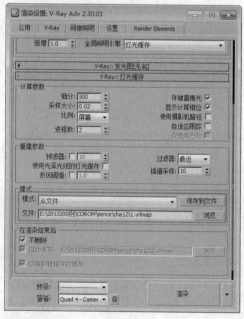

图 12-16

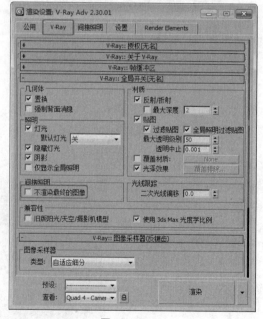

图 12-17

09 切换到"间接照明"选项卡，在"VRay：：灯光缓存"卷展栏中设置"细分"为 1000，如图 12-18 所示。

10 切换到"公用"选项卡，设置一个合适的输出大小，如图 12-19 所示。

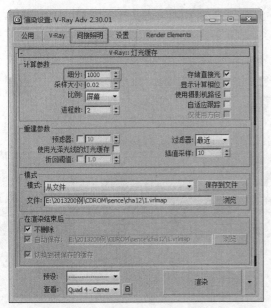

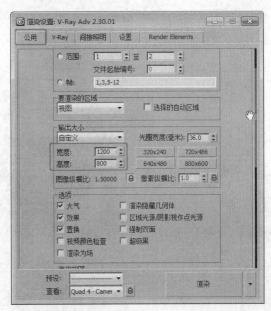

图 12-18　　　　　　　　　　　图 12-19

11 渲染场景后可以看到图 12-20 所示的效果，此时场景不缓冲光子贴图，只渲染最终效果。

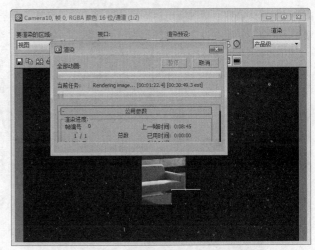

图 12-20

实例 **107**　设置VRay的景深效果

- **原始场景位置**┃案例源文件 > Cha12 > 实例107 设置VRay的景深效果
- **效果场景位置**┃案例源文件 > Cha12 > 实例107 设置VRay的景深效果O
- **贴图位置**┃贴图素材 > Cha12 > 实例107 设置VRay的景深效果
- **视频教程**┃教学视频 > Cha12 > 实例107
- **视频长度**┃1分10秒
- **制作难度**┃★★★☆☆

┃**操作步骤**┃

01 打开随书资源文件中的"案例源文件 > Cha012 > 实例 107 设置 VRay 的景深效果 .max"文件，渲染效果如图 12-21 所示。

02 打开"渲染设置"对话框，在 VRay 选项卡的"VRay：：摄像机"卷展栏中勾选"景深"组中的"开"复选框和"从摄影机获取"，效果如图 12-22 所示。

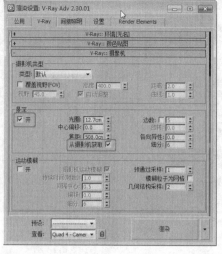
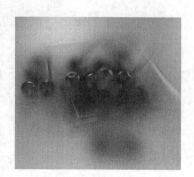

图 12-21　　　　　　　　　　　图 12-22

03 在场景中调整目标摄影机目标点的位置，在"参数"卷展栏中设置"目标距离"为 38，如图 12-23 所示。

04 在"景深"组中设置"光圈"为 3，如图 12-24 所示，渲染场景即可得到景深效果的效果图。

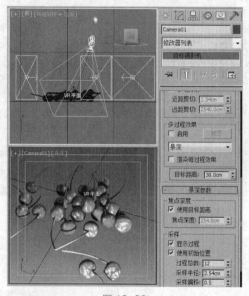
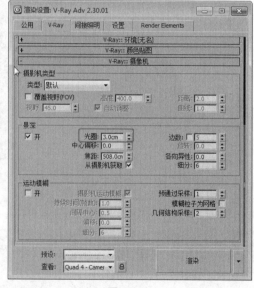

图 12-23　　　　　　　　　　　图 12-24

> **提示**
>
> "光圈"参数用于控制摄影机的光圈大小，光圈参数小，景深效果也将变小；光圈参数大，景深效果也将增强。

实例 108　设置VRay焦散效果

- **原始场景位置** | 案例源文件 > Cha12 > 实例108 设置VRay焦散效果
- **效果场景位置** | 案例源文件 > Cha12 > 实例108 设置VRay焦散效果O
- **贴图位置** | 贴图素材 > Cha12 > 实例108 设置VRay焦散效果

● 视频教程┃教学视频 > Cha12 > 实例108
● 视频长度┃3分23秒
● 制作难度┃★★★☆☆

操作步骤

01 打开随书资源文件中的"案例源文件 > Cha012 > 实例108设置 VRay 焦散效果 .max"文件，渲染效果如图 12-25 所示。

02 单击"（创建）> （灯光）> 标准 > 目标聚光灯"按钮，在"左"视图中创建灯光，在"前"视图中调整灯光的位置和照射角度，效果如图 12-26 所示。

03 在场景中选择目标聚光灯的灯头，在"常规参数"卷展栏勾选"阴影"组中的"启用"复选框，在"聚光灯参数"卷展栏中设置"光锥"组中"聚光区 / 光束"为 0.5，"衰减区 / 区域"为 80，如图 12-27 所示。

图 12-25

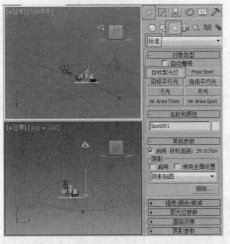

图 12-26

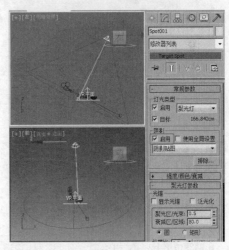

图 12-27

04 在场景中选择两个装有红酒的杯子和两个红酒模型，单击鼠标右键，从弹出的快捷菜单中选择"VRay 属性"，在弹出的对话框中取消勾选"对象属性"组中的"接收焦散"复选框，设置"焦散倍增"为 5，如图 12-28 所示。

05 在场景中选择"VR 平面"，单击鼠标右键，从弹出的快捷菜单中选择"VRay 属性"，在弹出的对话框中取消勾选"对象属性"组中的"生成焦散"，设置"焦散倍增"为 5，如图 12-29 所示。

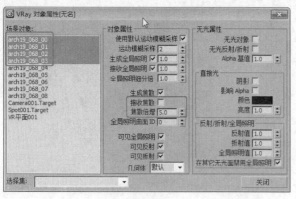

图 12-28

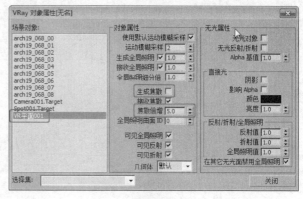

图 12-29

06 在工具栏中单击 📄（渲染设置）按钮，在弹出的"渲染设置"窗口中选择"间接照明"选项卡，在"VRay：：焦散"卷展栏中勾选"开"复选框，设置"搜索距离"为500，"最大光子"为100，如图 12-30 所示。

07 在场景中选择目标聚光灯，单击鼠标右键，从弹出的快捷菜单中选择"VRay 属性"，在弹出的对话框中设置"焦散细分"为6000，"焦散倍增"为1000，如图 12-31 所示。

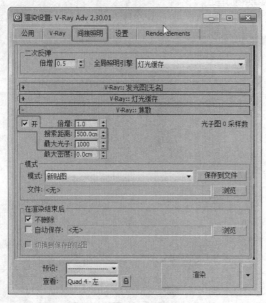

图 12-30

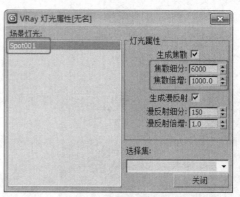

图 12-31

实例 109　设置白膜线框渲染

- **原始场景位置** | 案例源文件 > Cha12 > 实例109设置白膜线框渲染
- **效果场景位置** | 案例源文件 > Cha12 > 实例109设置白膜线框渲染O
- **贴图位置** | 贴图素材 > Cha12 > 实例109设置白膜线框渲染
- **视频教程** | 教学视频 > Cha12 > 实例109
- **视频长度** | 4分14秒
- **制作难度** | ★★★☆☆

操作步骤

01 打开随书资源文件中的"案例源文件 > Cha12 > 实例 109 设置白膜线框渲染 .max"文件，渲染效果如图 12-32 所示。

02 在工具栏中单击 🖳（渲染设置）按钮，在弹出的"渲染设置"对话框中指定 VRay 渲染器，如图 12-33 所示。

图 12-32

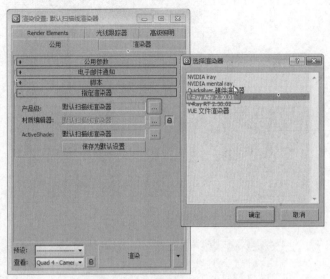

图 12-33

03 切换到 VRay 选项卡，在"VRay 全局开关"卷展栏中选择"默认灯光"的状态为"关"，勾选"覆盖材质"选项，将"覆盖材质"转换为 VRayMtl 材质，如图 12-34 所示。

04 按 M 键打开材质编辑器，将覆盖材质以"实例"的方法复制到一个新的材质样本球上，如图 12-35 所示。

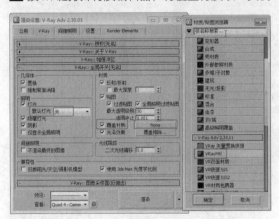

图 12-34

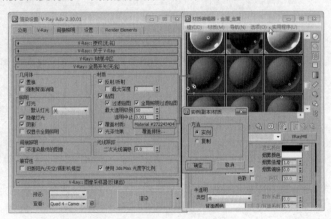

图 12-35

05 在"基本参数"卷展栏中设置"漫反射"的红绿蓝值分别为 200、220、255，如图 12-36 所示。

06 在"VRay 图像采样器（反锯齿）"卷展栏中选择"图像采样器"组中的"类型"为"固定"，在"抗锯齿过滤器"组的下拉列表中选择"区域"，如图 12-37 所示。

07 切换到"间接照明"选项卡，在"VRay 间接照明"卷展栏中打开间接照明，选择"二次反弹"的"全局照明引擎"为"灯光缓存"，在"VRay 发光图"卷展栏中选择"当前预置"为非常低，在"选项"组中勾选"显示计算相位"，"显示直接光"选项，如图 12-38 所示。

08 在"VRay：：灯光缓存"卷展栏中设置"细分"为 100，如图 12-39 所示。

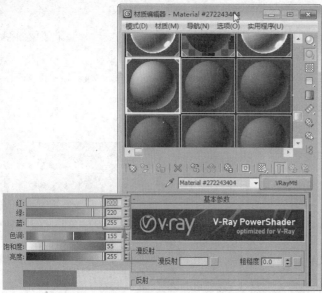

图 12-36

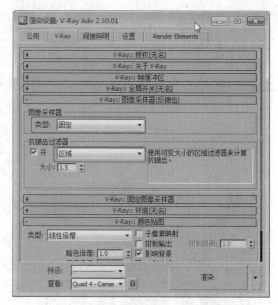

图 12-37

图 12-38

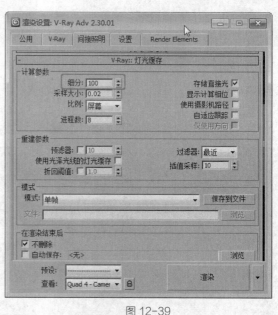

图 12-39

09 测试渲染场景，得到图 12-40 所示的白膜效果。

10 在测试渲染的效果图中可以看到效果图中出现曝光，下面介绍解决此类问题的方法。在 VRay 选项卡的"VRay：：颜色贴图"卷展栏中选择"类型"为"指数"，设置"暗色倍增"为1.7，"亮度倍增"为1.4，如图 12-41 所示。

图 12-40

图 12-41

⑪ 再次测试渲染场景可以看到曝光得到了很好的控制，如图 12-42 所示。

⑫ 打开材质编辑器，选择一个新的材质样本球，将材质转换为 VRayMtl 材质，在"基本参数"卷展栏中设置"漫反射"的红绿蓝值均为 240，如图 12-43 所示。

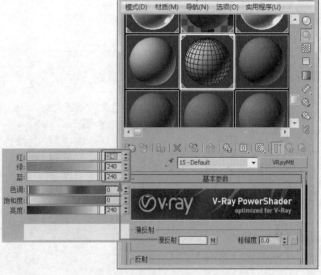

图 12-42　　　　　　　　　　　　　　　图 12-43

⑬ 为"漫反射"指定"VR 边纹理"贴图，进入"漫反射贴图"层级面板，在"VRay 边纹理参数"卷展栏中设置纹理颜色的红绿蓝值均为 20，如图 12-44 所示。

⑭ 将材质以"实例"的方式复制到"覆盖材质"上，如图 12-45 所示。

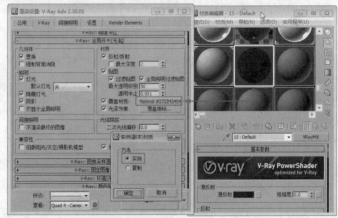

图 12-44　　　　　　　　　　　　　　　图 12-45

实例 110　设置渲染输出参数

● **原始场景位置** | 案例源文件 > Cha12 > 实例110 设置渲染输出参数

● **效果场景位置** | 案例源文件 > Cha12 > 实例110 设置渲染输出参数 O

● **贴图位置** | 贴图素材 > Cha12 > 实例110 设置渲染输出参数

- 视频教程┃教学视频 > Cha12 > 实例110
- 视频长度┃1分25秒
- 制作难度┃★ ★ ★ ☆ ☆

┃操作步骤┃

01 打开随书资源文件中的"案例源文件 > Cha12 > 实例109 设置白膜线框渲染 .max"文件，在工具栏中单击

（渲染设置）按钮，在弹出的"渲染设置"对话框中选择"公用"选项卡，在"公共参数"卷展栏中设置"输出大小"组中合适的"宽度"和"高度"，如图12-46 所示。

02 切换到 VRay 选项卡，进入"VRay：：图像采样器（反锯齿）"卷展栏，在"图像采样器"组中选择"类型"为"自适应确定性蒙特卡洛"，在"抗锯齿"过滤器组中勾选"开"，在下拉列表中选择 Catmull-Rom，如图12-47 所示。

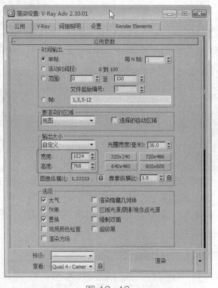

图 12-46

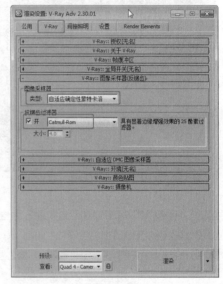

图 12-47

03 切换到"间接照明"选项卡，在"VRay：：间接照明（GI）"卷展栏的"二次反弹"组中设置"全局照明引擎"

为"灯光缓存"，在"VRay：：发光图【无名】"卷展栏中设置"内建预置"组中"当前预置"为"高"，如图12-48 所示。

04 在"VRay：：灯光缓存"卷展栏中设置"计算参数"组中的"细分"为1000，单击"渲染"按钮即可进行最终渲染，如图12-49 所示。

图 12-48

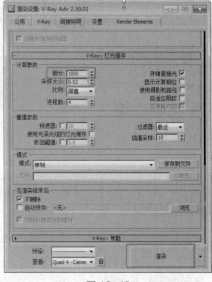

图 12-49

实 例
111
设置渲染线框颜色

- 原始场景位置 | 案例源文件 > Cha12 > 实例 111 设置渲染线框颜色
- 效果场景位置 | 案例源文件 > Cha12 > 实例 111 设置渲染线框颜色 O
- 贴图位置 | 贴图素材 > Cha12 > 实例 111 设置渲染线框颜色
- 视频教程 | 教学视频 > Cha12 > 实例 111
- 视频长度 | 1 分 2 秒
- 制作难度 | ★ ★ ★ ☆ ☆

┤操作步骤┣

01 打开随书资源文件中的"案例源文件 > Cha12 > 实例 110 设置
渲染输出参数 .max"文件,在工具栏中单击 ⬛ (渲染设置)按钮,
在弹出的"渲染设置"对话框中选择 Render Elements 选项卡,
在"渲染元素"卷展栏中单击"添加"按钮,在弹出的"渲染元素"
对话框中选择"VRay 线框颜色",单击"确定"按钮,如图 12-50
所示。

02 切换到 VRay 选项卡,在"VRay::帧缓冲区"卷展栏中勾选
"启用内置帧缓冲区",单击"渲染"按钮,如图 12-51 所示。

03 在"VRay 帧缓冲区"对话框的下拉菜单中进行图 12-52 所示
的设置。

图 12-50

图 12-51

图 12-52

第 13 章

VRay 真实材质的表现

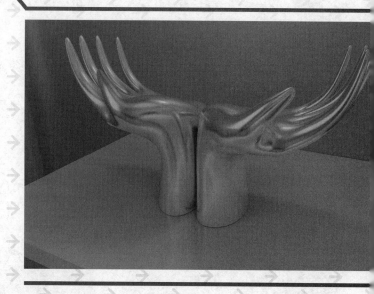

在3ds Max中所创建的模型本身都不具备表面特征，本章将通过为模型设置材质来模拟真实材质的视觉效果。在调制过程中要以现实世界中的物体为依据，真实地表现出物体材质的属性特征:包括物体的颜色、光的穿透能力、物体对光的反射能力、物体表面的纹理及表面的光滑程度等。由于需要使用VRay渲染器对其进行渲染，所以在设置材质之前需要将标准材质转换为VRayMtl材质。下面我们根据物体的不同属性特征来逐一对其进行材质设置。

- ● **案例场景位置** | 案例源文件 > Cha13 > 实例112乳胶漆材质
- ● **效果场景位置** | 案例源文件 > Cha13 > 实例112乳胶漆材质O
- ● **贴图位置** | 贴图素材 > Cha13 > 实例112乳胶漆材质
- ● **视频教程** | 教学视频 > Cha13 > 实例112
- ● **视频长度** | 1分23秒
- ● **制作难度** | ★ ★ ★ ☆ ☆

操作步骤

01 打开随书资源文件中的"案例源文件 > Cha13 > 实例 112 乳胶漆材质 .max"文件，如图 13-1 所示。

02 在场景中选择墙体模型，打开"材质编辑器"窗口，在"材质 / 贴图浏览器"窗口中选择新的材质样本球，单击 Standard 按钮，在弹出的"材质 / 贴图浏览器"对话框中选择 VRayMtl，单击"确定"按钮，如图 13-2 所示。

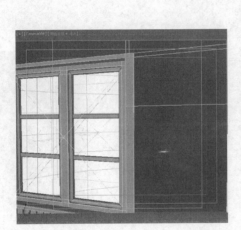

图 13-1

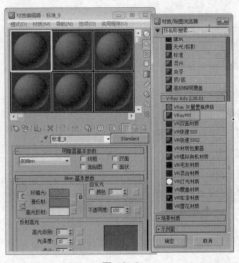

图 13-2

03 在"基本参数"卷展栏中设置"漫反射"组中的"漫反射"红、绿、蓝值均为240，在"反射"组中设置"细分"为19，"最大深度"为4，如图 13-3 所示。

04 在"贴图"卷展栏中单击"环境"后的 None 按钮，在弹出的"材质 / 贴图浏览器"对话框中选择"输出"贴图，单击"确定"按钮，如图 13-4 所示。

图 13-3

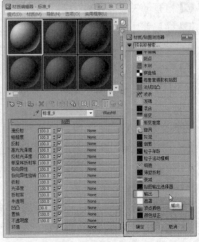

图 13-4

05 进入"环境"贴图层级面板，在"输出"卷展栏中设置"输出量"为2，如图13-5所示。

06 单击 （转到父对象）按钮，返回主材质面板，单击 （将材质指定给选定对象）按钮，将材质指定给场景中的墙体模型，如图13-6所示。

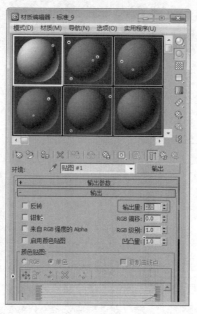
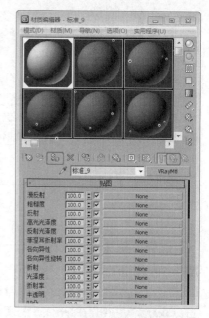

图 13-5　　　　　　　　　图 13-6

实例 113 冰裂玻璃材质

- **案例场景位置**｜案例源文件 > Cha13 > 实例113冰裂玻璃材质
- **效果场景位置**｜案例源文件 > Cha13 > 实例113冰裂玻璃材质O
- **贴图位置**｜贴图素材 > Cha13 > 实例113冰裂玻璃材质
- **视频教程**｜教学视频 > Cha13 > 实例113
- **视频长度**｜2分40秒
- **制作难度**｜★★★☆☆

｜操作步骤｜

01 打开随书资源文件中的"案例源文件 > Cha13 > 实例113冰裂玻璃材质.max"文件，如图13-7所示。

02 在场景中选择玻璃花瓶模型，打开"材质编辑器"窗口，在"材质/贴图浏览器"窗口中选择新的材质样本球，单击 Standard 按钮，在弹出的"材质/贴图浏览器"对话框中选择 VRayMtl，如图13-8所示。

03 在"基本参数"卷展栏中设置"漫反射"组中的"漫反射"红、绿、蓝值均为255；在"反射"组中设置"反射"的红、绿、蓝值均为255，单击"高光光泽度"后的 L 按钮，设置"高光光泽度"为0.85，勾选"菲涅尔反射"，设置"最大深度"为20；在"折射"组中设置"折射"的红、绿、蓝值均为255，勾选"影响阴影"，设置"折射率"为1.517，"最大深度"为20，设置"烟雾颜色"的红、绿、蓝值分别为244、252、254，设置"烟雾倍增"为0.001，如图13-9所示。

04 在"双向反射分布函数"卷展栏中设置"双向反射分布函数"类型为"多面"，如图13-10所示。

图 13-7

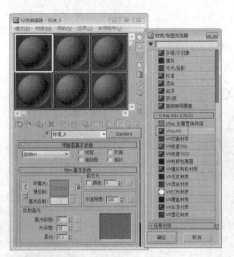 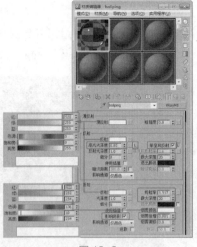 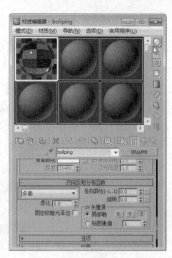

图 13-8　　　　　　　　　　　图 13-9　　　　　　　　　　图 13-10

05 在"贴图"卷展栏中单击"漫反射"后的 None 按钮，在弹出的"材质 / 贴图浏览器"对话框中选择"位图"贴图，单击"确定"按钮，如图 13-11 所示。

06 在弹出的"选择位图图像文件"对话框中选择随书资源文件中的" 贴图素材 > Cha13 > 实例 113 冰裂玻璃材质 > 1161572999.jpg"文件，单击"打开"按钮，如图 13-12 所示。

07 单击 （转到父对象）按钮，返回主材质面板，将"漫反射"后的材质贴图拖曳到"凹凸"后的 None 按钮上，在弹出的对话框中选择"实例"，如图 13-13 所示，单击"确定"按钮，单击 （将材质指定给选定对象）按钮，将材质指定给场景中的玻璃花瓶模型。

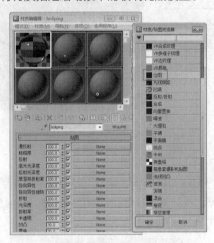 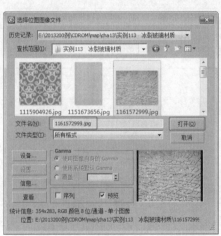 

图 13-11　　　　　　　　　　图 13-12　　　　　　　　　图 13-13

实例 114　不锈钢材质

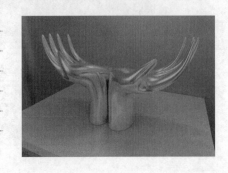

- **案例场景位置** | 案例源文件 > Cha13 > 实例 114 不锈钢材质
- **效果场景位置** | 案例源文件 > Cha13 > 实例 114 不锈钢材质 O
- **贴图位置** | 贴图素材 > Cha13 > 实例 114 不锈钢材质
- **视频教程** | 教学视频 > Cha13 > 实例 114
- **视频长度** | 1分13秒
- **制作难度** | ★★★☆☆

▌ **操作步骤** ▌

01 打开随书资源文件中的"案例源文件 > Cha13 > 实例 114 不锈钢材质 .max"文件，如图 13-14 所示。

02 在场景中选择装饰物模型，打开"材质编辑器"窗口，在"材质 / 贴图浏览器"窗口中选择新的材质样本球，单

击 按钮，在弹出的"材质 / 贴图浏览器"对话框中选择 VRayMtl，在"基本参数"卷展栏中设置"漫反射"组中的"漫反射"红、绿、蓝值均为 232；在"反射"组中设置"反射"的红、绿、蓝值均为 232，设置"反射光泽度"为 0.85，如图 13-15 所示。单击 （将材质指定给选定对象）按钮，将材质指定给场景中的装饰物模型。

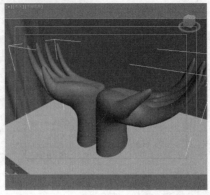
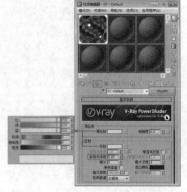

图 13-14　　　　　　　　　　图 13-15

实 例 115	木纹材质

● **案例场景位置** ▏案例源文件 > Cha13 > 实例 115 木纹材质

● **效果场景位置** ▏案例源文件 > Cha13 > 实例 115 木纹材质 O

● **贴图位置** ▏贴图素材 > Cha13 > 实例 115 木纹材质

● **视频教程** ▏教学视频 > Cha13 > 实例 115

● **视频长度** ▏1分23秒

● **制作难度** ▏★ ★ ★ ☆ ☆

▌ **操作步骤** ▌

01 打开随书资源文件中的"案例源文件 > Cha13 > 实例 115 木纹材质 .max"文件，如图 13-16 所示。

02 在场景中选择茶几模型，打开"材质编辑器"窗口，在"材质 / 贴图浏览器"窗口中选择新的材质样本球，单

击 按钮，在弹出的"材质 / 贴图浏览器"对话框中选择 VRayMtl，在"基本参数"卷展栏中设置"反射"组中的"反射"红、绿、蓝值均为 8，设置"反射光泽度"为 0.9，如图 13-17 所示。

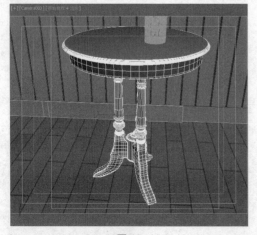
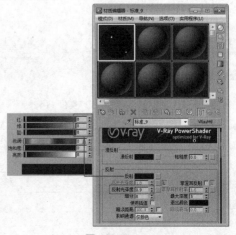

图 13-16　　　　　　　　　　图 13-17

03 在"贴图"卷展栏中单击"漫反射"后的 None 按钮，为其指定"位图"贴图，选择随书资源文件中的"贴图素材 >Cha13 > 实例 115 木纹材质 > 1151673 656.jpg"文件，单击"打开"按钮，如图 13-18 所示。

04 单击 （转到父对象）按钮，返回主材质面板，将"漫反射"后的材质贴图拖曳到"凹凸"后的 None 按钮上，在弹出的对话框中选择"实例"，如图 13-19 所示，单击"确定"按钮，单击 （将材质指定给选定对象）按钮，将材质指定给场景中的茶几模型。

图 13-18　　　　　　　　　　图 13-19

实例 116　沙发绒布材质

- **案例场景位置** | 案例源文件 > Cha13 > 实例 116 沙发绒布材质
- **效果场景位置** | 案例源文件 > Cha13 > 实例 116 沙发绒布材质 O
- **贴图位置** | 贴图素材 > Cha13 > 实例 116 沙发绒布材质
- **视频教程** | 教学视频 > Cha13 > 实例 116
- **视频长度** | 1 分 50 秒
- **制作难度** | ★★★☆☆

操作步骤

01 打开随书资源文件中的"案例源文件 > Cha13 > 实例 116 沙发绒布 .max"文件，如图 13-20 所示。

02 在场景中选择沙发绒布模型，打开"材质编辑器"窗口，在"材质 / 贴图浏览器"窗口中选择新的材质样本球，单击 Standard 按钮，在弹出的"材质 / 贴图浏览器"对话框中选择"VR 材质包裹器"，在"VR 材质包裹器参数"卷展栏中单击"基本材质"后的 None 按钮，在弹出的"材质 / 贴图浏览器"对话框中选择 VRayMtl，单击"确定"按钮，如图 13-21 所示。

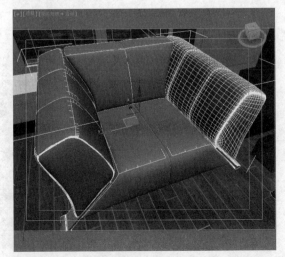

图 13-20

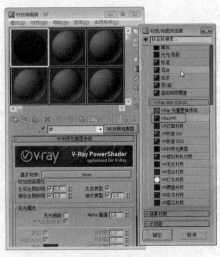

图 13-21

03 在"贴图"卷展栏中单击"漫反射"后的 None 按钮，在弹出的"材质 / 贴图浏览器"对话框中选择"衰减"贴图，单击"确定"按钮，如图 13-22 所示。

04 进入"漫反射"贴图层级面板，在"衰减参数"卷展栏中设置"前：侧"组中第一个色块的红、绿、蓝值分别为 51、12、25，设置第二个色块的红、绿、蓝值分别为 181、170、177，如图 13-23 所示。

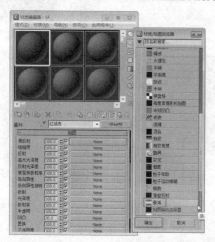

图 13-22

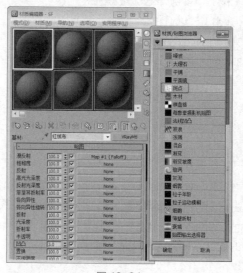

图 13-23

05 在"贴图"卷展栏中设置"凹凸"为 3，单击"漫反射"后的 None 按钮，在弹出的"材质 / 贴图浏览器"对话框中选择"斑点"贴图，单击"确定"按钮，如图 13-24 所示。

06 进入"凹凸"贴图层级面板，在"斑点参数"卷展栏中设置"大小"为 1.44，如图 13-25 所示。单击（转到父对象）按钮，返回主材质面板，单击（将材质指定给选定对象）按钮，将材质指定给场景中的沙发模型。

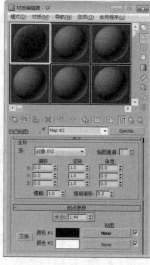

图 13-24

图 13-25

实例 117 皮革材质

● **案例场景位置** | 案例源文件 > Cha13 > 实例 117 皮革材质
● **效果场景位置** | 案例源文件 > Cha13 > 实例 117 皮革材质 O
● **贴图位置** | 贴图素材 > Cha13 > 实例 117 皮革材质
● **视频教程** | 教学视频 > Cha13 > 实例 117
● **视频长度** | 2分
● **制作难度** | ★★★☆☆

┃ 操作步骤 ┃

01 打开随书资源文件中的"案例源文件 > Cha13 > 实例 117 皮革材质 .max"文件，如图 13-26 所示。

02 在场景中选择座椅皮质部分模型，打开"材质编辑器"窗口，在"材质 / 贴图浏览器"窗口中选择新的材质样本球，单击 ▢ Standard ▢ 按钮，在弹出的"材质 / 贴图浏览器"对话框中选择 VRayMtl，在"基本参数"卷展栏中设置"漫反射"组中的"漫反射"红、绿、蓝值均为 5；在"反射"组中单击"高光光泽度"后的 L 按钮解除锁定状态，设置"高光光泽度"为 0.7，设置"反射光泽度"为 0.7，如图 13-27 所示。

03 在"双向反射分布函数"卷展栏中设置"双向反射分布函数"类型为"沃德"，如图 13-28 所示。

图 13-26

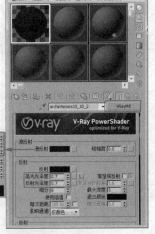

图 13-27

图 13-28

04 进入"反射"贴图层级面板，在"衰减参数"卷展栏中设置"衰减类型"为 Fresnel，在"模式特定参数"组中设置"折射率"为 2.2，如图 13-29 所示。

05 在"输出"卷展栏中设置"输出量"为 1.5，如图 13-30 所示。

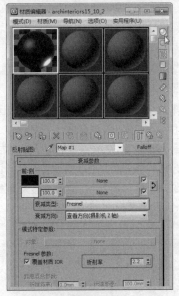

图 13-29

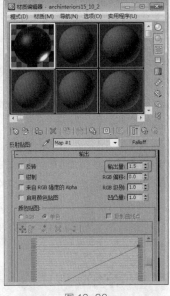

图 13-30

06 单击 ▨（转到父对象）按钮，返回主材质面板，在"贴图"卷展栏中设置"凹凸"为 25，单击"凹凸"后的 None 按钮，为其指定"位图"贴图，如图 13-31 所示，选择随书资源文件中"贴图素材 >Cha13 > 实例 117 皮革材质 > ArchInteriors_12_02_leather_bump.jpg"文件，单击"打开"按钮，如图 13-32 所示。单击 ▨（转到父对象）按钮，返回主材质面板，单击 ▨（将材质指定给选定对象）按钮，将材质指定给场景中的座椅皮质部分的模型。

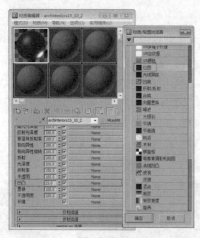

图 13-31

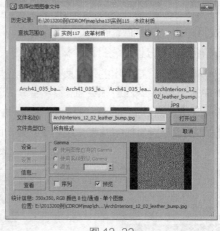

图 13-32

<table>
<tr><td>实 例
118</td><td>**真实地毯——VR毛皮**</td></tr>
</table>

- ● **案例场景位置┃** 案例源文件 > Cha13 > 实例 118 真实地毯——VR 毛皮
- ● **效果场景位置┃** 案例源文件 > Cha13 > 实例 118 真实地毯——VR 毛皮O
- ● **贴图位置┃** 贴图素材 > Cha13 > 实例 118 真实地毯——VR 毛皮
- ● **视频教程┃** 教学视频 > Cha13 > 实例 118
- ● **视频长度┃** 2 分 31 秒
- ● **制作难度┃** ★ ★ ★ ☆ ☆

┃ 操作步骤 ┃

01 打开随书资源文件中的"案例源文件 > Cha13 > 实例 118 真实地毯——VR 毛皮 .max"文件，如图 13-33 所示。

02 在场景中选择 Box001 模型，如图 13-34 所示。

03 单击"![创建] （创建） > ![几何体] （几何体） > VRay > VRay_ 毛皮"按钮，即可在场景中创建 VRay_ 毛皮作为流苏模型，在"参数"卷展栏中设置"长度"为 10.36，"厚度"为 0.05，"重力"为 -1，"弯曲度"为 0.05；在"几何体细节"组中设置"结数"为 8；在"变化"组中设置"方向参量"为 0.9，"长度参量"为 0.2，"厚度参量"为 0，"重力参量"为 0；在"分配"组中选择"每个面"选项，设置"每个面"为 200；在"布局"组中选择"全部对象"选项，在"视口显示"卷展栏中勾选"视口预览"，并设置"最大毛发"为 300，如图 13-35 所示。

图 13-33

图 13-34

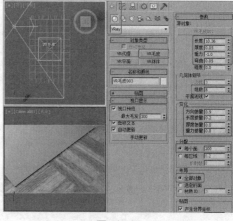

图 13-35

04 在场景中选择流苏模型，打开"材质编辑器"窗口，在"材质 / 贴图浏览器"窗口中选择新的材质样本球，单击 Standard 按钮，在弹出的"材质 / 贴图浏览器"对话框中选择 VRayMtl，在"贴图"卷展栏中单击"漫反射"后的 None 按钮，在弹出的"材质 / 贴图浏览器"对话框中选择"位图"贴图，指定随书资源文件中的"贴图素材 > Cha13 > 实例 118 真实地毯——VR 毛皮 > DT16.TIF"文件，单击"打开"按钮，如图 13-36 所示。

05 进入"漫反射"贴图层级面板，在"位图参数"卷展栏中勾选"裁剪 / 放置"组中的"应用"复选框，单击"查看图像"按钮，在弹出的对话框中裁剪图像，如图 13-37 所示。单击 （转到父对象）按钮，返回主材质面板，单击 （将材质指定给选定对象）按钮，将材质指定给场景中的流苏模型。

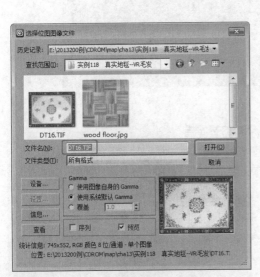
图 13-36

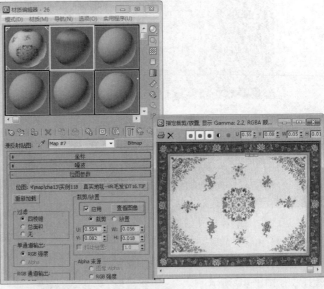
图 13-37

实例 119　真实地毯——VRay置换模式

- **案例场景位置**｜案例源文件 > Cha13 > 实例 119 真实地毯——VRay 置换模式
- **效果场景位置**｜案例源文件 > Cha13 > 实例 119 真实地毯——VRay 置换模式 O
- **贴图位置**｜贴图素材 > Cha13 > 实例 119 真实地 毯——VRay 置换模式
- **视频教程**｜教学视频 > Cha13 > 实例 119
- **视频长度**｜1 分 33 秒
- **制作难度**｜★★★☆☆

操作步骤

01 打开随书资源文件中的"案例源文件 > Cha13 > 实例 119 真实地毯——VRay 置换模式 .max"文件，如图 13-38 所示。

02 在场景中选择圆毯模型，切换到 （修改）命令面板，为其施加"VR_ 置换模式"修改器，使用默认参数即可，调整其在修改器堆栈中的位置，如图 13-39 所示。

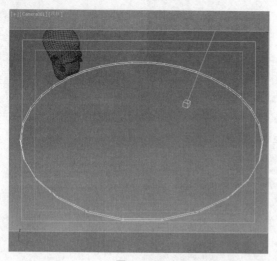

图 13-38

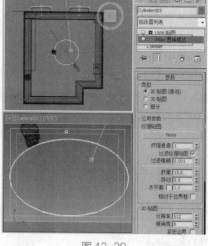

图 13-39

03 打开"材质编辑器"窗口，在"材质 / 贴图浏览器"窗口中选择新的材质样本球，单击 Standard 按钮，在弹出的"材质 / 贴图浏览器"对话框中选择 VRayMtl，在"贴图"卷展栏中单击"漫反射"后的 None 按钮，为其指定"位图"贴图，指定随书资源文件中"贴图素材 > Cha13 > 实例 119 真实地毯——VRay 置换模式 > 紫色地毯 .jpg"文件，单击"打开"按钮，如图 13-40 所示。

04 将"漫反射"后的材质按钮拖曳到"凹凸"后的 None 材质按钮上，在弹出的对话框中选择"实例"选项，单击"确定"按钮，如图 13-41 所示，单击（将材质指定给选定对象）按钮，将材质指定给场景中的圆毯模型。

图 13-40

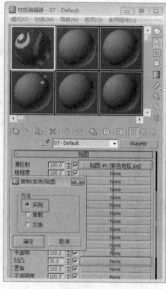

图 13-41

实 例 **120**	**砖墙材质**

● **案例场景位置** ┃ 案例源文件 > Cha13 > 实例 120 砖墙材质

● **效果场景位置** ┃ 案例源文件 > Cha13 > 实例 120 砖墙材质O

● **贴图位置** ┃ 贴图素材 > Cha13 > 实例 120 砖墙材质

● **视频教程** ┃ 教学视频 > Cha13 > 实例 120

● **视频长度** ┃ 1分34秒

● **制作难度** ┃ ★ ★ ★ ☆ ☆

▌ **操作步骤** ▐

01 打开随书资源文件中的"案例源文件 > Cha13 > 实例 120 砖墙材质 .max"文件，如图 13-42 所示。

02 在场景中选择墙体模型，打开"材质编辑器"窗口，在"材质/贴图浏览器"窗口中选择新的材质样本球，单击 Standard 按钮，在弹出的"材质/贴图浏览器"对话框中选择 VRayMtl，在"贴图"卷展栏中单击"漫反射"

后的 None 按钮，在
弹出的"材质/贴图
浏览器"对话框中选
择"位图"贴图，指
定随书资源文件中的
"贴图素材 > Cha13
> 实例 120 砖墙材质
> 砖墙 .jpg"文件，
单击"打开"按钮，
如图 13-43 所示。

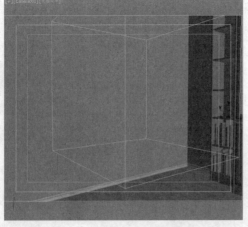

图 13-42　　　　　　　　　　　　　　图 13-43

03 进入"漫反射"贴图层级面板，在"噪波"卷展栏中设置"数量"为 36.7，"大小"为 2.83，在"输出"卷展栏中设置"RGB 级别"为 0.6，如图 13-44 所示。

04 单击 （转到父对象）
按钮，返回主材质面板，
单击"凹凸"后的 None
按钮，在弹出的"材质/
贴图浏览器"对话框中选
择"位图"贴图，指定随
书资源文件中的"DVD
> 贴图素材 > Cha13 >
实例 120　砖墙材质"文
件，单击"打开"按钮，
如图 13-45 所示，单击
（将材质指定给选定对
象）按钮，将材质指定给
场景中的墙体模型。

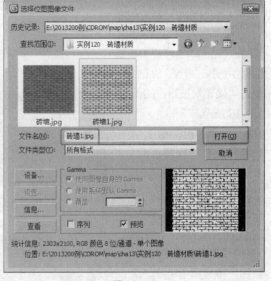

图 13-44　　　　　　　　　　　　　　图 13-45

实例 121　室内水材质

- **案例场景位置** | 案例源文件 > Cha13 > 实例 121 室内水材质
- **效果场景位置** | 案例源文件 > Cha13 > 实例 121 室内水材质O
- **贴图位置** | 贴图素材 > Cha13 > 实例 121 室内水材质
- **视频教程** | 教学视频 > Cha13 > 实例 121
- **视频长度** | 2 分 3 秒
- **制作难度** | ★★★☆☆

┃ 操作步骤 ┃

01 打开随书资源文件中的"案例源文件 > Cha13 > 实例121 室内水材质 .max"文件，如图 13-46 所示。

02 在场景中选择水模型，打开"材质编辑器"窗口，在"材质 / 贴图浏览器"窗口中选择新的材质样本球，单击 Standard 按钮，在弹出的"材质 / 贴图浏览器"对话框中选择 VRayMtl，在"基本参数"卷展栏中设置"漫反射"组中的"漫反射"红、绿、蓝值均为255；在"反射"组中设置"反射"的红、绿、蓝值均为45；在"折射"组中设置"折射"的红、绿、蓝值均为253，勾选"影响阴影"复选框，设置"折射率"为1.33，设置"倍增颜色"的红、绿、蓝值分别为238、252、254，设置"烟雾倍增"为0.1，如图 13-47 所示。

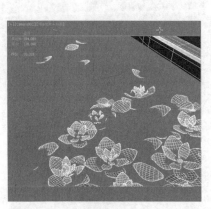

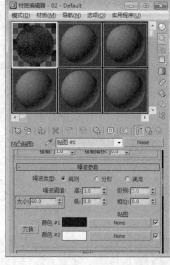

图 13-46

图 13-47

03 在"贴图"卷展栏中设置"凹凸"为100，单击"凹凸"后的 None 按钮，在弹出的"材质 / 贴图浏览器"对话框中选择"噪波"贴图，单击"确定"按钮，如图 13-48 所示。

04 进入"凹凸"贴图层级面板，在"噪波参数"卷展栏中设置"大小"为60，如图 13-49 所示，双击 VRayMtl 材质名称，返回主材质面板，单击 ⬛（将材质指定给选定对象）按钮，将材质指定给场景中的水模型。

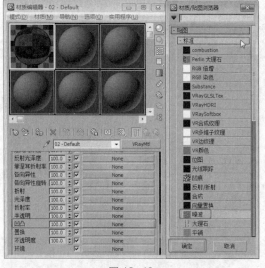

图 13-48

图 13-49

实例 122 **镂空贴图**

● **案例场景位置** ┃ 案例源文件 > Cha13 > 实例122 镂空贴图
● **效果场景位置** ┃ 案例源文件 > Cha13 > 实例122 镂空贴图 O
● **贴图位置** ┃ 贴图素材 > Cha13 > 实例122 镂空贴图
● **视频教程** ┃ 教学视频 > Cha13 > 实例122
● **视频长度** ┃ 1分28秒
● **制作难度** ┃ ★★★☆☆

操作步骤

01 打开随书资源文件中的"案例源文件 > Cha13 > 实例 122 镂空贴图 .max"文件，如图 13-50 所示。

02 在场景中选择平面模型，打开"材质编辑器"窗口，在"材质 / 贴图浏览器"窗口中选择新的材质样本球，单击 Standard 按钮，在弹出的"材质 / 贴图浏览器"对话框中选择 VRayMtl，在"贴图"卷展栏中单击"漫反射"后的 None 按钮，在弹出的"材质 / 贴图浏览器"对话框中选择"位图"贴图，指定随书资源文件中的"贴图素材 > Cha13 > 实例 122 镂空贴图 > 橘子植物 .jpg"文件，单击"打开"按钮，如图 13-51 所示。

图 13-50　　　　　　　　　　　　图 13-51

03 单击"不透明度"后的 None 按钮，在弹出的"材质 / 贴图浏览器"对话框中选择"位图"贴图，指定随书资源文件中的"贴图素材 > Cha13 > 实例 122 镂空贴图 > 橘子植物 -t.jpg"文件，单击"打开"按钮，如图 13-52 所示。

04 进入"不透明度"贴图层级面板，在"输出"卷展栏中勾选"反转"复选框，如图 13-53 所示，单击 （将材质指定给选定对象）按钮，将材质指定给场景中的平面模型。

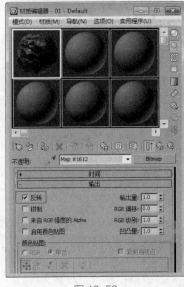

图 13-52　　　　　　　　　　　　图 13-53

实例 123　材质库的建立及调用

- **视频教程**｜教学视频 > Cha13 > 实例 123 材质库的建立及调用
- **视频长度**｜2 分 44 秒
- **制作难度**｜★ ★ ☆ ☆ ☆

操作步骤

01 打开"材质编辑器"窗口，选择新的材质样本球，单击 Standard 按钮，在弹出的"材质 / 贴图浏览器"对话框中选择 VRayMtl，为第一个样本球设置"皮革"材质，单击 （获取材质）按钮，在弹出的"材质 / 贴图浏览器"对话框中单击 （材质 / 贴图浏览器选项）按钮，在弹出的下拉菜单中选择"新材质库…"，如图 13-54 所示。

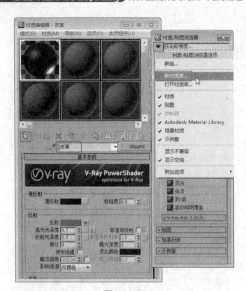

图 13-54

02 在弹出的"创建新材质库"对话框中使用默认的文件名即可，单击"保存"按钮，如图 13-55 所示。

03 在"材质／贴图浏览器"对话框中就创建了名为"新库"的材质库，如图 13-56 所示。

图 13-55　　　　　　　图 13-56

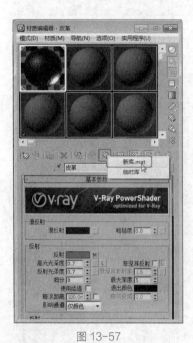

图 13-57

04 选择我们设置好的"皮革"材质，单击 ⬚（放入库）按钮，在弹出的快捷菜单中选择"新库"，如图 13-57 所示。

05 在弹出的"放置到库"对话框中单击"确定"按钮，如图 13-58 所示，可以看到在"材质／贴图浏览器"对话框中"皮革"材质已经放置到"新库"中。

图 13-58

06 我们另外设置几种常用的材质，将其全部保存到"新库"中。在"材质／贴图浏览器"对话框中的"新库"卷展栏上单击鼠标右键，从弹出的快捷菜单中选择"存储路径 > 另存为…"，如图 13-59 所示。

07 在弹出的"导出材质库"对话框中选择存储路径，设置文件名为"常用材质库"，单击"保存"按钮，如图 13-60 所示。

08 打开"材质编辑器"，单击 ⬚（获取材质）按钮，在弹出的"材质／贴图浏览器"对话框中单击 ▼（材质／贴图浏览器选项）按钮，在弹出的下拉菜单中选择"打开材质库…"，如图 13-61 所示。

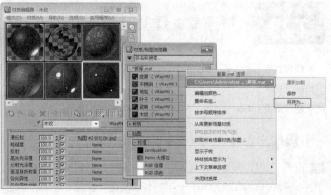

图 13-59

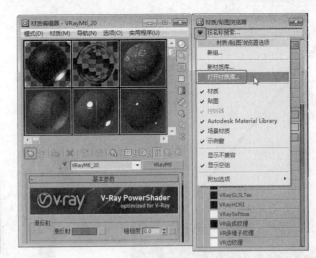

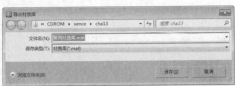

图 13-60

图 13-61

09 在弹出的"导入材质库"对话框中选择已经保存的"常用材质库",单击"打开"按钮,如图 13-62 所示。

10 在"材质编辑器"窗口中选择新的材质样本球,将"材质 / 贴图浏览器"对话框中双击所需的材质,或者将所需的材质拖曳到材质样本球上,如图 13-63 所示。

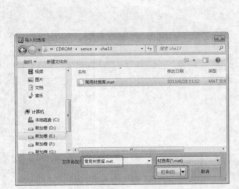

图 13-62

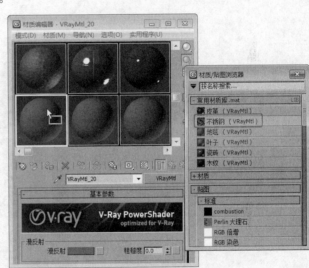

图 13-63

第

14章

VRay 真实灯光的表现

在做效果之前先分析你要做的效果的户型的采光，也就是说阳光是从哪里直接照射进来的，简单来说，就是指哪里是直射光源，哪里是反射光源，这样在建模之后就可以根据分析的结果来布置VR灯的位置。VR的操作本身就很简单，下面我们根据效果的不同来逐一对其进行VRay真实灯光表现的设置。

实例
124

实例 124　VR灯光

- **案例场景位置 |** 案例源文件 > Cha14 > 实例124VR灯光
- **效果场景位置 |** 案例源文件 > Cha14 > 实例124VR灯光场景O
- **贴图位置 |** 贴图素材 > Cha14 > 实例124VR灯光
- **视频教程 |** 教学视频 > Cha14 > 实例124
- **视频长度 |** 1分39秒
- **制作难度 |** ★★★☆☆

操作步骤

01 打开随书资源文件中的"案例源文件 > Cha14 > 实例 124 VR 灯光 .max"文件，图 14-1 所示为打开的场景文件。

02 单击" ▦ （创建）> ◁ （灯光）> VRay > VR 灯光"按钮，在"前"视图中创建 VR 灯光，在"参数"卷展栏中选择"类型"为"平面"；设置"强度"组中"倍增"为 12，设置颜色的红、绿、蓝值分别为 145、184、255；在"大小"组中设置"1/2 长"为 818.8，"1/2 宽"为 2100；在"选项"组中勾选"不可见"复选框，调整其合适的位置，如图 14-2 所示。

03 对 VR 灯光进行复制，并调整其至合适的角度和位置，如图 14-3 所示。

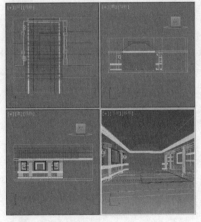
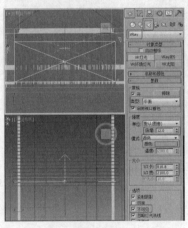
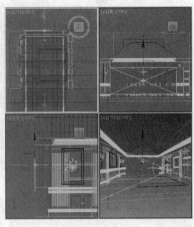

图 14-1　　　　　　　　　　图 14-2　　　　　　　　　　图 14-3

实例
125

实例 125　VR太阳

- **案例场景位置 |** 案例源文件 > Cha14 > 实例125VR太阳
- **效果场景位置 |** 案例源文件 > Cha14 > 实例125VR太阳场景O
- **贴图位置 |** 贴图素材 > Cha14 > 实例125VR太阳
- **视频教程 |** 教学视频 > Cha14 > 实例125
- **视频长度 |** 1分26秒
- **制作难度 |** ★★★☆☆

┫ 操作步骤 ┣

01 打开随书资源文件中的"案例源文件 > Cha14 > 实例125VR 太阳 .max"文件，图 14-4 所示为打开的场景文件。

02 单击" （创建）> （灯光）> VRay > VR 太阳"按钮，在"左"视图中创建灯光，如图 14-5 所示。

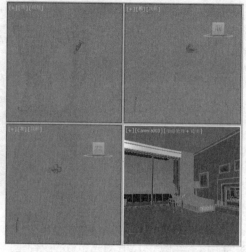
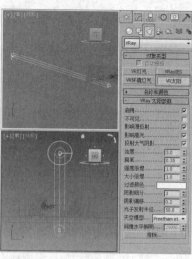

图 14-4

图 14-5

03 在场景中对 VR 太阳的角度和位置进行调整，如图 14-6 所示。

04 在"VRay 太阳参数"卷展栏中设置"浊度"为 2，"臭氧"为 0.3，"强度倍增"为 0.6，"大小倍增"为 3，"阴影细分"为 8，如图 14-7 所示。

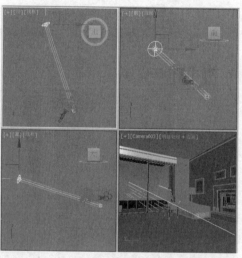

图 14-6

图 14-7

> **提示**
>
> 在创建 VR 太阳的时候会弹出 VRay 太阳对话框，提示您是否自动添加一张 VR 天空环境贴图，单击"否"按钮。
> VR 太阳光的颜色是由浊度值的高低来控制的，浊度越低，太阳光就越偏向冷色调；反之则偏向暖色调。

实例 126 壁灯光效

- **案例场景位置** | 案例源文件 > Cha14 > 实例126壁灯光效
- **效果场景位置** | 案例源文件 > Cha14 > 实例126壁灯光效场景O
- **贴图位置** | 贴图素材 > Cha14 > 实例126壁灯光效
- **视频教程** | 教学视频 > Cha14 > 实例126
- **视频长度** | 1分40秒
- **制作难度** | ★ ★ ★ ☆ ☆

▐ 操作步骤 ▐

01 打开随书资源文件中的"案例源文件 > Cha14 > 实例
126 壁灯光效 .max"文件,图 14-8 所示为打开的场景文件。

02 单击"　（创建）>　（灯光）> VRay > VR 灯光"按
钮,在"左"视图中创建 VR 灯光,在"参数"卷展栏中选
择"类型"为"球体",设置"强度"组中"倍增"为 20,
设置颜色的红、绿、蓝值分别为 255、217、151;在"大小"
组中设置"半径"为 50;在"选项"组中勾选"不可见"复
选框,调整其至合适的位置,如图 14-9 所示。

03 对 VR 灯光进行复制,并调整其至合适的角度和位置,
如图 14-10 所示。

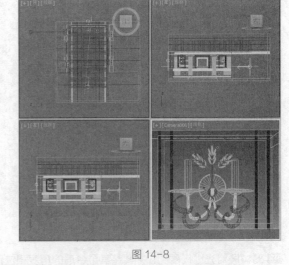

图 14-8

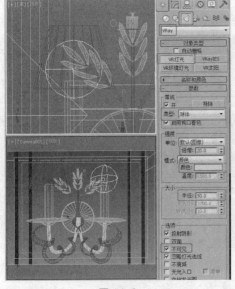

图 14-9

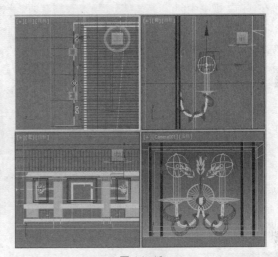

图 14-10

实例 127　直型灯槽光效

- **案例场景位置** | 案例源文件 > Cha14 > 实例 127 直型灯槽光效
- **效果场景位置** | 案例源文件 > Cha14 > 实例 127 直
  型灯槽光效 O
- **贴图位置** | 案例源文件 > Cha14 > 实例 127 直型
  灯槽光效
- **视频教程** | 教学视频 > Cha14 > 实例 127
- **视频长度** | 2 分 21 秒
- **制作难度** | ★★★☆☆

▐ 操作步骤 ▐

01 打开随书资源文件中的"案例源文件 > Cha14 > 实例 127 直型灯槽光效 .max"文件,图 14-11 所示为打开的场景文件。

02 单击 " ■（创建）> ■（灯光）> VRay > VR 灯光" 按钮，在 "左" 视图中创建 VR 灯光，在 "参数" 卷展栏
中选择 "类型" 为 "平面"，
设置 "强度" 组中 "倍增"
为 8，设置颜色的红、绿、
蓝值分别为 255、217、
151；在 "大小" 组中设置
"1/2 长" 为 100，"1/2 宽"
为 3700；在 "选项" 组中
勾选 "不可见" 复选框，
调整其至合适的角度和位
置，如图 14-12 所示。

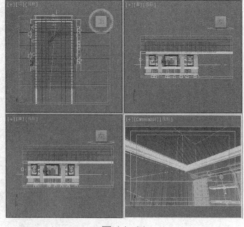

图 14-11

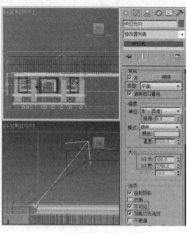

图 14-12

03 对 VR 灯光进行复制，并调整其至合适的角度和位置，如图 14-13 所示。

04 继续在 "前" 视图中创
建 VR 灯光，在 "参数"
卷展栏中选择 "类型" 为 "平
面"，设置 "强度" 组中 "倍
增" 为 8，设置颜色的红、
绿、蓝值分别为 255、
217、151；在 "大小" 组
中设置 "1/2 长" 为 2100，
"1/2 宽" 为 80；在 "选项"
组中勾选 "不可见" 复选框，
调整其至合适的角度和位
置，如图 14-14 所示。

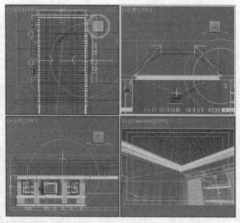

图 14-13

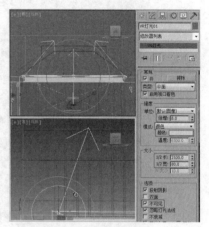

图 14-14

实例 128 复杂型灯槽光效

- **案例场景位置** ▎案例源文件 > Cha14 > 实例128复杂型灯槽光效
- **效果场景位置** ▎案例源文件 > Cha14 > 实例128复杂型灯槽光效 O
- **贴图位置** ▎案例源文件 > Cha14 > 实例128复杂型灯槽光效
- **视频教程** ▎教学视频 > Cha14 > 实例128
- **视频长度** ▎2分27秒
- **制作难度** ▎★★★☆☆

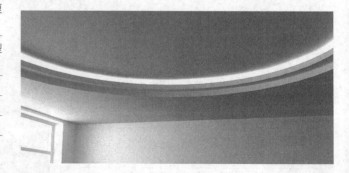

操作步骤

01 打开随书资源文件中的 "案例源文件 > Cha14 > 实例 127 复杂型灯槽光效 .max" 文件，图 14-15 所示为打开
的场景文件。

02 单击"　（创建）>　（灯光）> VRay > VR 灯光"按钮，在"顶"视图中创建 VR 灯光，在"参数"卷展栏中选择"类型"为"平面"，设置"强度"组中"倍增"为 2，设置颜色的红、绿、蓝值分别为 255、236、203；在"大小"组中设置"1/2 长"为 100，"1/2 宽"为 410；在"选项"组中勾选"不可见"复选框，调整其至合适的角度和位置，如图 14-16 所示。

03 对 VR 灯光进行复制，并调整其至合适的大小、角度和位置，如图 14-17 所示。

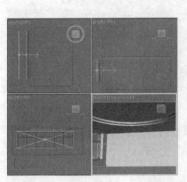
图 14-15

图 14-16

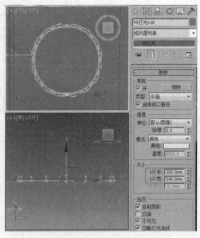
图 14-17

实例 129　室内日光效果

- **案例场景位置**｜ 案例源文件 > Cha14 > 实例 129 室内日光效果
- **效果场景位置**｜案例源文件 > Cha14 > 实例 129 室内日光效果 O
- **贴图位置**｜贴图素材 > Cha14 > 实例 129 室内日光效果
- **视频教程**｜教学视频 > Cha14 > 实例 129
- **视频长度**｜4 分 41 秒
- **制作难度**｜★★★★☆

操作步骤

01 打开随书资源文件中的"案例源文件 > Cha14 > 实例 129 室内日光效果 .max"文件，图 14-18 所示为打开的场景文件。

02 单击"　（创建）>　（灯光）> 标准 > 目标平行光"按钮，在"前"视图中创建灯光，如图 14-19 所示。

03 在场景中对目标聚光灯的位置进行调整，在"常规参数"卷展栏中勾选"阴影"组中的"启用"复选框，在下拉列表框中选择"VRay 阴影"；在"强度 / 颜色 / 衰减"卷展栏中设置"倍增"为 10，设置颜色的红、绿、蓝值分别为 253、213、149，如图 14-20 所示。

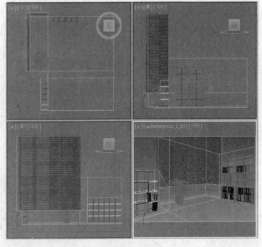
图 14-18

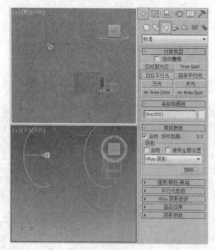

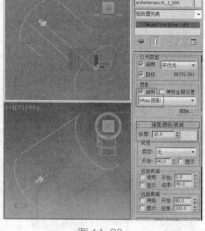

图 14-19 图 14-20

04 在"平行光参数"卷展栏中设置"光锥"组中"聚光区 / 光束"为 10000，"衰减区 / 区域"为 10002；在"VRay阴影参数"卷展栏中勾选"区域阴影"复选框，选择"球体"选项，设置"U 大小"为 500，"V 大小"为 500，"W大小"为 500，细分为 16，如图 14-21 所示。

05 单击" "（创建）> （灯光）>VRay>VR 灯光"按钮，在"左"视图中创建 VR 灯光，在"参数"卷展栏中选择"类型"为"平面"，设置"强度"组中"倍增"为 8，设置颜色的红、绿、蓝值分别为 190、231、255；在"大小"组中设置"1/2 长"为 1845，"1/2 宽"为 2255；在"选项"组中勾选"不可见"复选框，调整其至合适的位置，如图 14-22 所示。

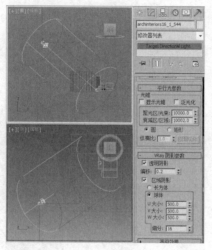

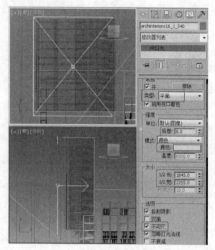

图 14-21 图 14-22

06 在"后"视图中创建 VR 灯光，在"参数"卷展栏中选择"类型"为"平面"，设置"强度"组中"倍增"为 1，设置颜色的红、绿、蓝值分别为 190、231、255；在"大小"组中设置"1/2 长"为 740，"1/2 宽"为 2245；在"选项"组中勾选"不可见"复选框，调整其至合适的位置，如图 14-23 所示。

07 在"右"视图中创建 VR 灯光，在"参数"卷展栏中选择"类型"为"平面"，设置"强度"组中"倍增"为 3，设置颜色的红、绿、蓝值均为 255；在"大小"组中设置"1/2 长"为 1615，"1/2 宽"为 2790，调整其至合适的角度和位置，如图 14-24 所示。

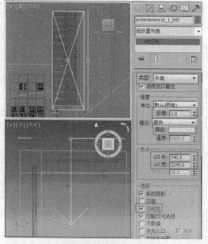

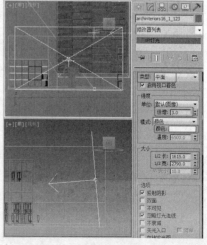

图 14-23 图 14-24

实例 130　室内夜景效果

● 案例场景位置 | 案例源文件 > Cha14 > 实例130室内夜景效果
● 效果场景位置 | 案例源文件 > Cha14 > 实例130室内夜景效果O
● 贴图位置 | 贴图素材 > Cha14 > 实例130室内夜景效果
● 视频教程 | 教学视频 > Cha14 > 实例130
● 视频长度 | 6分13秒
● 制作难度 | ★ ★ ★ ★ ☆

操作步骤

01 打开随书资源文件中的"案例源文件 > Cha14 > 实例 130 室内夜景效果 .max"文件,图 14-25 所示为打开的场景文件。

02 单击"　(创建)> 　(灯光)> 光度学 > 目标灯光"按钮,在"左"视图中创建灯光,在"前"视图中调整灯光的位置和照射角度,如图 14-26 所示。在"常规参数"卷展栏中勾选"阴影"组中的"启用"复选框,在下拉

列表框中选择"VRay 阴影";在"灯光分布(类型)"下拉列表框中选择"光度学 Web"类型,并在"分布(光度学 Web)"卷展栏中单击"选择光度学文件"按钮,在弹出的对话框中选择随书资源文件中的"贴图素材 > Cha14 > 实例 130 室内夜景效果 > 30.IES"文件。

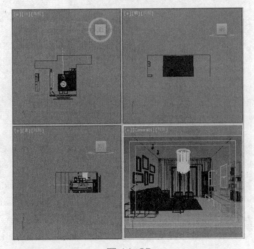

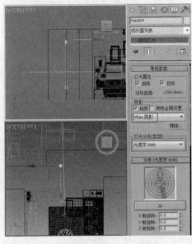

图 14-25

图 14-26

03 在"强度 / 颜色 / 衰减"卷展栏中设置"颜色"组中"过滤颜色"的红、绿、蓝值分别为 255、243、230,设置"强度"选项组中的 cd 强度为 4000;在"高级效果"卷展栏中取消"高光反射"的勾选,如图 14-27 所示。

04 对目标灯光进行复制,并调整其至合适的位置,如图 14-28 所示。

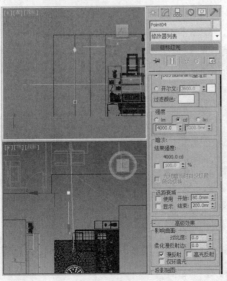

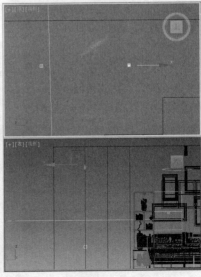

图 14-27

图 14-28

05 继续在"左"视图中创建目标灯光，在"前"视图中调整灯光的位置和照射角度，如图 14-29 所示，在"常规参数"卷展栏中勾选"阴影"组中的"启用"复选框，在下拉列表框中选择"VRay 阴影"；在"灯光分布（类型）"下拉列表框中选择"光度学 Web"类型，并在"分布（光度学 Web）"卷展栏中单击"选择光度学文件"按钮，在弹出的对话框中选择随书资源文件中的"贴图素材＞Cha14＞实例130室内夜景效果＞5.ies"文件。

06 在"强度／颜色／衰减"卷展栏中设置"颜色"组中"过滤颜色"的红、绿、蓝值分别为 255、246、235，设置"强度"选项组中的 cd 强度为 5000；在"高级效果"卷展栏中取消"高光反射"的勾选，如图 14-30 所示。

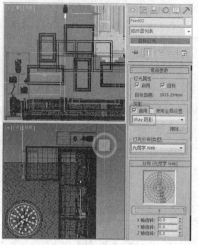
图 14-29

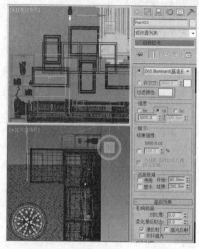
图 14-30

07 对第二盏目标灯光进行复制，并调整其至合适的位置，如图 14-31 所示。

08 在"顶"视图中创建 VR 灯光，在"参数"卷展栏中选择"类型"为"平面"，设置"强度"组中"倍增"为 1，设置颜色的红、绿、蓝值分别为 255、233、195，在"大小"组中设置"1/2 长"为 28、"1/2 宽"为 1500；在"选项"组中勾选"不可见"复选框，调整其至合适的位置，如图 14-32 所示。

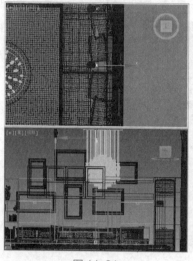
图 14-31

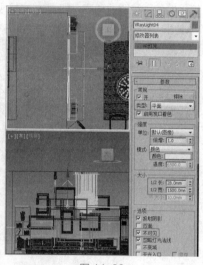
图 14-32

09 继续在"顶"视图中创建 VR 灯光，在"参数"卷展栏中选择"类型"为"平面"，设置"强度"组中"倍增"为 3，设置颜色的红、绿、蓝值分别为 255、249、238，在"大小"组中设置"1/2 长"为 345，"1/2 宽"为 345；在"选项"组中勾选"不可见"复选框，调整其至合适的位置，如图 14-33 所示。

10 继续在"顶"视图中创建 VR 灯光，在"参数"卷展栏中选择"类型"为"球体"，设置"强度"组中"倍增"为 3，设置颜色的红、绿、蓝值分别为 237、250、255；在"大小"组中设置"半径"为 383；在"选项"组中勾选"不可见"复选框，调整其至合适的位置，如图 14-34 所示。

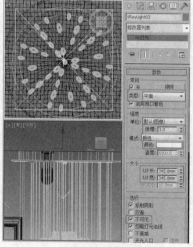
图 14-33

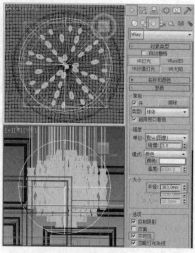
图 14-34

实例 131　室外日景效果

- **案例场景位置** | 案例源文件 > Cha14 > 实例131室外日景效果
- **效果场景位置** | 案例源文件 > Cha14 > 实例131室外日景效果O
- **贴图位置** | 贴图素材 > Cha14 > 实例131室外日景效果
- **视频教程** | 教学视频 > Cha14 > 实例131
- **视频长度** | 3分40秒
- **制作难度** | ★★★★☆

操作步骤

01 打开随书资源文件中的"案例源文件 > Cha14 > 实例131室外日景效果.max"文件，图 14-35 所示为打开的场景文件。

02 单击" ※（创建）> （灯光）> VRay > VR 太阳"按钮，在"左"视图中创建灯光，在弹出的"VRay 太阳"对话框中单击"是"按钮，如图 14-36 所示。

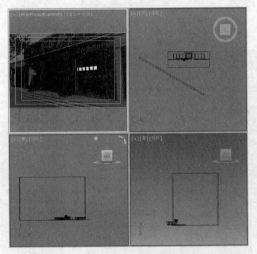

图 14-35

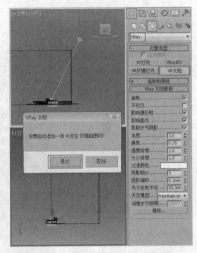

图 14-36

03 在场景中对 VR 太阳的角度和位置进行调整，如图 14-37 所示。

04 在工具栏中单击 （材质编辑器）按钮，打开"材质编辑器"窗口，按8键打开"环境和效果"窗口，将为背景指定的 VR 天空拖曳到新的材质样本球上，在弹出的对话框中选择"实例"，单击"确定"按钮，如图 14-38 所示。

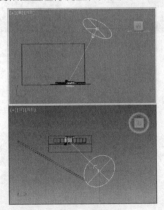

图 14-37

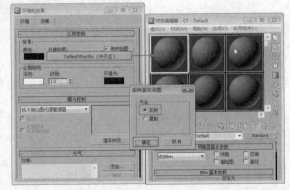

图 14-38

05 在"VRay 天空参数"卷展栏中勾选"指定太阳节点"，设置"太阳强度倍增"为 0.03，如图 14-39 所示。

06 单击" ※（创建）> （灯光）> 光度学 > 目标灯光"按钮，在"左"视图中创建灯光，在场景中调整灯光的位置和照射角度，在"常规参数"卷展栏中勾选"阴影"组中的"启用"复选框，在下拉列表框中选择"阴影贴图"；在"灯光分布（类型）"下拉列表框中选择"光度学 Web"类型，并在"分布（光度学 Web）"卷展栏中单击"选择光度学文件"按钮，在弹出的对话框中选择随书资源文件中的"贴图素材 > Cha14 > 实例130室内夜景效果 > 竹简牛眼灯 .ies"文件，如图 14-40 所示。

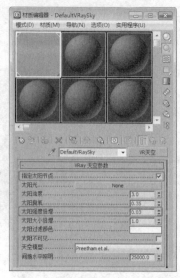

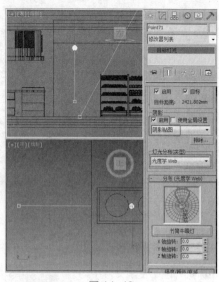

图 14-39 图 14-40

07 在"强度/颜色/衰减"
卷展栏中设置"颜色"
组中"过滤颜色"的红、绿、
蓝值分别为 255、221、
176，设置"强度"选项
组中的 cd 强度为 1500；
在"高级效果"卷展栏
中取消"高光反射"的
勾选，如图 14-41 所示。
08 对目标灯光进行复制，
并调整其至合适的角度和
位置，如图 14-42 所示。

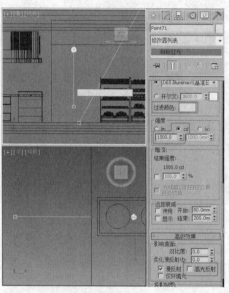

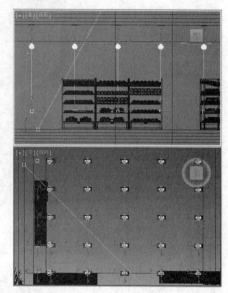

图 14-41 图 14-42

实例 132 室外夜景效果

- **案例场景位置** | 案例源文件 > Cha14 > 实例132室外夜景效果
- **效果场景位置** | 案例源文件 > Cha14 > 实例132室外夜景效果O
- **贴图位置** | 贴图素材 > Cha14 > 实例132室外夜景效果
- **视频教程** | 教学视频 > Cha14 > 实例132
- **视频长度** | 11分22秒
- **制作难度** | ★★★★☆

操作步骤

01 打开随书资源文件中的"案例源文件 > Cha14 > 实例 131 室外日景效果 .max"文件,图 14-43 所示为打开的场景文件。

02 在"后"视图中创建 VR 灯光,在"参数"卷展栏中选择"类型"为"平面",设置"强度"组中"倍增"为 5,设置颜色的红、绿、蓝值分别为 255、182、104;在"选项"组中勾选"不可见"复选框,调整其至合适的位置,如图 14-44 所示。

图 14-43

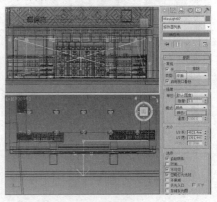

图 14-44

03 在"左"视图中创建目标灯光,在场景中调整灯光的位置和照射角度,在"常规参数"卷展栏中勾选"阴影"组中的"启用"复选框,在下拉列表框中选择"VRay 阴影";在"灯光分布(类型)"下拉列表框中选择"光度学 Web"类型;在"分布(光度学 Web)"卷展栏中单击"选择光度学文件"按钮,在弹出的对话框中选择随书资源文件中的"贴图素材 > Cha14 > 实例 130 室内夜景效果 > 30.ies"文件,如图 14-48 所示;在"强度 / 颜色 / 衰减"卷展栏中设置"过滤颜色"色块的红、绿、蓝值分别为 255、199、112;在"强度"组中设置"强度"选项组中的 cd 强度为 5000,对其进行复制并调整其至合适的位置,如图 14-45 所示。

04 继续对目标灯光进行复制,并调整其至合适的位置,如图 14-46 所示。

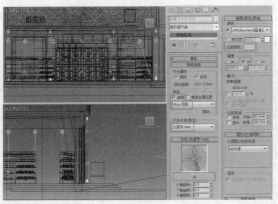

图 14-45

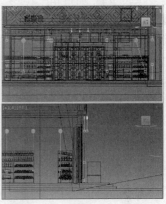

图 14-46

05 看一下渲染的效果,如图 14-47 所示。

06 在"后"视图中创建 VR 灯光,在"参数"卷展栏中选择"类型"为"平面",设置"强度"组中"倍增"为 1.2,设置颜色的红、绿、蓝值分别为 255、182、104;在"选项"组中勾选"不可见"复选框,调整其至合适的大小和位置,如图 14-48 所示。

图 14-47

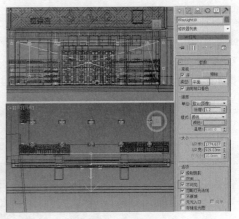

图 14-48

07 继续在"顶"视图中创建 VR 灯光,在"参数"卷展栏中选择"类型"为"平面",设置"强度"组中"倍增"为 15,设置设置颜色的红、绿、蓝值分别为 255、164、67;在"选项"组中勾选"不可见"复选框,对其进行复制并调整其至合适的位置,如图 14-49 所示。

08 看一下渲染的效果，如图 14-50 所示。

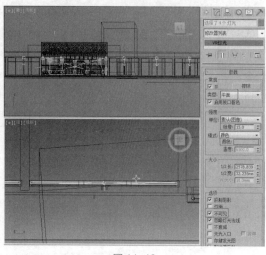 

图 14-49   图 14-50

09 继续在"顶"视图中创建 VR 灯光，在"参数"卷展栏中选择"类型"为"平面"，设置"强度"组中"倍增"为 10，设置颜色的红、绿、蓝值分别为 255、251、147；在"选项"组中勾选"不可见"复选框，对其进行复制并调整其至合适的位置，如图 14-51 所示。

10 在"左"视图中创建 VR 灯光，在"参数"卷展栏中选择"类型"为"平面"，设置"强度"组中"倍增"为 10，设置颜色的红、绿、蓝值分别为 255、248、240；在"选项"组中勾选"不可见"复选框，对其进行复制并调整其至合适的位置，如图 14-52 所示。

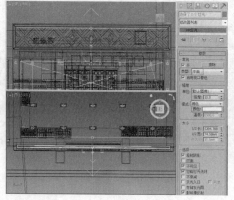 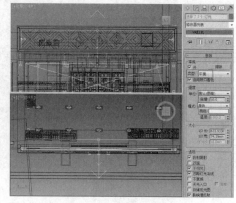

图 14-51   图 14-52

11 继续在"后"视图中创建 VR 灯光，在"参数"卷展栏中选择"类型"为"平面"，设置"强度"组中"倍增"为 8，设置颜色的红、绿、蓝值分别为 255、233、210，对其进行复制并调整其至合适的位置，如图 14-53 所示。

12 继续在"后"视图中创建 VR 灯光，在"参数"卷展栏中选择"类型"为"平面"，设置"强度"组中"倍增"为 8，设置颜色的红、绿、蓝值分别为 255、233、210，对其进行复制并调整其至合适的位置，如图 14-54 所示。

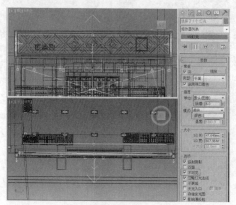 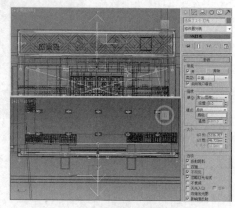

图 14-53   图 14-54

13 继续在"后"视图中创建 VR 灯光，在"参数"卷展栏中选择"类型"为"平面"，设置"强度"组中"倍增"为 5，设置颜色的红、绿、蓝值分别为 255、233、210，调整其至合适的位置，如图 14-55 所示。

14 看一下渲染的效果，如图 14-56 所示。

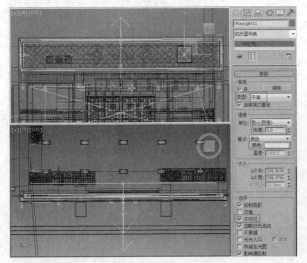

图 14-55

图 14-56

15 继续在"后"视图中创建 VR 灯光，在"参数"卷展栏中选择"类型"为"球体"，设置"强度"组中"倍增"为 30，设置颜色的红、绿、蓝值分别为 0、15、64；在"大小"组中设置"半径"为 2000，调整其至合适的位置，如图 14-57 所示。

16 对 VR 灯光进行复制，并调整其至合适的位置，如图 14-58 所示。

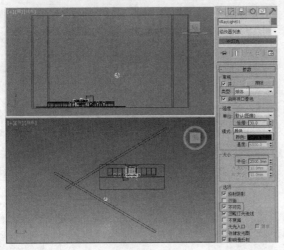

图 14-57

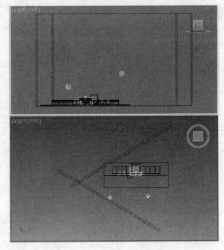

图 14-58

实例 133　霓虹灯效果

- **案例场景位置** | 案例源文件 > Cha14 > 实例 133 霓虹灯效果
- **效果场景位置** | 案例源文件 > Cha14 > 实例 133 霓虹灯效果 O
- **贴图位置** | 贴图素材 > Cha14 > 实例 133 霓虹灯效果
- **视频教程** | 教学视频 > Cha14 > 实例 133
- **视频长度** | 2 分 50 秒
- **制作难度** | ★★★★☆

▎ 操作步骤 ▎

01 打开随书资源文件中的"案例源文件 > Cha14 > 实例 133 霓虹灯效果 .max"文件，如图 14-59 所示。

02 在场景中选择椭圆和 KTV 字体模型，打开"材质编辑器"窗口，在"材质 / 贴图浏览器"窗口中选择新的材质样本球，单击 Standard 按钮，在弹出的"材质 / 贴图浏览器"对话框中选择"VR_ 发光材质"，单击"确定"按钮，如图 14-60 所示。

03 在"参数"卷展栏中设置"颜色"的红、绿、蓝值分别为 246、255、0，并设置值为 3，如图 14-61 所示，单击 （将材质指定给选定对象）按钮，将材质指定给场景中的椭圆和 KTV 字体模型。

图 14-59

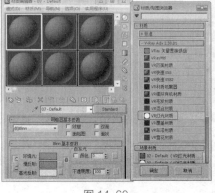

图 14-60

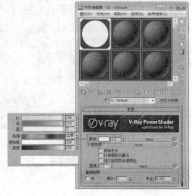

图 14-61

04 在场景中选择"想唱就唱"字体模型，在"材质 / 贴图浏览器"窗口中选择新的材质样本球，单击 Standard 按钮，在弹出的"材质 / 贴图浏览器"对话框中选择"VR_ 发光材质"，在"参数"卷展栏中设置"颜色"的红、绿、蓝值分别为 37、247、255，如图 14-62 所示，单击 （将材质指定给选定对象）按钮，将材质指定给场景中的"想唱就唱"字体模型。

05 在场景中选择线模型，在"材质 / 贴图浏览器"窗口中选择新的材质样本球，单击 Standard 按钮，在弹出的"材质 / 贴图浏览器"对话框中选择"VR_ 发光材质"，在"参数"卷展栏中单击"颜色"后的 None 按钮，在弹出的"材质 / 贴图浏览器"对话框中选择"渐变"贴图，单击"确定"按钮，如图 14-63 所示。

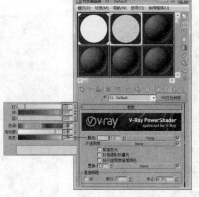

图 14-62

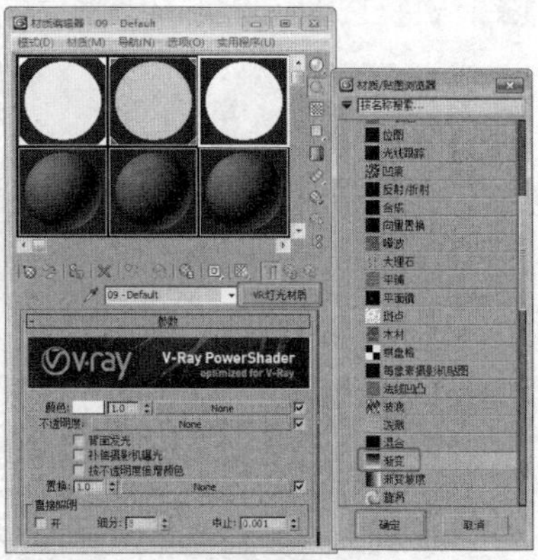

图 14-63

06 进入"灯光颜色"贴图层级面板，在"坐标"卷展栏中取消"使用真实世界比例"的勾选，如图 14-64 所示。

07 在"渐变参数"卷展栏中设置"颜色 #1"的红、绿、蓝值分别为 0、186、255，"颜色 #2"的红、绿、蓝值分别为 174、0、255，"颜色 #3"的红、绿、蓝值分别为 0、0、255，如图 14-65 所示，单击 （转到父对象）按钮，返回主材质面板，单击 （将材质指定给选定对象）按钮，将材质指定给场景中的线模型。

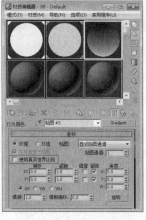

图 14-64

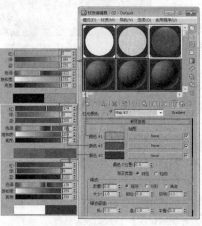

图 14-65

第 15 章

室内装饰物的制作

室内的装饰品大致可分为纯艺术品、日用工艺品、绿色植物三类。各类装饰品都有自己的特点，对室内的装饰效果也各不相同，在室内点缀恰到好处的装饰物，对空间的美化和完善起着不可忽视的作用。在进行室内装饰时要根据装饰环境和人们的喜好来选择合适的装饰物，如装饰盘、卷轴画、地球仪、铁艺果篮、植物、鸡蛋托盘、碗盘架等。只有恰如其份地选择与放置它们，才能达到美化空间的目的。本章主要介绍室内不同装饰物的制作。

实例
134 装饰盘

- **案例场景位置** | 案例源文件 > Cha15 > 实例134 装饰盘
- **效果场景位置** | 案例源文件 > Cha15 > 实例134 装饰盘场景
- **贴图位置** | 贴图素材 > Cha15 > 实例134 装饰盘
- **视频教程** | 教学视频 > Cha15 > 实例134
- **视频长度** | 6分33秒
- **制作难度** | ★★★★☆

操作步骤

一. 装饰盘的制作

01 单击" [+]（创建）> ○（几何体）> 球体"按钮，在"顶"视图中创建球体，在"参数"卷展栏中设置"半径"为150，如图15-1所示。

02 在"前"视图中对球体进行缩放，如图15-2所示。

03 在场景中用鼠标右键单击球体，转换为"可编辑多边形"，将选择集定义为"多边形"，选择图15-3所示的多边形，并将其删除。

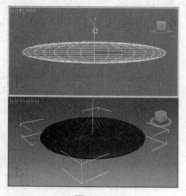

图 15-1

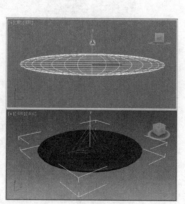

图 15-2

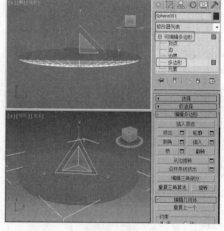

图 15-3

04 将选择集定义为"顶点"，在场景中选择内侧的顶点，对顶点进行缩放，如图15-4所示。

05 对顶点的位置进行调整，如图15-5所示。

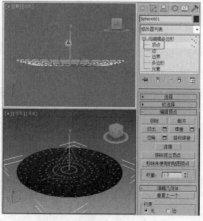

图 15-4

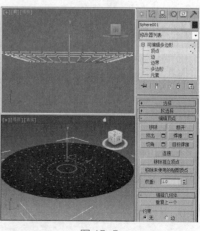

图 15-5

06 选择外侧的顶点，对其进行缩放，如图 15-6 所示，关闭选择集。

07 在"修改器列表"中选择"壳"修改器，在"参数"卷展栏中设置"内部量"为1，"外部量"为6，如图 15-7 所示。

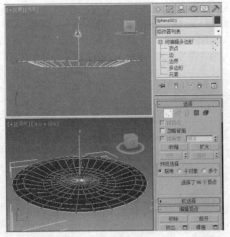

图 15-6

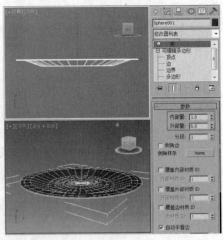

图 15-7

08 将模型转换为"可编辑多边形"，将选择集定义为"边"，选择外部和底部的边，在"编辑边"卷展栏中单击"切角"后的 ■（设置）按钮，在弹出的助手小盒中设置"边切角量"为2，"连接边分段"为4，单击 ☑（确定）按钮，如图 15-8 所示，关闭选择集。

09 为模型施加"涡轮平滑"修改器，在"涡轮平滑"卷展栏中设置"迭代次数"为2，如图 15-9 所示。

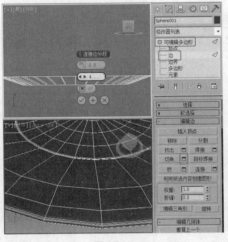

图 15-8

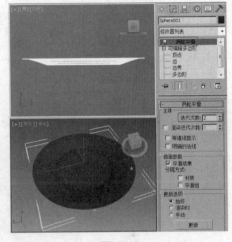

图 15-9

10 调整装饰盘至合适的角度，如图 15-10 所示。

二．盘架的制作

01 单击" ◆（创建）>（几何体）> 切角长方体"按钮，在"前"视图中创建切角长方体作为竖支架模型，在"参数"卷展栏中设置"长度"为 200，"宽度"为 15，"高度"为 15，"圆角"为 5，取消"平滑"复选框的勾选，调整其至合适的位置，如图 15-11 所示。

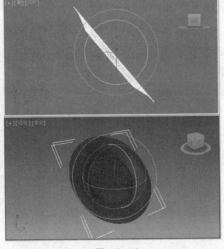

图 15-10

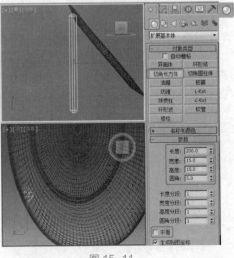

图 15-11

02 继续对作为支架的切角长方体进行复制，在"参数"卷展栏中修改"长度"为60，"宽度"为15，"高度"为15，"圆角"为5，调整其至合适的角度和位置，如图15-12所示。

03 对作为支架的切角长方体进行复制，作为横支架模型，在"参数"卷展栏中修改"长度"为15，"宽度"为15，"高度"为150，"圆角"为5，调整其至合适的角度和位置，如图15-13所示。

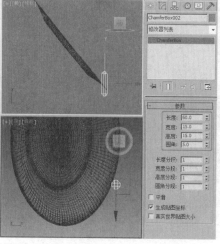

图 15-12

图 15-13

04 对作为横支架的切角长方体进行复制，并调整其至合适的角度和位置，如图15-14所示。

05 对竖支架模型进行复制，并调整其至合适的位置，完成的模型如图15-15所示。

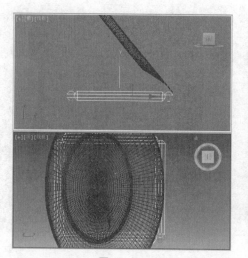

图 15-14

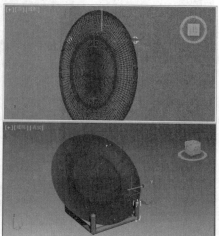

图 15-15

实 例
135　卷轴画

- **案例场景位置** ▎案例源文件 > Cha15 > 实例135卷轴画
- **效果场景位置** ▎案例源文件 > Cha15 > 实例135卷轴画场景
- **贴图位置** ▎贴图素材 > Cha15 > 实例135卷轴画
- **视频教程** ▎教学视频 > Cha15 > 实例135
- **视频长度** ▎6分47秒
- **制作难度** ▎★★★★☆

┃ **操作步骤** ┣

01 单击" （创建）>   （几何体）> 管状体"按钮，在"前"视图中创建管状体作为卷轴模型，在"参数"卷

展栏中设置"半径1"为1.3，"半径2"为1.1，"高度"为70，"高度分段"为40，"端面分段"为1，"边数"为

18，如图 15-16 所示。

02 将模型转换为"可
编辑多边形"，将选择
集定义为"顶点"，在
"左"视图中调整顶点
的位置，并在"软选择"
卷展栏中勾选"使用
软选择"，设置"衰减"
为 0.4，对顶点进行缩
放，如图 15-17 所示。

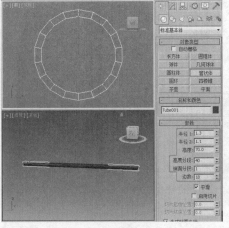
图 15-16

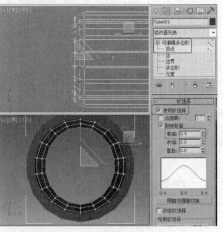
图 15-17

03 继续调整顶点的位
置，使用软选择对顶
点进行缩放，如图
15-18 所示。

04 使用同样的方法调
整另一侧的顶点，如
图 15-19 所示，关闭
选择集。

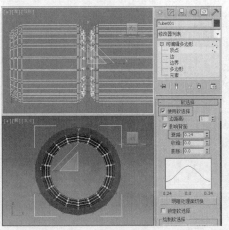
图 15-18

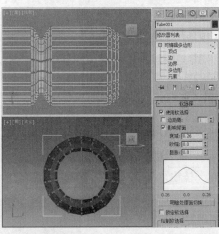
图 15-19

05 单击" ***** （创建）
> **○** （几何体）> 平面"
按钮，在"左"视图
中创建平面，在"参数"
卷展栏中设置"长度"
为 110，"宽度"为
60，调整其合适的位
置，如图 15-20 所示。

06 将卷轴模型进行复
制，并调整其至合适
的位置，如图 15-21
所示。

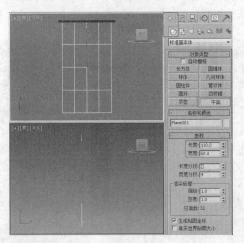
图 15-20

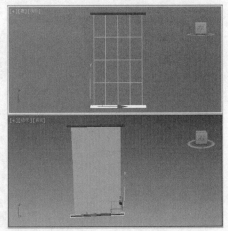
图 15-21

07 继续创建管状体，在"参数"卷展栏中设置"半径1"为1.25，"半径2"为0.85，"高度"为0.3，"高度分段"
为1，"端面分段"为1，"边数"为18，调整其至合适的位置，如图 15-22 所示。

08 对管状体模型进行复制，并调整其至合适的位置，如图 15-23 所示。

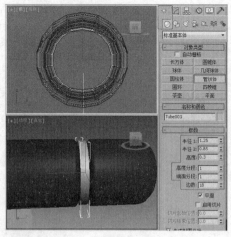

图 15-22

图 15-23

09 单击"■（创建）> ■（图形）> 线"按钮，在"左"视图中创建线作为吊绳，在"渲染"卷展栏中勾选"在渲染中启用"和"在视口中启用"复选框，设置"厚度"为 0.2，如图 15-24 所示。

10 切换到 ■（修改）命令面板，将选择集定义为"顶点"，在"几何体"卷展栏中单击"优化"按钮，在样条线上添加顶点，如图 15-25 所示，关闭"优化"按钮。

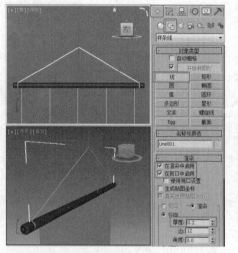

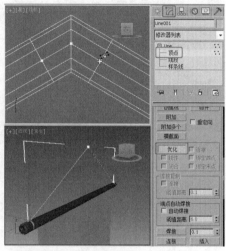

图 15-24

图 15-25

11 在场景中选择图 15-26 所示的顶点并将其删除。

12 在场景中对添加的顶点进行调整，如图 15-27 所示。

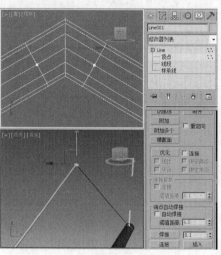

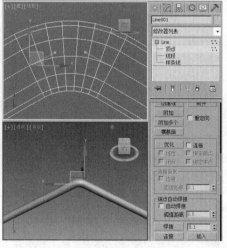

图 15-26

图 15-27

13 继续在"前"视图中创建可渲染的样条线作为挂钩模型，设置"厚度"为 0.35，调整其至合适的位置，如图 15-28 所示。

14 使用和吊绳模型同样的方法对挂钩模型的顶点进行优化和调整，完成的模型如图 15-29 所示。

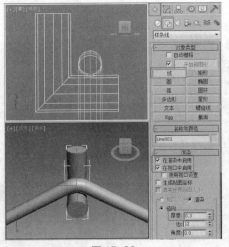

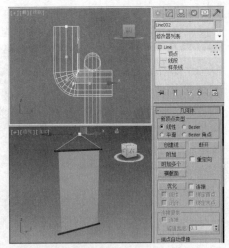

图 15-28　　　　　　　　　　　　　　　　图 15-29

实例 136　健腹板

- **案例场景位置** | 案例源文件 > Cha15 > 实例136健腹板
- **效果场景位置** | 案例源文件 > Cha15 > 实例136健腹板场景
- **贴图位置** | 贴图素材 > Cha15 > 实例136健腹板
- **视频教程** | 教学视频 > Cha15 > 实例136
- **视频长度** | 10分16秒
- **制作难度** | ★ ★ ★ ★ ☆

操作步骤

01 单击 " （创建）> （几何体）> 圆柱体" 按钮，在 "前" 视图中创建圆柱体作为底部横支柱，在 "参数" 卷展栏中设置 "半径" 为 3，"高度" 为 45，"高度分段" 为 1，"端面分段" 为 1，"边数" 为 20，如图 15-30 所示。

02 继续在 "前" 视图中创建切角圆柱体，在 "参数" 卷展栏中设置 "半径" 为 3.2，"高度" 为 2.8，"圆角" 为 0.2，"高度分段" 为 1，"圆角分段" 为 4，"边数" 为 30，"端面分段" 为 1，调整其至合适的位置，如图 15-31 所示。

03 在 "前" 视图中创建管状体，在 "参数" 卷展栏中设置 "半径 1" 为 1.45，"半径 2" 为 1.3，"高度" 为 0.5，"高度分段" 为 4，"端面分段" 为 1，"边数" 为 18，如图 15-32 所示。

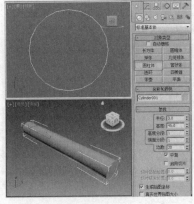

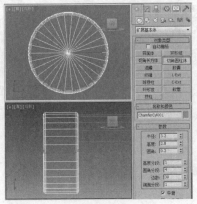

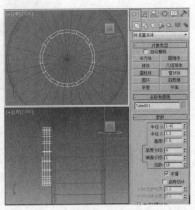

图 15-30　　　　　　　　　　图 15-31　　　　　　　　　　图 15-32

04 将管状体转换为"可编辑多边形"，将选择集定义为"顶点"，在"左"视图中调整顶点的位置，并在"软选择"卷展栏中勾选"使用软选择"，设置合适的衰减数值，对顶点进行缩放，如图 15-33 所示，关闭选择集。

05 在场景中选择切角圆柱体和管状体，使用 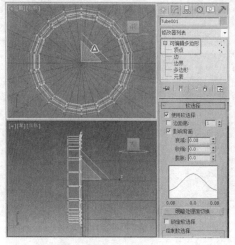（镜像）工具对模型进行复制，在弹出的对话框中选择"镜像轴"为 X，"克隆当前选择"为"实例"，设置合适的"偏移"数值，单击"确定"按钮，如图 15-34 所示。

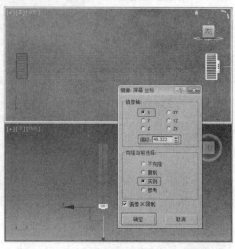

图 15-33　　　　　　　　　　　图 15-34

06 将制作出的所有模型成组，设置"组名"为组 001，如图 15-35 所示。

07 在"顶"视图中创建长方体作为后支架，在"参数"卷展栏中设置"长度"为 4，"宽度"为 120，"高度"为 0.5，如图 15-36 所示。

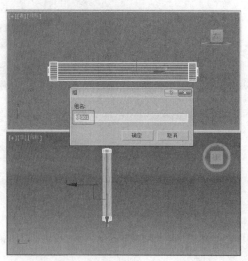

图 15-35　　　　　　　　　　　图 15-36

08 继续在"顶"视图中创建切角长方体，在"参数"卷展栏中设置"长度"为 35，"宽度"为 115，"高度"为 5，"圆角"为 2.5，如图 15-37 所示。

09 在"前"视图中调整长方体和切角长方体至合适的角度和位置，如图 15-38 所示。

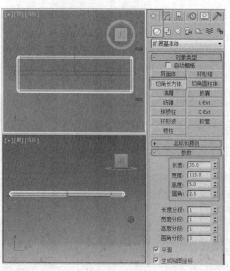
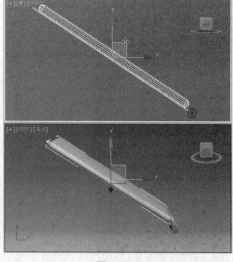

图 15-37　　　　　　　　　　　图 15-38

10 在"前"视图中创建切角圆柱体作为抓手,在"参数"卷展栏中设置"半径"为4.2,"高度"为18,"圆角"为1, 如图15-39所示。

11 继续在"前"视图中创建圆柱体作为抓手支架,在"参数"卷展栏中设置"半径"为1.5,"高度"为-7,"高度分段"为1,"端面分段"为1,"边数"为20,如图15-40所示。

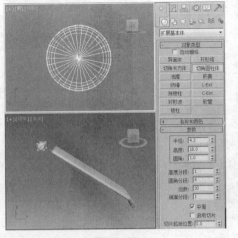

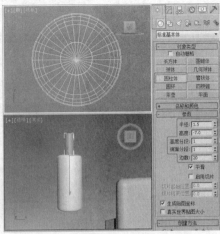

图 15-39   图 15-40

12 对抓手模型进行复制,并调整其至合适的位置,如图15-41所示。

13 在"顶"视图中创建切角长方体作为前支架,在"参数"卷展栏中设置"长度"为6,"宽度"为70,"高度"为3,"圆角"为0.4,调整其至合适的位置,如图15-42所示。

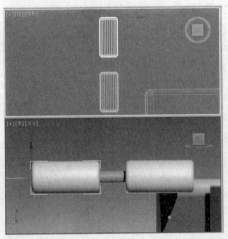

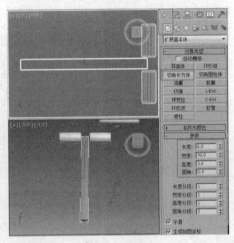

图 15-41   图 15-42

14 对抓手和抓手支架模型进行复制,并调整其至合适的位置,如图15-43所示。

15 对"组001"进行复制,并调整其至合适的位置,如图15-44所示。

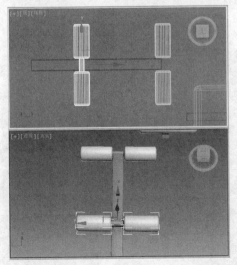

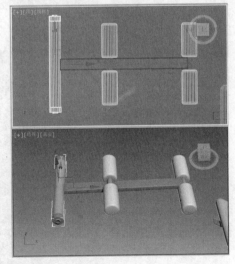

图 15-43   图 15-44

16 在"顶"视图中创建切角圆柱体作为旋钮,在"参数"卷展栏中设置"半径"为2.5,"高度"为2.2,"高度分段"为1,"圆角分段"为4,"边数"为40,"端面分段"为1,如图15-45所示。

17 将模型转换为"可编辑多边形"，将选择集定义为"顶点"，在"顶"视图中调整顶点的位置，并调整模型至合适的位置，如图15-46所示。

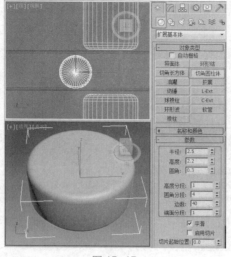

图 15-45

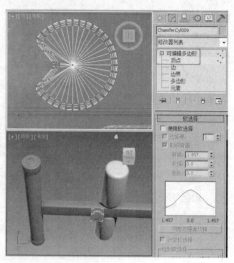

图 15-46

18 在"顶"视图中创建圆柱体，在"参数"卷展栏中设置"半径"为0.5，"高度"为0.5，"高度分段"为1，"端面分段"为1，"边数"为20，调整其至合适的位置，如图15-47所示。

19 继续在"顶"视图中创建圆柱体作为布尔对象模型，在"参数"卷展栏中设置"半径"为0.6，"高度"为1，"高度分段"为1，"端面分段"为1，"边数"为20，调整其至合适的位置，如图15-48所示。

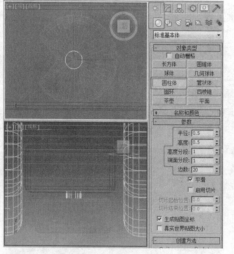

图 15-47

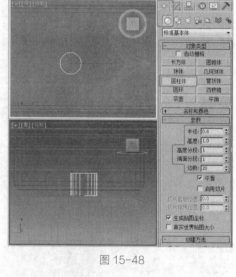

图 15-48

20 在场景中选择前支架模型，单击" （创建）> （几何体）>复合对象 > ProBoolean"按钮，在"拾取布尔对象"卷展栏中单击"开始拾取"按钮，在场景中拾取布尔对象模型，如图15-49所示。

21 调整模型的角度和位置，完成的模型如图15-50所示。

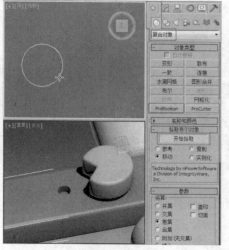

图 15-49

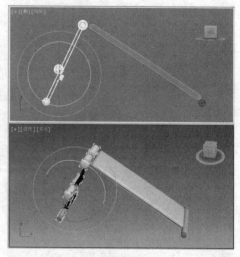

图 15-50

实例 137 地球仪

- **案例场景位置** | 案例源文件 > Cha15 > 实例137地球仪
- **效果场景位置** | 案例源文件 > Cha15 > 实例137地球仪场景
- **贴图位置** | 贴图素材 > Cha15 > 实例137地球仪
- **视频教程** | 教学视频 > Cha15 > 实例137
- **视频长度** | 19分55秒
- **制作难度** | ★★★★☆

┃ 操作步骤 ┃

01 单击 "　（创建） >　（图形） > 线" 按钮，在 "前" 视图中创建闭合的样条线，将选择集定义为 "顶点"，在场景中调整图形的形状，如图 15-51 所示，关闭选择集。

02 为其施加 "车削" 修改器，在 "参数" 卷展栏中设置 "度数" 为 360，"分段" 为 32，在 "方向" 组中单击 Y 按钮，在 "对齐" 组中单击 "最小" 按钮，如图 15-52 所示。

03 继续创建可闭合的样条线，将选择集定义为 "顶点"，在场景中调整图形的形状，如图 15-53 所示，关闭选择集。

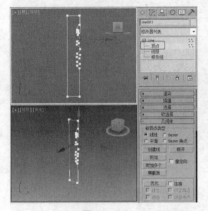

图 15-51

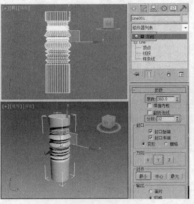

图 15-52

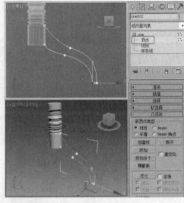

图 15-53

04 为其施加 "倒角" 修改器，在 "倒角值" 卷展栏中设置 "级别 1" 的 "高度" 为 1，"轮廓" 为 1，勾选 "级别 2"，设置 "高度" 为 3，勾选 "级别 3"，设置 "高度" 为 1，"轮廓" 为 -1，如图 15-54 所示。

05 如果倒角的模型不合适，可以重新调整图形的形状，如图 15-55 所示。

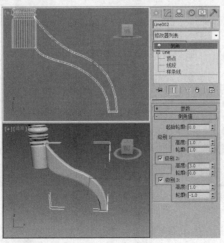

图 15-54

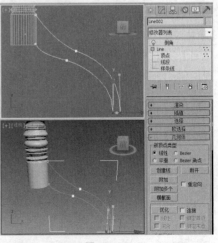

图 15-55

06 在 "顶" 视图中创建切角长方体，设置合适的参数，如图 15-56 所示。

07 将模型转换为"可编辑多边形"，将选择集定义为"顶点"，在场景中选择顶点，并对顶点进行缩放，如图 15-57 所示，关闭选择集。

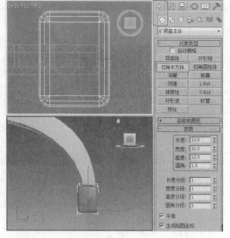

图 15-56

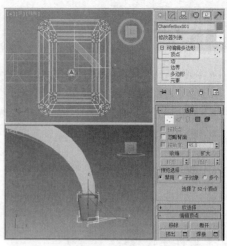

图 15-57

08 在"前"视图中创建可闭合的样条线，并对其进行调整，如图 15-58 所示。

09 为模型施加"挤出"修改器，设置合适的参数，并调整其至合适的位置，如图 15-59 所示。

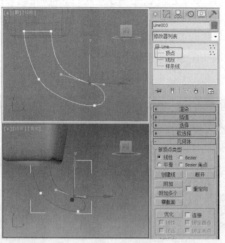

图 15-58

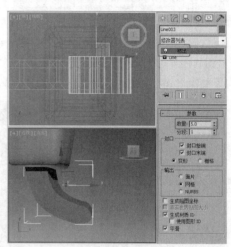

图 15-59

10 在"前"视图中创建圆柱体，为模型设置合适的参数，如图 15-60 所示。

11 在"顶"视图中创建可闭合的样条线，将选择集定义为"顶点"，并在场景中调整其形状，如图 15-61 所示，关闭选择集。

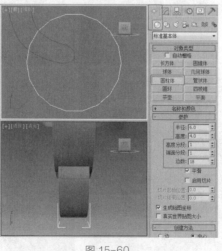

图 15-60

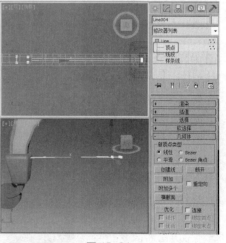

图 15-61

12 为其施加"倒角"修改器，在"倒角值"卷展栏中设置"级别 1"的"高度"为 0.3，"轮廓"为 0.3，勾选"级别 2"，设置"高度"为 1，勾选"级别 3"，设置"高度"为 0.3，"轮廓"为 -0.3，如图 15-62 所示。

13 在场景中选择模型，并将其成组，设置"组名"为"组 001"，如图 15-63 所示。

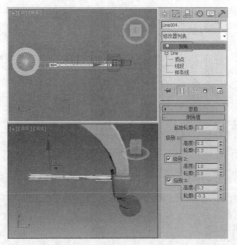
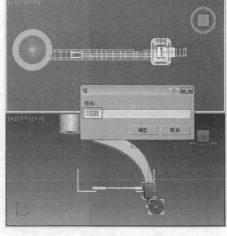

图 15-62　　　　　　　　　　　　　　图 15-63

> **提示**
>
> 设置阵列轴向时最重要的是选择视图，不同的视图应选择不同的轴向。

14 切换到 （层次）面板，单击"轴 > 仅影响轴"按钮，在场景中调整轴心的位置，如图 15-64 所示，关闭"仅影响轴"按钮。

15 在菜单栏中单击"工具 > 阵列"命令，在菜单栏中选择"旋转"的右侧箭头，并设置"总计"下 Z 值为 360 度，设置"阵列维度"组中"1D"的"数量"为 3，如图 15-65 所示。

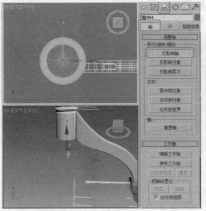
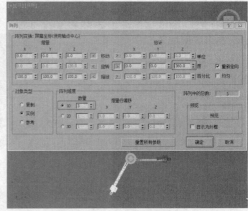

图 15-64　　　　　　　　　　　　　　图 15-65

16 在"前"视图中创建可闭合的样条线作为放样的图形，将选择集定义为"顶点"，在场景中调整图形的形状，如图 15-66 所示。

17 单击" （创建）> （图形）> 圆"按钮，在"顶"视图中创建圆作为放样路径，设置合适的参数，如图 15-67 所示。

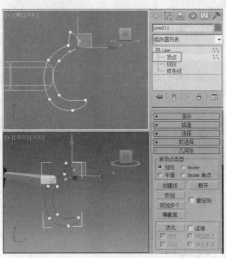
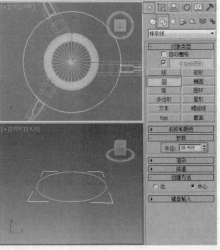

图 15-66　　　　　　　　　　　　　　图 15-67

18 在场景中选择圆，单击"（创建）>（几何体）> 复合对象 > 放样"按钮，在"创建方法"卷展栏中单击"获取图形"按钮，在场景中拾取创建的图形，如图15-68所示，放样出模型。

19 切换到（修改）命令面板，并设置"路径步数"为13，这样可以使模型看起来更加平滑，如图15-69所示。

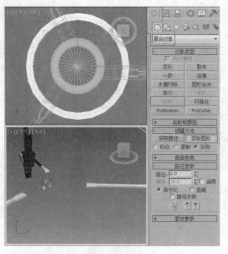

图 15-68

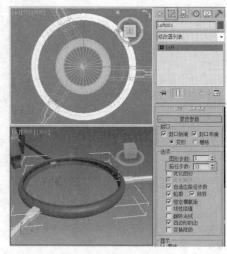

图 15-69

20 在"顶"视图中放样出的模型的中间位置创建圆柱体，调整其至合适的位置，如图15-70所示。

21 在"前"视图中模型的上方创建可闭合的样条线，将选择集定义为"顶点"，在场景中调整图形的形状，如图15-71所示，关闭选择集。

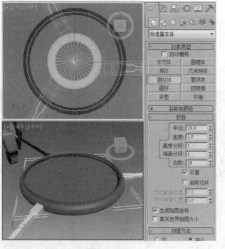

图 15-70

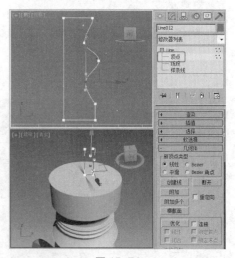

图 15-71

22 为图形施加"车削"修改器，在"参数"卷展栏中设置"度数"为360，"分段"为32，在"方向"组中单击Y按钮，在"对齐"组中单击"最小"按钮，如图15-72所示。

23 在"顶"视图中创建球体作为地球仪，在"参数"卷展栏中设置合适的参数，如图15-73所示。

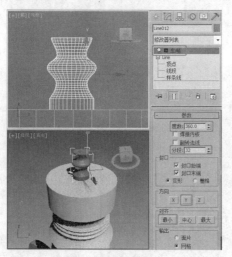

图 15-72

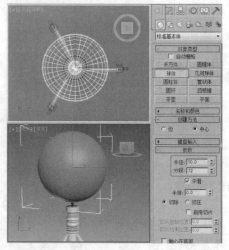

图 15-73

24 在"顶"视图中创建管状体，设置合适的参数，如图15-74所示。

25 在场景中调整管状体的角度和位置，如图15-75所示。

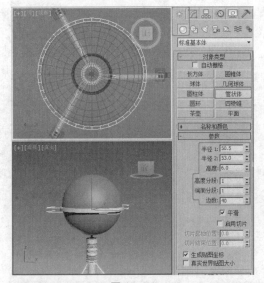

图 15-74

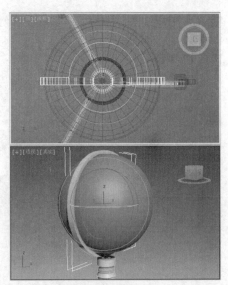

图 15-75

26 对管状体模型进行复制，修改合适的参数，并调整模型至合适的角度和位置，如图 15-76 所示。

27 在"前"视图中创建弧，作为放样路径，如图 15-77 所示。

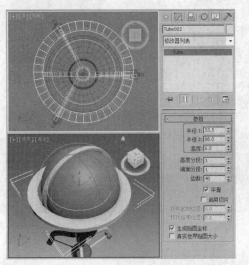

图 15-76

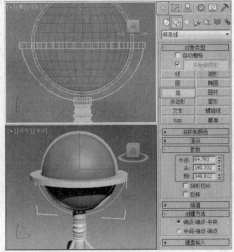

图 15-77

28 在"顶"视图中创建可闭合的样条线作为放样的图形，将选择集定义为"顶点"，在场景中调整图形的形状，如图 15-78 所示，关闭选择集。

29 在场景中选择作为放样路径的弧，单击"■（创建）> ◎（几何体）> 复合对象 > 放样"按钮，在"创建方法"卷展栏中单击"获取图形"按钮，在场景中拾取创建的放样图形，如图 15-79 所示。

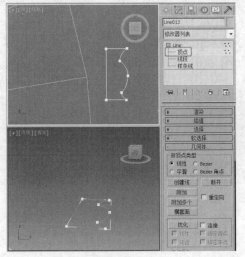

图 15-78

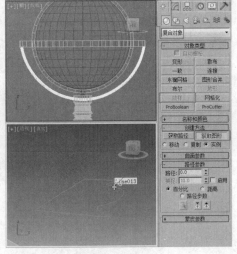

图 15-79

30 切换到 [修改]（修改）命令面板，将放样的选择集定义为"图形"，并在场景中旋转图形的角度，如图 15-80 所示。

31 单击" [创建]（创建）> [图形]（图形）>矩形"按钮，在"左"视图中创建的放样模型的位置创建矩形，设置合适的参数，如图 15-81 所示。

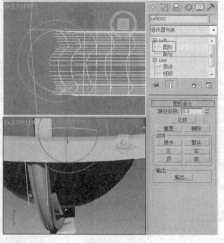

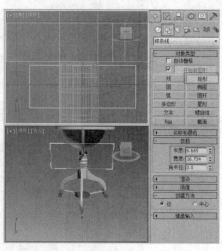

图 15-80

图 15-81

32 在场景中选择矩形，将矩形转化为"可编辑样条线"，将选择集定义为"顶点"，在"几何体"卷展栏中单击"优化"按钮，在场景中添加顶点，并调整图形的形状，如图 15-82 所示，关闭选择集。

33 在修改器列表中选择"挤出"修改器，设置合适的参数，并在场景中调整模型的角度，如图 15-83 所示。

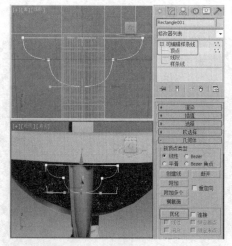

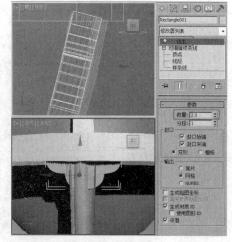

图 15-82

图 15-83

34 在场景中复制并调整模型的角度，如图 15-84 所示。

35 在场景中选择模型，按住 Shift 键，旋转复制模型，完成的模型如图 15-85 所示。

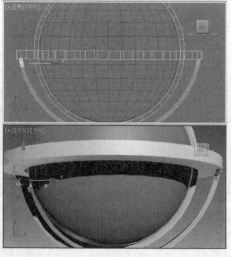

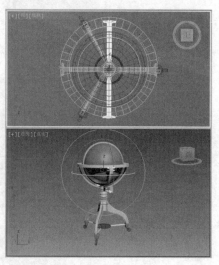

图 15-84

图 15-85

实例
138 铁艺果盘

- **案例场景位置|** 案例源文件 > Cha15 > 实例138铁艺果盘
- **效果场景位置|** 案例源文件 > Cha15 > 实例138铁艺果盘场景
- **贴图位置|** 贴图素材 > Cha15 > 实例138铁艺果盘
- **视频教程|** 教学视频 > Cha15 > 实例138
- **视频长度|** 5分6秒
- **制作难度|** ★★★★☆

操作步骤

01 单击"■（创建）> ◨（图形）> 圆"按钮，在"顶"视图中创建圆，在"参数"卷展栏中设置"半径"为40；在"渲染"卷展栏中勾选"在渲染中启用"和"在视口中启用"，设置"厚度"为1；在"插值"卷展栏中设置"步数"为12，如图15-86所示。

02 单击"■（创建）> ◨（图形）> 弧"按钮，在"左"视图中创建弧，在"参数"卷展栏中设置"半径"为40，"从"为187，"到"为353；在"渲染"卷展栏中勾选"在渲染中启用"和"在视口中启用"，设置"厚度"为2，如图15-87所示。

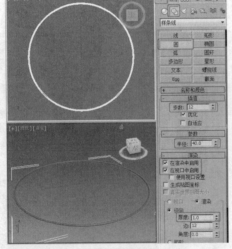

图 15-86

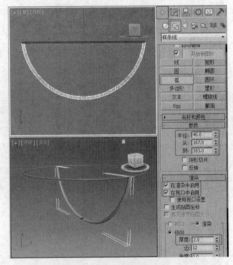

图 15-87

03 对可渲染的弧进行复制，调整其至合适的角度和位置，如图15-88所示。

04 对可渲染的圆进行复制，为其设置合适的大小，调整其至合适的位置，如图15-89所示。

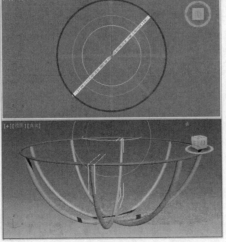

图 15-88

图 15-89

05 对制作出的模型进行复制，为其设置合适的大小，调整其至合适的位置，如图 15-90 所示。

06 单击"❈（创建）> ❑（图形）>线"按钮，在"前"视图中创建线，在"渲染"卷展栏中勾选"在渲染中启用"和"在视口中启用"，设置"厚度"为 3；在"插值"卷展栏中设置"步数"为 12，调整样条线的形状，如图 15-91 所示。

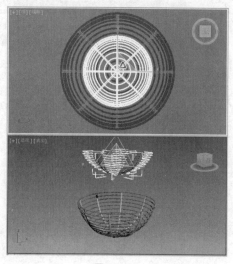

图 15-90

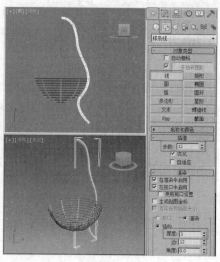

图 15-91

07 切换到 ❖（层次）面板，选择"轴"按钮，在"调整轴"卷展栏中选择"仅影响轴"按钮，在"顶"视图中调整轴的位置，如图 15-92 所示，关闭"仅影响轴"按钮。

08 在菜单栏中单击"工具 > 阵列"命令，在菜单栏中选择"旋转"的右侧箭头，并设置"总计"下 Z 值为 360 度，设置"阵列维度"组中"1D"的"数量"为 3，完成的模型如图 15-93 所示。

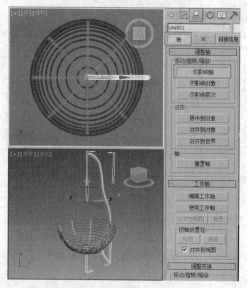

图 15-92

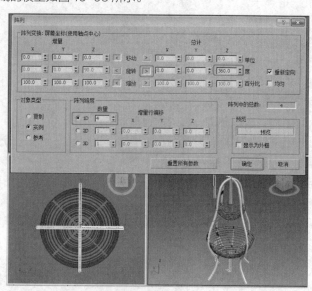

图 15-93

实例 139 植物

- **案例场景位置** | 案例源文件 > Cha15 > 实例 139 植物
- **效果场景位置** | 案例源文件 > Cha15 > 实例 139 植物场景
- **贴图位置** | 贴图素材 > Cha15 > 实例 139 植物
- **视频教程** | 教学视频 > Cha15 > 实例 139
- **视频长度** | 12 分 42 秒
- **制作难度** | ★★★★☆

┃ 操作步骤 ┃

01 单击"　(创建)>
(几何体)>长方体"按钮,
在"前"视图中创建长方
体,在"参数"卷展栏中
设置"长度"为230,"宽
度"为100,"高度"为5,
"长度分段"为8,"宽度
分段"为8,"高度分段"
为1,如图15-94所示。

02 将模型转换为"可编
辑多边形",将选择集定
义为"顶点",在场景中
调整顶点的位置,如图
15-95所示,关闭选择集。

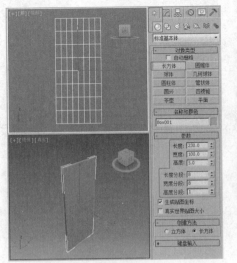

图 15-94

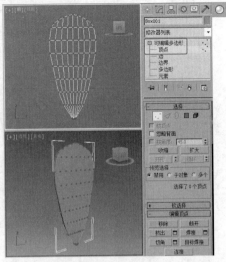

图 15-95

03 为模型施加"FFD(长
方体)"修改器,在"FFD
参数"卷展栏中单击"设
置点数"按钮,设置点数
"长度"为8,"宽度"为5,
"高度"为2,如图
15-96所示。

04 将选择集定义为"控
制点",在场景中调整控
制点的位置,如图15-97
所示,关闭选择集。

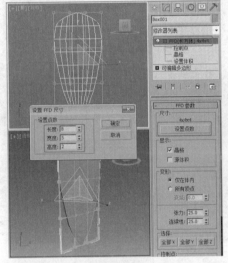

图 15-96

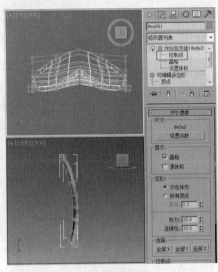

图 15-97

05 旋转模型,调整其至
合适的角度,如图15-98
所示。

06 再将模型转换为"可
编辑多边形",在"细分
曲面"卷展栏中勾选"使
用NURMS细分"选项,
如图15-99所示。

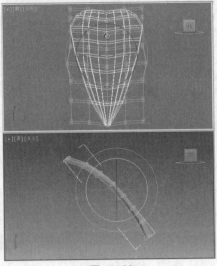

图 15-98

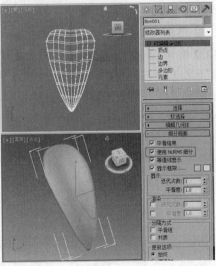

图 15-99

07 在场景中复制模型，并调整模型至合适的角度，如图 15-100 所示。

08 单击" （创建）>   （几何体）>圆柱体"按钮，在"顶"视图中创建圆柱体作为花枝，在"参数"卷展栏中设置"半径"为5，"高度"为600，"高度分段"为60，"端面分段"为1，"边数"为5，如图 15-101 所示。

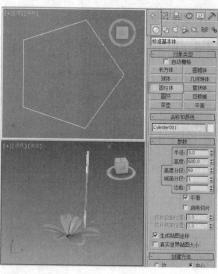

图 15-100

图 15-101

09 将圆柱体转换为"可编辑多边形"，将选择集定义为"多边形"，在场景中选择多边形，如图 15-102 所示。

10 在"编辑多边形"卷展栏中单击"倒角"后的   （设置）按钮，在弹出的助手小盒中设置"高度"为4，"轮廓"为 -2，如图 15-103 所示，单击 （确定）按钮，关闭选择集。

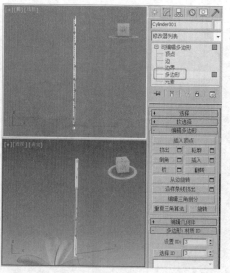
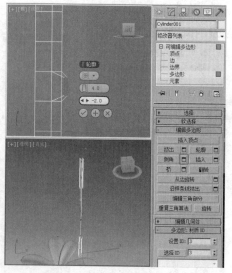

图 15-102

图 15-103

11 为模型施加"网格平滑"修改器，如图 15-104 所示。

12 继续为模型施加"FFD（圆柱体）"修改器，在"FFD 参数"卷展栏中单击"设置点数"按钮，设置点数"长度"为6，"宽度"为6，"高度"为10，如图 15-105 所示。

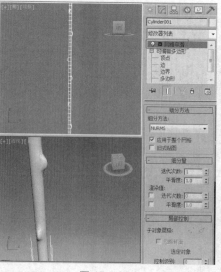
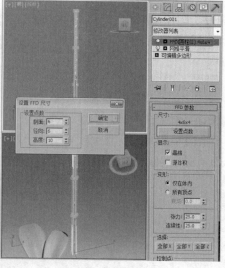

图 15-104

图 15-105

13 将选择集定义为"控制点",并在场景中调整控制点的位置,如图 15-106 所示。

14 使用同样的方法制作其他的花枝,并调整合适的大小、角度和位置,如图 15-107 所示。

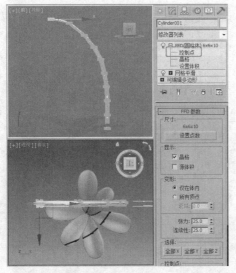

图 15-106

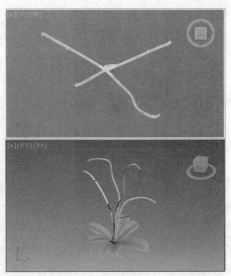

图 15-107

15 单击" ※ (创建) > ◎ (几何体) > 平面"按钮,在"顶"视图中创建平面,在"参数"卷展栏中设置"长度"为 90,"宽度"为 120,"长度分段"为 6,"宽度分段"为 6,如图 15-108 所示。

16 将模型转换为"可编辑多边形",将选择集定义为"顶点",在场景中调整顶点的位置,如图 15-109 所示。

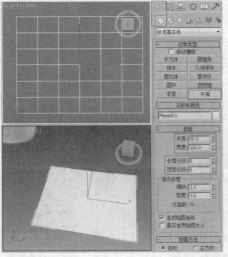

图 15-108

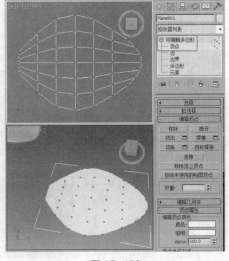

图 15-109

17 在"软选择"卷展栏中勾选"使用软选择",设置合适的"衰减"参数,并在场景中调整顶点,如图 15-110 所示,关闭选择集。

18 在"细分曲面"卷展栏中勾选"使用 NURMS 细分"选项,设置"迭代次数"为 2,如图 15-111 所示。

19 在场景中复制并调整模型,如图 15-112 所示。

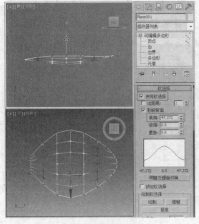

图 15-110

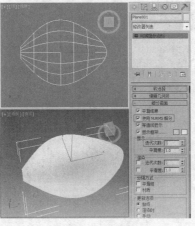

图 15-111

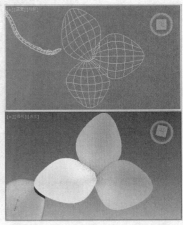

图 15-112

20 继续复制模型，为其设置合适的大小、角度和位置，如图15-113所示。

21 在"顶"视图中创建圆柱体，在"参数"卷展栏中设置"半径"为3，"高度"为50，"高度分段"为3，"端面分段"为1，"边数"为18，如图15-114所示。

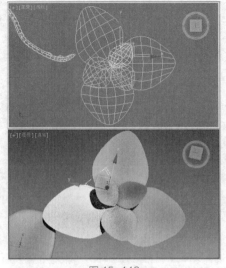

图15-113

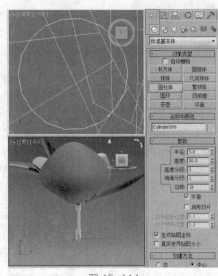

图15-114

22 将模型转换为"可编辑多边形"，将选择集定义为"顶点"，在场景中缩放顶点，并调整顶点至合适的位置，如图15-115所示。

23 在"细分曲面"卷展栏中勾选"使用NURMS细分"选项，并在场景中调整顶点的位置，如图15-116所示，关闭选择集。

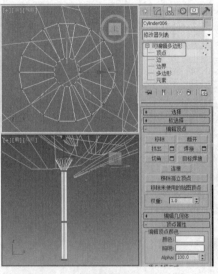

图15-115

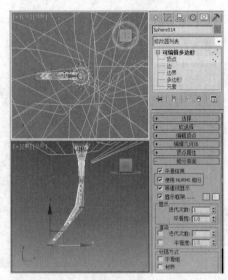

图15-116

24 对制作出的模型进行复制，调整模型至合适的角度和位置，如图15-117所示。

25 单击" 　 （创建）> 　 （几何体）> 球体"按钮，在"顶"视图中创建球体，在"参数"卷展栏中设置"半径"为15，如图15-118所示。

图15-117

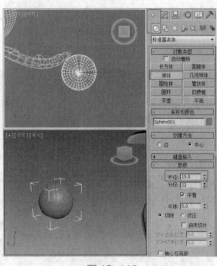

图15-118

26 将模型转换为"可编辑多边形",将选择集定义为"顶点",在场景中调整顶点的位置,在"细分曲面"卷展栏中勾选"使用 NURMS 细分"选项,如图 15-119 所示,关闭选择集。

27 在场景中对球体进行复制并调整其至合适的位置,调整模型的比例,完成的模型如图 15-120 所示。

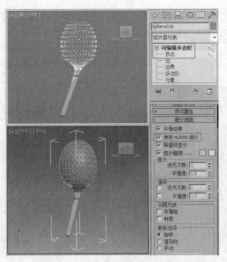

图 15-119　　　　　　　　图 15-120

实例 140　碗盘架

● **案例场景位置** | 案例源文件 > Cha15 > 实例140 碗盘架

● **效果场景位置** | 案例源文件 > Cha15 > 实例140 碗盘架场景

● **贴图位置** | 贴图素材 > Cha15 > 实例140 碗盘架

● **视频教程** | 教学视频 > Cha15 > 实例140

● **视频长度** | 10分32秒

● **制作难度** | ★★★★☆

┃ 操作步骤 ┃

01 单击"（创建）> （图形）> 矩形"按钮,在"顶"视图中创建矩形,在"参数"卷展栏中设置"长度"为25,"宽度"为7,"角半径"为2,如图 15-121 所示。

02 将矩形转换为"可编辑样条线",将选择集定义为"线段",在场景中选择图 15-122 所示的线段,并将其删除。

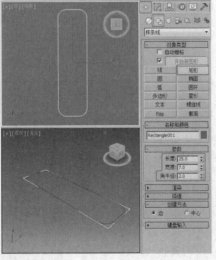
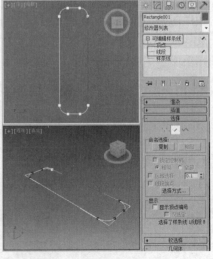

图 15-121　　　　　　　　图 15-122

03 将选择集定义为"样条线",在"几何体"卷展栏中单击"轮廓"按钮,在场景中拖曳鼠标创建合适的轮廓,如图 15-123 所示,关闭选择集。

04 为其施加"倒角"修改器,在"倒角值"卷展栏中设置"级别 1"的"高度"为 0.1,"轮廓"为 0.1,勾选"级别2"，设置"高度"为1.3，勾选"级别3"，设置"高度"为0.1，"轮廓"为-0.1，如图15-124所示。

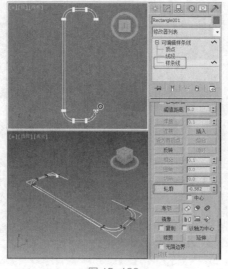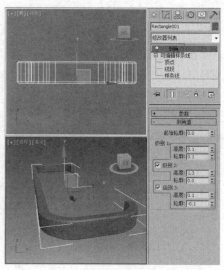

图 15-123　　　　　　　　　　　图 15-124

05 单击"🔆（创建）>⭕（几何体）>长方体"按钮，在"顶"视图中创建长方体，在"参数"卷展栏中设置"长度"为24.5，"宽度"为3.8，"高度"为0.05，调整其至合适的位置，如图15-125所示。

06 继续在"顶"视图中创建矩形，在"参数"卷展栏中设置"长度"为24.5，"宽度"为4.5，"角半径"为1；在"渲染"卷展栏中勾选"在渲染中启用"和"在视口中启用"，设置"厚度"为0.3，调整其至合适的位置，如图15-126所示。

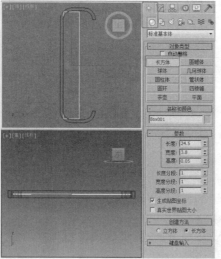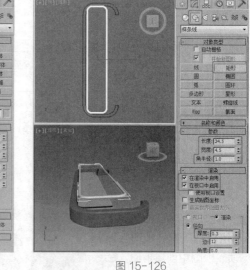

图 15-125　　　　　　　　　　　图 15-126

07 将矩形转换为"可编辑样条线"，将选择集定义为"顶点"，在场景中调整顶点的位置，如图15-127所示，关闭选择集。

08 对制作出的模型进行复制，并调整其至合适的大小和位置，如图15-128所示。

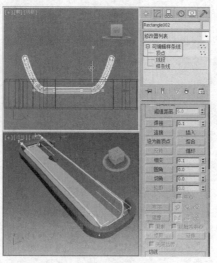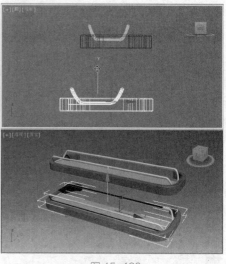

图 15-127　　　　　　　　　　　图 15-128

09 继续在"顶"视图中创建矩形，在"参数"卷展栏中设置"长度"为25，"宽度"为12，"角半径"为1.5，如图15-129所示。

10 将矩形转换为"可编辑样条线"，将选择集定义为"样条线"，在"几何体"卷展栏中单击"轮廓"按钮，在场景中拖曳鼠标设置合适的轮廓，如图15-130所示。

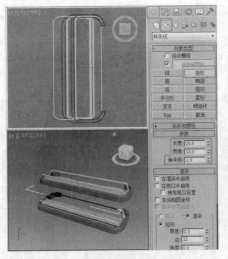
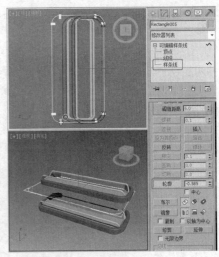

图 15-129 · · · · · · · · · · · · · 图 15-130

11 为其施加"倒角"修改器，在"倒角值"卷展栏中设置"级别1"的"高度"为0.1，"轮廓"为0.1，勾选"级别2"，设置"高度"为1.3，勾选"级别3"，设置"高度"为0.1，"轮廓"为-0.1，调整其至合适的位置，如图15-131所示。

12 单击" （创建）> （图形）> 线"按钮，在"前"视图中创建线，在"渲染"卷展栏中勾选"在渲染中启用"和"在视口中启用"，设置"厚度"为0.8，调整其至合适的位置，如图15-132所示。

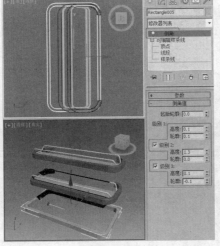
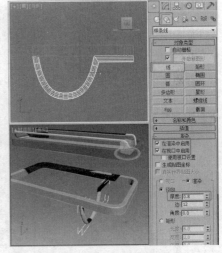

图 15-131 · · · · · · · · · · · · · 图 15-132

13 对可渲染的样条线进行复制，并调整其至合适的位置，如图15-133所示。

14 继续在"左"视图中创建可渲染的样条线，调整其至合适的位置，如图15-134所示。

15 继续在"左"视图中创建可渲染的样条线，设置"厚度"为0.5，将选择集定义为"顶点"，调整形状，如图15-135所示。

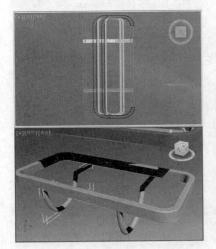
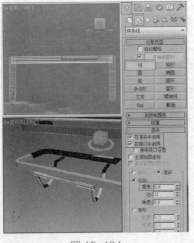
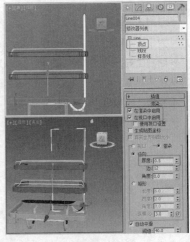

图 15-133 · · · · · · 图 15-134 · · · · · · 图 15-135

16 在"几何体"卷展栏中单击"优化"按钮，在"前"视图中添加顶点，并对顶点进行调整，如图15-136所示。

17 单击"　　（创建）>　　（几何体）> 切角圆柱体"按钮，在"顶"视图中创建切角圆柱体，在"参数"卷展栏中设置"半径"为0.4，"高度"为1.8，"圆角"为0.2，"高度分段"为1，"圆角分段"为5，"边数"为20，"端面分段"为1，如图15-137所示。

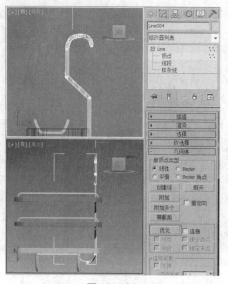

图 15-136

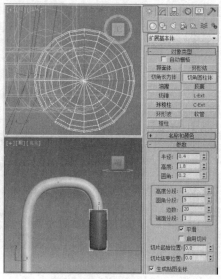

图 15-137

18 在场景中使用　　（镜像）工具对可渲染的样条线和切角圆柱体模型进行复制，在弹出的对话框中选择"镜像轴"为X，"克隆当前选择"为"实例"，设置合适的"偏移"数值。单击"确定"按钮，如图15-138所示。

19 在"顶"视图中创建长方体，在"参数"卷展栏中设置合适的参数，调整其至合适的位置，完成的模型如图15-139所示。

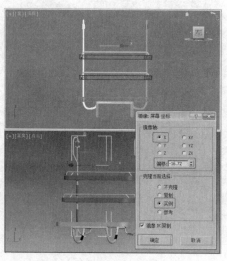

图 15-138

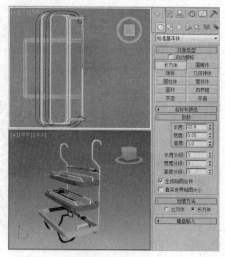

图 15-139

实例 141 **鸡蛋托盘**

- **案例场景位置｜** 案例源文件 > Cha15 > 实例141鸡蛋托盘
- **效果场景位置｜** 案例源文件 > Cha15 > 实例141鸡蛋托盘场景
- **贴图位置｜** 贴图素材 > Cha15 > 实例141鸡蛋托盘
- **视频教程｜** 教学视频 > Cha15 > 实例141
- **视频长度｜** 6分36秒
- **制作难度｜** ★★★★☆

操作步骤

01 单击"　（创建）>　（图形）
> 样条线 > 线"按钮，在"前"
视图中创建线作为鸡蛋托，并调
整样条线的形状，如图 15-140
所示。

02 将选择集定义为"样条线"，
在"几何体"卷展栏中单击"轮廓"
按钮，在场景中拖动鼠标设置合
适的轮廓，如图 15-141 所示。

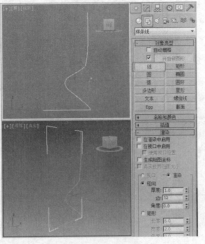
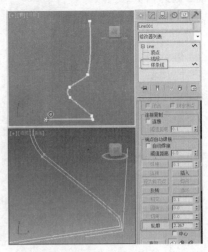

图 15-140　　　　　图 15-141

03 在"修改器列表"中选择"车削"修改器，在"参数"卷展栏中设置"度数"为 360，"分段"为 32，在"方向"
组中单击 Y 按钮，在"对齐"组中单击"最小"按钮，完成的模型如图 15-142 所示。

04 单击"　（创建）>　（几何体）> 球体"按钮，在"顶"视图中创建球体，在"参数"卷展栏中设置"半径"
为 320，如图 15-143 所示。

05 在"前"视图中对球体进行缩放，如图 15-144 所示。

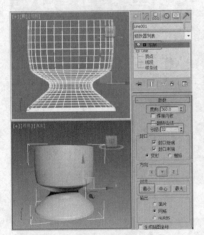
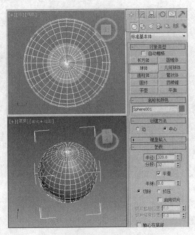
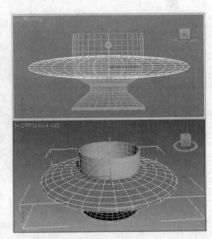

图 15-142　　　　　图 15-143　　　　　图 15-144

06 在场景中用鼠标右键单击球
体，转换为"可编辑多边形"，
将选择集定义为"多边形"，选
择图 15-145 所示的多边形，并
将其删除。

07 将选择集定义为"顶点"，在
场景中选择内侧的顶点，对顶点
进行缩放，如图 15-146 所示。

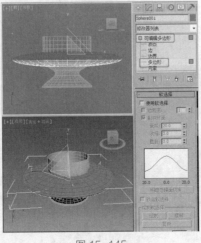
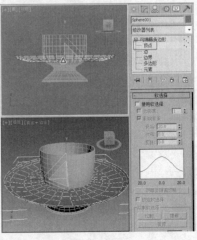

图 15-145　　　　　图 15-146

08 选择外侧的顶点，对其进行缩放，如图 15-147 所示，关闭选择集。

09 继续在"顶"视图中对顶点形状进行调整，如图 15-148 所示。

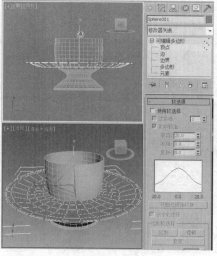

图 15-147

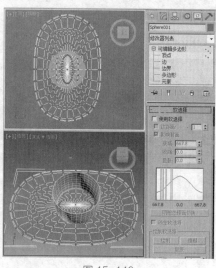

图 15-148

10 在"修改器列表"中选择"壳"修改器，在"参数"卷展栏中设置"外部量"为 20，如图 15-149 所示。

11 将模型转换为"可编辑多边形"，将选择集定义为"边"，选择外部和底部的边，在"编辑边"卷展栏中单击"切角"后的▢（设置）按钮，在弹出的助手小盒中设置"边切角量"为 2，"连接边分段"为 3，单击◯（确定）按钮，如图 15-150 所示，关闭选择集。

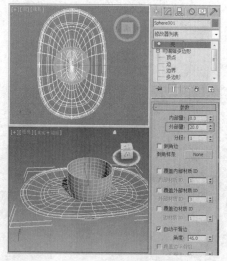

图 15-149

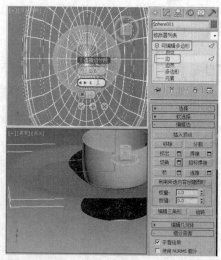

图 15-150

12 为模型施加"涡轮平滑"修改器，在"涡轮平滑"卷展栏中设置"迭代次数"为 2，如图 15-151 所示。

13 对鸡蛋托模型进行复制，并调整其至合适的位置，调整托盘模型的大小，完成的模型如图 15-152 所示。

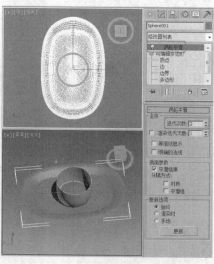

图 15-151

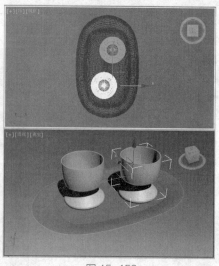

图 15-152

实例 142 哑铃

- **案例场景位置** | 案例源文件 > Cha15 > 实例142哑铃
- **效果场景位置** | 案例源文件 > Cha15 > 实例142哑铃场景
- **贴图位置** | 贴图素材 > Cha15 > 实例142哑铃
- **视频教程** | 教学视频 > Cha15 > 实例142
- **视频长度** | 9分
- **制作难度** | ★★★★☆

操作步骤

01 单击"（创建）>（图形）>线"按钮，在"前"视图中创建可闭合的样条线，将选择集定义为"顶点"，调整样条线的形状，如图15-153所示。

02 对样条线进行复制，调整复制出的样条线的形状，如图15-154所示，关闭选择集。

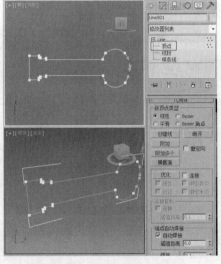

图 15-153

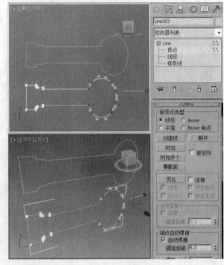

图 15-154

03 选择创建的可闭合的样条线，在"修改器列表"中选择"车削"修改器，在"参数"卷展栏中设置"度数"为360，"分段"为32，在"方向"组中单击Y按钮，在"对齐"组中单击"最小"按钮，如图15-155所示。

04 将选择集定义为"轴"，在场景中对轴的位置进行调整，如图15-156所示。

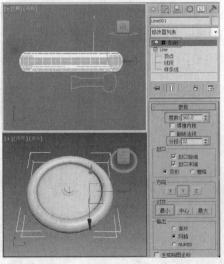

图 15-155

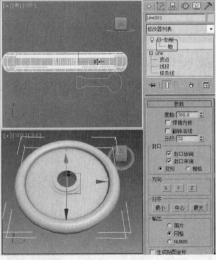

图 15-156

05 选择复制出的可闭合的样条线，在"修改器列表"中选择"车削"修改器，在"参数"卷展栏中设置"度数"为360，"分段"为32，在"方向"组中单击Y按钮，在"对齐"组中单击"最小"按钮，如图15-157所示。

06 将选择集定义为"轴"，在场景中对轴的位置进行调整，调整模型至合适的位置，如图 15-158 所示，关闭选择集。

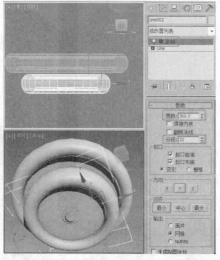

图 15-157

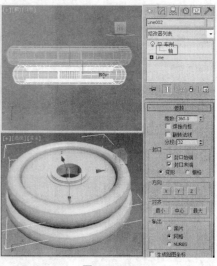

图 15-158

07 单击"■（创建）> ■（图形）> 星形"按钮，在"顶"视图中创建星形，在"参数"卷展栏中设置"半径 1"为 60，"半径 2"为 30，"点"为 6，"扭曲"为 0，"圆角半径 1"为 20，"圆角半径 2"为 12，如图 15-159 所示。

08 为其施加"倒角"修改器，在"倒角值"卷展栏中设置"级别 1"的"高度"为 1，"轮廓"为 1，勾选"级别 2"，设置"高度"为 18，勾选"级别 3"，设置"高度"为 1，"轮廓"为 -1，调整其至合适的位置，如图 15-160 所示。

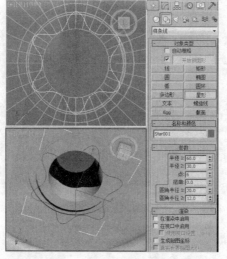

图 15-159

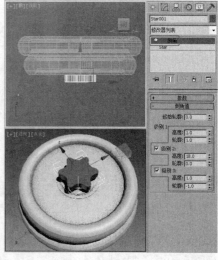

图 15-160

09 单击"■（创建）> ■（几何体）> 切角圆柱体"按钮，在"顶"视图中创建切角圆柱体，在"参数"卷展栏中设置"半径"为 50，"高度"为 18，"圆角"为 1，"高度分段"为 1，"圆角分段"为 3，"边数"为 25，"端面分段"为 1，如图 15-161 所示。

10 对切角圆柱体进行复制，在"参数"卷展栏中修改"半径"为 40，调整其至合适的位置，如图 15-162 所示。

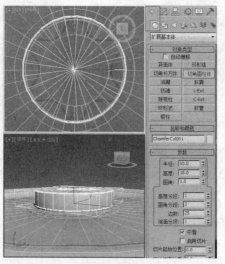

图 15-161

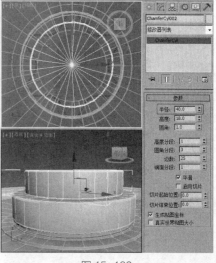

图 15-162

11 继续对切角圆柱体进行复制，在"参数"卷展栏中修改"半径"为33，"高度"为280，调整其至合适的位置，如图 15-163 所示。

12 单击"创建 > 图形 > 螺旋线"按钮，在"顶"视图中创建螺旋线，在"参数"卷展栏中设置"半径1"为33，"半径2"为33，"高度"为280，"圈数"为15；在"渲染"卷展栏中勾选"在渲染中启用"和"在视口中启用"，设置"厚度"为5，调整其至合适的位置，如图 15-164 所示。

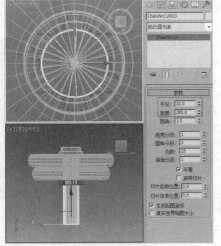

图 15-163　　　　　　　　　　　　　图 15-164

13 将制作出的模型进行复制，并调整其至合适的角度和位置，如图 15-165 所示。

14 在"顶"视图中创建切角圆柱体，在"参数"卷展栏中设置"半径"为33，"高度"为450，"圆角"为1，"高度分段"为12，"圆角分段"为3，"边数"为25，"端面分段"为1，调整模型至合适的位置，如图 15-166 所示。

15 将切角圆柱体转换为"可编辑多边形"，将选择集定义为"顶点"，在场景中对顶点进行缩放，如图 15-167 所示。

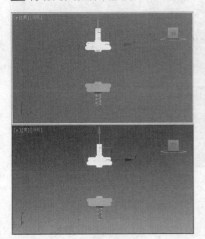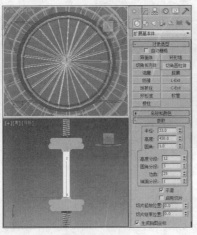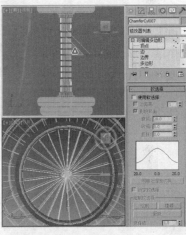

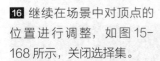

图 15-165　　　　　　　　　图 15-166　　　　　　　　　图 15-167

16 继续在场景中对顶点的位置进行调整，如图 15-168 所示，关闭选择集。

17 对制作出的模型进行复制，并调整其至合适的角度和位置，完成的模型如图 15-169 所示。

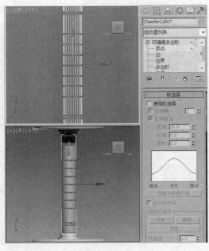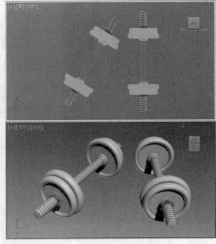

图 15-168　　　　　　　　　　　　图 15-169

调料瓶

● **案例场景位置**｜案例源文件＞Cha15＞实例143调料瓶

● **效果场景位置**｜案例源文件＞Cha15＞实例143调料瓶场景

● **贴图位置**｜贴图素材＞Cha15＞实例143调料瓶

● **视频教程**｜教学视频＞Cha15＞实例143

● **视频长度**｜5分29秒

● **制作难度**｜★★★★☆

▌操作步骤▐

01 单击"▦（创建）＞◎（几何体）＞切角圆柱体"按钮，在"顶"视图中创建切角圆柱体，在"参数"卷展栏中设置"半径"为35，"高度"为70，"圆角"为1.5，"高度分段"为7，"圆角分段"为3，"边数"为30，"端面分段"为1，如图15-170所示。

02 在场景中用鼠标右键单击切角圆柱体，将其转换为"可编辑多边形"，将选择集定义为"顶点"，在场景中对顶部的顶点进行缩放，如图15-171所示。

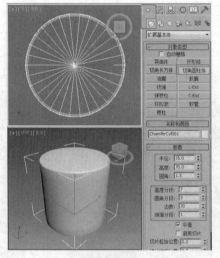

图 15-170

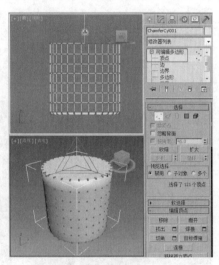

图 15-171

03 对顶点的位置进行调整，如图15-172所示，关闭选择集。

04 单击"▦（创建）＞◎（几何体）＞球体"按钮，在"顶"视图中创建球体，在"参数"卷展栏中设置"半径"为35，"分段"为32，如图15-173所示。

05 在"前"视图中对球体进行缩放，如图15-174所示。

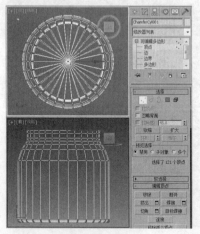

图 15-172

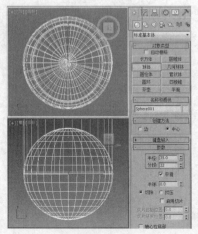

图 15-173

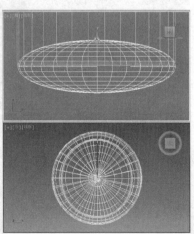

图 15-174

06 将球体转换为"可编辑多边形",将选择集定义为"顶点",在场景中调整顶点的位置,如图 15-175 所示,关闭选择集。

07 单击"■(创建)> ○(几何体)> 圆柱体"按钮,在"顶"视图中创建圆柱体,在"参数"卷展栏中设置"半径"为23,"高度"为12,"高度分段"为8,"端面分段"为1,"边数"为20,如图 15-176 所示。

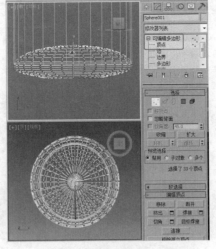

图 15-175

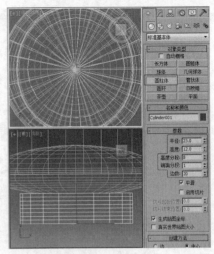

图 15-176

08 将圆柱体转换为"可编辑多边形",将选择集定义为"顶点",在场景中调整顶点的位置,如图 15-177 所示,关闭选择集。

09 调整模型至合适的位置,并对模型进行复制,完成的模型如图 15-178 所示。

图 15-177

图 15-178

实例 144 **玩具**

- **案例场景位置** | 案例源文件 > Cha15 > 实例144玩具
- **效果场景位置** | 案例源文件 > Cha15 > 实例144玩具场景
- **贴图位置** | 贴图素材 > Cha15 > 实例144玩具
- **视频教程** | 教学视频 > Cha15 > 实例144
- **视频长度** | 16分16秒
- **制作难度** | ★★★★☆

┃ 操作步骤 ┃

01 单击"■(创建)> ○(几何体)> 切角长方体"按钮,在"前"视图中创建切角长方体,在"参数"卷展栏中设置"半径"为200,"宽度"为185,"高度"为100,"圆角"为45,"长度分段"为1,"宽度分段"为1,"高度分段"为1,"圆角分段"为6,如图 15-179 所示。

02 为其施加"FFD(长方体)",将选择集定义为"控制点",在场景中对控制点进行调整,如图 15-180 所示。

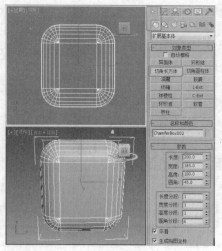

图 15-179

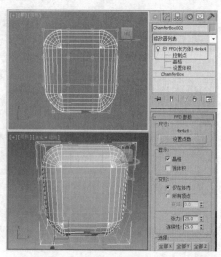

图 15-180

03 在"顶"视图中对中间的两组控制点进行缩放，如图 15-181 所示，关闭选择集。

04 单击" ※ （创建）> ⊡ （图形）> 线"按钮，在"前"视图中创建可闭合的样条线作为眉毛，将选择集定义为"顶点"，调整样条线的形状，如图 15-182 所示，关闭选择集。

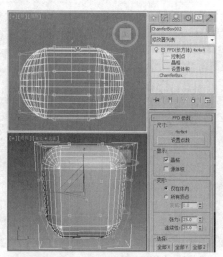

图 15-181

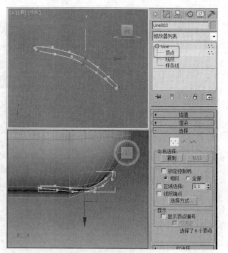

图 15-182

05 为其施加"编辑网格"修改器，如图 15-183 所示。

06 继续为其施加"Hair 和 Fur（WSM）"修改器，调整其至合适的角度和位置，如图 15-184 所示。

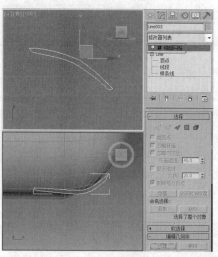

图 15-183

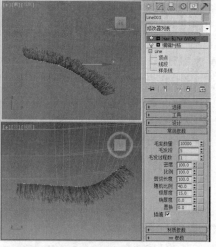

图 15-184

07 对眉毛模型进行复制，调整其至合适的角度和位置，如图 15-185 所示。

08 在"顶"视图中创建可闭合的样条线作为纽扣，将选择集定义为"顶点"，调整样条线的形状，如图 15-186 所示，关闭选择集。

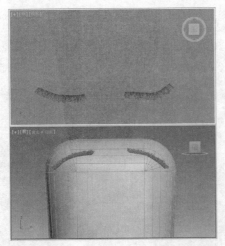

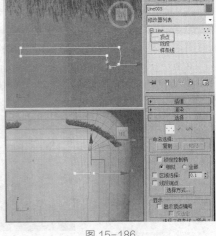

<table>
<tr><td>图 15-185</td><td>图 15-186</td></tr>
</table>

09 在"修改器列表"中选择"车削"修改器,在"参数"卷展栏中设置"度数"为 360,勾选"焊接内核",设置"分

段"为 32,在"方向"组
中单击 Y 按钮,在"对齐"
组中单击"最小"按钮,调
整其至合适的位置,如图
15-187 所示。

10 在"前"视图中创建圆
柱体作为布尔对象模型,
在"参数"卷展栏中设置
合适的参数,如图 15-188
所示。

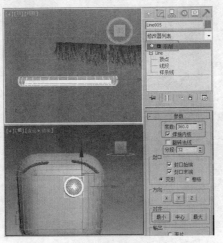

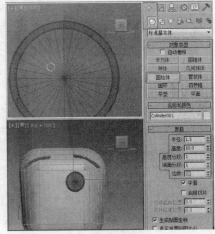

<table>
<tr><td>图 15-187</td><td>图 15-188</td></tr>
</table>

11 将作为布尔对象模型的
圆柱体进行复制,并调整其
至合适的位置,如图 15-
189 所示。

12 选择其中一个作为布尔
对象模型的圆柱体,单击鼠
标右键,将其转换为"可编
辑多边形",在"编辑几何体"
卷展栏中单击"附加"按钮,
将作为布尔模型的长方体附
加到一起,如图 15-190 所
示,关闭"附加"按钮。

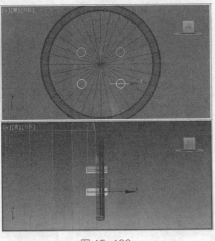

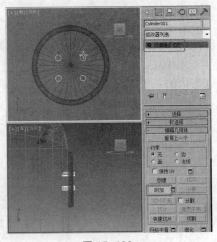

<table>
<tr><td>图 15-189</td><td>图 15-190</td></tr>
</table>

13 在场景中选择车削出的纽扣模型,单击" ■ (创建)> ○ (几何体)> 复合对象 > ProBoolean"按钮,在"拾
取布尔对象"卷展栏中单击"开始拾取"按钮,拾取场景中附加到一起的布尔对象模型,如图 15-191 所示。

14 在"前"视图中创建可渲染的样条线,设置"厚度"为 1,如图 15-192 所示。

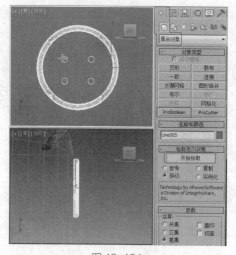
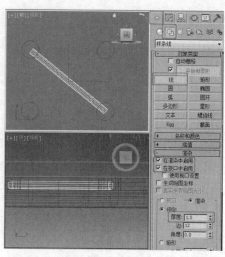

图 15-191 图 15-192

15 将选择集定义为"顶点"，在"几何体"卷展栏中单击"优化"按钮，在样条线上添加顶点，如图 15-193 所示，关闭"优化"按钮。

16 在"顶"视图中对添加的顶点的位置进行调整，如图 15-194 所示。

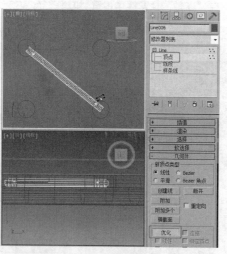
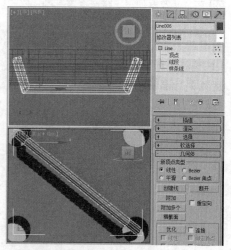

图 15-193 图 15-194

17 在"几何体"卷展栏中单击"优化"按钮，继续在样条线上添加顶点，如图 15-195 所示。

18 将第一次添加的顶点删除，在场景中对添加的顶点进行调整，调整样条线至合适的形状，如图 15-196 所示。

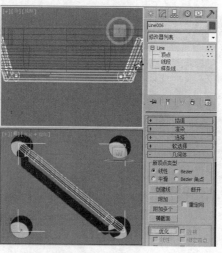
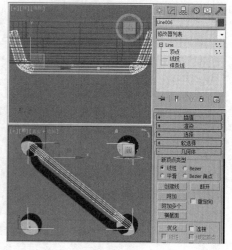

图 15-195 图 15-196

19 对调整好的样条线进行复制，并调整其至合适的角度和位置，如图 15-197 所示。

20 对制作好的纽扣模型进行复制，调整其至合适的位置，如图 15-198 所示。

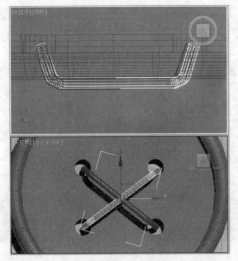
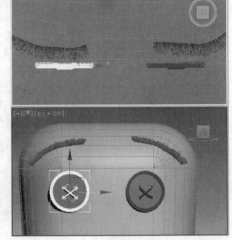

图 15-197 图 15-198

21 在"顶"视图中创建长方体,在"参数"卷展栏中设置"长度"为 90,"宽度"为 140,"高度"为 200,"长度分段"为 3,"宽度分段"为 4,"高度分段"为 3,如图 15-199 所示。

22 将长方体转换为"可编辑多边形",将选择集定义为"顶点",在场景中对顶点进行调整,如图 15-200 所示。

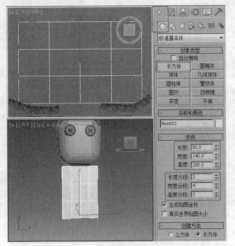
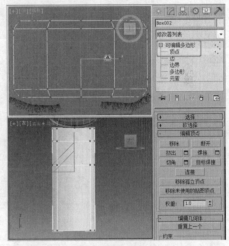

图 15-199 图 15-200

23 将选择集定义为"多边形",在场景中选择图 15-201 所示的多边形,并将其删除。

24 在"右"视图中选择多边形,在"编辑多边形"卷展栏中单击"挤出"后的 □(设置)按钮,在弹出的助手小盒中设置"高度"为 20,如图 15-202 所示。

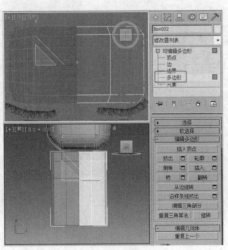
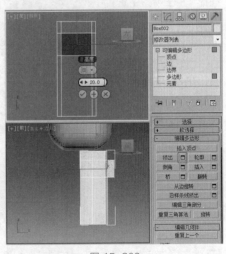

图 15-201 图 15-202

25 单击 ⊕(应用并继续)按钮,继续为多边形设置挤出,如图 15-203 所示。

26 将选择集定义为"顶点",在场景中调整顶点的位置,如图 15-204 所示。

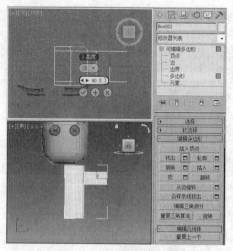

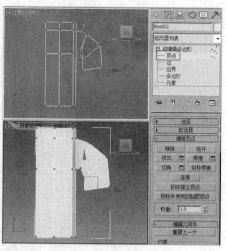

图 15-203

图 15-204

27 将选择集定义为"多边形"，继续设置多边形的挤出，如图 15-205 所示。

28 将选择集定义为"顶点"，在场景中调整顶点的位置，如图 15-206 所示。

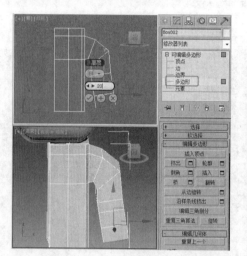

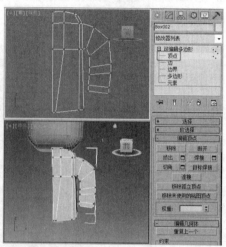

图 15-205

图 15-206

29 将选择集定义为"多边形"，在场景中选择多边形，在"编辑多边形"卷展栏中单击"挤出"后的 □ （设置）按钮，在弹出的助手小盒中设置"高度"为 40，如图 15-207 所示，单击 ⊘ （确定）按钮。

30 继续设置多边形的挤出，如图 15-208 所示。

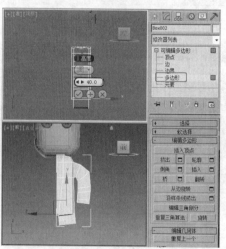

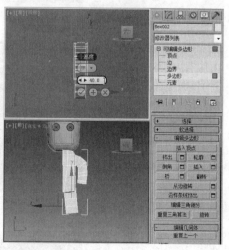

图 15-207

图 15-208

31 将选择集定义为"顶点"，在"前"视图中调整顶点的位置，如图 15-209 所示。

32 继续在"左"视图中对顶点进行调整，如图 15-210 所示，关闭选择集。

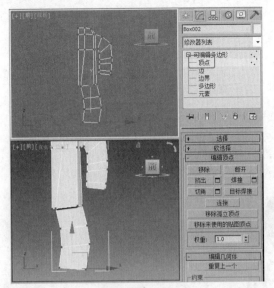

图 15-209

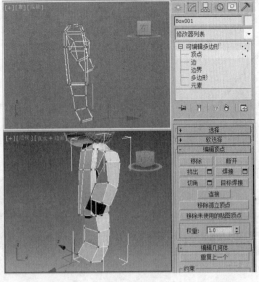

图 15-210

33 为其施加"对称"修改器，如图 15-211 所示。

34 继续为其施加"涡轮平滑"修改器，在"涡轮平滑"卷展栏中设置"迭代次数"为 2，如图 15-212 所示。

35 对纽扣模型进行复制，调整其至合适的大小、角度和位置，对头部模型的角度进行调整，完成的模型如图 15-213 所示。

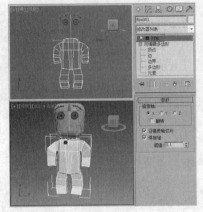

图 15-211

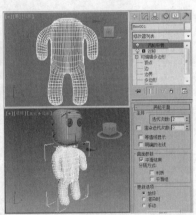

图 15-212

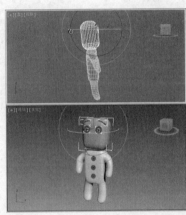

图 15-213

第

16 章

室内各种灯具的制作

本章主要介绍室内各种灯具的制作。灯具、灯饰作为家庭家居装修装饰中的最后一个步骤，是最能体现装修业主装饰品位和装饰档次的重要装饰材料之一。它的应用非常广泛，大到酒店、宾馆、饭店、会议室，小到客厅、餐厅、卫生间，各类灯具可以说无处不在。

灯具是室内效果图中不可缺少的构件之一，不同类型和风格的灯具在效果图中起到不同的装饰效果。

实例
145　欧式吊灯

- **案例场景位置** | 案例源文件 > Cha16 > 实例145欧式吊灯
- **效果场景位置** | 案例源文件 > Cha16 > 实例145欧式吊灯场景
- **贴图位置** | 贴图素材 > Cha16 > 实例145欧式吊灯
- **视频教程** | 教学视频 > Cha16 > 实例145
- **视频长度** | 15分47秒
- **制作难度** | ★★★☆☆

操作步骤

01 单击 " （创建）> （图形）> 线"按钮，在"前"视图中创建图16-1所示的线。

02 将线的选择集定义为"样条线"，在"几何体"卷展栏中单击"轮廓"按钮，在"前"视图中为样条线设置轮廓，如图16-2所示。

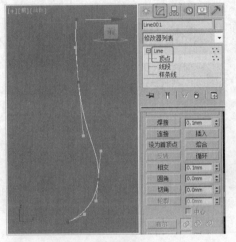

图 16-1

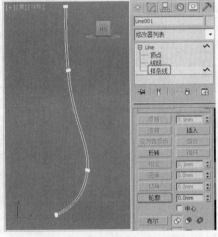

图 16-2

03 将选择集定义为"顶点"，在"前"视图中调整顶点，如图16-3所示。

04 为图形施加"车削"修改器，在"参数"卷展栏中设置"分段"为32，选项"方向"为Y，"对齐"为"最小"，将"车削"的选择集定义为"轴"，调整轴的位置，如图16-4所示。

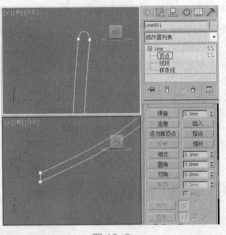

图 16-3

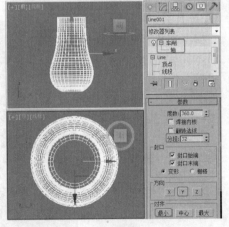

图 16-4

05 单击 " （创建）> （几何体）> 球体"按钮，在"顶"视图中创建半球，在"参数"卷展栏中设置合适的参数，激活 （角度捕捉切换）按钮，使用 （选择并旋转）工具调整半球的角度，调整模型至合适的位置，如图16-5所示。

06 单击 " （创建）> （图形）> 线"按钮，在"前"视图中创建图16-6所示的可渲染的样条线，设置合适的参数，调整模型至合适的位置。

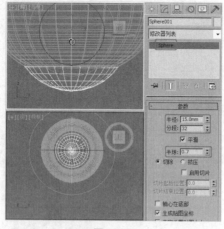
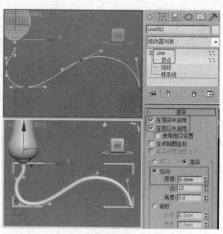

图 16-5　　　　　　　　　　　　　　　图 16-6

07 继续在"前"视图中
创建可渲染的样条线，
调整模型至合适的位置，
如图 16-7 所示。

08 使用 ⊡（选择并均
匀缩放）工具在"顶"
视图中沿 y 轴缩放模型，
如图 16-8 所示。

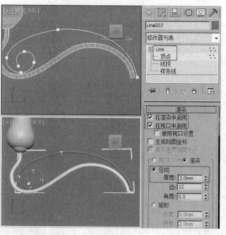
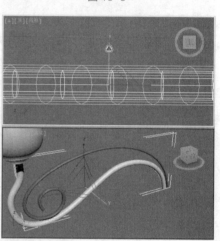

图 16-7　　　　　　　　　　　　　　　图 16-8

09 单击" （创建）> （几何体）> 球体"按钮，在"顶"视图中创建半球，在"参数"卷展栏中设置合适的
参数，使用 （选择并旋转）工具调整半球的角度，调整模型至合适的位置，如图 16-9 所示。

10 选择图 16-10 所示
的模型并将它们成组，
切换到 （层次）命令
面板，在"调整轴"卷
展栏中单击"仅影响轴"
按钮，在"顶"视图中
调整轴点至合适的位置，
关闭"仅影响轴"。

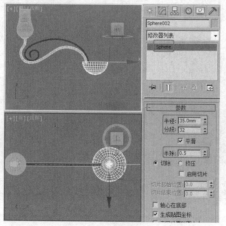
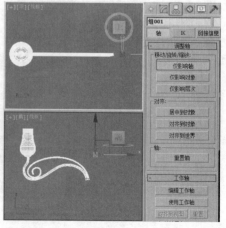

图 16-9　　　　　　　　　　　　　　　图 16-10

11 在菜单栏中单击"工具 > 阵列"命令，在弹出的"阵列"对话框中选择以 z 轴为阵列中心旋转 360 度复制模型，
设置阵列维度的"数量"为 8，单击"确定"按钮，如图 16-11 所示。

12 单击" （创建）> （图形）> 线"按钮，在"前"视图中创建图 16-12 所示的图形。

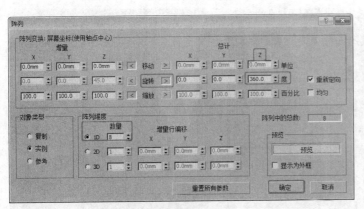

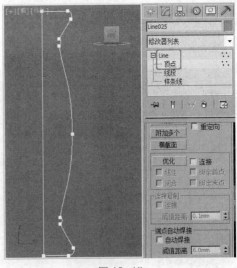

图 16-11　　　　　　　　　　　　　　　　　　　　　　　图 16-12

13 为图形施加"车削"修改器，在"参数"卷展栏中设置"分段"为 32，选择"方向"为 Y，"对齐"为最小，

调整模型至合适的位置，
如图 16-13 所示。

14 单击"　（创建）>
　（几何体）> 扩展基本
体 > 切角圆柱体"按钮，
在"顶"视图中创建切角
圆柱体，在"参数"卷展
栏中设置合适的参数，设
置"高度分段"为 2，调
整模型至合适的位置，如
图 16-14 所示。

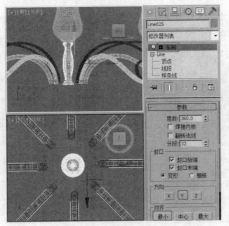

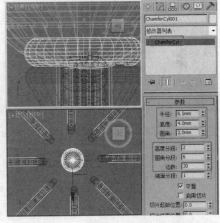

图 16-13　　　　　　　　　　　　　　　　　　　　　　　图 16-14

15 为切角圆柱体施加"编辑多边形"修改器，将选择集定义为"顶点"，在"前"视图中选择图 16-15 所示的顶点，

使用　（选择并均匀缩
放）工具在"顶"视图中
等比例缩放顶点。

16 在"顶"视图中创建
球体，在"参数"卷展栏
中设置合适的参数，调整
模型至合适的位置，如图
16-16 所示。

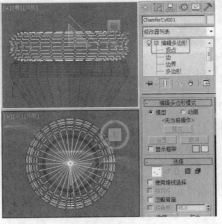

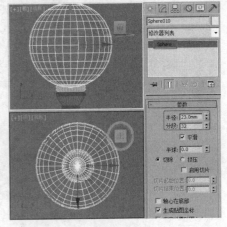

图 16-15　　　　　　　　　　　　　　　　　　　　　　　图 16-16

17 使用　（选择并均匀缩放）工具在"顶"视图中缩放模型，在"前"视图中复制切角圆柱体 001 模型，调整复
制出的模型至合适的位置，如图 16-17 所示。

18 单击"▓（创建）> ▣（图形）>线"按钮，在"前"视图中创建图16-18所示的图形。

19 为图形施加"车削"修改器，在"参数"卷展栏中设置"分段"为32，选择"方向"为Y，"对齐"为最小，调整模型至合适的位置，如图16-19所示。

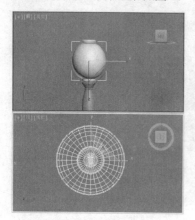

图 16-17

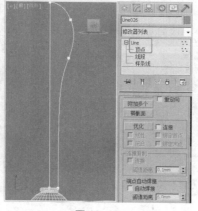

图 16-18

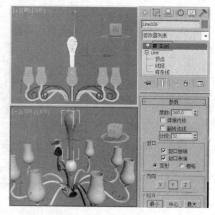

图 16-19

20 单击"▓（创建）> ▣（几何体）>球体"按钮，在"顶"视图中创建半球，在"参数"卷展栏中设置合适的参数，调整模型至合适的位置，如图16-20所示。

21 单击"▓（创建）> ▣（图形）>圆"按钮，在"前"视图中创建可渲染的圆，设置合适的参数，调整模型至合适的参数，如图16-21所示。

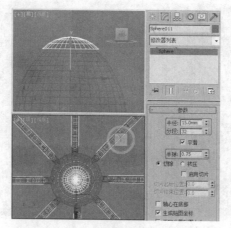

图 16-20

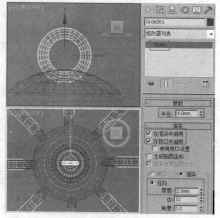

图 16-21

22 单击"▓（创建）> ▣（图形）>矩形"按钮，在"前"视图中创建可渲染的圆角矩形，在"参数"卷展栏中设置合适的参数，调整模型至合适的位置，如图16-22所示。

23 复制可渲染的圆角矩形，调整复制出模型的角度和位置，如图16-23所示。

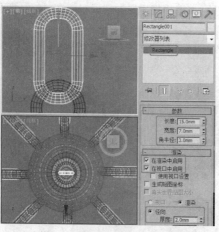

图 16-22

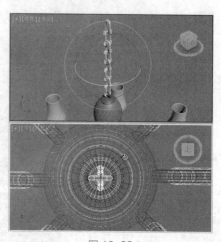

图 16-23

24 单击"▓（创建）> ▣（图形）>线"按钮，在"前"视图中创建图16-24所示的图形。

25 为图形施加"车削"修改器，在"参数"卷展栏中选择"方向"为Y，"对齐"为最小，调整模型至合适的位置，如图16-25所示。

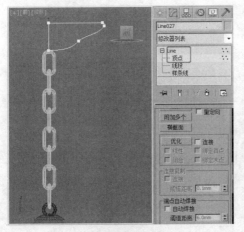
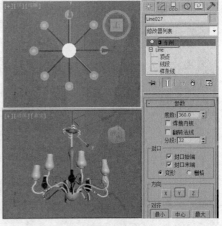

图 16-24　　　　　　　　　　图 16-25

实例 146　现代客厅吊灯

- **案例场景位置** | 案例源文件 > Cha16 > 实例146现代客厅吊灯
- **效果场景位置** | 案例源文件 > Cha16 > 实例146现代客厅吊灯场景
- **贴图位置** | 贴图素材 > Cha16 > 实例146现代客厅吊灯
- **视频教程** | 教学视频 > Cha16 > 实例146
- **视频长度** | 10分15秒
- **制作难度** | ★★★☆☆

▌操作步骤▐

01 单击"（创建）>（图形）> 椭圆"按钮，在"顶"视图中创建椭圆作为放样图形，在"参数"卷展栏中设置"长度"为8，"宽度"为20，如图16-26所示。

02 单击"（创建）>（图形）> 线"按钮，在"前"视图中创建图16-27所示的线作为放样路径。

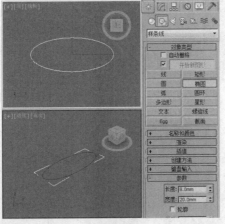
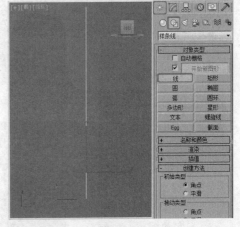

图 16-26　　　　　　　　　　图 16-27

03 选择作为放样路径的线001，单击"（创建）>（几何体）> 复合对象 > 放样"按钮，在"创建方法"卷展栏中单击"获取图形"按钮，在场景中拾取作为放样图形的椭圆，在"蒙皮参数"卷展栏中设置"路径步数"为25，如图16-28所示。

04 切换至（修改）命令面板，在"变形"卷展栏中单击"扭曲"按钮，在弹出的"扭曲变形"对话框中调整第二个控制点至合适的位置，单击（最大化显示）按钮，可使曲线在对话框中全部显示，如图16-29所示。

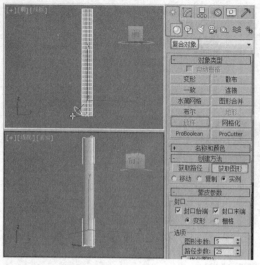

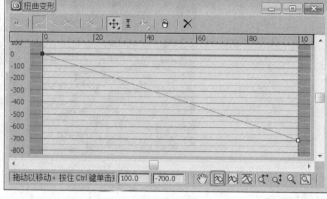

图 16-28

图 16-29

05 在场景中复制放样 001 模型，选择线 001，将线的选择集定义为"顶点"，调整顶点，如图 16-30 所示。

06 选择放样 001 模型，在"变形"卷展栏中单击"扭曲"按钮，在弹出的"扭曲变形"对话框中调整第二个控制点至合适的位置，如图 16-31 所示。

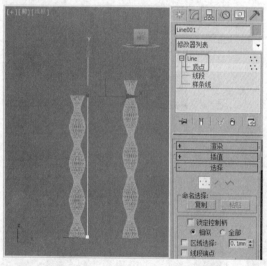

图 16-30

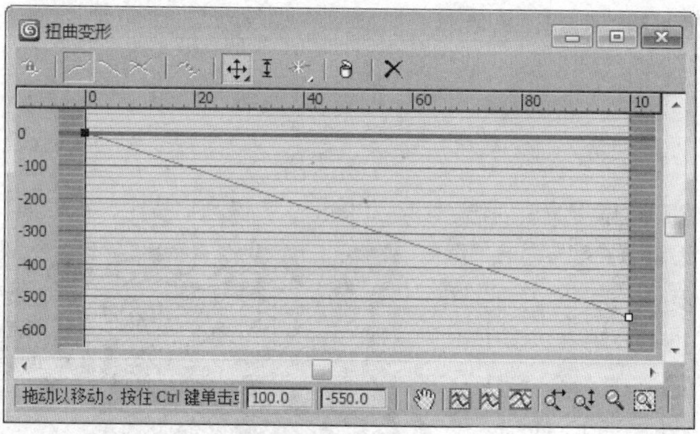

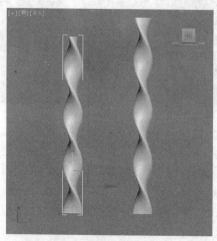

图 16-31

07 调整后的模型如图 16-32 所示。

08 使用上面的方法继续复制并调整放样 001 模型，调整模型至合适的位置，使用 ⚄（选择并均匀缩放）工具在"顶"视图中沿 y 轴缩放放样模型，如图 16-33 所示。

图 16-32

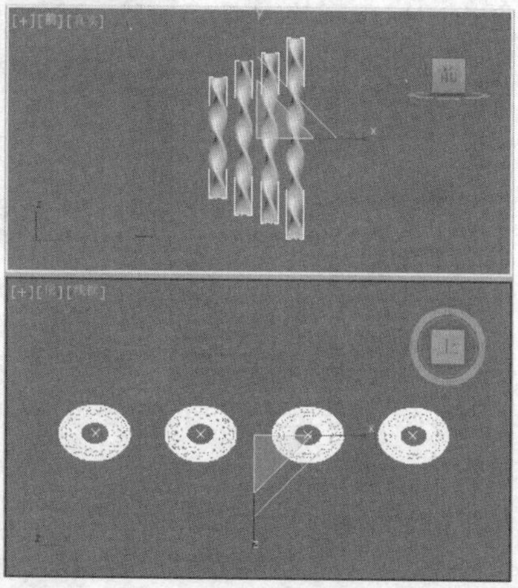

图 16-33

09 单击"⚙（创建）> ◫（图形）> 线"按钮，在"前"视图中创建可渲染的样条线，在"渲染"卷展栏中勾选"在渲染中启用"和"在视口中启用"，设置合适的径向"厚度"，调整模型至合适的位置，如图16-34所示。

10 复制可渲染的样条线模型，调整复制出的模型至合适的位置，在"前"视图中依次调整复制出的可渲染的样条线底部的顶点，如图16-35所示。

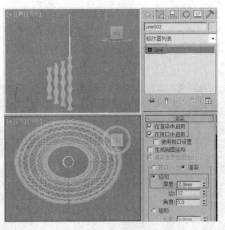

图 16-34

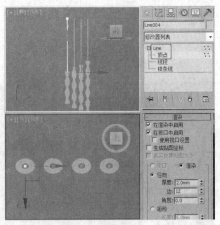

图 16-35

11 将所有的可渲染的样条线和放样模型成组，切换到 ▦（层次）命令面板，在"调整轴"卷展栏中单击"仅影响轴"按钮，在"顶"视图中调整轴点的位置，如图16-36所示。

12 在菜单栏中单击"工具 > 阵列"命令，在弹出的快捷菜单中选择以 z 轴为阵列中心旋转 360° 复制模型，设置阵列维度的"数量"为 9，如图16-37所示。

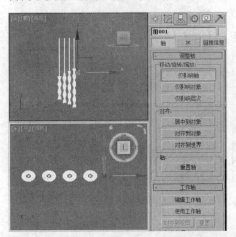

图 16-36

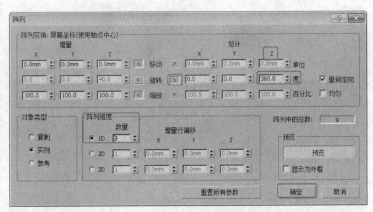

图 16-37

13 将所有模型解组，在"顶"视图中调整模型的位置及角度，复制最外围的模型并调整复制出的模型至合适的位置及角度，如图16-38所示。

14 单击"⚙（创建）> ◫（图形）> 线"按钮，在"前"视图中创建图16-39所示的图形。

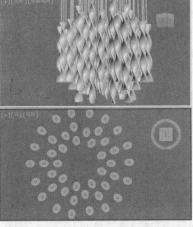

图 16-38

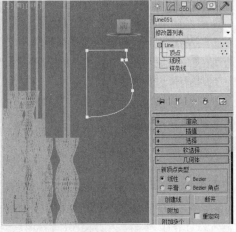

图 16-39

15 为图形施加"车削"修改器，在"参数"卷展栏中勾选"焊接内核"选项，设置"分段"为32，选择"方向"为Y，"对齐"为最小，调整模型至合适的位置，如图16-40所示。

16 在"前"视图中创建一条可渲染的样条线，设置合适的参数，调整模型至合适的位置，如图16-41所示。

17 单击"（创建）>（几何体）>圆柱体"按钮，在"顶"视图中创建圆柱体，在"参数"卷展栏中设置合适的参数，如图16-42所示。

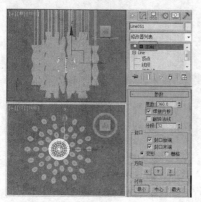

图 16-40

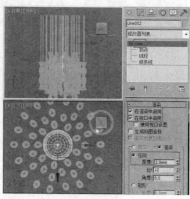

图 16-41

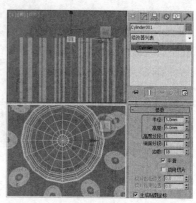

图 16-42

18 单击"（创建）>（图形）>线"按钮，在"前"视图中创建图16-43所示的图形。

19 为图形施加"车削"修改器，在"参数"卷展栏中勾选"焊接内核"选项，设置"分段"为32，选择"方向"为Y，"对齐"为最小，调整模型至合适的位置，如图16-44所示。

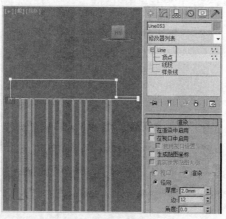

图 16-43

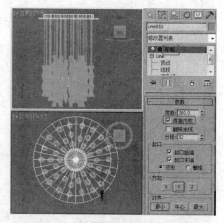

图 16-44

实例 147 筒式壁灯

- **案例场景位置** | 案例源文件 > Cha16 > 实例147筒式壁灯
- **效果场景位置** | 案例源文件 > Cha16 > 实例147筒式壁灯场景
- **贴图位置** | 贴图素材 > Cha16 > 实例147筒式壁灯
- **视频教程** | 教学视频 > Cha16 > 实例147
- **视频长度** | 7分50秒
- **制作难度** | ★★★☆☆

操作步骤

01 单击"（创建）>（几何体）>管状体"按钮，在"顶"视图中创建管状体，在"参数"卷展栏中设置"半径1"为150，"半径2"为155，"高度"为240，"高度分段"为1，"边数"为32，如图16-45所示。

02 为模型施加"编辑多边形"修改器，将选择集定义为"边"，在"顶"视图中选择顶底内外两侧的边，在"选择"

卷展栏中单击"循环"按钮,如图 16-46 所示。

03 在"编辑边"卷展栏中单击"倒角"后的设置按钮,在弹出的小盒中设置"数量"为 2,"分段"为 5,单击"确定"按钮,如图 16-47 所示。

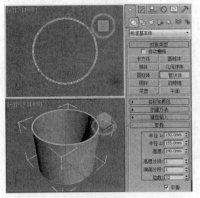
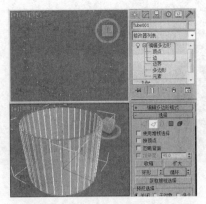
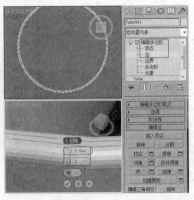

图 16-45　　　　　　　　　　图 16-46　　　　　　　　　　图 16-47

04 单击"（创建）>（几何体）> 扩展基本体 > 切角圆柱体"按钮,在"前"视图中创建切角圆柱体,在"参数"卷展栏中设置"半径"为 100,"高度"为 10,"圆角"为 1,"高度分段"为 1,"圆角分段"为 3,"边数"

为 30,如图 16-48 所示,调整模型至合适的位置。

05 单击"（创建）>（几何体）> 扩展基本体 > 切角圆柱体"按钮,在"顶"视图中创建切角圆柱体,在"参数"卷展栏中设置"半径"为 30,"高度"为 50,"圆角"为 2,调整模型至合适的位置,如图 16-49 所示。

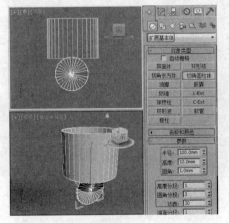
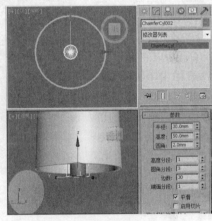

图 16-48　　　　　　　　　　图 16-49

06 为模型施加"编辑多边形"修改器,将选择集定义为"多边形",在"选择"卷展栏中勾选"忽略背面"选项,在"顶"视图中选择图 16-50 所示的多边形。

07 在"编辑多边形"卷展栏中单击"挤出"后的设置按钮,在弹出的小盒中设置"高度"为 -40,单击"确定"按钮,如图 16-51 所示。

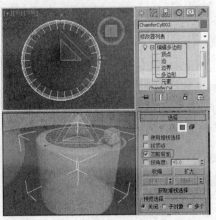
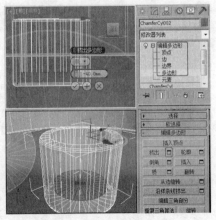

图 16-50　　　　　　　　　　图 16-51

08 单击"（创建）>（图形）> 线"按钮,在"前"视图中创建图 16-52 所示的图形。

09 为图形施加"车削"修改器,在"参数"卷展栏中勾选"焊接内核"选项,设置"分段"为 32,选择"方向"为 Y,"对齐"为最小,调整模型至合适的位置,如图 16-53 所示。

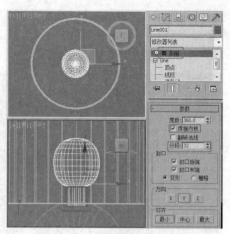

图 16-52　　　　　　　　　　　　　　　　　　　　图 16-53

10 单击"⊕（创建）>◯（几何体）>圆柱体"按钮，在"前"视图中创建圆柱体，在"参数"卷展栏中设置"半径"为2，"高度"为125，"高度分段"为1，调整模型至合适的位置，如图16-54所示。

11 切换到 品（层次）命令面板，在"调整轴"卷展栏中单击"仅影响轴"按钮，在"顶"视图中调整轴点的位置，如图16-55所示。

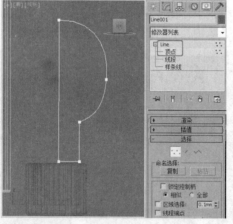
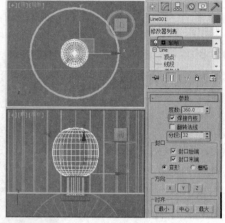

图 16-54　　　　　　　　　　　　　　　　　　　　图 16-55

12 在菜单栏中单击"工具 > 阵列"命令，在弹出的快捷菜单中选择以z轴为阵列中心旋转360°复制模型，设置阵列维度的"数量"为3，如图16-56所示。

13 单击"⊕（创建）>◘（图形）>线"按钮，在"前"视图中创建图16-57所示的可渲染的样条线，在"渲染"卷展栏中勾选"在渲染中启用"和"在视口中启用"，设置径向的"厚度"为20，调整模型至合适的位置。

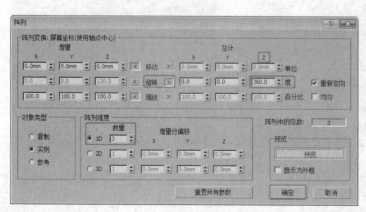
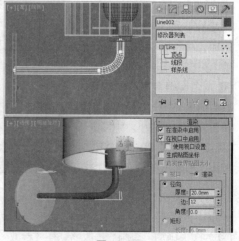

图 16-56　　　　　　　　　　　　　　　　　　　　图 16-57

14 单击"<u>*</u>（创建）>
<u>○</u>（几何体）>扩展基本
体 > 切角圆柱体"按钮，
在"顶"视图中创建切角
圆柱体，在"参数"卷展
栏中设置"半径"为15，"高
度"为10，"圆角"为5，
调整模型至合适的位置，
如图 16-58 所示。

15 复制切角圆柱体 003
模型，调整复制出的模型
至合适的位置和角度，如
图 16-59 所示。

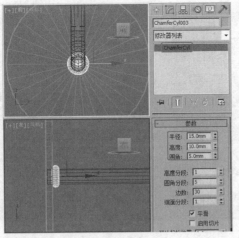
图 16-58

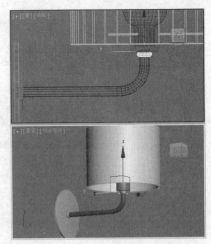
图 16-59

实例 148 床头壁灯

● **案例场景位置** | 案例源文件 > Cha16 > 实例148床头壁灯
● **效果场景位置** | 案例源文件 > Cha16 > 实例148床头壁灯场景
● **贴图位置** | 贴图素材 > Cha16 > 实例148床头壁灯
● **视频教程** | 教学视频 > Cha16 > 实例148
● **视频长度** | 9分52秒
● **制作难度** | ★★★☆☆

┃ 操作步骤 ┃

01 单击"<u>*</u>（创建）>
<u>○</u>（几何体）>线"按钮，
在"前"视图中创建图
16-60 所示的线。

02 将线的选择集定义为
"样条线"，在"几何体"
卷展栏中单击"轮廓"按钮，
在"前"视图中为线设置
轮廓，如图 16-61 所示。

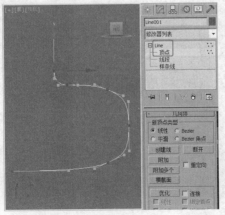
图 16-60

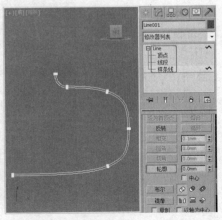
图 16-61

03 为图形施加"车削"修改器，在"参数"卷展栏中勾选"焊接内核"选项，设置"分段"为32，选择"方向"
为 Y，"对齐"为"最小"，调整模型至合适的位置，如图 16-62 所示。

04 单击"<u>*</u>（创建）> <u>○</u>（图形）>线"按钮，在"前"视图中创建图 16-63 所示的图形。

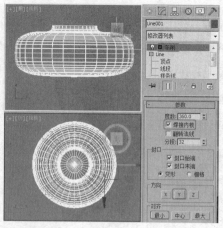

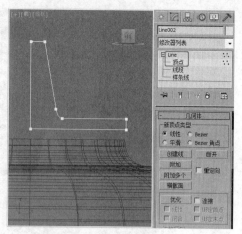

图 16-62

图 16-63

05 为图形施加"车削"修改器，在"参数"卷展栏中勾选"焊接内核"选项，设置"分段"为32，选择"方向"
为Y、"对齐"为"最
小"，调整模型至合适
的位置，如图 16-64
所示。

06 单击" ✲（创建）
> ◘（图形）> 线"
按钮，在"前"视图
中创建图 16-65 所示
的图形。

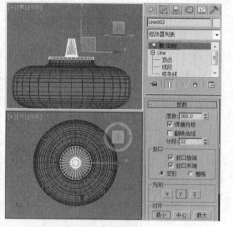

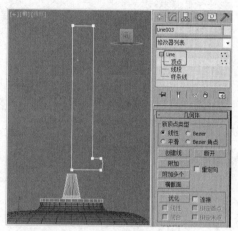

图 16-64

图 16-65

07 为图形施加"车削"修改器，在"参数"卷展栏中勾选"焊接内核"选项，设置"分段"为32，选择"方向"
为Y，"对齐"为"最
小"，调整模型至合适
的位置，如图 16-66
所示。

08 单击" ✲（创建）
> ◘（图形）> 矩形"
按钮，在"顶"视图
中创建矩形，设置合
适 的 参 数， 如 图
16-67 所示。

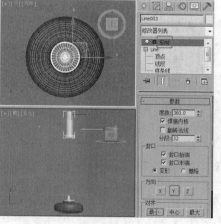

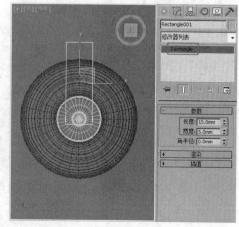

图 16-66

图 16-67

09 单击" ✲（创建）> ◘（图形）> 圆"按钮，在"顶"视图中创建矩形，设置合适的半径，调整圆至合适的位置，
如图 16-68 所示。

10 为圆施加"编辑样条线"修改器，在"几何体"卷展栏中单击"附加"按钮，在场景中附加矩形，如图 16-69
所示。

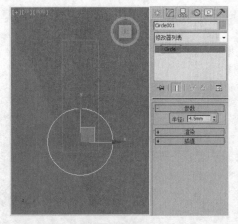
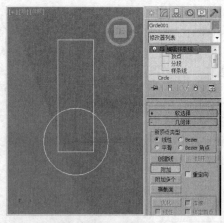

图 16-68　　　　　　　　　　　　　　　　　图 16-69

11 将选择集定义为"样条线"，在"几何体"卷展栏中选择布尔类型为 （并集），选择其中一条样条线，单击"布尔"按钮，如图 16-70 所示。

12 为图形施加"挤出"修改器，在"参数"卷展栏中设置"数量"为 2，调整模型至合适的位置，如图 16-71 所示。

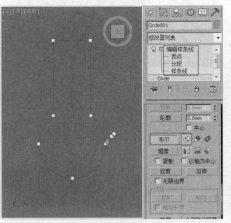
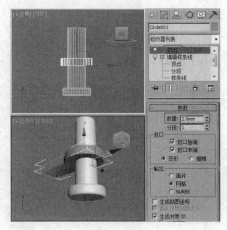

图 16-70　　　　　　　　　　　　　　　　　图 16-71

13 复制挤出的模型，调整复制出的模型至合适的位置，如图 16-72 所示。

14 单击" ☀ （创建）> ♟ （图形）> 线"按钮，在"前"视图中创建可渲染的样条线，在"渲染"卷展栏中勾选"在渲染中启用"和"在视口中启用"，设置径向的"厚度"为 0.3，调整模型至合适的位置，如图 16-73 所示。

15 复制可渲染的样条线 004，调整复制出的模型至合适的位置，如图 16-74 所示。

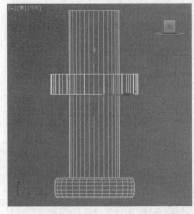
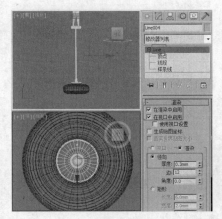
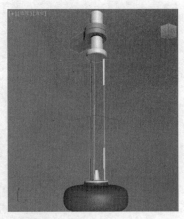

图 16-72　　　　　　　　　图 16-73　　　　　　　　　图 16-74

16 单击" ☀ （创建）> ♟ （图形）> 线"按钮，在"前"视图中创建线，在"插值"卷展栏中设置"步数"为 12，在"前"视图和"左"视图中调整顶点，如图 16-75 所示。

17 在"渲染"卷展栏中勾选"在渲染中启用"和"在视口中启用"，设置径向的"厚度"为 0.5，调整模型至合适的

位置，如图16-76
所示。

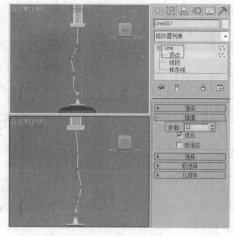

图 16-75

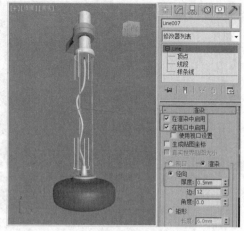

图 16-76

中式落地灯

● **案例场景位置** | 案例源文件 > Cha16 > 实例149中式落地灯

● **效果场景位置** | 案例源文件 > Cha16 > 实例149中式落地灯场景

● **贴图位置** | 贴图素材 > Cha16 > 实例149中式落地灯

● **视频教程** | 教学视频 > Cha16 > 实例149

● **视频长度** | 15分46秒

● **制作难度** | ★★★☆☆

操作步骤

01 单击"（创建）>（几何体）>线"按钮，在"前"视图中创建图16-77所示的图形。

02 为图形施加"车
削"修改器，在"参
数"卷展栏中设置
"分段"为32，选择
"方向"为Y，"对齐"
为"最小"，将"车削"
的选择集定义为
"轴"，在"前"视
图中沿x轴调整轴，
如图16-78所示。

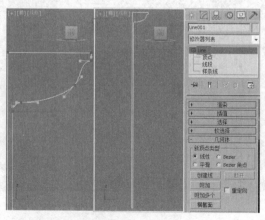

图 16-77

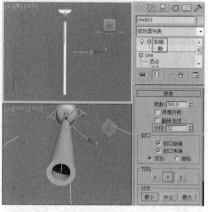

图 16-78

03 单击"（创建）>（几何体）>线"按钮，在"前"视图中创建图16-79所示的图形。

04 为图形施加"倒角"修改器，在"倒角值"卷展栏中设置合适的参数，调整模型至合适的位置，如图16-80
所示。

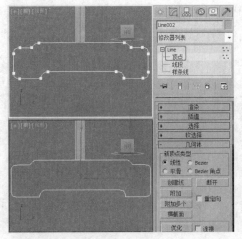

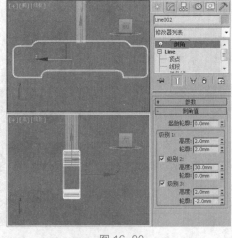

图 16-79

图 16-80

05 复制线 002 模型，调整复制出的模型的位置和角度，如图 16-81 所示。

06 单击"⚙（创建）> ⭕（几何体）> 线"按钮，在"前"视图中创建图 16-82 所示的图形。

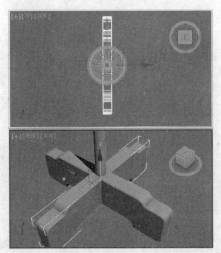

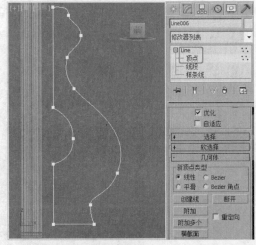

图 16-81

图 16-82

07 为图形施加"倒角"修改器，在"倒角值"卷展栏中设置合适的参数，调整模型至合适的位置，如图 16-83 所示。

08 复制线 006 模型，调整复制出的模型的位置和角度，如图 16-84 所示。

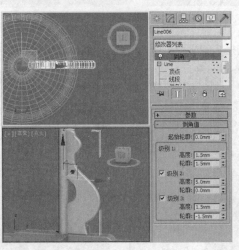

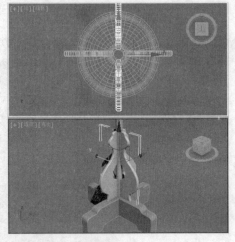

图 16-83

图 16-84

09 单击"⚙（创建）> ⭕（几何体）> 线"按钮，在"前"视图中创建图 16-85 所示的图形。

10 为图形施加"倒角"修改器，在"倒角值"卷展栏中设置合适的参数，调整模型至合适的位置，如图 16-86 所示。

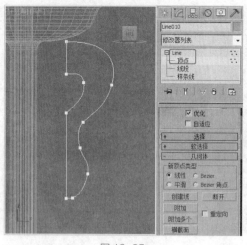

图 16-85

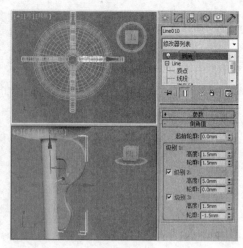

图 16-86

11 复制线 010 模型，调整复制出的模型的位置和角度，如图 16-87 所示。

12 单击"[创建]>[图形]>星形"按钮，在"顶"视图中创建星形作为放样的图形，在"参数"卷展栏中设置合适的参数，如图 16-88 所示。

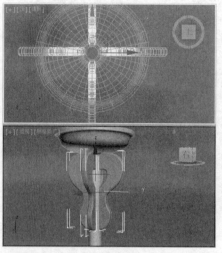

图 16-87

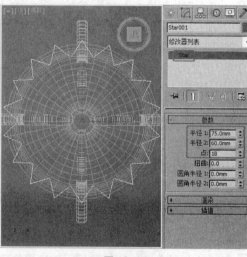

图 16-88

13 为星形施加"编辑样条线"修改器，将选择集定义为"顶点"，在"顶"视图中调整内侧的顶点，如图 16-89 所示。

14 将选择集定义为"样条线"，在"几何体"卷展栏中单击"轮廓"按钮，在"顶"视图中设置轮廓，如图 16-90 所示。

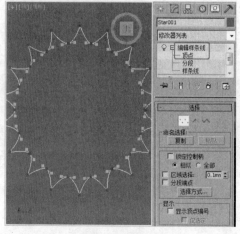

图 16-89

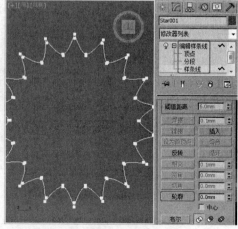

图 16-90

15 单击"[创建]>[图形]>线"按钮，在"前"视图中创建图 16-91 所示的线作为放样的路径。

16 选择线 014，单击
"　（创建）>　（几
何体）> 复合对象 > 放
样"按钮，在"创建方法"
卷展栏中单击"获取图
形"按钮，在场景中拾
取作为放样图形的星
形，如图 16-92 所示。

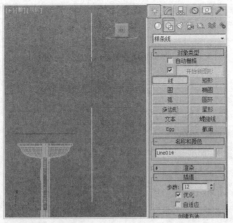

图 16-91

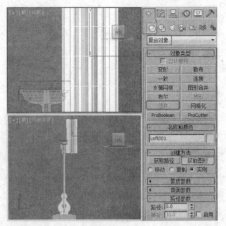

图 16-92

17 切换到　（修改）命令面板，在"变形"卷展栏中单击"缩放"按钮，在弹出的"缩放变形"对话框中单击
　（插入角点）按钮，在曲线上插入角点，单击　（移动控制点）按钮调整控制点，如图 16-93 所示。

18 单击"　（创建）>　（图形）> 线"按钮，在"前"视图中创建图 16-94 所示的可渲染的样条线，在"渲染"
卷展栏中设置合适的参数。

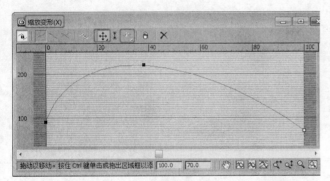

图 16-93

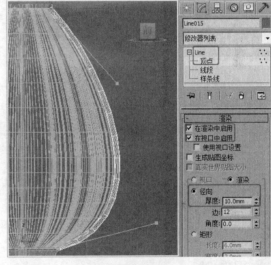

图 16-94

19 切换到　（层次）
命令面板，在"调整轴"
卷展栏中单击"仅影响
轴"按钮，调整轴点的
位置，如图 16-95 所示，
关闭"仅影响轴"。

20 激活　（角度捕捉
切换）按钮，使用　（选
择并旋转）工具在"顶"
视图中调整模型的角
度，如图 16-96 所示。

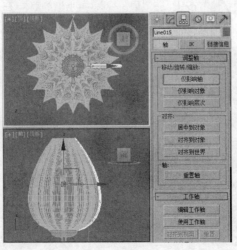

图 16-95

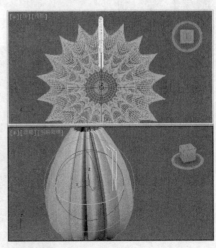

图 16-96

21 在菜单栏中单击"工具>阵列"命令，在弹出的"阵列"对话框中选择以 z 轴为阵列中心旋转 360° 复制模型，设置阵列维度的"数量"为 9，单击"确定"按钮，如图 16-97 所示。

22 单击"（创建）> （图形）>圆"按钮，在"顶"视图中创建可渲染的圆，为模型设置合适的参数，调整模型至合适的位置，如图 16-98 所示。

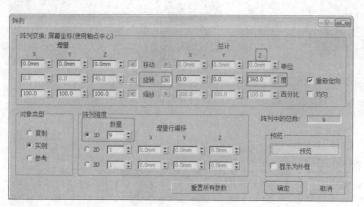

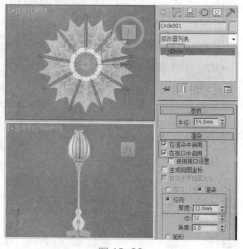

图 16-97

图 16-98

实例 150 新中式吊灯

- 案例场景位置 | 案例源文件 > Cha16 > 实例150新中式吊灯
- 效果场景位置 | 案例源文件 > Cha16 > 实例150新中式吊灯场景
- 贴图位置 | 贴图素材 > Cha16 > 实例150新中式吊灯
- 视频教程 | 教学视频 > Cha16 > 实例150
- 视频长度 | 17分32秒
- 制作难度 | ★★★☆☆

操作步骤

01 单击"（创建）> （几何体）>管状体"按钮，在"顶"视图中创建管状体，在"参数"卷展栏中设置"半径1"为 300，"半径2"为 305，"高度"为 330，"高度分段"为 1，"边数"为 36，如图 16-99 所示。

02 单击"（创建）> （几何体）>长方体"按钮，在"前"视图中创建长方体，在"参数"卷展栏中设置"长度"为 330，"宽度"为 7，"高度"为 3，调整模型至合适的位置，如图 16-100 所示。

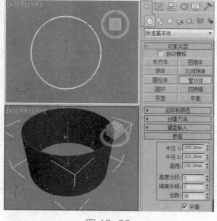

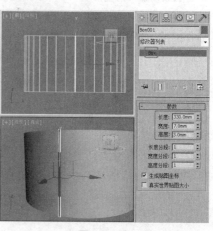

图 16-99

图 16-100

03 切换到 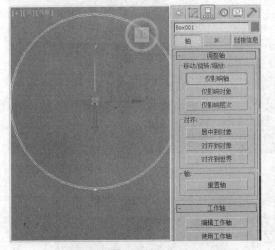（层次）命令面板，在"调整轴"卷展栏中单击"仅影响轴"按钮，在"顶"视图中调整轴点的位置，如图 16-101 所示，关闭"仅影响轴"。

04 在菜单栏中选择"工具 > 阵列"命令，在弹出的"阵列"对话框中选择以 z 轴为阵列中心旋转 360° 复制模型，设置阵列维度的"数量"为 12，单击"确定"按钮，如图 16-102 所示。

图 16-101　　　　　　　　　　　　　　　　　　图 16-102

05 单击" 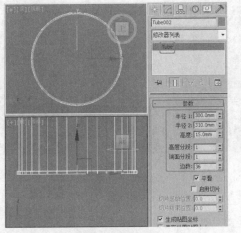（创建）> （几何体）> 管状体"按钮，在"顶"视图中创建管状体，在"参数"卷展栏中设置"半径 1"为 300，"半径 2"为 310，"高度"为 15，调整模型至合适的位置，如图 16-103 所示。

06 复制管状体 002 模型，调整复制出的模型至合适的位置，如图 16-104 所示。

图 16-103　　　　　　　　　　　　　　　　　图 16-104

07 在"前"视图中分别创建图 16-105 所示的图形。

08 选择其中一条线所创建的图形，切换到 （修改）命令面板，在"几何体"卷展栏中单击"附加多个"按钮，在弹出的"附加多个"对话框的列表中选择所有图形，单击"附加"按钮，如图 16-106 所示。

图 16-105　　　　　　　　　　　　　　图 16-106

09 为图形施加"挤出"修改器，在"参数"卷展栏中设置"数量"为 10，调整模型至合适的位置，如图 16-107 所示。

10 复制并调整复制出的
模型至合适的位置，如图
16-108所示。

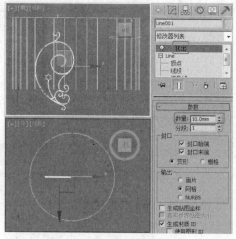

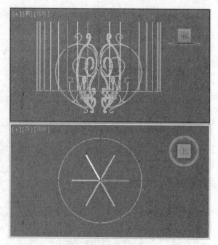

图 16-107

图 16-108

11 单击"（创建）>（几何体）>圆柱体"按钮，在"顶"视图中创建圆柱体，在"参数"卷展栏中设置"半径"
为8，"高度"为730，调
整模型至合适的位置，如
图16-109所示。

12 继续在"顶"视图中
创建圆柱体，在"参数"
卷展栏中设置"半径"
为40，"高度"为15，
调整模型至合适的位置，
如图16-110所示。

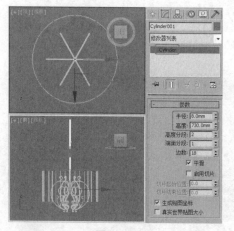

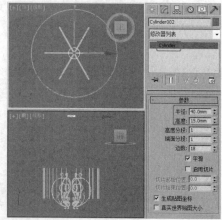

图 16-109

图 16-110

实例 151 射灯

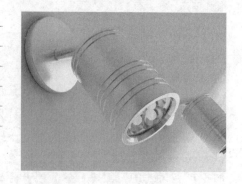

- **案例场景位置** | 案例源文件 > Cha16 > 实例151射灯
- **效果场景位置** | 案例源文件 > Cha16 > 实例151射灯 场景
- **贴图位置** | 贴图素材 > Cha16 > 实例151射灯
- **视频教程** | 教学视频 > Cha16 > 实例151
- **视频长度** | 10分25秒
- **制作难度** | ★★★☆☆

┤ 操作步骤 ├

01 单击"（创建）>（几何体）>扩展基本体 > 切角圆柱体"按钮，在"顶"视图中创建切角圆柱体，在"参
数"卷展栏中设置"半径"为35，"高度"为100，"圆角"为1，"圆角分段"为3，"边数"为32，如图16-111
所示。

02 为模型施加"编辑多边形"修改器，将选择集定义为"多边形"，在"选择"卷展栏中勾选"忽略背面"选项，

在"底"视图中选择
图 16-112 所示的多边
形,在"编辑多边形"
卷展栏中单击"倒角"
后的设置按钮,在弹
出的小盒中设置"轮
廓"为 -4,单击"确定"
按钮。

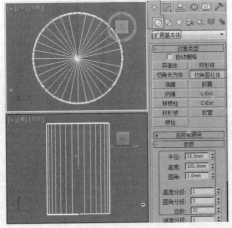

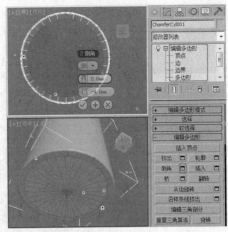

图 16-111   图 16-112

03 再次单击"倒角"后的设置按钮,为多边形设置倒角,在弹出的小盒中设置"数量"为 -5,"轮廓"为 -3,单击"确定"按钮,如图 16-113 所示。

04 单击" ☀ (创建) > ◯ (几何体) > 管状体"按钮,在"顶"视图中创建管状体,在"参数"卷展栏中设置"半径 1"为 34,"半径 2"为 36,"高度"为 2,"边数"为 50,调整模型至合适的位置,如图 16-114 所示。

05 在"前"视图中使用移动复制法复制模型,调整复制出的模型至合适的位置,如图 16-115 所示。

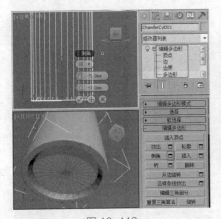
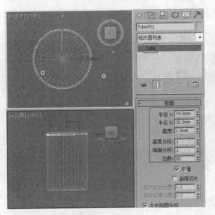
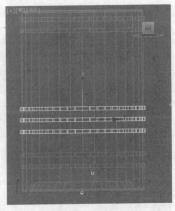

图 16-113   图 16-114   图 16-115

06 为其中一个管状体施加"编辑多边形"修改器,在"编辑几何体"卷展栏中单击"附加"后的设置按钮,在弹出的对话框的列表中选择所有管状体模型,单击"附加"按钮,如图 16-116 所示。

07 选择切角圆柱体,
单击" ☀ (创建) >
◯ (几何体) > 复合
对象 > ProBoolean"
按钮,在"拾取布尔
对象"卷展栏中单击
"开始拾取"按钮,在
场景中拾取管状体模
型,如图 16-117 所示。

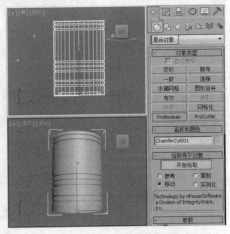

图 16-116   图 16-117

08 为模型施加"编辑多边形"修改器，将选择集定义为"边"，场景中显示图16-118所示的边处于选择状态，在"编辑边"卷展栏中单击"倒角"后的设置按钮，在弹出的小盒中设置"数量"为0.3，"分段"为3，单击"确定"按钮。

09 单击"（创建）>（几何体）>球体"按钮，在"顶"视图中创建球体作为布尔对象，在"参数"卷展栏中设置"半径"为15，如图16-119所示。

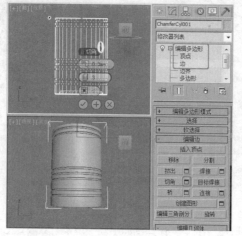

图 16-118　　　　　　　　　图 16-119

10 切换到（层次）命令面板，在"调整轴"卷展栏中单击"仅影响轴"按钮，调整轴点的位置，如图16-120所示，关闭"仅影响轴"。

11 在菜单栏中单击"工具>阵列"命令，在弹出的"阵列"对话框中选择以z轴为阵列中心旋转360°复制模型，设置阵列维度的"数量"为3，单击"确定"按钮，如图16-121所示。

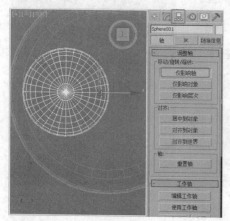
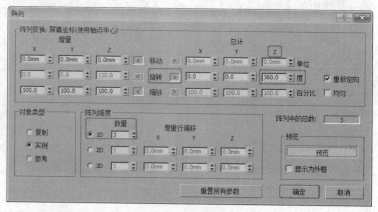

图 16-120　　　　　　　　　图 16-121

12 将场景中的3个球体模型成组，调整模型至合适的位置，如图16-122所示。

13 选择切角圆柱体，单击"（创建）>（几何体）>复合对象>ProBoolean"按钮，在"拾取布尔对象"卷展栏中单击"开始拾取"按钮，在场景中拾取管状体模型，如图16-123所示。

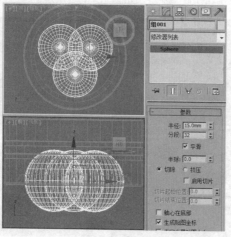
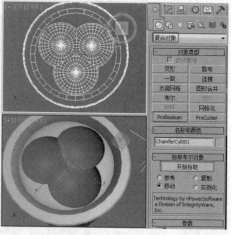

图 16-122　　　　　　　　　图 16-123

14 单击"💠（创建）> 🔲（图形）> 线"按钮，在"前"视图中创建图 16-124 所示的图形。

15 为图形施加"车削"
修改器，在"参数"卷
展栏中勾选"焊接内核"
选项，选择"方向"为Y，
"对齐"为"最小"，使
用 ⭕（选择并旋转）工
具调整模型的角度，使
用 ✛（选择并移动）工
具调整模型至合适的位
置，如图 16-125 所示。

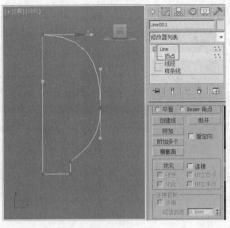

图 16-124

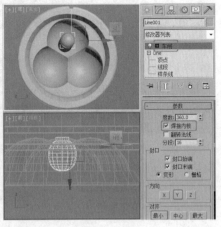
图 16-125

16 复制线 001 模型，调整复制出的模型至合适的位置，如图 16-126 所示。

17 单击"💠（创建）>
🔲（几何体）> 扩展基
本体 > 切角圆柱体"按
钮，在"顶"视图中创
建切角圆柱体，在"参数"
卷展栏中设置"半径"
为 45，"高度"为 10，"圆
角"为 1，"圆角分段"
为 3，"边数"为 30，
如图 16-127 所示。

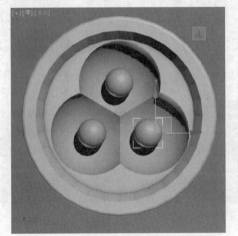
图 16-126

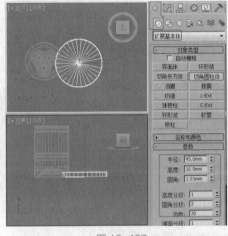
图 16-127

18 继续在"顶"视图中创建切角圆柱体模型，在"参数"卷展栏中设置"半径"为 8，"高度"为 65，"圆角"为 6，
调整模型至合适的位
置，如图 16-128 所示。

19 单击"💠（创建）>
🔲（几何体）> 长方体"
按钮，在"顶"视图中
创建长方体作为布尔对
象，在"参数"卷展栏
中设置"长度"为 6，"宽
度"为 20，"高度"为
20，调整模型至合适的
位置，如图 16-129 所示。

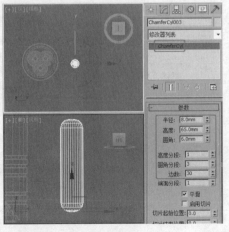
图 16-128

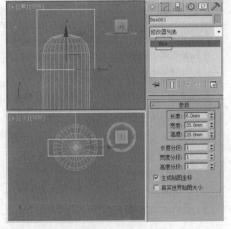
图 16-129

20 在场景中选择切角圆柱体 003 模型，单击"💠（创建）> 🔲（几何体）> 复合对象 > ProBoolean"按钮，在"拾
取布尔对象"卷展栏中单击"开始拾取"按钮，在场景中拾取长方体模型，如图 16-130 所示。

21 单击" ☀ （创建）>
◉（几何体）>扩展基
本体>切角长方体"按
钮,在"顶"视图中创
建切角长方体,在"参数"
卷展栏中设置"长度"
为6,"宽度"为8,"高
度"为20,"圆角"为2,
"圆角分段"为3,调整
模型至合适的位置,如
图16-131所示。

图16-130

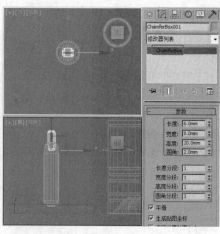

图16-131

22 单击" ☀ （创建）>
◉（几何体）>圆柱体"
按钮,在"顶"视图中
创建圆柱体,在"参数"
卷展栏中设置"半径"
为30,"高度"为1,调
整模型至合适的位置,
如图16-132所示。
23 在场景中调整模型的
角度和位置,调整完成
后的模型如图16-133
所示。

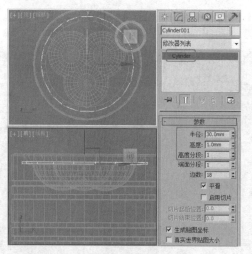

图16-132

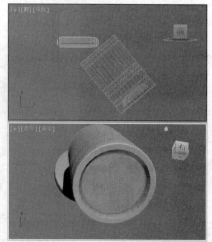

图16-133

实例 152 圆筒灯

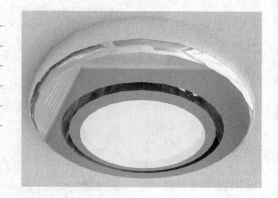

- **案例场景位置** | 案例源文件 > Cha16 > 实例152圆筒灯
- **效果场景位置** | 案例源文件 > Cha16 > 实例152圆筒灯场景
- **贴图位置** | 贴图素材 > Cha16 > 实例152圆筒灯
- **视频教程** | 教学视频 > Cha16 > 实例152
- **视频长度** | 3分27秒
- **制作难度** | ★ ★ ★ ☆ ☆

▌操作步骤▐

01 单击" ☀ （创建）> ⑤（图形）>线"按钮,在"前"视图中创建图16-134所示图形。
02 为图形施加"车削"修改器,在"参数"卷展栏中勾选"焊接内核"选项,设置"分段"为32,选择"方向"
为Y,"对齐"为"最小",如图16-135所示。

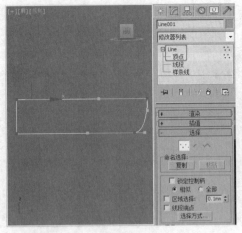
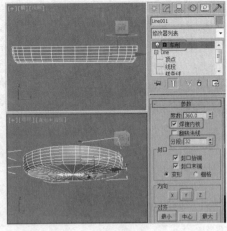

图 16-134　　　　　　　　　　　　　　　图 16-135

03 为模型施加"编辑多边形"命令，将选择集定义为"多边形"，在"选择"卷展栏中勾选"忽略背面"选项，在"编辑多边形"卷展栏中单击"倒角"后的设置按钮，在弹出的小盒中设置"轮廓"为 -12，单击"确定"按钮，如图 16-136 所示。

04 单击"挤出"后的设置按钮，为多边形设置挤出，在弹出的小盒中设置"高度"为 -13，单击"确定"按钮，如图 16-137 所示。

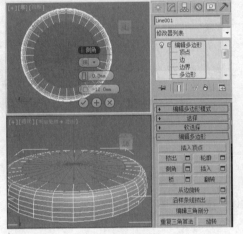
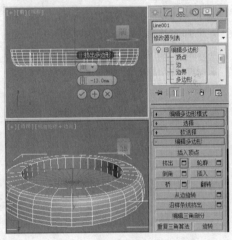

图 16-136　　　　　　　　　　　　　　　图 16-137

05 单击"倒角"后的设置按钮，为多边形设置倒角，在弹出的小盒中设置"轮廓"为 -4，单击"确定"按钮，如图 16-138 所示。

06 单击"挤出"后的设置按钮，为多边形设置挤出，在弹出的小盒中设置"高度"为 13，单击"确定"按钮，如图 16-139 所示。

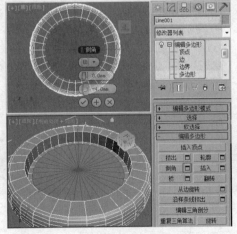
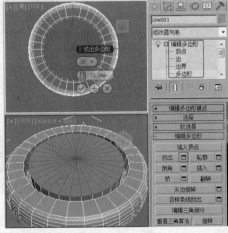

图 16-138　　　　　　　　　　　　　　　图 16-139

07 单击"倒角"后的设置按钮，为多边形设置倒角，在弹出的小盒中设置"轮廓"为 -5.5，单击"确定"按钮，如图 16-140 所示。

08 单击"挤出"后的设置按钮，为多边形设置挤出，在弹出的小盒中设置"高度"为-6，单击"确定"按钮，如图16-141所示。

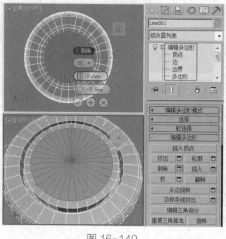
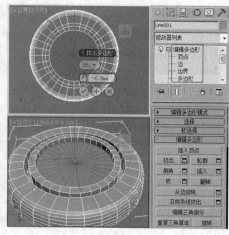

图 16-140   图 16-141

实例 153 方筒灯

- **案例场景位置** | 案例源文件 > Cha16 > 实例153方筒灯
- **效果场景位置** | 案例源文件 > Cha16 > 实例153方筒灯场景
- **贴图位置** | 案例源文件 > Cha16 > 实例153方筒灯
- **视频教程** | 教学视频 > Cha16 > 实例153
- **视频长度** | 4分15秒
- **制作难度** | ★★★☆☆

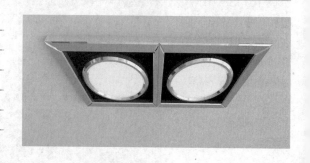

操作步骤

01 单击" （创建）> （几何体）> 长方体"按钮，在"顶"视图中创建长方体，在"参数"卷展栏中设置"长度"为110，"宽度"为210，"高度"为10，"宽度分段"为2，如图16-142所示。

02 为模型施加"编辑多边形"修改器，将选择集定义为"多边形"，在"底"视图中选择图16-143所示的多边形，

在"编辑多边形"卷展栏中单击"倒角"后的设置按钮，在弹出的小盒中选择"倒角类型"为"按多边形"，设置"轮廓"为-7.5，单击"确定"按钮。

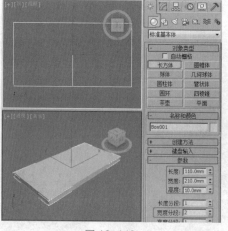
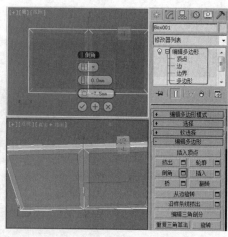

图 16-142   图 16-143

03 在"底"视图中沿x轴调整两个多边形至合适的位置，如图16-144所示。

04 选择多边形，在"编辑多边形"卷展栏中单击"挤出"后的设置按钮，在弹出的小盒中设置"高度"为-6.5，单击"确定"按钮，如图16-145所示。

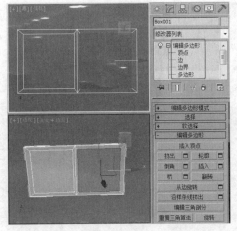

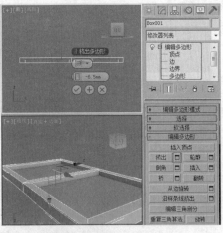

图 16-144

图 16-145

05 先按 Ctrl+A 组合键全选多边形,然后按住 Alt 键在"前"视图中减选不用的多边形,如图 16-146 所示。

06 单击"倒角"后的设置按钮,为多边形设置倒角,在弹出的小盒中设置"高度"为 1,"轮廓"为 -1,单击"确定"按钮,如图 16-147 所示。

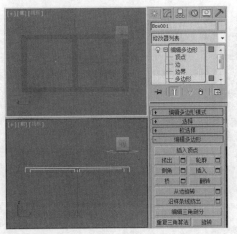

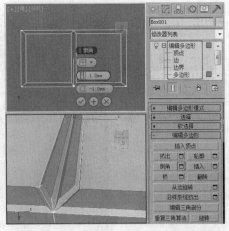

图 16-146

图 16-147

07 单击" （创建)> （几何体）> 圆柱体"按钮,在"顶"视图中创建圆柱体,在"参数"卷展栏中设置"半径"为 34,"高度"为 5.5,"高度分段"为 1,"边数"为 30,调整模型至合适的位置,如图 16-148 所示。

08 为圆柱体施加"编辑多边形"修改器,将选择集定义为"多边形",在"编辑多边形"卷展栏中单击"倒角"后的设置按钮,在弹出的小盒中设置"轮廓"为 -6.5,如图 16-149 所示。

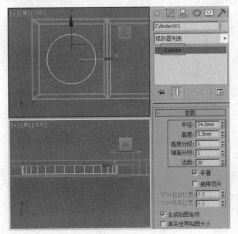

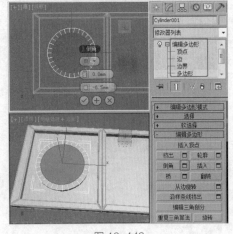

图 16-148

图 16-149

09 单击"挤出"后的设置按钮,为多边形设置挤出,在弹出的小盒中设置"高度"为 -2.2,单击"确定"按钮,如图 16-150 所示。

10 先按 Ctrl+A 组合键全选多边形,然后按住 Alt 键在"前"视图中减选不用的多边形,如图 16-151 所示。

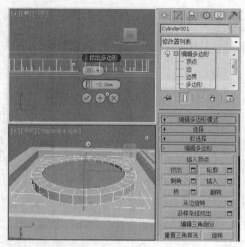

图 16-150

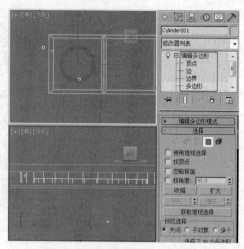

图 16-151

11 单击"倒角"后的设置按钮，为多边形设置挤出，在弹出的小盒中设置"高度"为3，"轮廓"为-2，单击"确定"按钮，如图16-152所示。

12 复制圆柱体模型，调整复制出的模型至合适的位置，如图16-153所示。

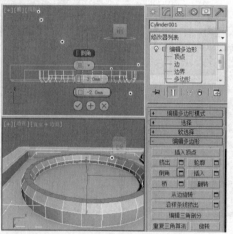

图 16-152

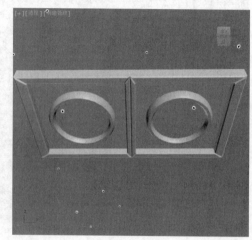

图 16-153

第 17 章

室内家具模型的制作

本章主要介绍室内各种家具模型的制作。家具是家庭家居装修装饰中必不可少的因素。家具的设计以实用、舒适为前提条件，然后考虑当前的流行格调及个人的爱好与品位。

家具是室内效果图中最重要的构件，不同风格的家具组合会体现出不同韵味的效果。

实例 154 新中式沙发

- **案例场景位置** | 案例源文件 > Cha17 > 实例154新中式沙发
- **效果场景位置** | 案例源文件 > Cha17 > 实例154新中式沙发
- **贴图位置** | 案例源文件 > Cha17 > 实例154新中式沙发
- **视频教程** | 教学视频 > Cha17 > 实例154
- **视频长度** | 8分51秒
- **制作难度** | ★★★☆☆

▌操作步骤 ▌

01 单击" （创建）> （几何体）> 扩展基本体 > 切角长方体"按钮，在"顶"视图中创建切角长方体，在"参数"卷展栏中设置"长度"为600，"宽度"为750，"高度"为65，"圆角"为1，"圆角分段"为3，如图17-1所示。

02 继续在"顶"视图中创建切角长方体作为靠背架模型，在"参数"卷展栏中设置"长度"为50，"宽度"为770，"高度"为20，"圆角"为1，"圆角分段"为3，如图17-2所示。

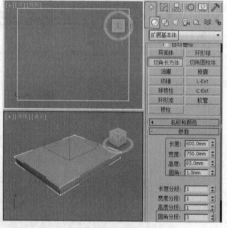
图 17-1

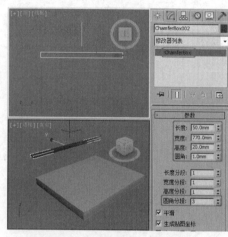
图 17-2

03 继续在"顶"视图中创建切角长方体作为后腿模型，在"参数"卷展栏中设置"长度"为50，"宽度"为60，"高度"为500，"圆角"为1，"圆角分段"为3，调整模型至合适的位置，如图17-3所示。

04 复制切角长方体003模型，调整复制出的模型至合适的位置，如图17-4所示。

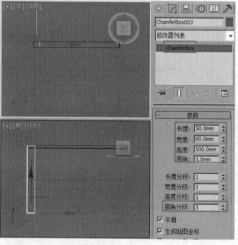
图 17-3

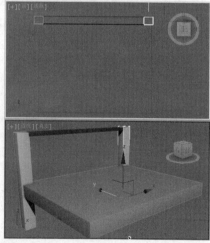
图 17-4

05 复制切角长方体003模型作为前腿模型，修改复制出模型的参数，在"参数"卷展栏中设置"长度"为35，"宽度"为60，"高度"为500，"圆角"为1，"圆角分段"为3，复制切角长方体005模型，调整模型至合适的位置，如图17-5所示。

06 单击 " > > 扩展基本体 > 切角长方体" 按钮,在 "顶" 视图中创建切角长方体作为扶手模型,在 "参数" 卷展栏中设置 "长度" 为 610,"宽度" 为 60,"高度" 为 20,"圆角" 为 1,"圆角分段" 为 3,复制模型并调整模型至合适的位置,如图 17-6 所示。

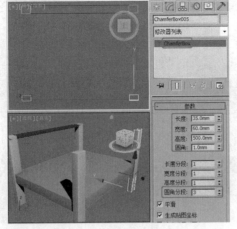

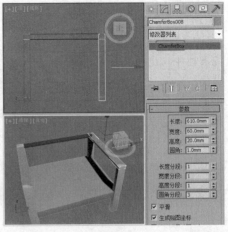

图 17-5

图 17-6

07 继续在 "顶" 视图中创建切角长方体作为坐垫模型,在 "参数" 卷展栏中设置 "长度" 为 580,"宽度" 为 750,"高度" 为 120,"圆角" 为 20,"长度分段" 为 10,调整模型至合适的位置,如图 17-7 所示。

08 为切角长方体 009 模型施加 "FFD(长方体)" 修改器,在 "FFD 参数" 卷展栏中单击 "设置点数" 按钮,在弹出的对话框中设置 "长度" 的控制点为 6,将选择集定义为 "控制点",在 "左" 视图中调整控制点,如图 17-8 所示。

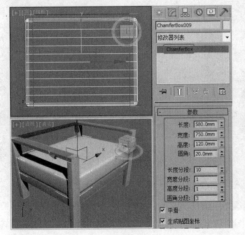

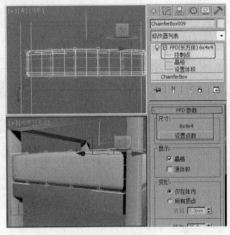

图 17-7

图 17-8

09 单击 " > > 扩展基本体 > 切角圆柱体" 按钮,在 "左" 视图中创建切角圆柱体作为抱枕模型,在 "参数" 卷展栏中设置 "半径" 为 90,"高度" 为 640,"圆角" 为 40,"圆角分段" 为 5,"边数" 为 30,调整模型至合适的位置,如图 17-9 所示。

10 为模型施加 "编辑多边形" 修改器,将选择集定义为 "线",在 "顶" 视图中单击 "循环" 按钮,选择图 17-10 所示的边。

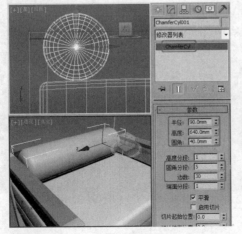

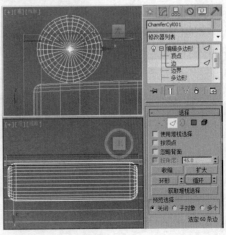

图 17-9

图 17-10

11 在"编辑边"卷展栏中单击"切角"后的设置按钮，在弹出的小盒中设置"数量"为1.8，"分段"为1，如图17-11所示。

12 将选择集定义为"多边形"，在"选择"卷展栏中勾选"忽略背面"选项，在"透"视图中选择图17-12所示的多边形。

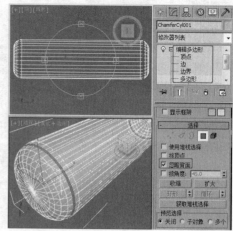

图 17-11　　　　　　　　　　图 17-12

13 在"编辑多边形"卷展栏中单击"倒角"后的设置按钮，在弹出的小盒中选择"倒角类型"为本地法线，设置"高度"为2.5，"轮廓"为-0.5，如图17-13所示。

14 为模型施加"涡轮平滑"修改器，使用默认参数即可，如图17-14所示。

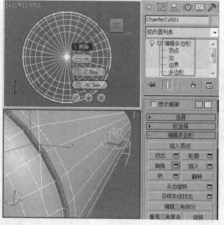
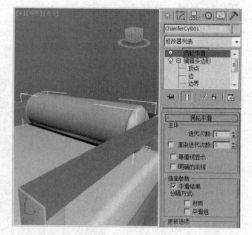

图 17-13　　　　　　　　　　图 17-14

15 复制切角圆柱体并调整复制出模型的位置及角度，将选择集定义为"顶点"，在"顶"视图中调整顶点，如图17-15所示。

16 选择所有模型，使用 (镜像)工具复制模型，如图17-16所示。

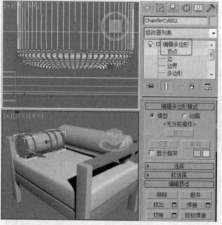

图 17-15　　　　　　　　　　图 17-16

实例 **155**	简约双人床

- **案例场景位置** | 案例源文件 > Cha17 > 实例155简约双人床
- **效果场景位置** | 案例源文件 > Cha17 > 实例155简约双人床场景
- **贴图位置** | 贴图素材 > Cha17 > 实例155简约双人床
- **视频教程** | 教学视频 > Cha17 > 实例155
- **视频长度** | 8分41秒
- **制作难度** | ★★★☆☆

操作步骤

01 单击"　（创建）>　（几何体）> 扩展基本体 > 切角长方体"按钮，在"顶"视图中创建切角长方体作为床板模型，在"参数"卷展栏中设置"长度"为2000，"宽度"为1800，"高度"为126，"圆角"为10，"高度分段"为5，"圆角分段"为3，如图17-17所示。

02 为模型施加"编辑多边形"修改器，将选择集定义为"多边形"，在"选择"卷展栏中勾选"忽略背面"选项，

在"前"视图中选择图17-18所示的多边形，在"编辑多边形"卷展栏中单击"倒角"后的设置按钮，在弹出的快捷菜单中设置"高度"为-8，"轮廓"为-3，单击⊕（应用并继续）按钮。

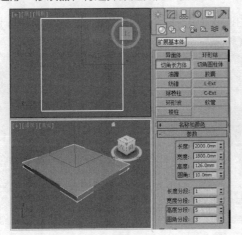

图 17-17

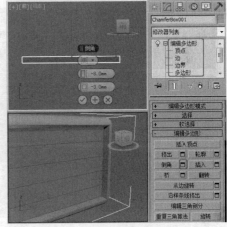

图 17-18

03 继续为多边形设置倒角，设置"高度"为8，"轮廓"为-3，单击"确定"按钮，如图17-19所示。

04 为模型施加"FFD（长方体）"修改器，在"FFD参数"卷展栏中单击"设置点数"按钮，在弹出的对话框中设置"高度"的控制点数为5，将选择集定义为"控制点"，在"前"视图中调整两边的控制点，在"左"视图中调整右边的控制点，如图17-20所示。

图 17-19

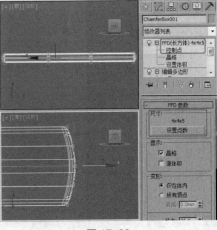

图 17-20

05 单击"　（创建）>　（几何体）> 扩展基本体 > 切角长方体"按钮，在"前"视图中创建切角长方体作为床

头模型，在"参数"卷展栏中设置"长度"为350，"宽度"为800，"高度"为125，"圆角"为10，如图17-21所示。

06 为模型施加"编辑多边形"修改器，将选择集定义为"多边形"，在"顶"视图中选择多边形，在"编辑多边形"卷展栏中单击"挤出"后的设置按钮，在弹出的小盒中设置"高度"为 –2，单击"确定"按钮，如图17-22所示。

07 复制切角长方体并调整模型至合适的位置，如图17-23所示。

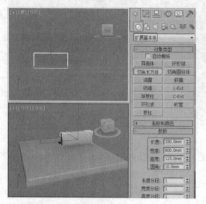

图 17-21

图 17-22

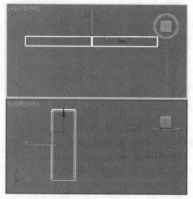

图 17-23

08 复制切角长方体003，调整复制出模型的顶点，调整模型至合适的位置，如图17-24所示。

09 复制切角长方体001模型作为床垫模型，在工具栏中用鼠标右键单击 （选择并均匀缩放）按钮，在弹出的对话框中设置合适的缩放比例，再复制出一个作为床垫的模型，调整模型至合适的位置，如图17-25所示。

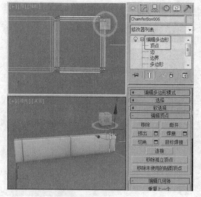

图 17-24

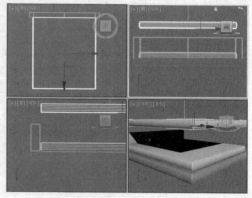

图 17-25

10 在场景中选择切角长方体001模型，单击" ✶ "（创建）> ◯（几何体）> 复合对象 > 布尔"按钮，在"拾取布尔"卷展栏中单击"拾取操作对象B"按钮，在场景中拾取模型，如图17-26所示。

11 调整一下床垫模型的大小，调整模型至合适的位置，如图17-27所示。

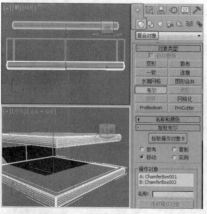

图 17-26

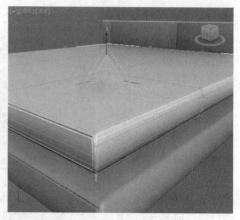

图 17-27

12 单击" ✶ （创建）> ◯（几何体）> 圆柱体"按钮，在"顶"视图中创建圆柱体作为布尔对象，在"参数"卷展栏中设置"半径"为10，"高度"为100，"边数"为30，调整模型至合适的位置，如图17-28所示。

13 选择床垫模型，单击" ✶ （创建）> ◯（几何体）> 复合对象 > 布尔"按钮，在"拾取布尔"卷展栏中单击"拾取

操作对象 B"按钮,在
场景中拾取圆柱体模
型,如图17-29所示。

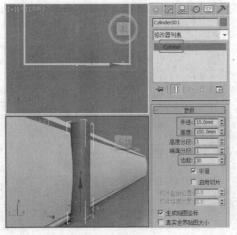

图 17-28　　　　　图 17-29

14 单击"　(创建)>　(几何体)>长方体"按钮,在"顶"视图中创建长方体作为底柱模型,在"参数"卷
展栏中设置"长度"
为 140,"宽度"为
140,"高度"为40,
调整模型至合适的位
置,如图17-30所示。
15 复制长方体模型,
调整模型至合适的位
置,如图17-31所示。

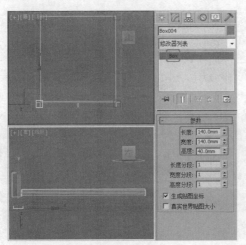

图 17-30　　　　　图 17-31

欧式贵妃椅

- **案例场景位置** | 案例源文件 > Cha17 > 实例156欧式贵妃椅
- **效果场景位置** | 案例源文件 > Cha17 > 实例156欧式贵妃椅场景
- **贴图位置** | 贴图素材 > Cha17 > 实例156欧式贵妃椅
- **视频教程** | 教学视频 > Cha17 > 实例156
- **视频长度** | 21分8秒
- **制作难度** | ★★★☆☆

| 操作步骤 |

01 单击"　(创建)>　(图形)>线"按钮,在"前"视图中创建图 17-32 所示的图形。
02 为图形施加"挤出"修改器,设置合适的挤出"数量",设置"分段"为 3,如图 17-33 所示。

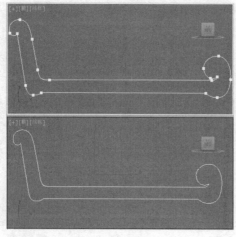

图 17-32   图 17-33

03 为模型施加"编辑多边形"修改器，将选择集定义为"边"，可以先选择所有的边，再按住 Alt 键在"左"视图中减选不用的边，如图 17-34 所示。

04 在"编辑边"卷展栏中单击"切角"后的设置按钮，为边设置切角，在弹出的小盒中设置合适的参数，如图 17-35 所示。

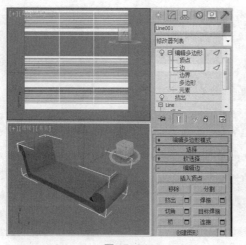

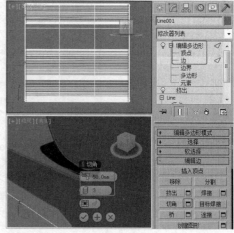

图 17-34   图 17-35

05 将选择集定义为"顶点"，在"左"视图中选择顶点，在"顶"视图中沿 x 轴调整顶点，如图 17-36 所示。

06 单击" （创建）> （图形）> 线"按钮，在"前"视图中创建图 17-37 所示的图形。

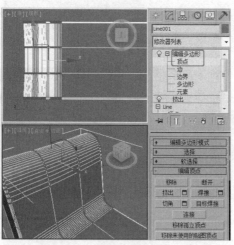

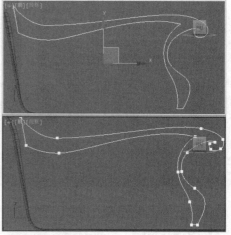

图 17-36   图 17-37

07 为图形施加"倒角"修改器，在"倒角值"卷展栏中设置合适的参数，如图 17-38 所示。

08 复制倒角处的模型，在修改器堆栈中使用 （从堆栈中移除修改器）按钮移除修改器，将线的选择集定义为"顶点"，删除多余顶点并调整顶点，如图 17-39 所示。

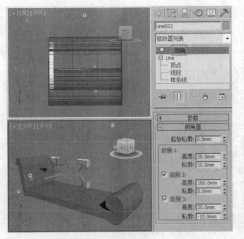

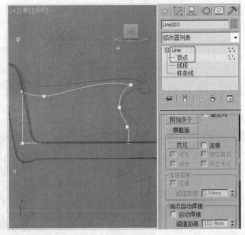

图 17-38   图 17-39

09 为图形施加"挤出"修改器,为图形设置合适的挤出参数,调整模型至合适的位置,如图 17-40 所示。

10 单击"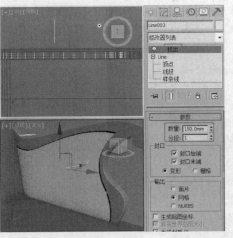（创建）> （图形）>线"按钮,在"前"视图中创建图 17-41 所示的图形。

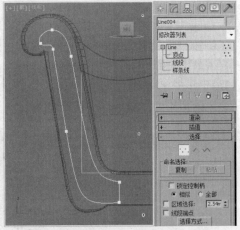

图 17-40   图 17-41

11 在"前"视图中创建图 17-42 所示的图形。

12 选择线 004、005 图形,为图形施加"挤出"修改器,设置合适的参数,调整模型至合适的位置,如图 17-43 所示。

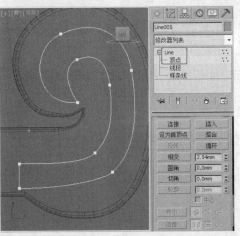

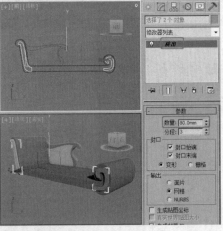

图 17-42   图 17-43

13 在"左"视图中创建图 17-44 所示的矩形,为其中一个矩形施加"编辑样条线"修改器,在"几何体"卷展栏中单击"附加多个"按钮,在弹出的对话框的列表中选择所有的矩形,单击"附加"按钮将矩形附加到一起。

14 为图形施加"挤出"修改器,设置合适的参数,调整模型至合适的位置,如图 17-45 所示。

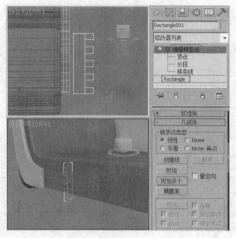

图 17-44   图 17-45

15 单击 "　（创建）> ○（几何体）> 扩展基本体 > 切角圆柱体" 按钮，设置合适的参数，调整模型至合适的位置，如图 17-46 所示。

16 单击 "　（创建）> ○（图形）> 圆" 按钮，在 "前" 视图中创建可渲染的圆，设置合适的 "半径" 参数，在 "渲染" 卷展栏中勾选 "在渲染中启用" 和 "在视口中启用"，设置合适的径向 "厚度"，复制模型并调整模型至合适的位置，如图 17-47 所示。

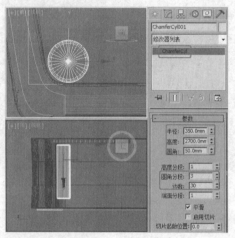 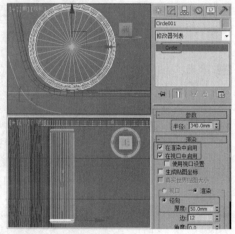

图 17-46   图 17-47

17 单击 "　（创建）> ○（图形）> 矩形" 按钮，在 "顶" 视图中创建矩形，为矩形施加 "编辑样条线" 修改器，在 "几何体" 卷展栏中单击 "优化" 按钮添加顶点，调整顶点的 Bezier 及位置，如图 17-48 所示。

18 为图形施加 "编辑多边形" 修改器，将选择集定义为 "多边形"，在 "顶" 视图选择多边形，在 "编辑多边形" 卷展栏中单击 "倒角" 后的设置按钮，在弹出的小盒中设置合适的参数，多次单击 ⊕（应用并继续）按钮以达到挤出带有分段模型的目的，如图 17-49 所示。

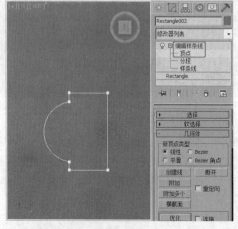 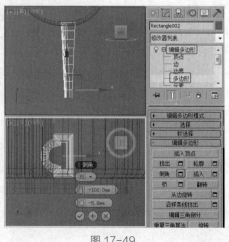

图 17-48   图 17-49

19 为模型施加"FFD4×4×4"修改器，将选择集定义为"控制点"，在"前"视图中调整控制点的位置，如图 17-50 所示。

20 在"顶"视图中使用 ○（选择并旋转）工具调整椅子腿模型的角度，使用 ⋈（镜像）工具复制模型，调整复制出的模型至合适的位置，如图 17-51 所示。

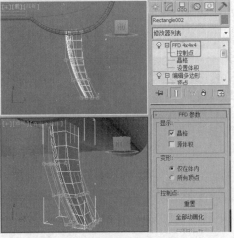

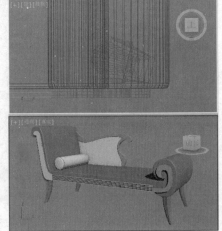

图 17-50　　　　　图 17-51

实例 157　L形组合沙发

- **案例场景位置** | 案例源文件 > Cha17 > 实例157L形组合沙发
- **效果场景位置** | 案例源文件 > Cha17 > 实例157L形组合沙发场景
- **贴图位置** | 案例源文件 > Cha17 > 实例157L形组合沙发
- **视频教程** | 教学视频 > Cha17 > 实例157
- **视频长度** | 7分41秒
- **制作难度** | ★★★☆☆

操作步骤

01 单击" ※（创建）> ○（几何体）> 扩展基本体 > 切角长方体"按钮，在"顶"视图中创建切角长方体，在"参数"卷展栏中设置"长度"为 75，"宽度"为 130，"高度"为 20，"圆角"为 0.5，"圆角分段"为 3，如图 17-52 所示。

02 在"前"视图中复制模型，并修改复制出模型的参数，在"参数"卷展栏中设置"长度"为 75，"宽度"为 130，"高度"为 13，"圆角"为 3，"圆角分段"为 3，调整模型至合适的位置，如图 17-53 所示。

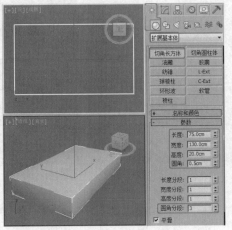
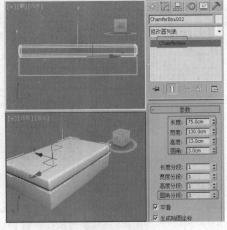

图 17-52　　　　　图 17-53

03 为切角长方体 002 施加"编辑多边形"修改器，将选择集定义为"顶点"，在"前"视图中选择下面的顶点，使用 卽（选择并均匀缩放）工具沿 y 轴缩放顶点，如图 17-54 所示。

04 复制切角长方体，并修改复制出模型的参数，在"参数"卷展栏中设置"长度"为 15，"宽度"为 130，"高度"

为75，"圆角"为2，"高度分段"为2，"圆角分段"为3，调整模型至合适的位置，如图17-55所示。

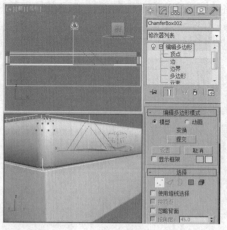

图 17-54

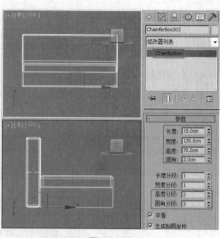

图 17-55

05 为切角长方体003施加"编辑多边形"修改器，将选择集定义为"顶点"，在"左"视图中调整顶点，如图17-56所示。

06 在场景中复制模型，并调整复制模型的顶点及位置，调整后的模型如图17-57所示。

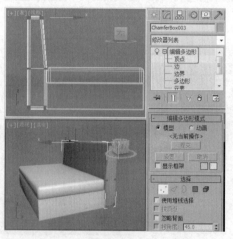

图 17-56

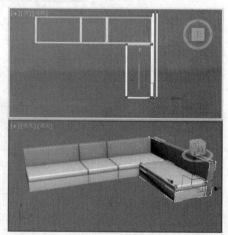

图 17-57

07 单击" （创建）> （图形）>线"按钮，在"前"视图中创建图17-58所示的图形。

08 为图形施加"挤出"修改器，在"参数"卷展栏中设置"数量"为78，调整模型至合适的位置，如图17-59所示。

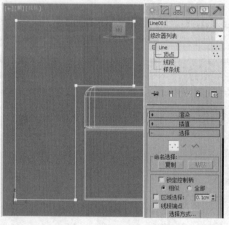

图 17-58

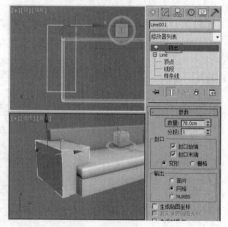

图 17-59

09 为线001模型施加"编辑多边形"修改器，将选择集定义为"边"，按Ctrl+A组合键全选边，在"编辑边"卷展栏中单击"切角"后的设置按钮，在弹出的小盒中设置"数量"为3，"分段"为3，单击"确定"按钮，如图17-60所示。

10 将选择集定义为"多边形"，按Ctrl+A组合键全选多边形，在"多边形：平滑组"卷展栏中为多边形指定统一的平滑组，如图17-61所示。

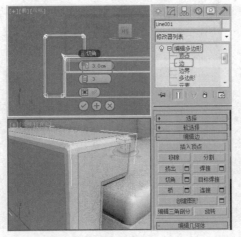

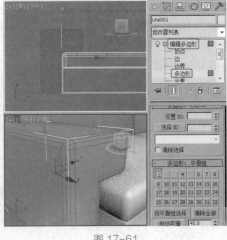

图 17-60　　　　　　　　　　　　　　　图 17-61

11 复制线 001 模型，调整复制出的模型至合适的位置，如图 17-62 所示。

12 在场景中创建合适大小的长方体作为沙发底座，复制模型并调整复制出的模型至合适的位置，调整完成后的场景如图 17-63 所示。

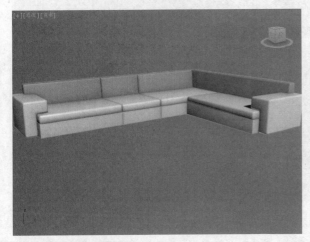

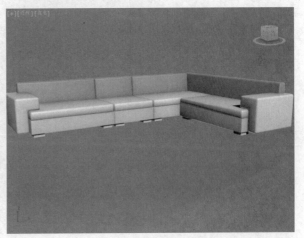

图 17-62　　　　　　　　　　　　　　　　　　　图 17-63

实　例
158　中式书架

● **案例场景位置┃** 案例源文件 > Cha17 > 实例 158 中式书架

● **效果场景位置┃** 案例源文件 > Cha17 > 实例 158 中式书架场景

● **贴图位置┃** 贴图素材 > Cha17 > 实例 158 中式书架

● **视频教程┃** 教学视频 > Cha17 > 实例 158

● **视频长度┃** 14 分 28 秒

● **制作难度┃** ★★★☆☆

┃ **操作步骤** ┃

01 单击 " （创建）> （几何体）> 扩展基本体 > 切角长方体" 按钮，在 "顶" 视图中创建切角长方体，在 "参数" 卷展栏中设置 "长度" 为 32.5，"宽度" 为 75，"高度" 为 6，"圆角" 为 0.1，"圆角分段" 为 3，如图 17-64 所示。

02 复制切角长方体，
修改切角长方体002
模型的参数，在"参数"
卷展栏中设置"长度"
为35，"宽度"为3.5，
"高度"为180，"圆角"
为0.1，复制模型切角
长方体002模型，调
整模型至合适的位置，
如图17-65所示。

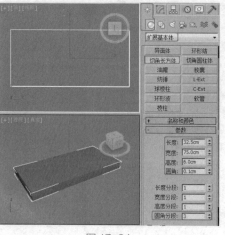
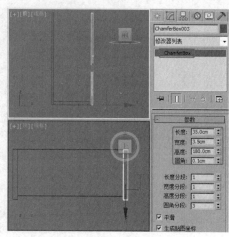

图 17-64　　　　　　　　　　图 17-65

03 复制切角长方体001，修改复制出模型的参数，在"参数"卷展栏中设置"长度"为32.5，"宽度"为75，"高度"为2.5，"圆角"为0.1，复制模型，调整复制出的模型至合适的位置，如图17-66所示。

04 单击"★（创建）
> （图形）> 矩形"
按钮，在"前"视图中
创建矩形，在"参数"
卷展栏中设置"长度"
为176.5，"宽度"为
37.5，"角半径"为
0.1，如图17-67所示。

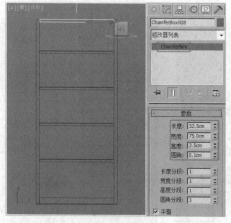
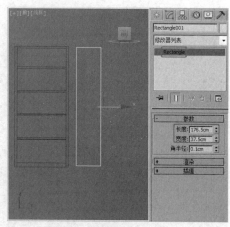

图 17-66　　　　　　　　　　图 17-67

05 在"前"视图中创建矩形002，设置"长度"为168，"宽度"为28，"角半径"为0.1，调整图形至合适的位置，如图17-68所示。

06 在"前"视图中创
建矩形003，在"参数"
卷展栏中设置"长度"
为4，"宽度"为30，
调整图形至合适的位
置，如图17-69所示。

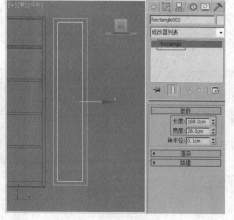
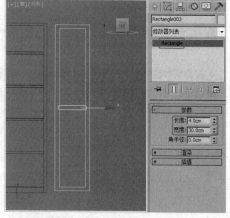

图 17-68　　　　　　　　　　图 17-69

07 为其中一个矩形施加"编辑样条线"修改器，在"几何体"卷展栏中单击"附加"按钮，将其他两个矩形附加到一起，将选择集定义为"样条线"，单击"修剪"按钮，修剪多余的样条线，如图17-70所示。

08 在"端点自动焊接"组中勾选"自动焊接"选项，设置合适的"阈值距离"，如图17-71所示。

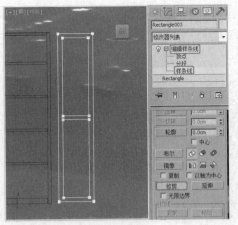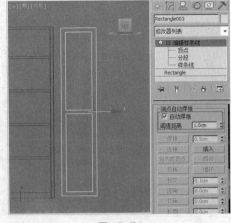

<table><tr><td>图 17-70</td><td>图 17-71</td></tr></table>

09 为图形施加"挤出"修改器，在"参数"卷展栏中设置"数量"为 2.5，复制挤出的模型，调整模型至合适的位置，如图 17-72 所示。

10 在"顶"视图中创建切角长方体，在"参数"卷展栏中设置"长度"为 2，"宽度"为 75，"高度"为 180，"圆角"为 0.1，调整模型至合适的位置，如图 17-73 所示。

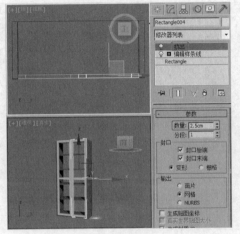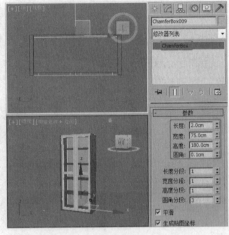

<table><tr><td>图 17-72</td><td>图 17-73</td></tr></table>

11 在"前"视图中复制作为隔层的切角长方体模型，并依次将复制出模型的"宽度"修改为 45，调整模型至合适的位置，如图 17-74 所示。

12 复制切角长方体 001 模型，修改复制出模型的参数，在"参数"卷展栏中设置"长度"为 32.5，"宽度"为 45，"高度"为 7，"圆角"为 0.1，调整模型至合适位置，如图 17-75 所示。

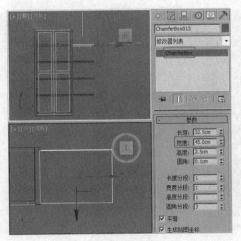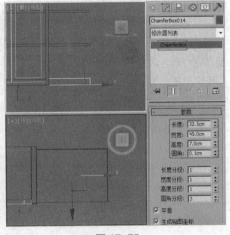

<table><tr><td>图 17-74</td><td>图 17-75</td></tr></table>

13 单击"（创建）>（图形）>线"按钮，在"前"视图中创建图 17-76 所示的线。

14 将线的选择集定义为"样条线"，在"几何体"卷展栏中设置"轮廓"为 -3.5，按 Enter 键确定轮廓，如图 17-77 所示。

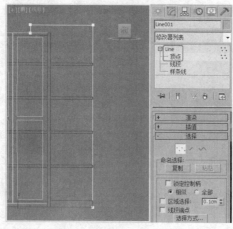
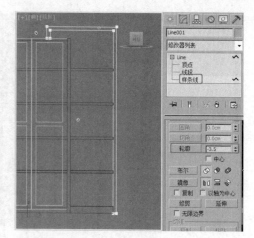

图 17-76 图 17-77

15 为图形施加"挤出"修改器，在"参数"卷展栏中设置合适的"数量"，调整模型至合适的位置，如图 17-78 所示。

16 在"顶"视图中创建切角长方体作为后侧挡板，在"参数"卷展栏中设置"长度"为2.5，"宽度"为45，"高度"为149，"圆角"为0.1，"圆角分段"为3，调整模型至合适的位置，如图 17-79 所示。

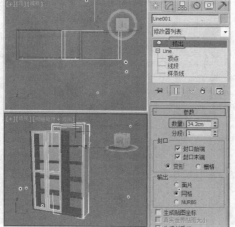
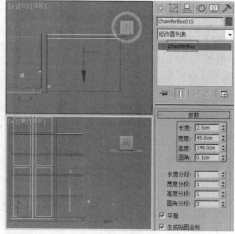

图 17-78 图 17-79

17 为单击" （创建）> （图形）>线"按钮，在"顶"视图中创建图 17-80 所示的图形。

18 为图形施加"挤出"修改器，在"参数"卷展栏中设置"数量"为22，调整模型至合适的位置，如图 17-81 所示。

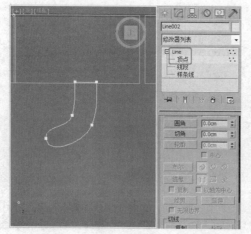
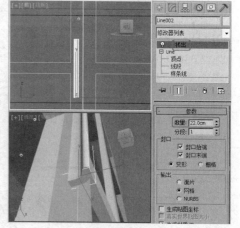

图 17-80 图 17-81

19 为线002模型施加"FFD4×4×4"修改器，将选择集定义为"控制点"，在"顶"视图中选择图 17-82 所示的控制点，在"前"视图中沿y轴缩放控制点。

20 使用 （镜像）工具复制线001模型，调整复制出的模型至合适的位置，如图 17-83 所示。

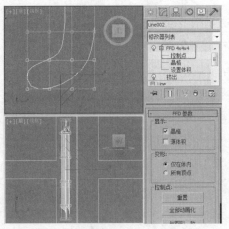
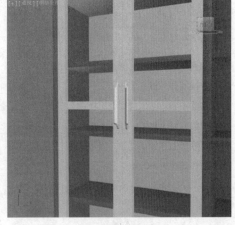

图 17-82 · · · · · · · · · · · · · · · 图 17-83

21 在"顶"视图中创建切角长方体制作抽屉，在"参数"卷展栏中设置"长度"为32.5，"宽度"为45，"高度"为14，"圆角"为0.1，调整模型至合适的位置，如图17-84所示。

22 单击"（创建）>（图形）>线"按钮，在"左"视图中创建图17-85所示的图形。

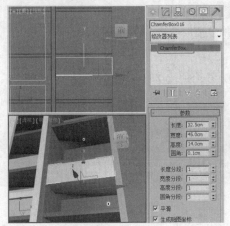
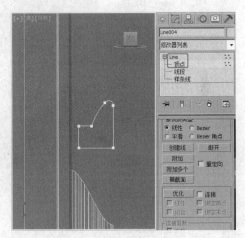

图 17-84 · · · · · · · · · · · · · · · 图 17-85

23 为图形施加"车削"修改器，在"参数"卷展栏中勾选"焊接内核"选项，设置"分段"为32，选择"方向"为X，调整模型至合适的位置，如图17-86所示。

24 使用（镜像）工具复制模型，调整复制出的模型至合适的位置，如图17-87所示。

25 单击"（创建）>（几何体）>长方体"按钮，在"前"视图中创建长方体作为玻璃模型，在"参数"卷展栏中设置"长度"为170，"宽度"为30，"高度"为0.4，复制玻璃模型，调整模型至合适的位置，如图17-88所示。

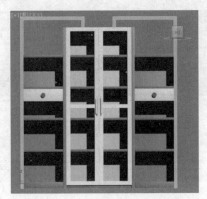
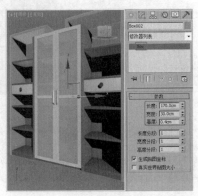

图 17-86 · · · · · · · · 图 17-87 · · · · · · · · 图 17-88

坐便器

● **案例场景位置** ┃ 案例源文件 > Cha17 > 实例159坐便器

● **效果场景位置** ┃ 案例源文件 > Cha17 > 实例159坐便器场景

● **贴图位置** ┃ 贴图素材 > Cha17 > 实例159坐便器

● **视频教程** ┃ 教学视频 > Cha17 > 实例159

● **视频长度** ┃ 9分11秒

● **制作难度** ┃ ★★★☆☆

┃ **操作步骤** ┃

01 单击"⭐（创建）>
🔷（图形）>线"按钮，
在"顶"视图中创建图
17-89 所示的图形。
02 为图形施加"挤出"
修改器，在"参数"卷
展栏中设置合适的"数
量"，设置"分段"为8，
如图 17-90 所示。

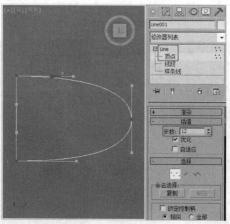

图 17-89

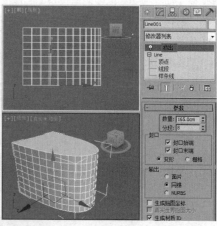

图 17-90

03 为模型施加"FFD4×4×4"修改器，将选择集定义为"控制点"，在场景中调整控制点，如图 17-91 所示。

04 为模型施加"FFD
（长方体）"修改器，将
选择集定义为"控制
点"，在"FFD参数"
卷展栏中单击"设置点
数"按钮，在弹出的对
话框中设置"高度"的
点数为8，在"前"视
图中调整控制点，如图
17-92 所示。

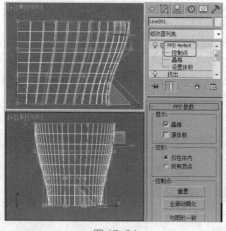

图 17-91

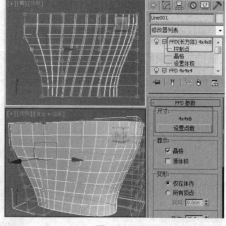

图 17-92

提示

分割后的模型变为两个元素，分割所产生的边的两边的顶点、边、多边形都是不连接的。

05 为模型施加"编辑多边形"修改器，将选择集定义为"边"，在"编辑几何体"卷展栏中勾选"分割"选项，单击"切片平面"按钮，调整切片平面至合适的位置和角度，单击"切片"按钮，如图 17-93 所示。

06 为模型施加"编辑多边形"修改器，将选择集定义为"多边形"，在场景中选择图 17-94 所示的多边形，在"编辑多边形"卷展栏中单击"挤出"后的设置按钮，在弹出的小盒中设置"数量"为 110，单击"确定"按钮。

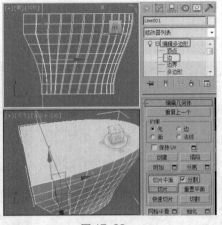 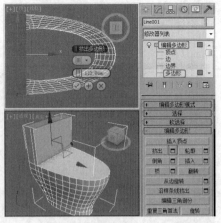

图 17-93 图 17-94

07 将选择集定义为"顶点"，在场景中先选择图 17-95 所示的其中一对不连接的顶点，在"编辑几何体"卷展栏中单击"塌陷"按钮，使顶点合为一个，使用同样方法塌陷另一边的顶点。

08 将选择集定义为"边"，在"选择"卷展栏中勾选"忽略背面"选项，在"透"视图中选择图 17-96 所示的边。

 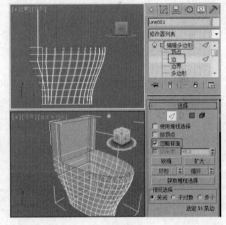

图 17-95 图 17-96

09 在"编辑边"卷展栏中单击"切角"后的设置按钮，在弹出的小盒中设置"数量"为 3，"分段"为 5，单击"确定"按钮，如图 17-97 所示。

10 单击"（创建）>（图形）> 线"按钮，在"顶"视图中创建图 17-98 所示的图形，在"插值"卷展栏中设置"步数"为 12。

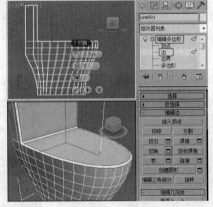 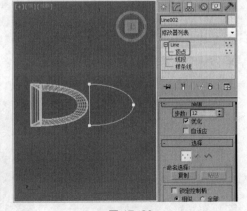

图 17-97 图 17-98

11 为图形施加"倒角"修改器，在"倒角值"卷展栏中设置"级别 1"的"高度"为 2，"轮廓"为 2，勾选"级别 2"选项并设置"高度"为 15，勾选"级别 3"选项并设置"高度"为 2，"轮廓"为 -2，调整模型至合适的位置，如图 17-99 所示。

12 单击"☀（创建）> ◯（几何体）> 扩展基本体 > 切角长方体"按钮，在"顶"视图中创建切角长方体作为水箱盖，为模型设置合适的参数，调整模型至合适的位置，如图 17-100 所示。

13 继续在场景中创建切角长方体作为冲水按钮模型，为模型设置合适的参数，调整模型至合适的位置，如图 17-101 所示。

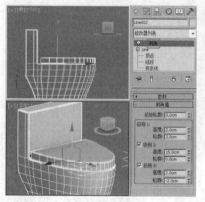
图 17-99

图 17-100

图 17-101

实例 160 洗手盆

- **案例场景位置** | 案例源文件 > Cha17 > 实例160洗手盆
- **效果场景位置** | 案例源文件 > Cha17 > 实例160洗手盆场景
- **贴图位置** | 贴图素材 > Cha17 > 实例160洗手盆
- **视频教程** | 教学视频 > Cha17 > 实例160
- **视频长度** | 8分32秒
- **制作难度** | ★★★☆☆

▌ 操作步骤 ▐

01 单击"☀（创建）> ◯（几何体）> 扩展基本体 > 切角长方体"按钮，在"顶"视图中创建切角长方体，在"参数"卷展栏中设置"长度"为 40，"宽度"为 60，"高度"为 12，"圆角"为 1，"圆角分段"为 3，如图 17-102 所示。

02 为模型施加"编辑多边形"修改器，将选择集定义为"顶点"，在"左"视图中调整顶点的位置，如图 17-103 所示。

03 复制模型，选择作为布尔对象的切角长方体 002 模型，将"编辑多边形"修改器的选择集定义为"顶点"，在"左"视图和"顶"视图中调整顶点，如图 17-104 所示，关闭选择集，调整模型至合适的位置。

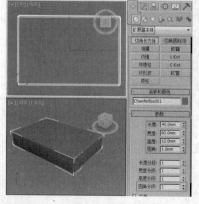
图 17-102

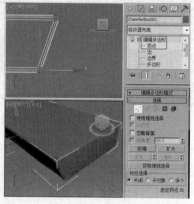
图 17-103

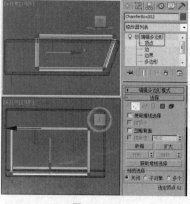
图 17-104

04 在"顶"视图中创建切角长方体作为布尔对象，在"参数"卷展栏中设置"长度"为 12，"宽度"为 13，"高度"为 12，"圆角"为 1，"圆角分段"为 3，调整模型至合适的位置，如图 17-105 所示。

05 在场景中选择切角长方体 001 模型，单击"（创建）>（几何体）> 复合对象 >ProBoolean"按钮，在"拾取布尔对象"卷展栏中单击"开始拾取"按钮，在场景中拾取切角长方体 002、003 模型，如图 17-106 所示。

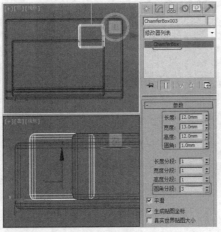

図 17-105　　　　　　　　　　図 17-106

06 为模型施加"编辑多边形"修改器，将选择集定义为"边"，在"选择"卷展栏中勾选"忽略背面"选项，选择图 17-107 所示的边，在"编辑边"卷展栏中单击"切角"后的设置按钮，在弹出的小盒中设置"数量"为 0.5，"分段"为 3，单击"确定"按钮。

07 单击"（创建）>（几何体）> 长方体"按钮，在"顶"视图中创建长方体，在"参数"卷展栏中设置"长度"为 8，"宽度"为 13.5，"高度"为 9，调整模型至合适的位置，如图 17-108 所示。

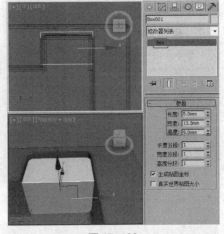

図 17-107　　　　　　　　　　図 17-108

08 为模型施加"编辑多边形"修改器，将选择集定义为"多边形"，在"顶"视图中选择图 17-109 所示的多边形，在"编辑多边形"卷展栏中单击"倒角"后的设置按钮，在弹出的小盒中设置"轮廓"为 -1，单击（应用并继续）按钮，继续为多边形设置倒角，设置合适的"高度"和"轮廓"。

09 单击"（创建）>（图形）> 线"按钮，在"左"视图中创建图 17-110 所示的线作为放样路径。

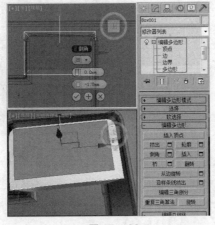
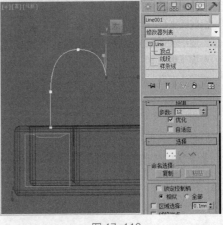

図 17-109　　　　　　　　　　図 17-110

10 单击"■（创建）> ● （图形）> 圆环"按钮，在"顶"视图中创建圆环作为放样的图形，在"参数"卷展栏中设置"半径1"为1.2，"半径2"为0.8，如图17-111所示。

11 选择作为放样路径的线001，单击"■（创建）> ● （几何体）> 复合对象 > 放样"按钮，在"创建方法"卷展栏中单击"获取图形"按钮，在场景中拾取作为放样图形的圆环，如图17-112所示。

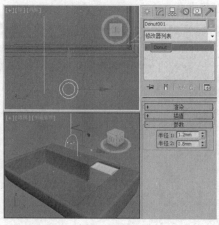

图 17-111

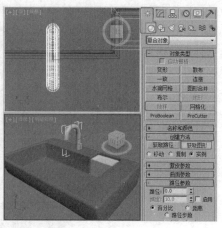

图 17-112

12 单击"■（创建）> ● （几何体）> 圆柱体"按钮，在"顶"视图中创建圆柱体，在"参数"卷展栏中设置"半径"为1.5，"高度"为2，调整模型至合适的位置，如图17-113所示。

13 单击"■（创建）> ● （几何体）> 扩展基本体 > 油罐"按钮，在"顶"视图中创建油罐，在"参数"卷展栏中设置"半径"为3，"高度"为2.5，"封口高度"为0.8，"边数"为8，取消勾选"平滑"选项，调整模型至合适的位置，如图17-114所示。

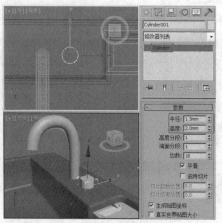

图 17-113

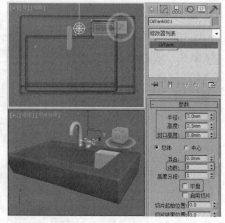

图 17-114

实例 161 会议桌

- **案例场景位置** | 案例源文件 > Cha17 > 实例161会议桌
- **效果场景位置** | 案例源文件 > Cha17 > 实例161会议桌
- **贴图位置** | 案例源文件 > Cha17 > 实例161会议桌
- **视频教程** | 教学视频 > Cha17 > 实例161
- **视频长度** | 6分40秒
- **制作难度** | ★★★☆☆

操作步骤

01 单击"■（创建）> ● （图形）> 椭圆"按钮，在"顶"视图中创建椭圆，如图17-115所示。

02 单击"■（创建）> ● （图形）> 线"按钮，在"前"视图中创建图17-116所示的线作为剖面。

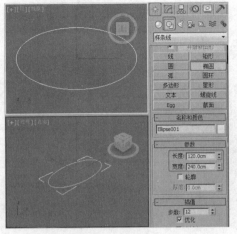
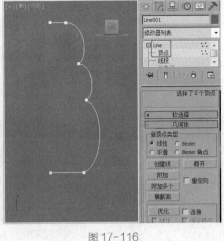

图 17-115　　　　　　　　　　　　图 17-116

03 选择椭圆，为图形施加"倒角剖面"修改器，在"参数"卷展栏中单击"拾取剖面"按钮，在场景中拾取作为剖面的线 001，如图 17-117 所示。

04 在工具栏中右键单击 🔲（选择并均匀缩放）按钮，在弹出的对话框中设置合适的参数，调整模型各方向的大小，如图 17-118 所示。

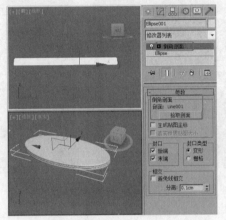
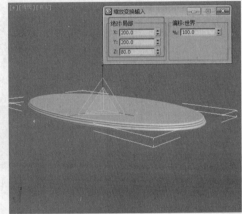

图 17-117　　　　　　　　　　　　图 17-118

05 单击"（创建）>（图形）>线"按钮，在"顶"视图中创建图 17-119 所示的图形。

06 为图形施加"倒角"修改器，在"参数"卷展栏中设置曲面的"分段"为 3，勾选"级间平滑"选项，在"倒角值"卷展栏中为"级别 1"设置合适的参数，调整模型至合适的位置，如图 17-120 所示。

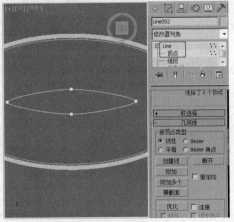
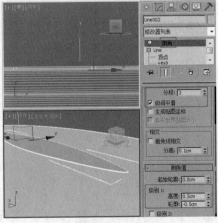

图 17-119　　　　　　　　　　　　图 17-120

07 单击"（创建）>（图形）>线"按钮，在"顶"视图中创建图 17-121 所示的图形作为桌腿的横面。

08 为图形施加"挤出"修改，设置合适的挤出"数量"，调整模型至合适的位置，如图 17-122 所示。

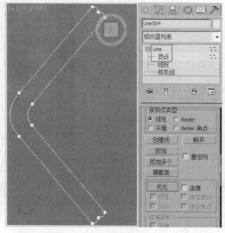

图 17-121

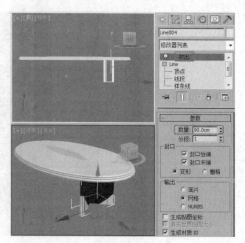

图 17-122

09 使用 （镜像）工具复制桌腿模型，调整模型至合适的位置，如图 17-123 所示。

10 单击"（创建）>（几何体）>长方体"按钮，在"顶"视图中创建长方体作为隔断模型，设置合适的参数，调整模型至合适的位置，如图 17-124 所示。

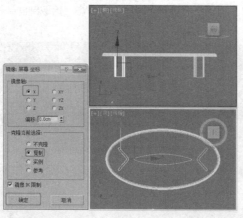

图 17-123

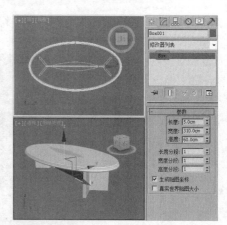

图 17-124

实例 162 办公椅

- **案例场景位置** | 案例源文件 > Cha17 > 实例162办公椅
- **效果场景位置** | 案例源文件 > Cha17 > 实例162办公椅场景
- **贴图位置** | 贴图素材 > Cha17 > 实例162办公椅
- **视频教程** | 教学视频 > Cha17 > 实例162
- **视频长度** | 6分40秒
- **制作难度** | ★★★☆☆

┤操作步骤├

01 单击"（创建）>（图形）>矩形"按钮，在"顶"视图中创建圆角矩形，设置合适的参数，如图 17-125 所示。

02 为矩形施加"编辑样条线"修改器，将选择集定义为"顶点"，在"几何体"卷展栏中单击"优化"按钮，在"顶"视图中添加顶点，删除底部的两个顶点，再将此时最下面的两个顶点的类型转换为角点，如图 17-126 所示。

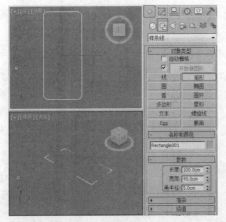

图 17-125　　　　　　　　　　　　图 17-126

03 在"左"视图中调整顶点，如图 17-127 所示。

04 在"渲染"卷展栏中勾选"在渲染中启用"和"在视口中启用"，设置合适的径向"厚度"，如图 17-128 所示。

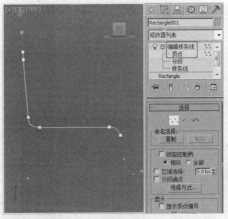 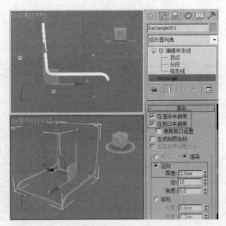

图 17-127　　　　　　　　　　　　图 17-128

05 单击" [+]（创建）> [+]（几何体）> 扩展基本体 > 切角长方体"按钮，在"顶"视图中创建切角长方体，设置合适的参数，调整模型至合适的位置，如图 17-129所示。

06 为模型施加"编辑多边形"修改器，将选择集定义为"顶点"，在"顶"视图中调整顶点，如图17-130 所示。

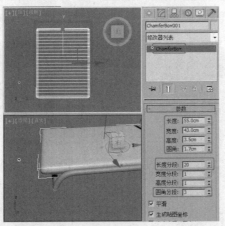 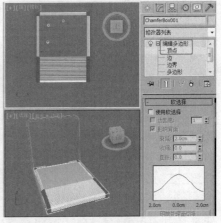

图 17-129　　　　　　　　　　　　图 17-130

07 为模型施加"FFD（长方体）"修改器，将选择集定义为"控制点"，在"FFD 参数"卷展栏中单击"设置点数"按钮，在弹出的对话框中设置"长度"的点数为 20，在"左"视图中使用 [+]（选择并旋转）和 [+]（选择并移动）工具调整控制点，如图 17-131 所示。

08 单击" [+]（创建）> [+]（图形）> 线"按钮，在"左"视图中创建图 17-132 所示的线。

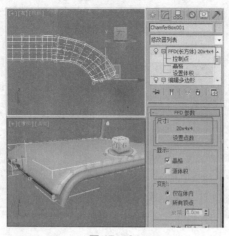

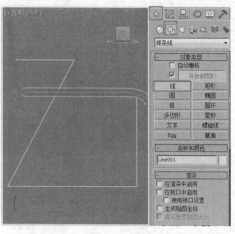

图 17-131

图 17-132

09 切换到 [图] （修改）命令面板，将选择集定义为"顶点"，使用"优化"按钮添加顶点，在"插值"卷展栏中设置"步数"为12，在各个视图中调整顶点，如图 17-133 所示。

10 在"渲染"卷展栏中勾选"在渲染中启用"和"在视口中启用"选项，设置合适的径向"厚度"，使用 [图] （镜像）工具复制模型，调整模型至合适的位置，如图 17-134 所示。

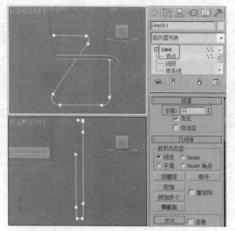

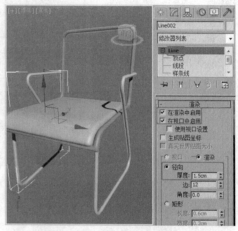

图 17-133

图 17-134

11 单击" [图] （创建）> [图] （图形）> 线"按钮，在"左"视图中创建图 17-135 所示的图形。

12 为图形施加"倒角"修改器，设置合适的参数，复制模型并调整模型至合适的位置，如图 17-136 所示。

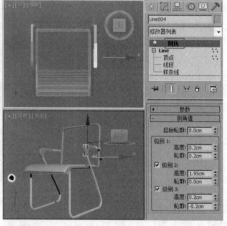

图 17-135

图 17-136

13 单击" [图] （创建）> [图] （几何体）> 扩展基本体 > 切角长方体"按钮，在"前"视图中创建切角长方体，调整模型至合适的位置及角度，如图 17-137 所示。

14 模型施加"FFD4×4×4"修改器，将选择集定义为"控制点"，先在"前"视图中调整上下4个角位置的控制点，然后在"左"视图或"顶"视图中调整中间的控制点，如图 17-138 所示。

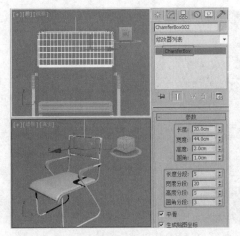

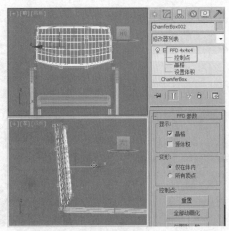

图 17-137

图 17-138

15 单击" (创建)> (图形)>线"按钮,在"前"视图中创建图 17-139 所示的图形。

16 为图形施加"挤出"修改器,设置合适的参数,复制模型,并调整模型至合适的位置及角度,如图 17-140 所示。

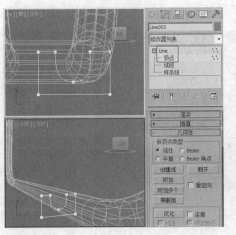

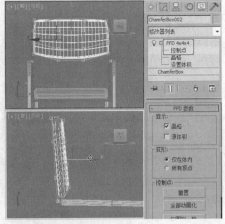

图 17-139

图 17-140

手机

● **案例场景位置** | 案例源文件 > Cha17 > 实例163手机

● **效果场景位置** | 案例源文件 > Cha17 > 实例163手机场景

● **贴图位置** | 贴图素材 > Cha17 > 实例163手机

● **视频教程** | 教学视频 > Cha17 > 实例163

● **视频长度** | 8分12秒

● **制作难度** | ★★★☆☆

┨ 操作步骤 ┠

01 单击" (创建)> (图形)>矩形"按钮,在"顶"视图中创建圆角矩形,在"参数"卷展栏中设置"长度"为 125,"宽度"为 60,"角半径"为 8,如图 17-141 所示。

02 为图形施加"倒角"修改器,在"参数"卷展栏中设置"分段"为 3,勾选"级间平滑"选项,在"倒角值"卷展栏中设置"级别 1"的"高度"为 0.5,"轮廓"为 0.5,勾选"级别 2"选项并设置"高度"为 6.5,勾选"级别 3"选项并设置"高度"为 0.5,"轮廓"为 -0.5,如图 17-142 所示。

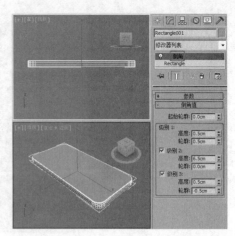

图 17-141   图 17-142

03 为模型施加"编辑多边形"修改器，将选择集定义为"多边形"，在"顶"视图中选择图 17-143 所示的多边形，

在"编辑多边形"卷展栏
中单击"倒角"后的设置
按钮，在弹出的小盒中设
置"轮廓"为 -0.8，单
击⊕（应用并继续）按钮
再次为多边形设置倒角。

04 设置"高度"为 -0.5，
"轮廓"为 -0.8，单击"确
定"按钮，如图 17-144
所示。

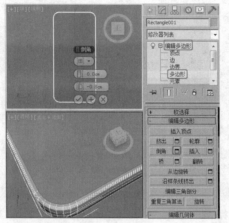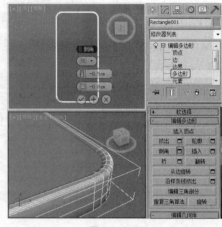

图 17-143   图 17-144

05 单击"　（创建）> 　（几何体）> 长方体"按钮，在"顶"视图中创建长方体作为手机屏幕模型，在"参数"
卷展栏中设置"长度"为 90，"宽度"为 53，"高度"为 2，复制出一个模型作为布尔对象，调整模型至合适的位置，
如图 17-145 所示。

06 在场景中选择矩形
001 模型，单击"　（创
建）> 　（几何体）> 复
合对象 > ProBoolean"
按钮，在"拾取布尔对象"
卷展栏中单击"开始拾取"
按钮，在场景中拾取一个
长方体模型，如图 17-
146 所示。

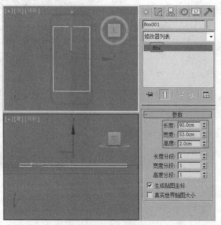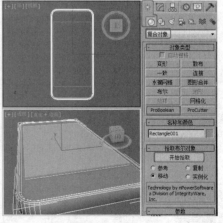

图 17-145   图 17-146

07 在"左"视图中调整屏幕模型至合适的位置，如图 17-147 所示。

08 单击"　（创建）> 　（几何体）> 长方体"按钮，在"左"视图中创建长方体，设置合适的参数，复制模型，
调整模型至合适的位置，如图 17-148 所示。

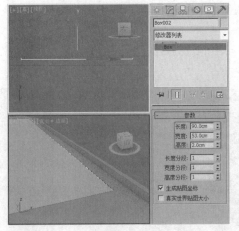

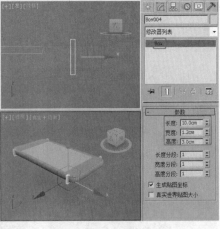

图 17-147   图 17-148

09 在场景中选择矩形 001 模型，在"拾取布尔对象"卷展栏中单击"开始拾取"按钮，在场景中依次拾取长方体模型，如图 17-149 所示。

10 单击" ☀ （创建）
> ⬚ （图形）> 矩形"
按钮，在"左"视图中
创建矩形，在"参数"
卷展栏中设置"长度"
为 2，"宽度"为 7，"角
半径"为 1，如图 17-
150 所示。

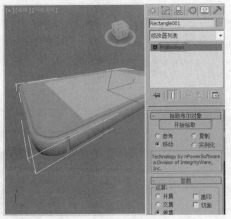

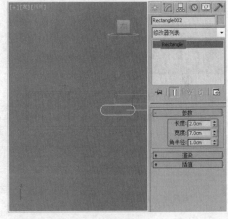

图 17-149   图 17-150

11 为图形施加"倒角"修改器，在"倒角值"卷展栏中设置"级别 2"的"高度"为 1，"级别 3"的"高度"为 0.2，"轮廓"为 –0.2，调整模型至合适的位置，如图 17-151 所示。

12 单击" ☀ （创建）> ⬚ （几何体）> 扩展基本体 > 切角圆柱体"按钮，在"左"视图中创建切角圆柱体，在"参
数"卷展栏中设置"半
径"为 2.5，"高度"
为 2，"圆角"为 0.2，"高
度分段"为 1，"圆角
分段"为 3，"边数"
为 20，复制模型，并
调整模型至合适的位
置，如图 17-152 所示。

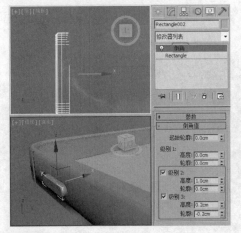

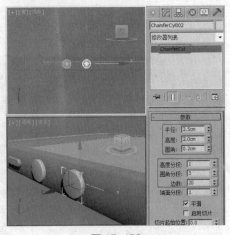

图 17-151   图 17-152

13 在场景中复制作为按钮的矩形 002 模型，调整模型至合适的位置及角度，在工具栏中用鼠标右键单击 🔁 （选择

并均匀缩放）按钮，在弹出的对话框中放大模型的 *x*、*y* 轴方向，如图 17-153 所示。

14 单击"⊕（创建）> ○（几何体）> 球体"按钮，在"顶"视图中创建球体作为布尔对象，如图 17-154 所示。

15 选择矩形 001 模型，使用布尔拾取球体，使用同样方法制作出手机的听筒、前置摄像头等，完成后的模型如图 17-155 所示。

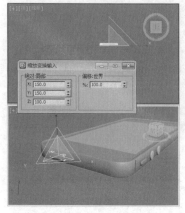

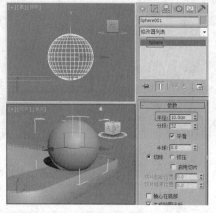

| 图 17-153 | 图 17-154 | 图 17-155 |

实例 164 **中式电视柜**

- **案例场景位置** | 案例源文件 > Cha17 > 实例164 中式电视柜
- **效果场景位置** | 案例源文件 > Cha17 > 实例164 中式电视柜
- **贴图位置** | 案例源文件 > Cha17 > 实例164 中式电视柜
- **视频教程** | 教学视频 > Cha17 > 实例164
- **视频长度** | 6分31秒
- **制作难度** | ★★★☆☆

▌操作步骤▌

01 单击"⊕（创建）> ◔（图形）> 线"按钮，在"前"视图中创建图 17-156 所示的线。

02 将线的选择集定义为"样条线"，在"几何体"卷展栏中设置"轮廓"为 -3.5，按 Enter 键确定轮廓，如图 17-157 所示。

03 将选择集定义为"顶点"，单击"优化"按钮，在"前"视图中添加顶点，调整顶点的 Bezier，如图 17-158 所示。

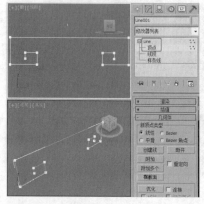

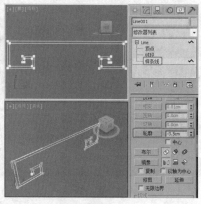

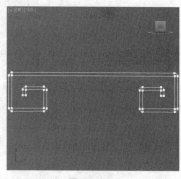

| 图 17-156 | 图 17-157 | 图 17-158 |

04 继续在"前"视图中调整顶点,如图 17-159 所示。

05 单击"★(创建)> ⚪(图形)>矩形"按钮,在"前"视图中创建矩形,在"参数"卷展栏中设置"长度"为 3.5,"宽度"为 111,调整图形至合适的位置,如图 17-160 所示。

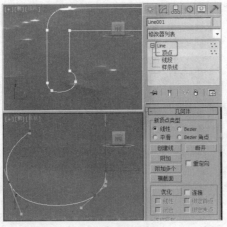

图 17-159

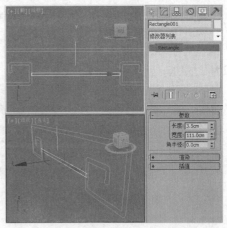

图 17-160

06 选择线 001,在"几何体"卷展栏中单击"附加"按钮,在场景中附加矩形,如图 17-161 所示。

07 为图形施加"倒角"修改器,在"参数"卷展栏中设置"分段"为 3,勾选"级间平滑"选项;在"倒角值"卷展栏中设置"级别 1"的"高度"为 0.5,"轮廓"为 0.5,勾选"级别 2"选项并设置"高度"为 47,勾选"级别 3"选项并设置"高度"为 0.5,"轮廓"为 -0.5,如图 17-162 所示。

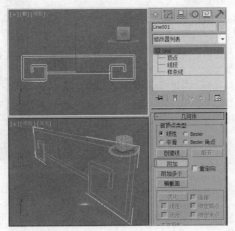

图 17-161

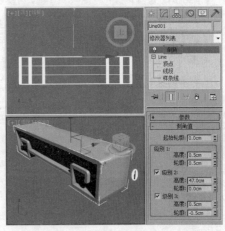

图 17-162

实例 165 中式屏风

- **案例场景位置** | 案例源文件 > Cha17 > 实例165中式屏风
- **效果场景位置** | 案例源文件 > Cha17 > 实例165中式屏风场景
- **贴图位置** | 贴图素材 > Cha17 > 实例165中式屏风
- **视频教程** | 教学视频 > Cha17 > 实例165
- **视频长度** | 1分24秒
- **制作难度** | ★ ★ ★ ☆ ☆

┃ 操作步骤 ┃

01 单击"★(创建)> ⚪(几何体)>门>折叠门"按钮,在"顶"视图中创建折叠门,先按住鼠标左键并沿 x 轴移动设置宽度,释放鼠标左键并沿 y 轴移动鼠标设置宽度,单击鼠标左键并沿 y 轴移动鼠标设置高度,再次单击鼠标左键创建完模型,并在"参数"卷展栏中设置"高度"为 180,"宽度"为 140,"打开"为 40,在"门框"组中取消勾选"创建门框"选项，在"页扇参数"卷展栏中设置"厚度"为3，"门挺/顶梁"为3，"底梁"为3，如图17-163所示。

02 复制模型，调整复制出的模型至合适的位置和角度，如图17-164所示。

图 17-163

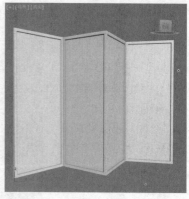

图 17-164

<table>
<tr><td>实例
166</td><td>**电脑桌**</td></tr>
</table>

- **案例场景位置** | 案例源文件 > Cha17 > 实例166电脑桌
- **效果场景位置** | 案例源文件 > Cha17 > 实例166电脑桌场景
- **贴图位置** | 贴图素材 > Cha17 > 实例166电脑桌
- **视频教程** | 教学视频 > Cha17 > 实例166
- **视频长度** | 28分52秒
- **制作难度** | ★★★☆☆

操作步骤

01 单击"（创建）>（图形）> 线"按钮，在"顶"视图中创建圆角矩形作为桌面，在"参数"卷展栏中设置"长度"为50，"宽度"为90，"角半径"为2，如图17-165所示。

02 为矩形施加"挤出"修改器，在"参数"卷展栏中设置"数量"为1.5，如图17-166所示。

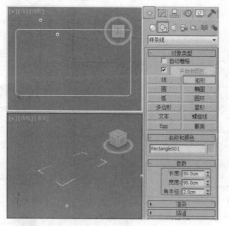

图 17-165

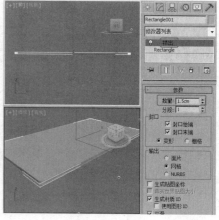

图 17-166

03 单击"（创建）>（几何体）> 圆柱体"按钮，在"顶"视图中创建圆柱体作为支架，在"参数"卷展栏中设置"半径"为0.7，"高度"为4，复制模型并调整模型至合适的位置，如图17-167所示。

04 单击"（创建）>（几何体）> 扩展基本体 > 切角长方体"按钮，在"顶"视图中创建切角长方体作为键盘托支架，在"参数"卷展栏中设置"长度"为42，"宽度"为2，"高度"为2，"圆角"为0.2，"圆角分段"为3，复制模型并调整模型至合适的位置，如图17-168所示。

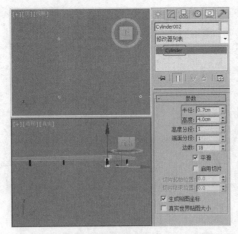

图 17-167

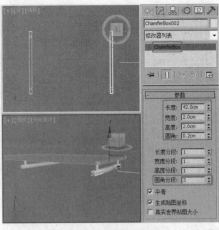

图 17-168

05 在矩形上施加"编辑样条线"修改器，创建图 17-169 所示的键盘托图形。

06 为图形施加"挤出"修改器，在"参数"卷展栏中设置"数量"为 1.5，调整模型至合适的位置，如图 17-170 所示。

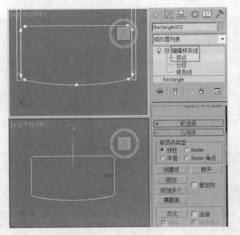

图 17-169

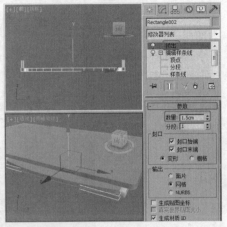

图 17-170

07 在"顶"视图中创建图 17-171 所示的侧面主支架图形。

08 为图形施加"挤出"修改器，在"参数"卷展栏中设置"数量"为 55，复制模型并调整模型至合适的位置，如图 17-172 所示。

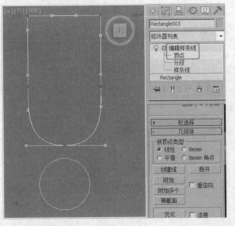

图 17-171

图 17-172

09 单击"（创建）>（几何体）> 长方体"按钮，在"左"视图中创建长方体，在"参数"卷展栏中设置"长度"为 5，"宽度"为 24，"高度"为 0.5，调整模型至合适的位置，如图 17-173 所示。

10 复制桌面模型作为主机托模型，在修改器堆栈中选择矩形，设置"长度"为 42，"宽度"为 23，调整模型至合适的位置，如图 17-174 所示。

11 复制切角长方体 001 模型，调整复制出模型的长度，调整复制出模型的位置和角度，如图 17-175 所示。

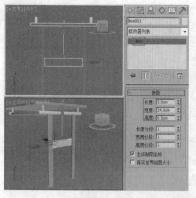

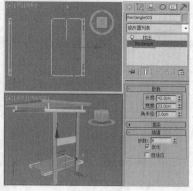

图 17-173   图 17-174   图 17-175

12 单击"＊（创建）> ◎（几何体）> 圆柱体"按钮，在"顶"视图中创建圆柱体作为抽屉支架，设置合适的参数，复制模型并调整模型至合适的位置，修改左边两个圆柱体的高度，如图 17-176 所示。

13 复制桌面模型作为抽屉的顶面模型，在修改器堆栈中选择矩形，在"参数"卷展栏中设置"长度"为 32，"宽度"为 28，"角半径"为 1，调整模型至合适的位置，如图 17-177 所示。

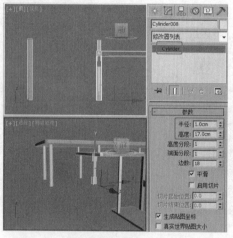

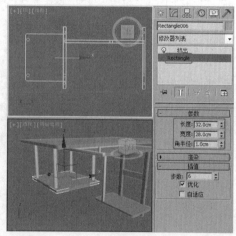

图 17-176   图 17-177

14 在场景中创建长方体作为抽屉架，复制并调整模型至合适的位置，如图 17-178 所示。

15 复制并调整模型，如图 17-179 所示。

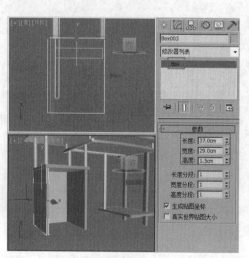

图 17-178   图 17-179

16 单击"＊（创建）> ◎（图形）> 椭圆"按钮，在"前"视图中创建椭圆作为放样图形，在"参数"卷展栏中设置"长度"为 0.6，"宽度"为 0.8，如图 17-180 所示。

17 单击"＊（创建）> ◎（图形）> 弧"按钮，在"顶"视图中创建合适的弧作为放样路径，如图 17-181 所示。

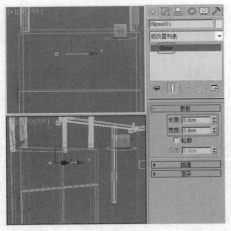
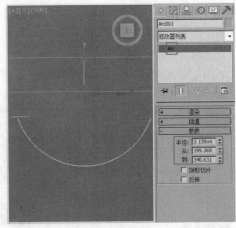

图 17-180　　　　　　　　　　　　　　　　　图 17-181

18 选择弧，单击"（创建）> ⬡（几何体）> 复合对象 > 放样"按钮，在"创建方法"卷展栏中单击"获取图形"按钮，在场景中拾取放样图形椭圆，如图 17-182 所示。

19 切换到 ☑（修改）命令面板，在"变形"卷展栏中单击"缩放"按钮，在弹出的"缩放变形"对话框中先添加角点，再调整曲线，如图 17-183 所示。

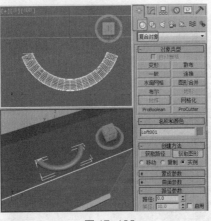
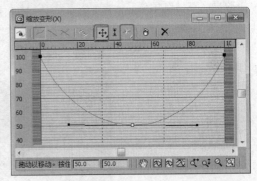

图 17-182　　　　　　　　　　　　　　　　　图 17-183

20 复制抽屉拉手模型，调整模型至合适的位置及大小，如图 17-184 所示。

21 在场景中创建中间的挡板隔断模型和固定管模型，如图 17-185 所示。

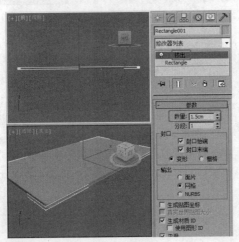
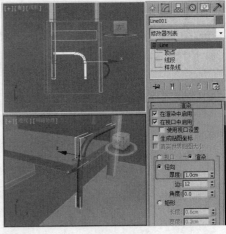

图 17-184　　　　　　　　　　　　　　　　　图 17-185

22 创建切角长方体作为底支架，创建图 17-186 所示的图形作为固定底座模型。

23 为图形施加"车削"修改器，在"参数"卷展栏中勾选"焊接内核"选项，选择"方向"为 Y，"对齐"为"最小"，复制模型并调整模型至合适的位置，如图 17-187 所示。

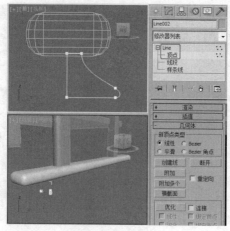
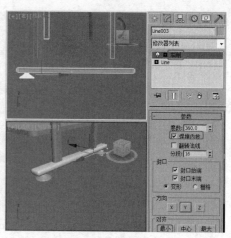

图 17-186 图 17-187

24 单击"（创建）>（图形）>圆"按钮，在"左"视图中创建图 17-188 所示的圆作为滚动轮，在"参数"卷展栏中设置"半径"为 2.5。

25 为图形施加"倒角"
修改器，在"倒角值"
卷展栏中设置"级别1"
的"高度"为0.5，"轮
廓"为0.2，勾选"级
别2"选项并设置"高度"
为2，勾选"级别3"
选项并设置"高度"为
0.5，"轮廓"为-0.2，
复制模型，调整模型至
合适的位置和角度，如
图 17-189 所示。

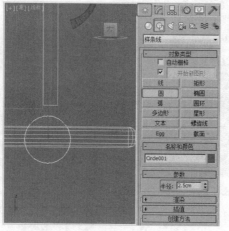
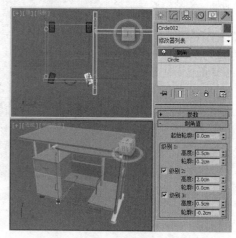

图 17-188 图 17-189

实例 167 餐椅

- **案例场景位置** | 案例源文件 > Cha17 > 实例167 餐椅
- **效果场景位置** | 案例源文件 > Cha17 > 实例167 餐椅场景
- **贴图位置** | 贴图素材 > Cha17 > 实例167 餐椅
- **视频教程** | 教学视频 > Cha17 > 实例167
- **视频长度** | 13分28秒
- **制作难度** | ★★★☆☆

操作步骤

01 单击"（创建）>（几何体）>长方体"按钮，在"顶"视图中创建长方体，在"参数"卷展栏中设置"长度"为40，"宽度"为40，"高度"为1.5，如图 17-190 所示。

02 在"左"视图中创建长方体，设置合适的参数，复制模型，调整复制出的模型至合适的位置和角度，如图 17-191 所示。

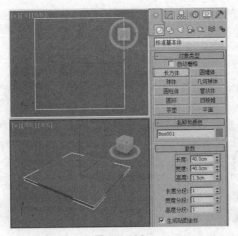
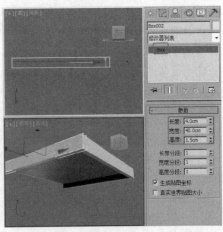

图 17-190　　　　　　　　　　　　　图 17-191

03 单击"　（创建）>
　（图形）>线"按钮，
在"左"视图中创建图
17-192 所示的图形。

04 为图形施加"倒角"
修改器，设置合适的参
数，调整模型至合适的
角度和位置，使用 　
（镜像）工具复制模型，
如图 17-193 所示。

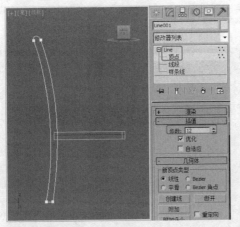
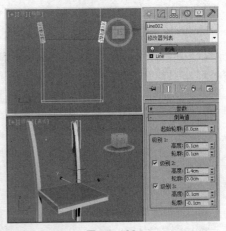

图 17-192　　　　　　　　　　　　　图 17-193

05 单击"　（创建）>　（几何体）>扩展基本体 > 切角长方体"按钮，在"顶"视图中创建切角长方体作为前
腿模型，在"参数"卷展栏中设置"长度"为 3.2，"宽度"为 2.5，"高度"为 39，"圆角"为 0.2，"圆角分段"
为 3，复制模型，调整模型至合适的位置，如图 17-194 所示。

06 在"顶"视图中创
建切角长方体作为坐垫
模型，在"参数"卷展
栏中设置"长度"为
39，"宽度"为 42，"高
度"为 2，"圆角"为
0.5，"长度分段"为 6，
"宽度分段"为 12，"圆
角分段"为 3，调整模
型至合适的位置，如图
17-195 所示。

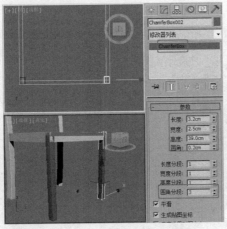
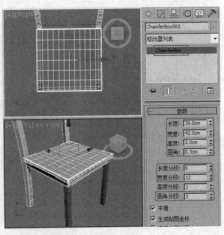

图 17-194　　　　　　　　　　　　　图 17-195

07 为模型施加"编辑多边形"修改器，将选择集定义为"多边形"，在"选择"卷展栏中勾选"忽略背面"选项，先
在"后"视图中选择多边形，取消勾选"忽略背面"，按住 Alt 键在"顶"视图中减选不用的多边形，如图 17-196
所示。

08 在"编辑多边形"卷展栏中单击"挤出"后的设置按钮，在弹出的小盒中设置"高度"为2.5，单击"确定"按钮，如图17-197所示。

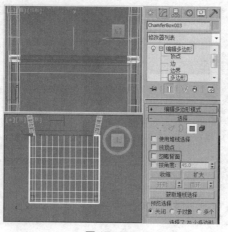
图 17-196

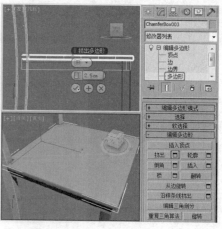
图 17-197

09 为模型施加"FFD4×4×4"修改器，将选择集定义为"控制点"，在"左"视图和"前"视图中选择控制点，沿y轴调整控制点的位置，如图17-198所示。

10 单击" （创建）> （几何体）> 扩展基本体 > 切角长方体"按钮，在"前"视图中创建切角长方体，在"参数"卷展栏中设置"长度"为5，"宽度"为40，"高度"为1.5，"圆角"为0.2，"宽度分段"为12，调整模型至合适的位置，如图17-199所示。

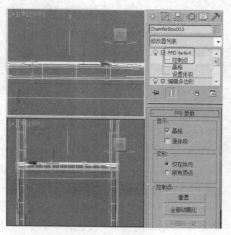
图 17-198

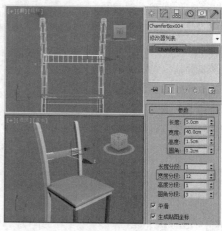
图 17-199

11 为模型施加"FFD（长方体）"修改器，设置"宽度"的控制点数为6，将选择集定义为"控制点"，在"顶"视图中调整控制点，如图17-200所示。

12 单击" （创建）> （几何体）> 扩展基本体 > 切角长方体"按钮，在"前"视图中创建切角长方体，在"参数"卷展栏中设置"长度"为10，"宽度"为40，"高度"为1.5，"圆角"为0.2，"长度分段"为6，"宽度分段"为12，调整模型至合适的位置，如图17-201所示。

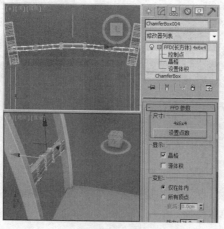
图 17-200

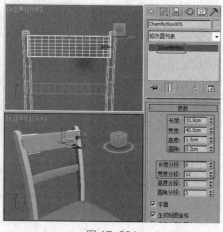
图 17-201

13 为模型施加"FFD（长方体）"修改器，设置"宽度"的控制点数为6，将选择集定义为"控制点"，分别在"顶"视图和"前"视图中调整控制点，如图17-202所示。

14 调整模型的角度和位置，调整完成后的餐椅模型如图 17-203 所示。

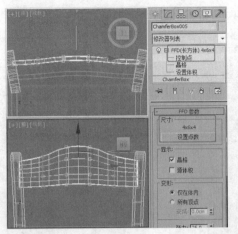

图 17-202

图 17-203

实 例
168 床头柜

- **案例场景位置** | 案例源文件 > Cha17 > 实例168床头柜
- **效果场景位置** | 案例源文件 > Cha17 > 实例168床头柜场景
- **贴图位置** | 贴图素材 > Cha17 > 实例168床头柜
- **视频教程** | 教学视频 > Cha17 > 实例168
- **视频长度** | 9分25秒
- **制作难度** | ★★★☆☆

▌操作步骤▐

01 单击"　（创建）> 　（几何体）> 扩展基本体 > 切角长方体"按钮，在"顶"视图中创建切角长方体，在"参数"卷展栏中设置"长度"为38，"宽度"为70，"高度"为2，"圆角"为0.2，"圆角分段"为3，如图 17-204 所示。

02 在"前"视图中创建切角长方体，在"参数"卷展栏中设置"长度"为38，"宽度"为5，"高度"为38，"圆角"为0.2，复制模型，调整模型至合适的位置，如图 17-205 所示。

03 在"前"视图中创建切角长方体，在"参数"卷展栏中设置"长度"为16，"宽度"为60，"高度"为2，"圆角"为0.2，调整模型至合适的位置，如图 17-206 所示。

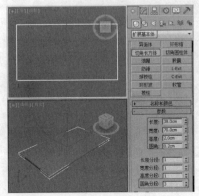

图 17-204

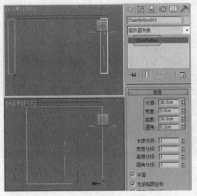

图 17-205

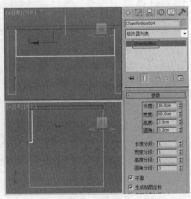

图 17-206

04 复制切角长方体 001 模型，修改复制出模型的参数，设置"宽度"为 60，调整模型至合适的位置，如图 17-207 所示。

05 在"顶"视图中创建切角长方体，在"参数"卷展栏中设置"长度"为 40，"宽度"为 5，"高度"为 1.3，"圆角"为 0.2，复制模型，调整模型至合适的位置，如图 17-208 所示。

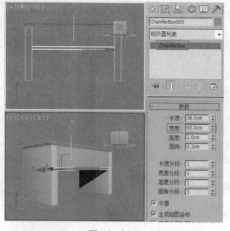

图 17-207

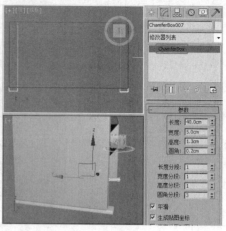

图 17-208

06 在"前"视图中创建切角长方体，在"参数"卷展栏中设置"长度"为 40，"宽度"为 5，"高度"为 2，"圆角"为 0.2，复制模型，调整模型至合适的位置，如图 17-209 所示。

07 在"前"视图中创建切角长方体，在"参数"卷展栏中设置"长度"为 5，"宽度"为 60，"高度"为 2，"圆角"为 0.2，调整模型至合适的位置，如图 17-210 所示。

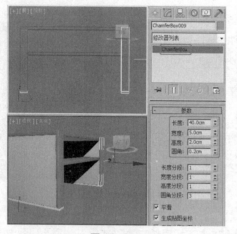

图 17-209

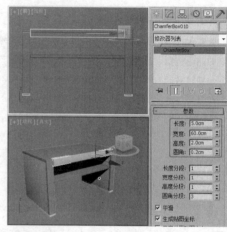

图 17-210

08 复制切角长方体 010，修改复制出模型的参数，设置"长度"为 15，调整模型至合适的位置，为模型施加"编辑多边形"修改器，将选择集定义为"多边形"，在"编辑多边形"卷展栏中单击"倒角"后的设置按钮，在弹出的小盒中设置"轮廓"为 -1.5，并单击⊕（应用并继续）按钮，如图 17-211 所示。

09 设置"高度"为 -0.6，"轮廓"为 0，并单击⊕（应用并继续）按钮，如图 17-212 所示。

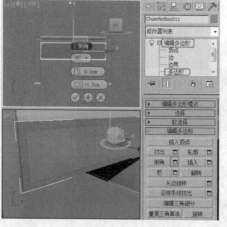

图 17-211

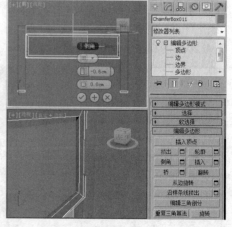

图 17-212

10 设置"高度"为 0，"轮廓"为 -0.7，并单击⊕（应用并继续）按钮，如图 17-213 所示。

11 设置"高度"为 –0.3，"轮廓"为 0，单击"确定"按钮，如图 17-214 所示。

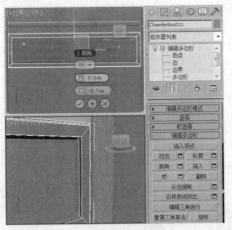

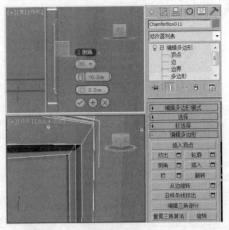

图 17-213

图 17-214

12 单击"（创建）>（图形）>线"按钮，在"左"视图中创建图 17-215 所示的图形。

13 为图形施加"倒角"修改器，在"参数"卷展栏中设置"级别 1"的"高度"为 0.1，"轮廓"为 0.1，勾选"级别 2"选项并设置"高度"为 8，勾选"级别 3"选项并设置"高度"为 0.1，"轮廓"为 –0.1，调整模型至合适的位置，如图 17-216 所示。

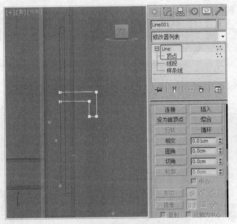

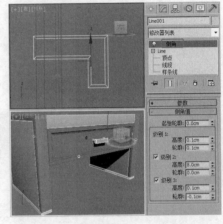

图 17-215

图 17-216

第

18章

室外建筑环境的制作

本章我们来介绍室外建筑环境的制作，如日常生活中常见的红绿灯、石桌石凳、户外垃圾箱、双人漫步机、雕塑、小区围墙、站牌等建筑小品，通过这些建筑小品来构造室外建筑环境，使室外景观更加丰富多彩，也为后面章节中制作室外效果图打下很好的基础。

实例
169

实例
169　红绿灯

● 案例场景位置 | 案例源文件 > Cha18 > 实例169红绿灯

● 效果场景位置 | 案例源文件 > Cha18 > 实例169红绿灯场景

● 贴图位置 | 贴图素材 > Cha18 > 实例169红绿灯

● 视频教程 | 教学视频 > Cha18 > 实例169

● 视频长度 | 31分58秒

● 制作难度 | ★★★★☆

操作步骤

01 单击"   （创建）>   （几何体）>圆柱体"按钮，在"顶"视图中创建圆柱体，在"参数"卷展栏中设置"半径"为10，"高度"为460，"高度分段"为10，"端面分段"为1，"边数"为18，如图18-1所示。

02 将圆柱体转换为"可编辑多边形"，将选择集定义为"顶点"，在场景中对部分顶点进行缩放，如图18-2所示。

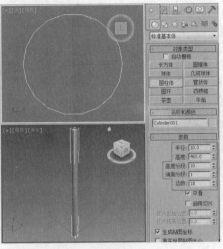

图 18-1

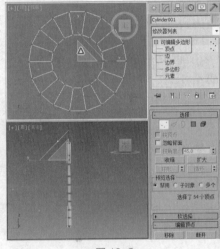

图 18-2

03 对顶点的位置进行调整并缩放，如图18-3所示。

04 继续对顶点的位置进行调整并缩放，如图18-4所示，关闭选择集。

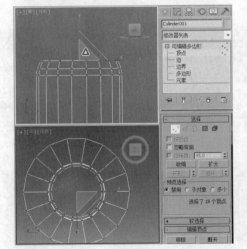

图 18-3

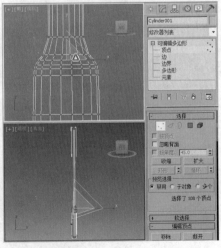

图 18-4

05 继续在"顶"视图中创建圆柱体，在"参数"卷展栏中设置"半径"为7，"高度"为3，"高度分段"为1，"端面分段"为1，"边数"为20，如图18-5所示。

06 将圆柱体转换为"可编辑多边形"，将选择集定义为"多边形"，在场景中选择多边形，在"编辑多边形"卷展栏中单击"挤出"后的 ▢（设置）按钮，在弹出的助手小盒中设置"高度"为3，如图18-5所示，单击 ✅（确定）按钮。

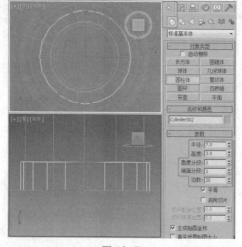

图 18-5

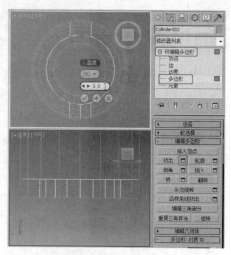

图 18-6

07 继续在场景中选择多边形，设置多边形的挤出"高度"为1.2，如图18-7所示。

08 继续设置多边形的挤出"高度"为2，如图18-8所示。

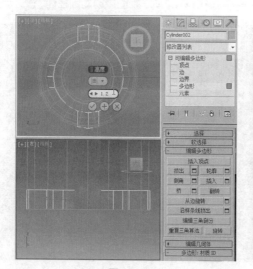

图 18-7

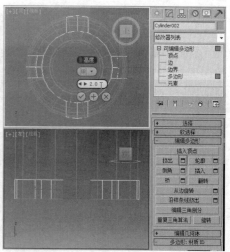

图 18-8

09 将选择集定义为"顶点"，在场景中对顶点进行调整，如图18-9所示，关闭选择集。

10 继续在"左"视图中创建圆柱体作为螺丝钉，在"参数"卷展栏中设置"半径"为1.4，"高度"为4.8，"高度分段"为1，"端面分段"为1，"边数"为6，调整其至合适的位置，如图18-10所示。

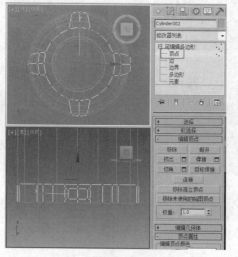

图 18-9

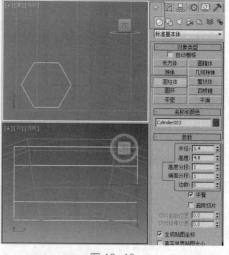

图 18-10

11 复制作为螺丝钉的圆柱体，并调整至合适的位置，如图18-11所示。

12 继续复制作为螺丝钉的模型，将其作为竖螺丝钉，在"顶"视图中调整其至合适的角度和位置，在"参数"卷展栏中修改"高度"为5.4，如图18-12所示。

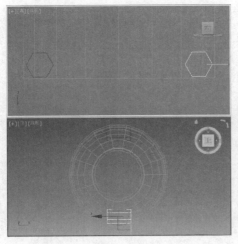

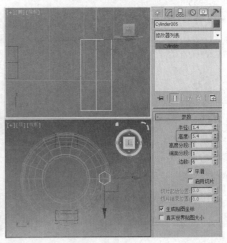

图 18-11　　　　　　　图 18-12

13 单击"（创建）>（几何体）> 长方体"按钮作为支架，在"顶"视图中创建长方体，在"参数"卷展栏中设置"长度"为3.8，"宽度"为30，"高度"为1.2，"长度分段"为3，"宽度分段"为1，"高度分段"为1，调整其至合适的位置，如图18-13所示。

14 将长方体转换为"可编辑多边形"，将选择集定义为"顶点"，在场景中对顶点进行调整，如图18-14所示，关闭选择集。

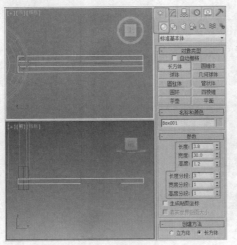
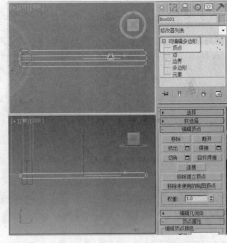

图 18-13　　　　　　　图 18-14

15 对作为竖螺丝钉的模型进行复制，调整其至合适的位置，在"参数"卷展栏中修改"高度"为8.4，如图18-15所示。

16 在场景中选择竖螺丝钉和支架模型，将其复制并调整其至合适的位置，如图18-16所示。

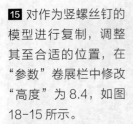
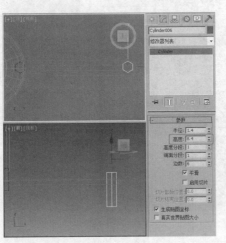
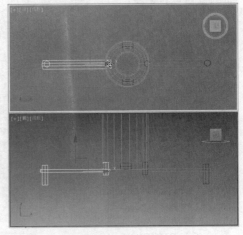

图 18-15　　　　　　　图 18-16

17 继续在"顶"视图中创建圆柱体，在"参数"卷展栏中设置"半径"为14，"高度"为102，"高度分段"为7，"端面分段"为2，"边数"为30，如图18-17所示。

18 将圆柱体转换为"可编辑多边形"，将选择集定义为"顶点"，在场景中调整顶点的位置，如图18-18所示。

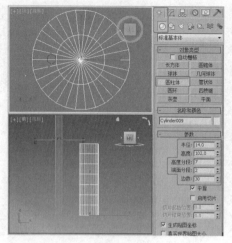

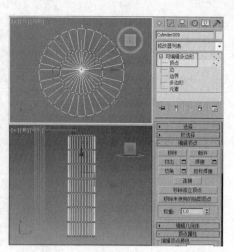

图 18-17　　　　　　　　　　　　　　　　　图 18-18

19 将选择集定义为"多边形"，在场景中选择多边形，如图 18-19 所示，将其删除。

20 将选择集定义为"顶点"，在场景中对顶点进行缩放，如图 18-20 所示，关闭选择集。

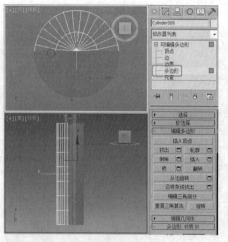

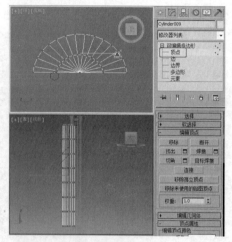

图 18-19　　　　　　　　　　　　　　　　　图 18-20

21 在"左"视图中对顶点的位置进行调整，如图 18-21 所示。

22 将选择集定义为"多边形"，在场景中选择多边形，如图 18-22 所示。

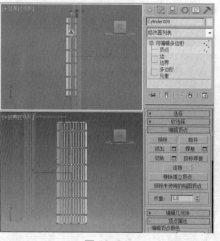

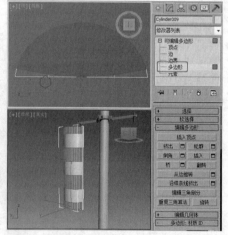

图 18-21　　　　　　　　　　　　　　　　　图 18-22

23 在"编辑多边形"卷展栏中单击"倒角"后的 □（设置）按钮，在弹出的助手小盒中设置"高度"为 -3，"轮廓"为 -1.6，如图 18-23 所示，单击 ⊘（确定）按钮。

24 对多边形的位置进行调整，如图 18-24 所示，关闭选择集。

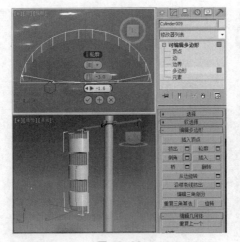
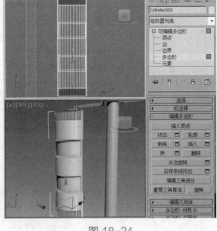

图 18-23　　　　　　　　　　　图 18-24

25 在"细分曲面"卷展栏中勾选"使用 NURMS 细分"，设置"迭代次数"为 1，如图 18-25 所示。

26 单击"　（创建）> 　（几何体）> 切角长方体"按钮，在"前"视图中创建切角长方体，在"参数"卷展栏中设置"长度"为 103，"宽度"为 32，"高度"为 2，"圆角"为 3，"长度分段"为 1，"宽度分段"为 1，"高度分段"为 1，"圆角分段"为 3，调整其至合适的位置，如图 18-26 所示。

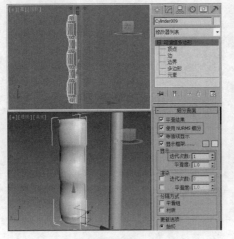
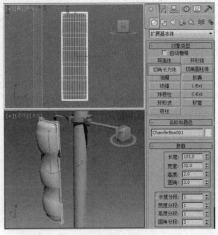

图 18-25　　　　　　　　　　　图 18-26

27 单击"　（创建）> 　（几何体）> 管状体"按钮，在"前"视图中创建管状体，在"参数"卷展栏中设置"半径 1"为 14，"半径 2"为 13.5，"高度"为 20，"高度分段"为 1，"端面分段"为 1，"边数"为 30，调整其至合适的位置，如图 18-27 所示。

28 对管状体进行复制，调整其至合适的位置，如图 18-28 所示。

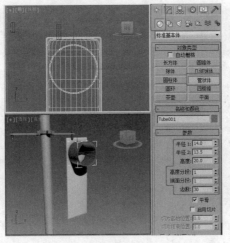
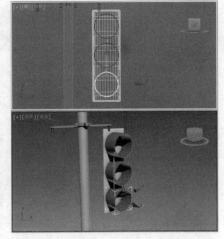

图 18-27　　　　　　　　　　　图 18-28

29 单击"　（创建）> 　（几何体）> 球体"按钮，在"前"视图中创建球体作为灯泡，在"参数"卷展栏中设置"半径"为 14，"分段"为 32，"半球"为 0.6，调整其至合适的位置，如图 18-29 所示。

30 对球体进行复制，调整其至合适的位置，如图18-30所示。

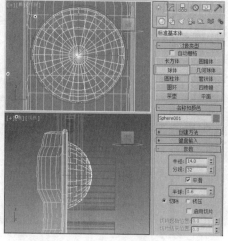

图 18-29

图 18-30

31 在场景中选择模型并将其复制，调整其至合适的角度和位置，如图18-31所示。

32 继续在场景中选择模型并复制，调整其至合适的角度和位置，如图18-32所示。

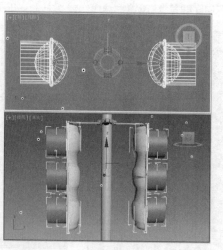

图 18-31

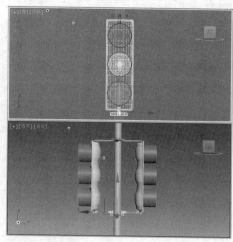

图 18-32

33 在"顶"视图中创建圆柱体，在"参数"卷展栏中设置"半径"为7，"高度"为3，"高度分段"为1，"端面分段"为1，"边数"为20，调整其至合适的位置，如图18-33所示。

34 将圆柱体转换为"可编辑多边形"，将选择集定义为"多边形"，在场景中选择多边形，在"编辑多边形"卷展栏中单击"挤出"后的 □（设置）按钮，在弹出的助手小盒中设置"高度"为3，如图18-34所示，单击 ☑（确定）按钮，关闭选择集。

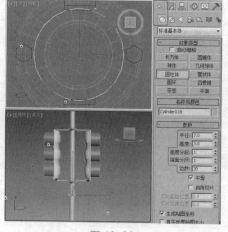

图 18-33

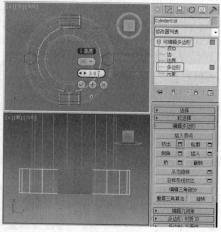

图 18-34

35 继续在场景中选择多边形，设置多边形的挤出"高度"为1.2，如图18-35所示。

36 继续设置多边形的挤出"高度"为2，如图18-36所示。

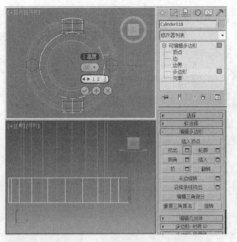
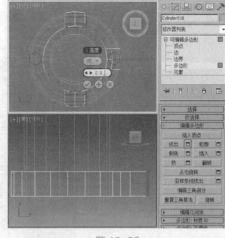

图 18-35　　　　　　　　　　　图 18-36

37 将选择集定义为
"顶点"，在场景中对
顶点进行调整，如图
18-37 所示，关闭选
择集。

38 在场景中对螺丝
钉、竖螺丝钉和支架
模型进行复制，并调
整其至合适的位置，
如图 18-38 所示。

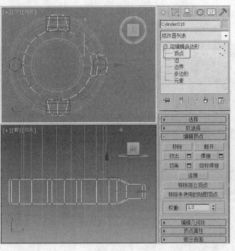
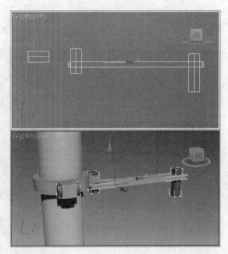

图 18-37　　　　　　　　　　　图 18-38

39 继续在"顶"视图中创建圆柱体，在"参数"卷展栏中设置"半径"为 14，"高度"为 63，"高度分段"为 5，"端面

分段"为 2，"边数"为
30，如图 18-39 所示。

40 将圆柱体转换为"可
编辑多边形"，将选择
集定义为"顶点"，在
场景中调整顶点的位
置，如图 18-40 所示。

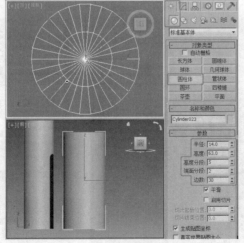
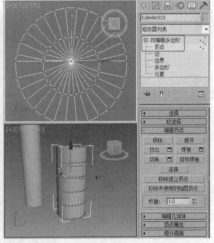

图 18-39　　　　　　　　　　　图 18-40

41 将选择集定义为"多边形"，在场景中选择多边形，如图 18-41 所示，并将其删除。

42 将选择集定义为"顶点"，在场景中对顶点进行缩放，如图 18-42 所示，关闭选择集。

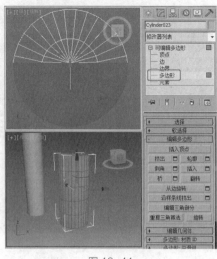

图 18-41 图 18-42

43 在"前"视图中创建长方体，在"参数"卷展栏中设置"长度"为 63，"宽度"为 30，"高度"为 1，调整其至合适的位置，如图 18-43 所示。

44 在"前"视图中创建切角长方体，在"参数"卷展栏中设置"长度"为 28，"宽度"为 27，"高度"为 2.6，"圆角"为 0.2，"长度分段"为 1，"宽度分段"为 1，"高度分段"为 1，"圆角分段"为 1，调整其至合适的位置，如图 18-44 所示。

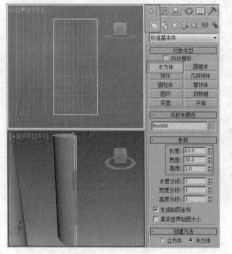
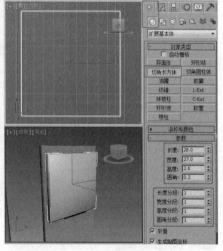

图 18-43 图 18-44

45 对切角长方体进行复制，调整其至合适的位置，如图 18-45 所示。

46 在"顶"视图中创建长方体作为灯罩，在"参数"卷展栏中设置"长度"为 18，"宽度"为 26，"高度"为 26，"长度分段"为 1，"宽度分段"为 3，"高度分段"为 3，调整其至合适的位置，如图 18-46 所示。

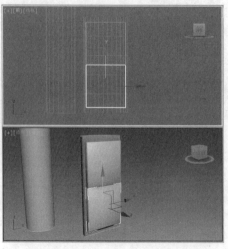
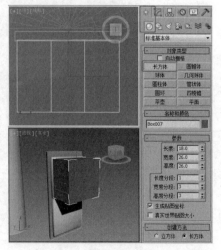

图 18-45 图 18-46

47 将长方体转换为"可编辑多边形"，将选择集定义为"顶点"，在场景中对顶点的位置进行调整，如图 18-47 所示。

48 将选择集定义为"多边形"，在场景中选择多边形，如图 18-48 所示，并将其删除，关闭选择集。

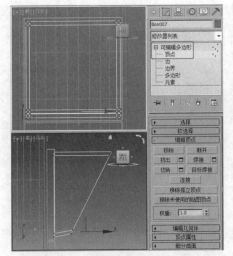 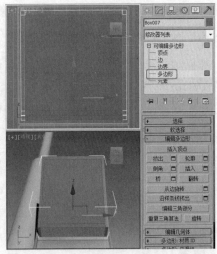

图 18-47　　　　　　　　　　图 18-48

49 对制作出的灯罩模型进行复制，并调整其至合适的位置，如图 18-49 所示。

50 在场景中选择模型并复制，调整其至合适的角度和位置，如图 18-50 所示。

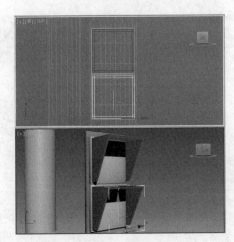 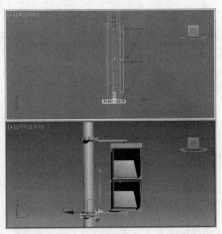

图 18-49　　　　　　　　　　图 18-50

51 对灯泡模型进行复制，并调整其至合适的大小、角度和位置，如图 18-51 所示。

52 在"前"视图中创建切角长方体，在"参数"卷展栏中设置"长度"为 1.5，"宽度"为 3.8，"高度"为 2.4，"圆角"为 0.1，"长度分段"为 1，"宽度分段"为 1，"高度分段"为 1，"圆角分段"为 1，调整其至合适的位置，如图 18-52 所示。

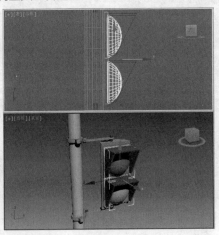 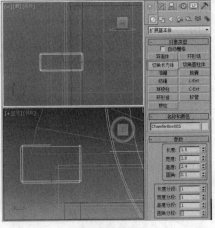

图 18-51　　　　　　　　　　图 18-52

53 将切角长方体转换为"可编辑多边形"，将选择集定义为"顶点"，在场景中对顶点的位置进行调整，如图 18-53 所示，关闭选择集。

54 对切角长方体进行复制，并调整其至合适的角度和位置，如图 18-54 所示。

55 完成的模型如图 18-55 所示。

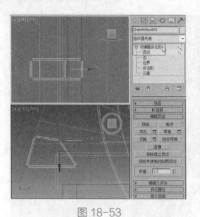

图 18-53

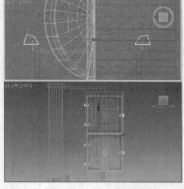

图 18-54

图 18-55

实例
170 石桌石凳

- **案例场景位置**｜案例源文件 > Cha18 > 实例 170 石桌石凳
- **效果场景位置**｜案例源文件 > Cha18 > 实例 170 石桌石凳场景
- **贴图位置**｜贴图素材 > Cha18 > 实例 170 石桌石凳
- **视频教程**｜教学视频 > Cha18 > 实例 170
- **视频长度**｜5 分 33 秒
- **制作难度**｜★ ★ ☆ ☆ ☆

▌操作步骤 ▌

01 单击" （创建）> （几何体）> 切角圆柱体"按钮，在"顶"视图中创建切角圆柱体作为石凳，在"参数"卷展栏中设置"半径"为 75，"高度"为 230，"圆角"为 3，"高度分段"为 1，"圆角分段"为 3，"边数"为30，如图 18-56 所示。

02 单击" （创建）> （几何体）> 圆环"按钮，在"顶"视图中创建圆环作为布尔对象模型，在"参数"卷展栏中设置"半径 1"为75，"半径 2"为 73，"旋转"为 0，"扭曲"为 0，"分段"为 50，"边数"为 30，调整其至合适的位置，如图 18-57 所示。

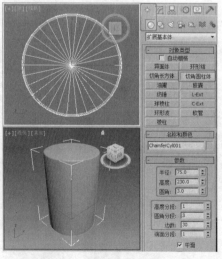

图 18-56

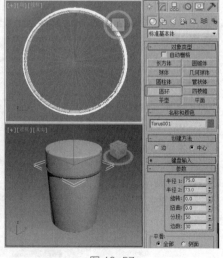

图 18-57

03 将布尔对象模型进行复制，调整其至合适的位置，并将其成组，如图 18-58 所示。

04 在场景中选择作为石凳的切角圆柱体，单击" （创建）> （几何体）> 复合对象 > ProBoolean"按钮，在"拾取布尔对象"卷展栏中单击"开始拾取"按钮，在场景中拾取成组的布尔对象模型，如图 18-59 所示。

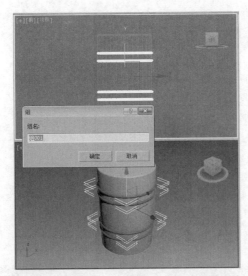

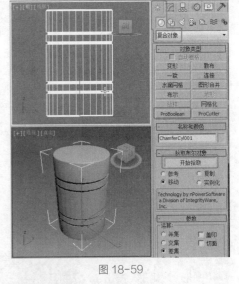

图 18-58

图 18-59

05 单击"（创建）>（图形）>线"按钮，在场景中创建可闭合的样条线，将选择集定义为"顶点"，在场景中调整图形的形状，如图 18-60 所示，关闭选择集。

06 为图形施加"车削"修改器，在"参数"卷展栏中设置"度数"为 360，勾选"焊接内核"选项，设置"分段"为 30，在"方向"组中单击 Y 按钮，在"对齐"组中单击"最小"按钮，如图 18-61 所示。

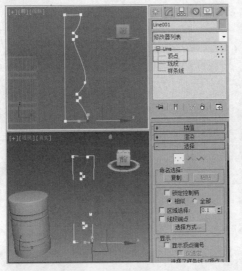

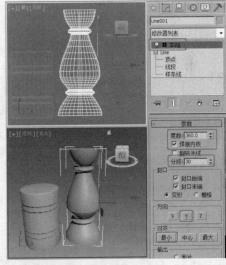

图 18-60

图 18-61

07 继续在"顶"视图中创建切角圆柱体作为桌面，在"参数"卷展栏中设置"半径"为 280，"高度"为 45，"圆角"为 4，"高度分段"为 1，"圆角分段"为 3，"边数"为 30，调整其至合适的位置，如图 18-62 所示。

08 对石凳模型进行复制，并调整其至合适的位置，完成的模型如图 18-63 所示。

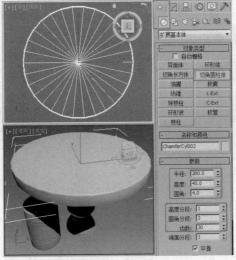

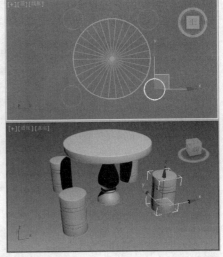

图 18-62

图 18-63

户外垃圾箱

- **案例场景位置** | 案例源文件 > Cha18 > 实例171户外垃圾箱
- **效果场景位置** | 案例源文件 > Cha18 > 实例171户外垃圾箱场景
- **贴图位置** | 贴图素材 > Cha18 > 实例171户外垃圾箱
- **视频教程** | 教学视频 > Cha18 > 实例171
- **视频长度** | 5分22秒
- **制作难度** | ★★★☆☆

操作步骤

01 单击" （创建）> （图形）> 矩形"按钮，在"前"视图中创建矩形，在"参数"卷展栏中设置"长度"为65，"宽度"为30，"角半径"为4，如图18-64所示。

02 将其转换为"可编辑样条线"，将选择集定义为"顶点"，在场景中调整底部顶点，如图18-65所示，关闭选择集。

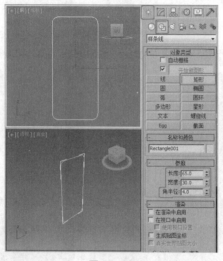

图 18-64

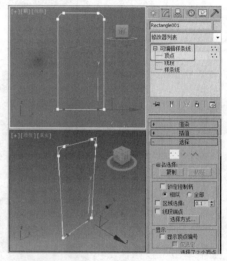

图 18-65

03 为其施加"挤出"修改器，在"参数"卷展栏中设置"数量"为25，如图18-66所示。

04 将模型转换为"可编辑多边形"，将选择集定义为"多边形"，在场景中选择多边形，在"编辑几何体"卷展栏中勾选"分割"复选框，单击"快速切片"按钮，在场景中对选择的多边形进行切片，如图18-67所示，关闭"快速切片"按钮。

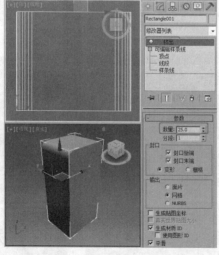

图 18-66

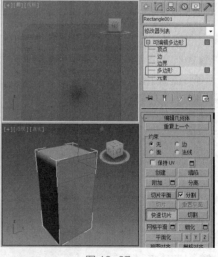

图 18-67

05 继续选择多边形，调整多边形至合适的角度，如图18-68所示，关闭选择集。

06 继续在"前"视图中创建矩形作为放样路径，在"参数"卷展栏中设置"长度"为65，"宽度"为30，"角半径"

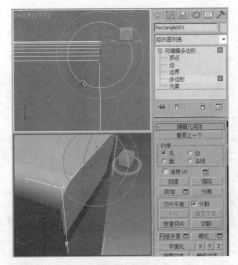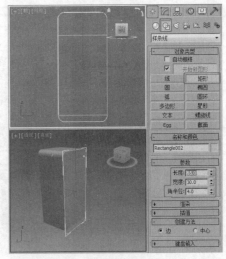

为 4，如图 18-69 所示。

图 18-68　　　　　　　图 18-69

07 将其转换为"可编辑样条线"，将选择集定义为"线段"，在场景中选择图 18-70 所示的线段，并将其删除，关闭选择集。

08 继续在"顶"视图中创建矩形作为放样图形，在"参数"卷展栏中设置"长度"为 0.9，"宽度"为 2.5，"角 半 径"为 0.45，如图 18-71 所示。

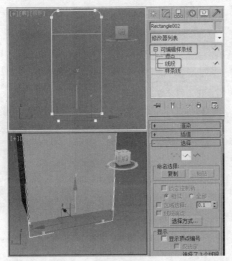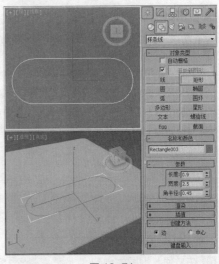

图 18-70　　　　　　　图 18-71

09 在场景中选择作为放样图形的矩形，单击"（创建）> （几何体）> 复合对象 > 放样"按钮，在"创建方法"卷展栏中单击"获取路径"按钮，在场景中获取作为放样路径的图形，如图 18-72 所示。

10 对放样出的模型进行复制，并调整其至合适的位置，如图 18-73 所示。

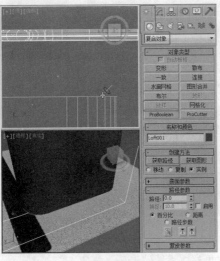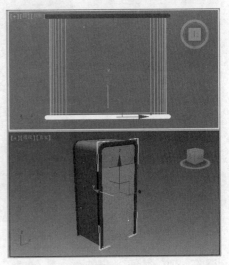

图 18-72　　　　　　　图 18-73

11 在"前"视图中创建圆柱体，在"参数"卷展栏中设置"半径"为 0.4，"高度"为 0.2，"高度分段"为 2，"端面分段"为 1，"边数"为 20，如图 18-74 所示。

12 将其转换为"可编辑多边形"，将选择集定义为"顶点"，在场景中调整顶点，如图 18-75 所示。

13 对调整的圆柱体模型进行复制并调整其至合适的位置，完成的模型如图 18-76 所示。

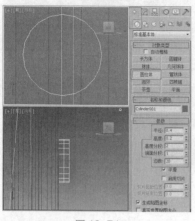

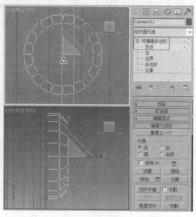

图 18-74　　　　　　　　　　图 18-75　　　　　　　　　　图 18-76

实例 172　双人漫步机

● **案例场景位置** | 案例源文件 > Cha18 > 实例172双人漫步机

● **效果场景位置** | 案例源文件 > Cha18 > 实例172双人漫步机场景

● **贴图位置** | 贴图素材 > Cha18 > 实例172双人漫步机

● **视频教程** | 教学视频 > Cha18 > 实例172

● **视频长度** | 7分55秒

● **制作难度** | ★★★☆☆

▎操作步骤 ▎

01 在"顶"视图中创建圆柱体，在"参数"卷展栏中设置"半径"为30，"高度"为500，"高度分段"为1，"端面分段"为1，"边数"为30，如图 18-77 所示。

02 对圆柱体进行复制，在"参数"卷展栏中修改其"半径"为60，"高度"为5，调整其至合适的位置，如图 18-78 所示。

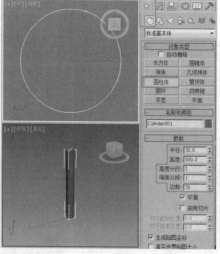
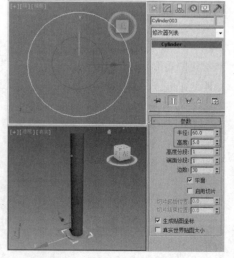

图 18-77　　　　　　　　　　　　图 18-78

03 在"顶"视图中创建球体，在"参数"卷展栏中设置"半径"为30，"分段"为32，"半球"为0.5，调整其至合适的位置，如图 18-79 所示。

04 在"前"视图中创建圆柱体，在"参数"卷展栏中设置"半径"为15，"高度"为50，调整其至合适的位置，如图 18-80 所示。

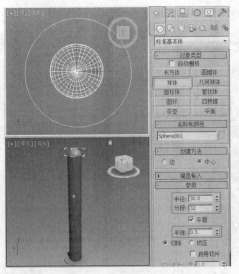

图 18-79

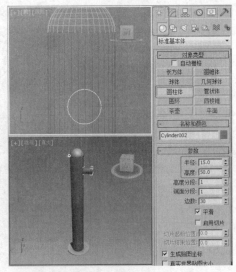

图 18-80

05 在"前"视图中创建管状体，在"参数"卷展栏中设置"半径 1"为 17，"半径 2"为 15，"高度"为 28，"高度分段"为 1，"端面分段"为 1，"边数"为 30，调整其至合适的位置，如图 18-81 所示。

06 在"左"视图中创建可渲染的样条线，设置"厚度"为 20，将选择集定义为"顶点"，调整样条线形状，如图 18-82 所示。

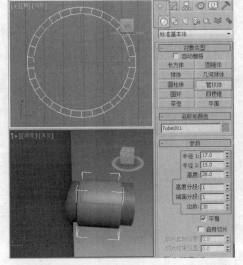

图 18-81

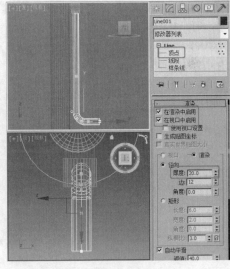

图 18-82

07 在"顶"视图中创建矩形，在"参数"卷展栏中设置"长度"为 50，"宽度"为 120，"角半径"为 8，如图 18-83 所示。

08 对矩形进行复制，为其中一个矩形施加"挤出"修改器，在"参数"卷展栏中设置"数量"为 5，调整其至合适的位置，如图 18-84 所示。

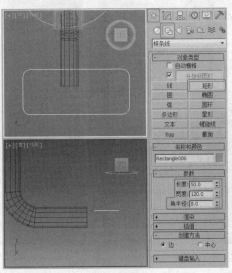

图 18-83

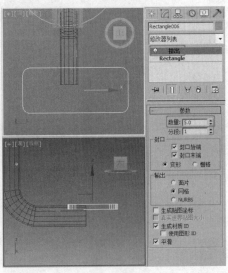

图 18-84

09 为另外一个矩形施加"编辑样条线"修改器，将选择集定义为"样条线"，在"几何体"卷展栏中单击"轮廓"
按钮，为其设置合适
的轮廓，如图18-85
所示，关闭"轮廓"
按钮。

10 继续为其施加"挤
出"修改器，在"参数"
卷展栏中设置"数量"
为10，调整其至合适
的位置，如图18-86
所示。

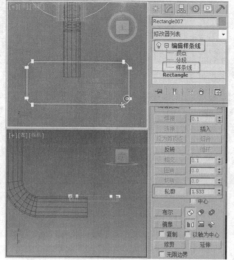
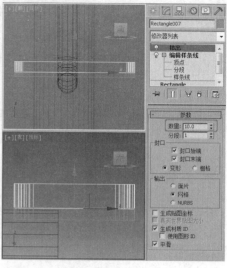

图 18-85

图 18-86

11 对制作出的模型进
行复制，并调整其至
合 适 的 位 置， 如 图
18-87所示。

12 在"左"视图中创
建可渲染的样条线，
设置"厚度"为18，
将选择集定义为"顶
点"，调整样条线形状，
如图18-88所示。

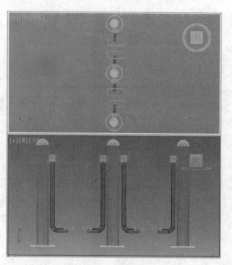
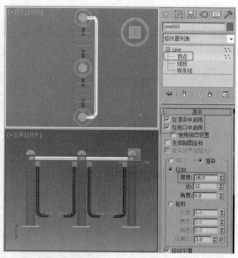

图 18-87

图 18-88

13 在"前"视图中继
续创建可渲染的样条
线，如图18-89所示。

14 调整样条线至合适
的角度和位置，完成的
模型如图18-90所示。

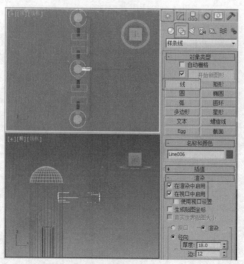
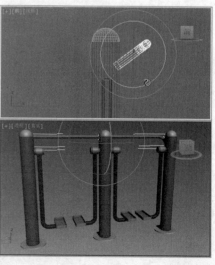

图 18-89

图 18-90

雕塑

- **案例场景位置** | 案例源文件 > Cha18 > 实例173雕塑
- **效果场景位置** | 案例源文件 > Cha18 > 实例173雕塑场景
- **贴图位置** | 贴图素材 > Cha18 > 实例173雕塑
- **视频教程** | 教学视频 > Cha18 > 实例173
- **视频长度** | 7分25秒
- **制作难度** | ★★★☆☆

操作步骤

01 在"顶"视图中创建长方体作为雕塑底座，在"参数"卷展栏中设置"长度"为1000，"宽度"为1000，"高度"为100，如图18-91所示。

02 复制作为雕塑底座的长方体，在"参数"卷展栏中修改其"长度"为700，"宽度"为700，"高度"为50，并调整其至合适的位置，如图18-92所示。

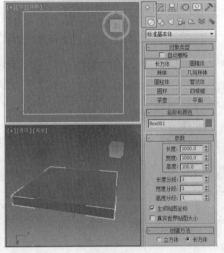

图 18-91

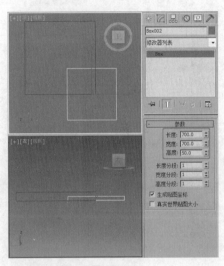

图 18-92

03 在"前"视图中创建样条线作为放样路径，将选择集定义为"顶点"，对样条线进行调整，如图18-93所示，关闭选择集。

04 在"顶"视图中创建矩形作为路径，在"参数"卷展栏中设置"长度"为150，"宽度"为150，如图18-94所示。

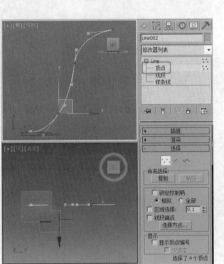

图 18-93

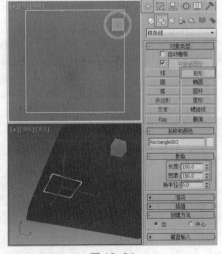

图 18-94

05 对矩形进行复制，在"参数"卷展栏中修改合适的参数，如图18-95所示。

06 在场景中选择作为路径的样条线，单击"　（创建）>　（几何体）> 复合对象 > 放样"按钮，在"路径参数"卷展栏中设置路径为0；在"创建方法"卷展栏中单击"获取图形"按钮，在场景中获取作为路径的放样图形，如

图 18-96 所示。

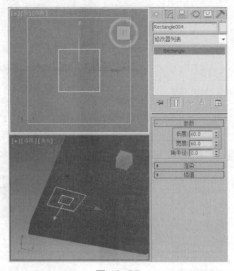

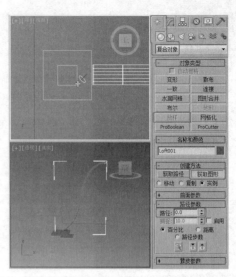

图 18-95   图 18-96

07 在"路径参数"卷展栏中设置路径为100，在"创建方法"卷展栏中单击"获取图形"按钮，在场景中获取作为路径的放样图形，如图 18-97 所示。

08 对放样出的模型进行复制，并调整其至合适的大小、角度和位置，如图 18-98 所示。

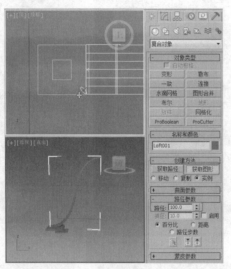

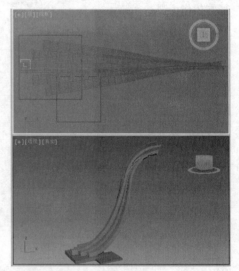

图 18-97   图 18-98

09 继续在"顶"视图中创建矩形，设置合适的参数，如图 18-99 所示。

10 为其施加"编辑样条线"修改器，将选择集定义为"样条线"，在"几何体"卷展栏中单击"轮廓"按钮，为其设置合适的轮廓，如图 18-100 所示，关闭"轮廓"按钮。

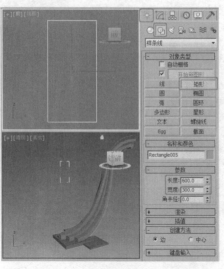

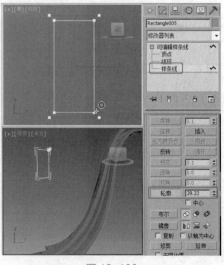

图 18-99   图 18-100

11 继续为其施加"挤出"修改器，在"参数"卷展栏中设置合适的数量，调整其至合适的位置，如图 18-101 所示。

12 继续为其施加"编辑多边形"修改器，将选择集定义为"边"，在场景中选择左侧的边，在"编辑边"卷展栏中单击"连接"后的□（设置）按钮，在弹出的助手小盒中设置"分段"为 10，单击☑（确定）按钮，如图 18-102 所示。

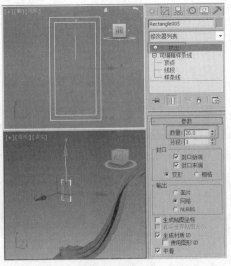

图 18-101

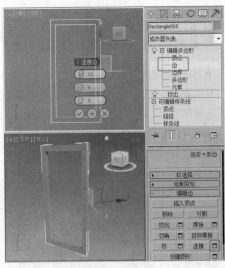

图 18-102

13 继续选择右侧的边，以同样的方法为其设置连接，如图 18-103 所示，关闭选择集。

14 继续为其施加"FFD（长方体）"修改器，将选择集定义为"控制点"，在场景中对控制点进行调整，如图 18-104 所示。

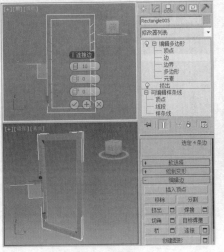

图 18-103

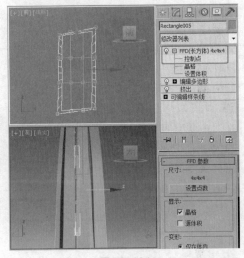

图 18-104

15 继续为其施加"弯曲"修改器，在"参数"卷展栏的"弯曲"组中设置"角度"为 15、"方向"为 0、"弯曲轴"为 Y，如图 18-105 所示。

16 对制作出的模型进行复制，并调整模型至合适的大小、角度和位置，完成的模型如图 18-106 所示。

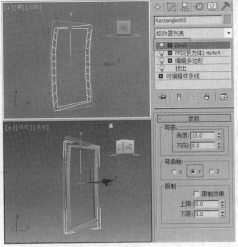

图 18-105

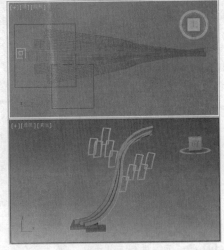

图 18-106

实例 174 小区围墙

- **案例场景位置** | 案例源文件 > Cha18 > 实例174小区围墙
- **效果场景位置** | 案例源文件 > Cha18 > 实例174小区围墙场景
- **贴图位置** | 贴图素材 > Cha18 > 实例174小区围墙
- **视频教程** | 教学视频 > Cha18 > 实例174
- **视频长度** | 10分23秒
- **制作难度** | ★★★☆☆

■ **操作步骤** ■

01 在"顶"视图中创建长方体，在"参数"卷展栏中设置"长度"为200，"宽度"为200，"高度"为50，如图18-107所示。

02 对长方体进行复制，并调整其至合适的大小和位置，如图18-108所示。

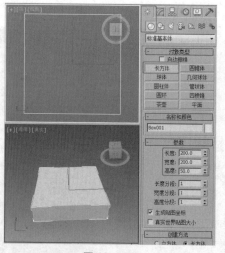

图 18-107

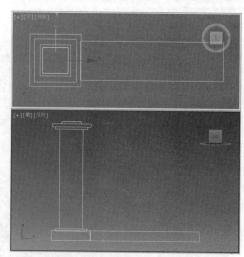

图 18-108

03 将最顶部的长方体转换为"可编辑多边形"，将选择集定义为"顶点"，对顶部顶点进行缩放，如图18-109所示，关闭选择集。

04 在"顶"视图中创建球体，在"参数"卷展栏中设置"半径"为40，"分段"为32，如图18-110所示。

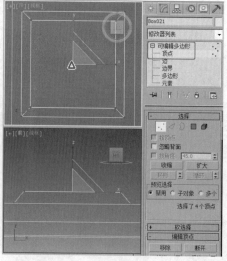

图 18-109

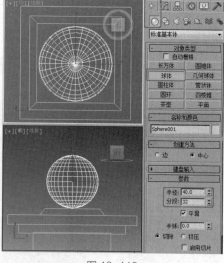

图 18-110

05 在"前"视图中创建圆，在"参数"卷展栏中设置"半径"为260，如图18-111所示。

06 在"前"视图中创建矩形，在"参数"卷展栏中设置"长度"为450，"宽度"为670，如图18-112所示。

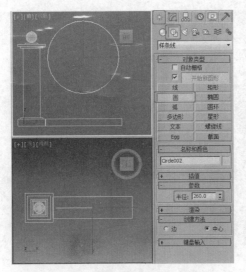

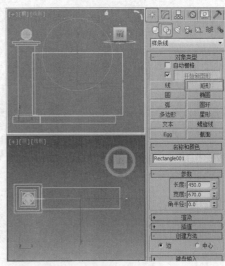

图 18-111

图 18-112

07 将矩形装换为"可编辑样条线",在"几何体"卷展栏中单击"附加"按钮,将其和圆附加在一起,如图 18-113 所示,关闭"附加"按钮。

08 将选择集定义为"样条线",在"几何体"卷展栏中单击"修剪"按钮,将多余的样条线修剪掉,如图 18-114 所示,关闭"修剪"按钮。

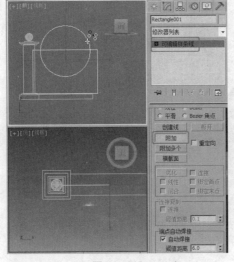

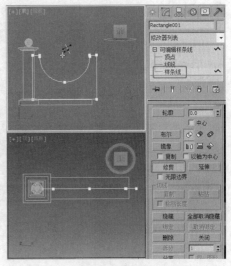

图 18-113

图 18-114

09 将选择集定义为"顶点",在场景中全选顶点,在"几何体"卷展栏中单击"焊接"按钮焊接顶点,如图 18-115 所示,关闭选择集。

10 为其施加"挤出"修改器,在"参数"卷展栏中设置"数量"为 60,调整其至合适的位置,如图 18-116 所示。

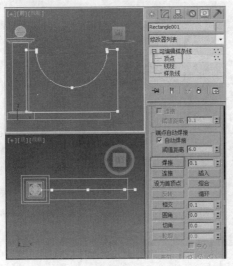

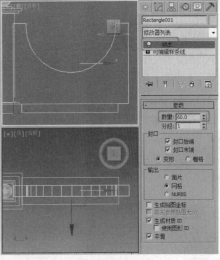

图 18-115

图 18-116

11 继续在"前"视图中创建弧,在"参数"卷展栏中设置"半径"为 262,"从"为 177,"到"为 3.8,如图

18-117 所示。

12 将弧转换为"可编辑样条线"，将选择集定义为"样条线"，在"几何体"卷展栏中单击"轮廓"按钮，为其设置合适的轮廓，如图 18-118 所示，关闭选择集。

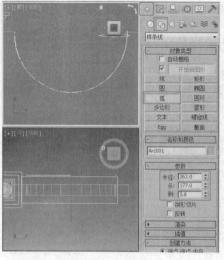

图 18-117

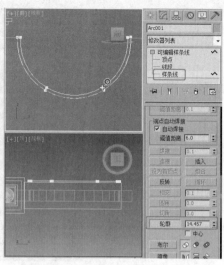

图 18-118

13 为其施加"挤出"修改器，在"参数"卷展栏中设置"数量"为30，调整其至合适的位置，如图 18-119 所示。

14 在"顶"视图中创建圆柱体，在"参数"卷展栏中设置"半径"为6，"高度"为450，"高度分段"为5，"端面分段"为1，"边数"为18，调整其至合适的位置，如图 18-120 所示。

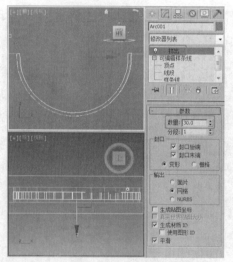

图 18-119

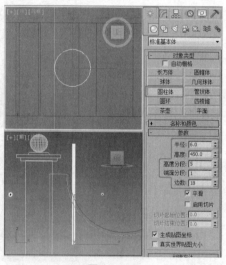

图 18-120

15 为圆柱体施加"编辑多边形"修改器，将选择集定义为"顶点"，对顶点进行缩放和调整，如图 18-121 所示，关闭选择集。

16 对圆柱体进行复制，并调整其至合适的位置，如图 18-122 所示。

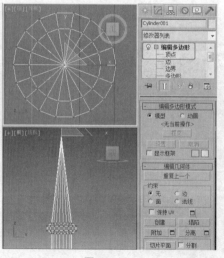

图 18-121

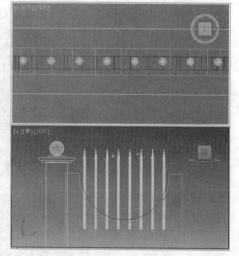

图 18-122

17 在"左"视图中创建圆柱体，在"参数"卷展栏中设置"半径"为 6，"高度"为 550，"高度分段"为 1，"端

面分段"为 1,"边数"为
18,调整其至合适的位置,
如图 18-123 所示。

18 在场景中选择模型并
将其复制,完成的模型如
图 18-124 所示。

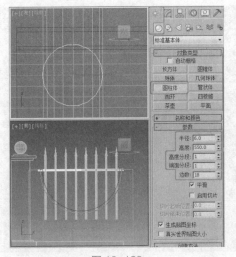

图 18-123

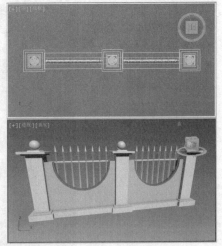

图 18-124

站牌

- **案例场景位置** | 案例源文件 > Cha18 > 实例 175 站牌
- **效果场景位置** | 案例源文件 > Cha18 > 实例 175 站牌场景
- **贴图位置** | 贴图素材 > Cha18 > 实例 175 站牌
- **视频教程** | 教学视频 > Cha18 > 实例 175
- **视频长度** | 11 分 40 秒
- **制作难度** | ★ ★ ★ ☆ ☆

┃ 操作步骤 ┃

01 在"前"视图中创建矩形,在"参数"卷展栏中设置"长度"为 25,"宽度"为 300,"角半径"为 10,如图
18-125 所示。

02 为其施加"倒角"修
改器,在"参数"卷展栏
中勾选"避免线相交";
在"倒角值"卷展栏中设
置"级别 1"的"高度"
为 2,"轮廓"为 1,勾选
"级别 2",设置"高度"
为 700,勾选"级别 3",
设置"高度"为 2,"轮廓"
为 -1,如图 18-126 所示。

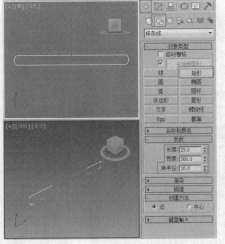

图 18-125

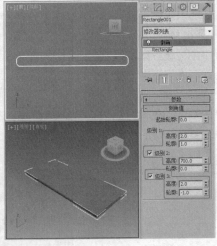

图 18-126

03 在"顶"视图中创建长方体,在"参数"卷展栏中设置"长度"为 15,"宽度"为 15,"高度"为 400,调整
其至合适的位置,如图 18-127 所示。

04 继续在"左"视图中创建长方体，在"参数"卷展栏中设置"长度"为360，"宽度"为380，"高度"为1，调整其至合适的位置，如图18-128所示。

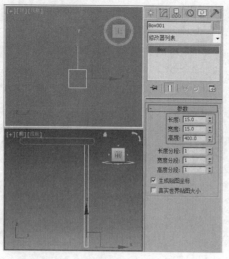
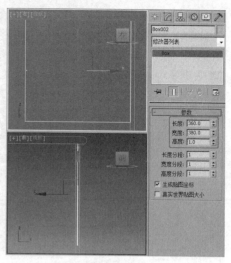

图 18-127　　　　　　　　图 18-128

05 在"顶"视图中复制长方体，调整其至合适的位置，如图18-129所示。

06 在"前"视图中创建切角长方体，在"参数"卷展栏中设置"长度"为16，"宽度"为13，"高度"为402，"圆角"为4，"圆角分段"为3，调整其至合适的位置，如图18-130所示。

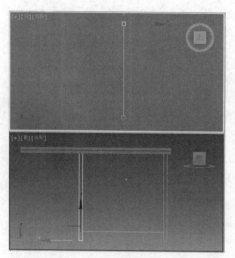
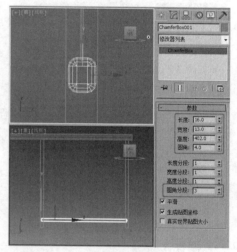

图 18-129　　　　　　　　图 18-130

07 在"顶"视图中创建圆柱体，在"参数"卷展栏中设置"半径"为7.5，"高度"为400，调整其至合适的位置，如图18-131所示。

08 继续在"顶"视图中创建长方体，在"参数"卷展栏中设置"长度"为35，"宽度"为35，"高度"为8，调整其至合适的位置，如图18-132所示。

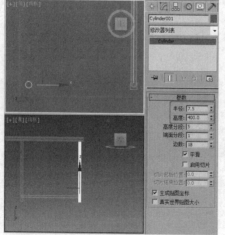
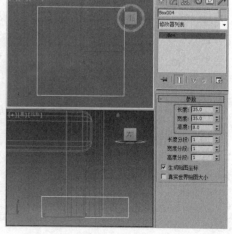

图 18-131　　　　　　　　图 18-132

09 对长方体进行复制并调整其至合适的大小和位置，将其转换为"可编辑多边形"，将选择集定义为"顶点"，在场景中对顶点进行缩放并调整顶点的位置，如图18-133所示。

10 对模型进行复制并调整其至合适的位置，如图 18-134 所示。

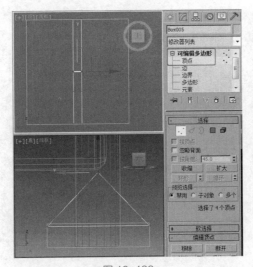

图 18-133

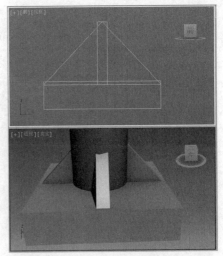

图 18-134

11 在"顶"视图中创建圆柱体，在"参数"卷展栏中设置"半径"为 5，"高度"为 50，"高度分段"为 1，对其进行复制并调整其至合适的位置，如图 18-135 所示。

12 在"前"视图中创建切角长方体，在"参数"卷展栏中设置"长度"为 320，"宽度"为 170，"高度"为 40，"圆角"为 10，调整其至合适的位置，如图 18-136 所示。

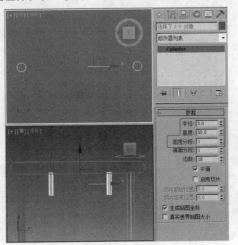

图 18-135

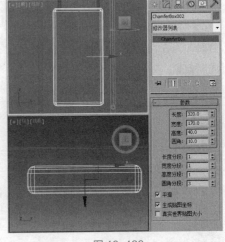

图 18-136

13 在"顶"视图中创建矩形，在"参数"卷展栏中设置"长度"为 23，"宽度"120，"角半径"为 7，如图 18-137 所示。

14 为其施加"倒角"修改器，在"倒角值"卷展栏中设置"级别 1"的"高度"为 2，"轮廓"为 1，勾选"级别 2"，设置"高度"为 50，勾选"级别 3"，设置"高度"为 2，"轮廓"为 −1，如图 18-138 所示。

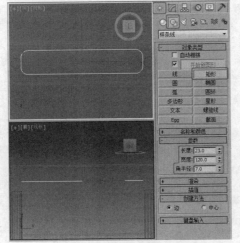

图 18-137

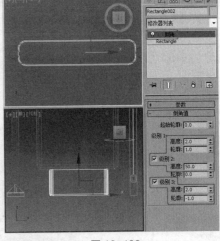

图 18-138

15 在场景中复制圆柱体，在"参数"卷展栏中修改其"半径"为 3，"高度"为 55，调整其至合适的位置，如图

18-139 所示。

16 继续在场景中复制圆
柱体，在"参数"卷展
栏中修改其"半径"为4，
"高度"为30，调整其
至合适的位置，如图
18-140 所示。

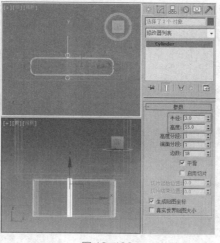
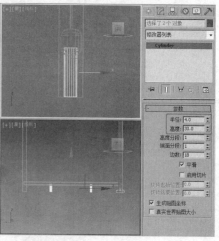

图 18-139

图 18-140

17 在"顶"视图中创建切角长方体，在"参数"卷展栏中设置"长度"为350，"宽度"为45，"高度"为10，"圆
角"为3，"长度分段"
为5，"宽度分段"为1，
"高度分段"为1，"圆角
分段"为3，调整其至合
适的位置，如图 18-141
所示。

18 将模型转换为"可编
辑多边形"，将选择集定
义为"顶点"，在场景中
调整顶点，如图 18-142
所示。

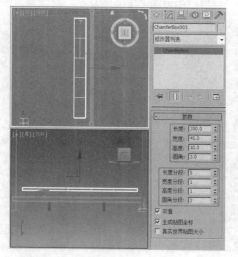
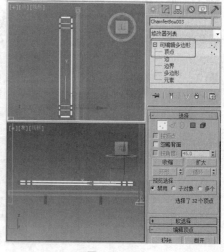

图 18-141

图 18-142

19 将选择集定义为"多边形"，在场景中选择多边形，在"编辑多边形"卷展栏中单击"倒角"后的■（设置）按
钮，在弹出的助手小盒
中设置"高度"为5，"轮
廓"为-1，单击☑（确
定）按钮，如图 18-143
所示。

20 继续设置多边形的倒
角，调整模型至合适的
位置，完成的模型如图
18-144 所示。

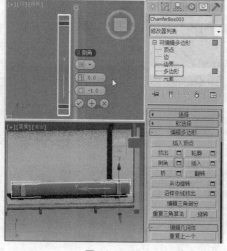
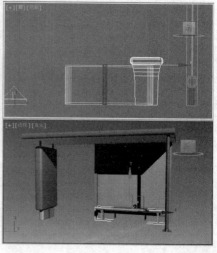

图 18-143

图 18-144

实例 176 交通护栏

- **案例场景位置** | 案例源文件 > Cha18 > 实例176交通护栏
- **效果场景位置** | 案例源文件 > Cha18 > 实例176交通护栏场景
- **贴图位置** | 案例源文件 > Cha18 > 实例176交通护栏
- **视频教程** | 教学视频 > Cha18 > 实例176
- **视频长度** | 2分11秒
- **制作难度** | ★★★☆☆

操作步骤

01 在"顶"视图中创建长方体,在"参数"卷展栏中设置"长度"为85,"宽度"为190,"高度"为2700,如图18-145所示。

02 在"左"视图中创建矩形,在"参数"卷展栏中设置"长度"为2200,"宽度"为4300,如图18-146所示。

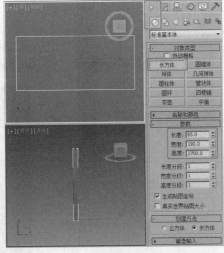

图18-145

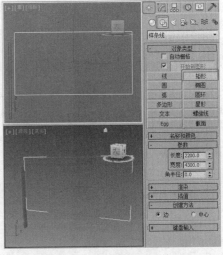

图18-146

03 将矩形转换为"可编辑样条线",将选择集定义为"样条线",在"几何体"卷展栏中单击"轮廓"按钮,为其设置合适的轮廓,如图18-147所示,关闭选择集。

04 为其施加"挤出"修改器,在"参数"卷展栏中设置"数量"为100,调整其至合适的位置,如图18-148所示。

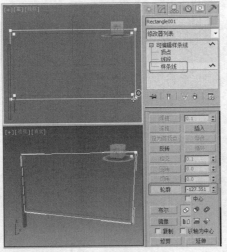

图18-147

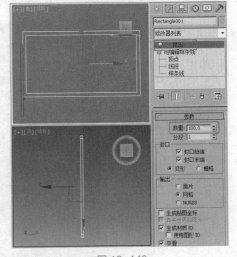

图18-148

05 继续创建长方体,在"参数"卷展栏中设置合适的参数,如图18-149所示。

06 在场景中选择模型并将其复制,完成的模型如图18-150所示。

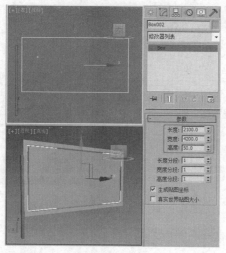

图 18-149

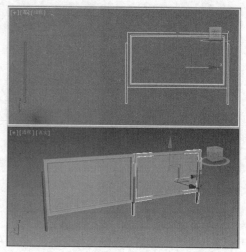

图 18-150

实 例 177 喷泉

- ● **案例场景位置** | 案例源文件 > Cha18 > 实例177喷泉
- ● **效果场景位置** | 案例源文件 > Cha18 > 实例177喷泉场景
- ● **贴图位置** | 贴图素材 > Cha18 > 实例177喷泉
- ● **视频教程** | 教学视频 > Cha18 > 实例177
- ● **视频长度** | 10分47秒
- ● **制作难度** | ★★★☆☆

操作步骤

01 在"顶"视图中创建多边形，在"参数"卷展栏中设置"半径"为120，"边数"为6，如图18-151所示。

02 为其施加"编辑样条线"，将选择集定义为"样条线"，在"几何体"卷展栏中单击"轮廓"按钮，为其设置合适的轮廓，如图18-152所示，关闭选择集。

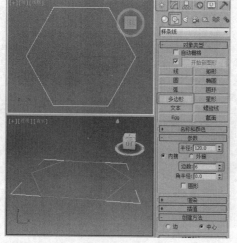

图 18-151

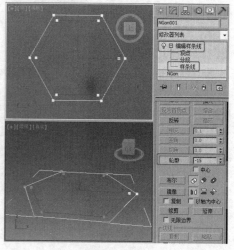

图 18-152

03 为其施加"挤出"修改器，在"参数"卷展栏中设置"数量"为78，调整其至合适的位置，如图18-153所示。

04 继续在"顶"视图中创建多边形，在"参数"卷展栏中设置"半径"为120，"边数"为6，如图18-154所示。

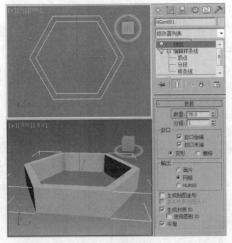
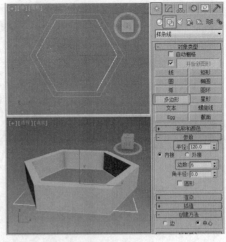

图 18-153   图 18-154

05 为其施加"挤出"修改器，在"参数"卷展栏中设置"数量"为 45，调整其至合适的位置，如图 18-155 所示。

06 在"前"视图中创
建切角长方体，在"参
数"卷展栏中设置"长
度"为 9，"宽度"为 6，
"高度"为 155，"圆角"
为 0.5，"圆角分段"
为 2，如图 18-156 所示。

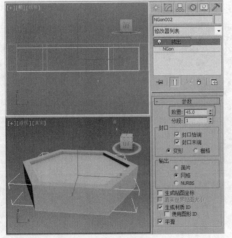
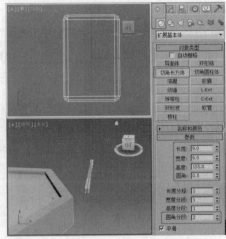

图 18-155   图 18-156

07 对切角长方体进行复制，调整其至合适的角度和位置，如图 18-157 所示。

08 继续在"前"视图中创建切角长方体，在"参数"卷展栏中设置"长度"为 8，"宽度"为 8，"高度"为 180，"圆角"为 0.5，"圆角分段"为 2，在"顶"视图中对其进行复制并调整其至合适的位置，如图 18-158 所示。

09 在场景中选择模型，为其施加"FFD（长方体）"修改器，将选择集定义为"控制点"，对其进行调整，如图 18-159 所示。

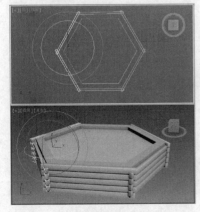
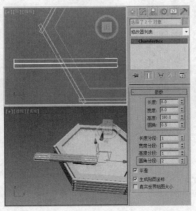
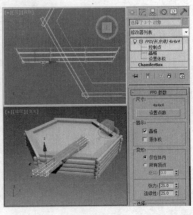

图 18-157   图 18-158   图 18-159

10 对模型进行复制并调整其至合适的角度和位置，如图 18-160 所示。

11 在"顶"视图中创建管状体，在"参数"卷展栏中设置"半径1"为3，"半径2"为2，"高度"为50，"高度分段"为1，调整其至合适的位置，如图 18-161 所示。

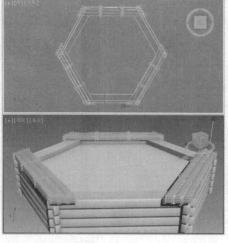

图 18-160

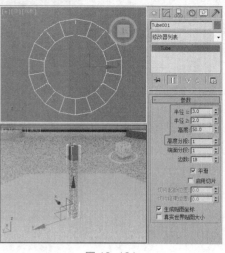

图 18-161

12 在"前"视图中创建样条线，如图 18-162 所示。

13 为其施加"车削"修改器，在"参数"卷展栏中设置"度数"为 360，"分段"为 30，在"方向"组中单击 Y 按钮，在"对齐"组中单击"最小"按钮，如图 18-163 所示。

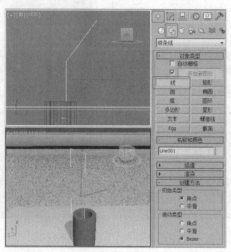

图 18-162

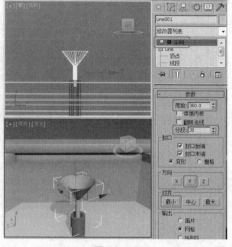

图 18-163

14 在"顶"视图中创建球体，在"参数"卷展栏中设置"半径"为 50，"分段"为 32，"半球"为 0.5，如图 18-164 所示。

15 为球体施加"编辑多边形"修改器，将选择集定义为"顶点"，使用软选择对顶点进行调整，完成的模型如图 18-165 所示。

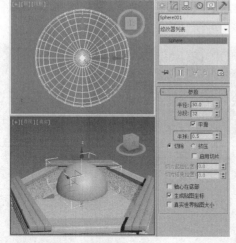

图 18-164

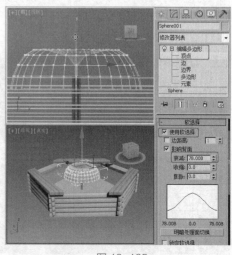

图 18-165

实 例
178

遮阳伞

- **案例场景位置 |** 案例源文件 > Cha18 > 实例178遮阳伞
- **效果场景位置 |** 案例源文件 > Cha18 > 实例178遮阳伞场景
- **贴图位置 |** 贴图素材 > Cha18 > 实例178遮阳伞
- **视频教程 |** 教学视频 > Cha18 > 实例178
- **视频长度 |** 3分31秒
- **制作难度 |** ★★★☆☆

操作步骤

01 在"顶"视图中创建星形,在"参数"卷展栏中设置"半径1"为100,"半径2"为85,"点"为12,"圆角半径"为19,如图18-166所示。

02 为其施加"挤出"修改器,在"参数"卷展栏中设置"数量"为40,"分段"为5,如图18-167所示。

03 为其施加"锥化"修改器,在"参数"卷展栏中设置"锥化"组中"数量"为-1,"曲线"为0.8,如图18-168所示。

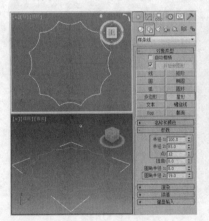

图 18-166

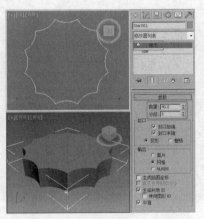

图 18-167

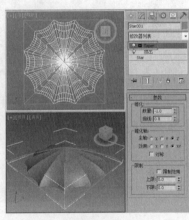

图 18-168

04 为其施加"编辑多边形"修改器,将选择集定义为"多边形",在场景中选择底部多边形,如图18-169所示,并将其删除。

05 在"顶"视图中创建圆柱体,在"参数"卷展栏中设置"半径"为2,"高度"为280,"高度分段"为2,调整其至合适的位置,如图18-170所示。

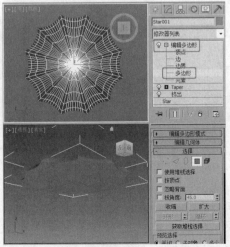

图 18-169

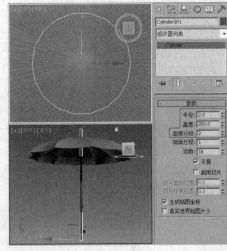

图 18-170

06 为其施加"编辑多边形"修改器，将选择集定义为"顶点"，调整顶点的位置并对顶部顶点进行缩放，如图 18-171 所示。

07 继续在"顶"视图中创建圆柱体，在"参数"卷展栏中修改其"半径"为 3，"高度"为 28，"高度分段"为 1，调整其至合适的位置，如图 18-172 所示。

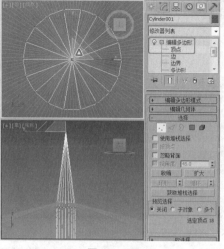

图 18-171

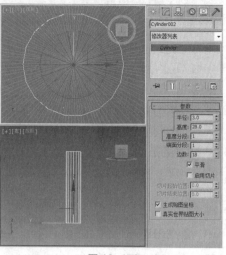

图 18-172

08 为其施加"编辑多边形"修改器，将选择集定义为"顶点"，对底部顶点进行缩放，如图 18-173 所示，关闭选择集。

09 继续在"顶"视图中创建圆柱体，在"参数"卷展栏中设置"半径"为 50，"高度"为 8，"圆角"为 3，"高度分段"为 1，"圆角分段"为 3，"边数"为 25，调整其至合适的位置，完成的模型如图 18-174 所示。

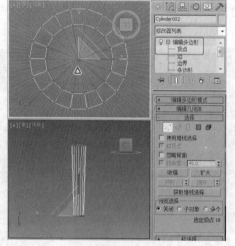

图 18-173

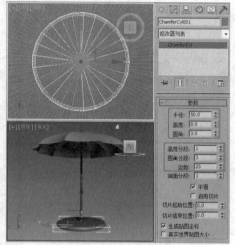

图 18-174

实例 179　水井

- **案例场景位置** | 案例源文件 > Cha18 > 实例179水井
- **效果场景位置** | 案例源文件 > Cha18 > 实例179水井场景
- **贴图位置** | 贴图素材 > Cha18 > 实例179水井
- **视频教程** | 教学视频 > Cha18 > 实例179
- **视频长度** | 18分14秒
- **制作难度** | ★★★☆☆

操作步骤

01 在"前"视图中创建切角长方体，在"参数"卷展栏中设置"长度"为 12，"宽度"为 5，"高度"为 120，"圆角"为 0.5，"长度分段"为 6，"圆角分段"为 2，如图 18-175 所示。

02 为其施加"编辑多边形"修改器，将选择集定义为"顶点"，对顶点进行调整，如图 18-176 所示。

03 对切角长方体进行复制，调整其至合适的角度和位置，如图 18-177 所示。

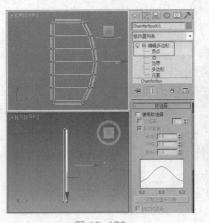
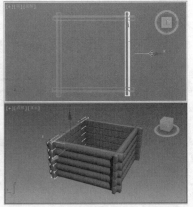

图 18-175　　　　　　　图 18-176　　　　　　　图 18-177

04 在"顶"视图中创建切角圆柱体，在"参数"卷展栏中设置"半径"为 5，"高度"为 150，"圆角"为 1，"高度分段"为 3，"圆角分段"为 3，"边数"为 20，调整合适的位置，如图 18-178 所示。

05 对切角圆柱体进行复制，并调整其至合适的大小、角度和位置，如图 18-179 所示。

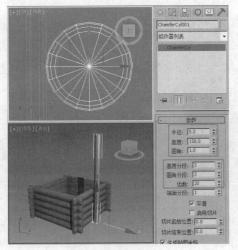
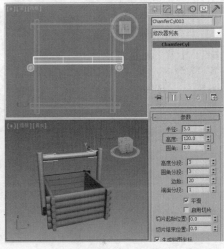

图 18-178　　　　　　　图 18-179

06 在"左"视图中创建管状体，在"参数"卷展栏中设置"半径 1"为 5.3，"半径 2"为 5，"高度分段"为 1，对其进行复制，并调整至合适的位置，如图 18-180 所示。

07 继续在"前"视图中创建切角圆柱体，在"参数"卷展栏中设置"半径"为 2.5，"高度"为 20，"圆角"为 1，"高度分段"为 1，"圆角分段"为 5，"边数"为 20，对其进行复制，调整其至合适的角度和位置，如图 18-181 所示。

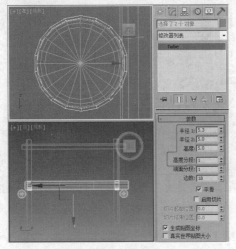
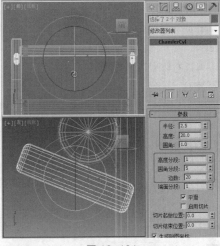

图 18-180　　　　　　　图 18-181

08 在"前"视图中创建可渲染的样条线，设置"厚度"为 2.5，将选择集定义为"顶点"，对样条线进行调整，调整其至合适的角度和位置，如图18-182所示。

09 在"左"视图中对切角圆柱体进行复制，在"参数"卷展栏中设置"半径"为1.7，"高度"为20，"圆角"为0.3，"高度分段"为1，"圆角分段"为3，"边数"为20，调整其至合适的位置，如图18-183所示。

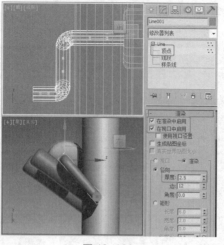

图 18-182

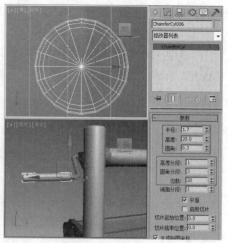

图 18-183

10 在"左"视图中创建可渲染的螺旋线，设置"厚度"为2.5，在"参数"卷展栏中设置"半径1"为5，"半径2"为5，"高度"为28，"圈数"为20，调整其至合适的位置，如图18-184所示。

11 在"前"视图中创建切角长方体，在"参数"卷展栏中设置"长度"为30，"宽度"为5.5，"高度"为0.7，"圆角"为0.2，"圆角分段"为2，如图18-185所示。

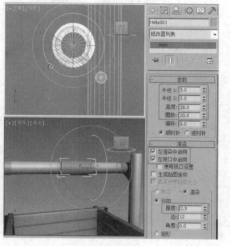

图 18-184

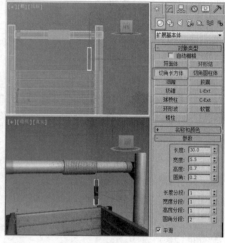

图 18-185

12 对切角长方体进行复制，并调整至合适的大小、角度和位置，如图18-186所示。

13 在"左"视图中创建切角长方体，在"参数"卷展栏中设置"长度"为50，"宽度"为5，"高度"为1，"圆角"为0.1，"宽度分段"为10，"圆角分段"为2，如图18-187所示。

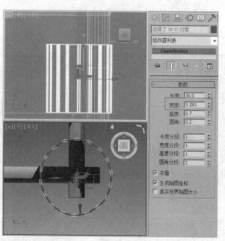

图 18-186

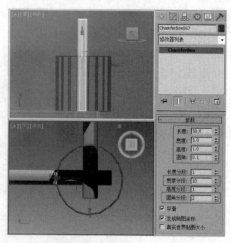

图 18-187

14 为其施加"编辑多边形"修改器，将选择集定义为"顶点"，对顶点进行调整，如图18-188所示。

15 对其进行复制，并调整至合适的角度和位置，如图18-189所示。

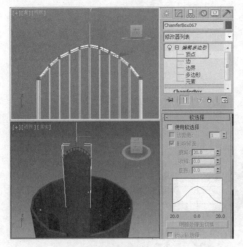

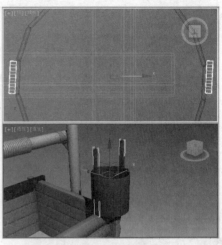

图 18-188

图 18-189

16 在"顶"视图中创建圆，在"参数"卷展栏中设置"半径"为 15，如图 18-190 所示。

17 为其施加"挤出"修改器，在"参数"卷展栏中设置"数量"为 1，如图 18-191 所示。

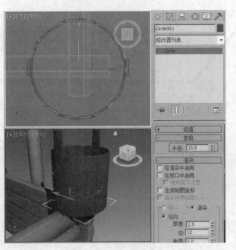

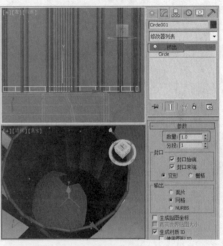

图 18-190

图 18-191

18 对切角圆柱体和可渲染的螺旋线进行复制，并调整其至合适的位置，如图 18-192 所示。

19 在"前"视图中创建可渲染的样条线，设置"厚度"为 1.3，将选择集定义为"顶点"对样条线进行调整，调整其至合适的角度和位置，并对模型比例进行调整，完成的模型如图 18-193 所示。

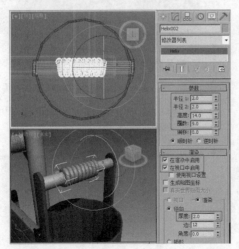

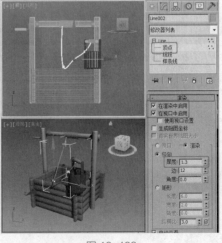

图 18-192

图 18-193

技巧

在"前"视图中创建可渲染的样条线，在各个视图中分别对顶点进行调整，直到对调整的效果满意为止。

第

19 章

室内效果图的综合制作

本章介绍室内效果图的综合制作。本章将以公共女卫、中式卧室、欧式客厅和简约餐厅为例介绍室内模型的创建，以及材质、灯光、渲染等的设置。

<table>
<tr><td>实例
180</td><td>公共女卫的制作</td></tr>
</table>

- ● **案例场景位置** | 案例源文件 > Cha19 > 实例180公共女卫
- ● **效果场景位置** | 案例源文件 > Cha19 > 实例180公共女卫
- ● **贴图位置** | 贴图素材 > Cha19 > 实例180公共女卫
- ● **视频教程** | 教学视频 > Cha19 > 实例180
- ● **视频长度** | 24分43秒
- ● **制作难度** | ★ ★ ★ ☆ ☆

操作步骤

01 运行 3ds Max 2013 软件，选择"文件 > 导入"命令，在弹出的对话框中选择随书资源文件中的"案例源文件 > Cha19 > 实例 180 公共女卫 > 公共女卫 .DWG"文件，单击"打开"按钮，如图 19-1 所示，在弹出的对话框中使用默认参数，单击"确定"按钮。

02 将图纸导入到 3ds Max 2013 软件中，调整图形的颜色，选择导入的图形，单击鼠标右键，在弹出的快捷菜单中选择"冻结当前选择"命令，如图 19-2 所示，在制作效果图过程中可以随书根据情况解冻图形。

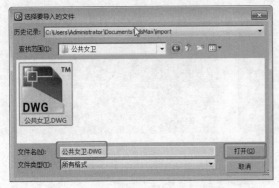

图 19-1

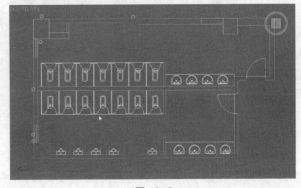

图 19-2

03 单击"　（创建）> 　（图形）> 线"按钮，在"顶"视图中绘制墙体轮廓，如图 19-3 所示，切换到 　（修改）命令面板，将选择集定义为"顶点"，调整图形的形状。

04 为绘制的室内框架图形施加"挤出"修改器，在"参数"卷展栏中设置"数量"为 2800，如图 19-4 所示。

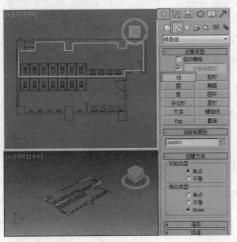

图 19-3

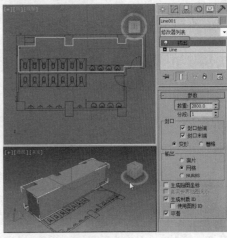

图 19-4

05 为挤出的模型施加"编辑多边形"修改器，将选择集定义为"边"，在场景中选择边，在"编辑边"卷展栏中单击"连接"后的 ◻（设置）按钮，在弹出的小盒中设置"分段"为2，"收缩"为1，"滑块"为33，如图19-5所示。

06 继续单击"连接"后的 ◻（设置）按钮，在弹出的小盒中设置"分段"为1，"收缩"为1，"滑块"为26，如图19-6所示。

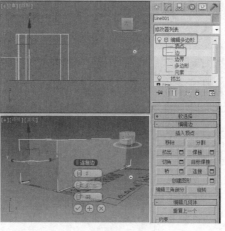

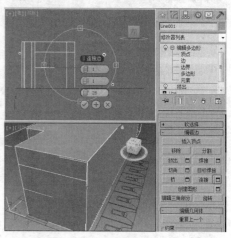

图 19-5

图 19-6

07 将选择集定义为"多边形"，在场景中选择多边形，在"编辑多边形"卷展栏中单击"挤出"后的 ◻（设置）按钮，在弹出的小盒中设置"高度"为200，如图19-7所示。

08 将选择集定义为"边"，在场景中选择边，如图19-8所示。

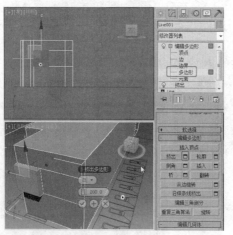

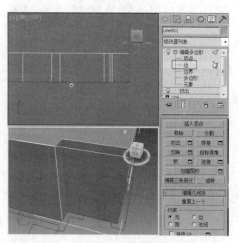

图 19-7

图 19-8

09 在"编辑边"卷展栏中单击"连接"后的 ◻（设置）按钮，在弹出的小盒中设置"分段"为1，"收缩"为1，"滑块"为-55，如图19-9所示。

10 选择边，单击"连接"后的 ◻（设置）按钮，在弹出的小盒中设置"分段"为2，"收缩"为35，"滑块"为25，如图19-10所示。

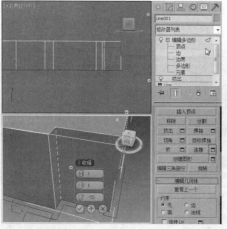

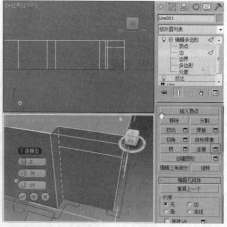

图 19-9

图 19-10

11 将选择集定义为"多边形"，在场景中选择多边形，在"编辑多边形"卷展栏中单击"挤出"后的 ◻（设置）按钮，在弹出的小盒中设置"高度"为200，如图19-11所示。

12 在场景中选择窗洞和门洞的多边形，并将其删除，如图19-12所示。

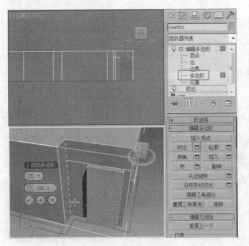

图 19-11   图 19-12

13 在场景中调整"透视"图至合适的角度，按 Ctrl+C 组合键创建摄影机，如图 19-13 所示。

14 选 择 line001，
按 Ctrl+V 组 合 键，
复制模型，将其修
改器删除，将选择
集定义为"样条线"，
在"几何体"卷展
栏中单击"轮廓"
按钮，设置"轮廓"
值 为 25， 如 图
19-14 所示。

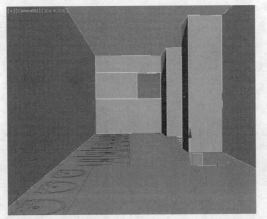

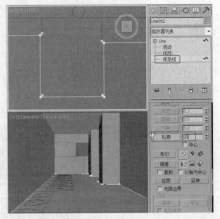

图 19-13   图 19-14

15 为其施加"挤出"
修改器，在"参数"
卷展栏中设置"数
量"为 680，如图
19-15 所示。

16 对挤出的模型进
行复制，并调整其
至合适的位置，如
图 19-16 所示。

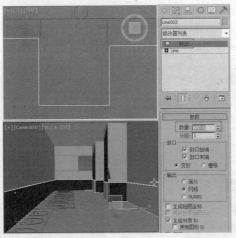

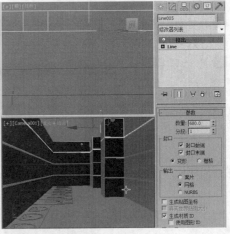

图 19-15   图 19-16

17 单击" ⭐ （创建）> ⚪ （几何体）> 长方体"按钮，在"左"视图中窗洞的位置创建长方体作为布尔对象模型，
在"参数"卷展栏中设置合适的参数，并调整其至合适的位置，如图 19-17 所示。

18 在场景中选择挤出的模型，为其施加"编辑多边形"修改器，在"编辑几何体"卷展栏中单击"附加"按钮，将
复制出的模型附加到一起，如图 19-18 所示。

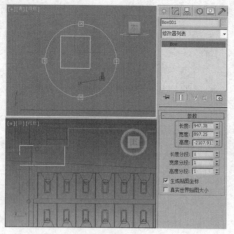

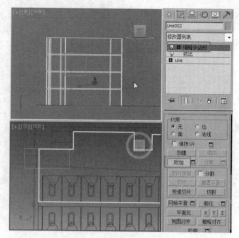

图 19-17 图 19-18

19 在场景中选择附加到一起的模型，单击"**⁂**（创建）> **◯**（几何体）> 复合对象 > ProBoolean"按钮，在"拾取布尔对象"卷展栏中单击"开始拾取"按钮，在场景中拾取作为布尔对象的长方体模型，如图 19-19 所示。

20 使用同样的方法布尔出门洞模型，如图 19-20 所示。

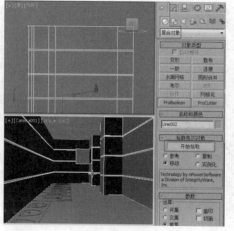

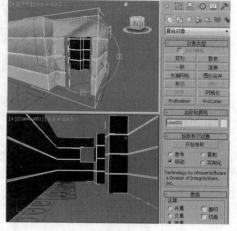

图 19-19 图 19-20

21 在场景中选择 Line001 模型，在"编辑几何体"卷展栏中单击"快速切片"按钮，在"顶"视图中合适的位置单击鼠标左键创建切片，再次单击确定切片，使用同样方法再次快速切片，如图 19-21 所示。

22 将选择集定义为"多边形"，在"编辑多边形"卷展栏中单击"挤出"后的 **□**（设置）按钮，在弹出的小盒中设置"高度"为 50，如图 19-22 所示。

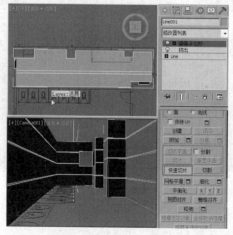

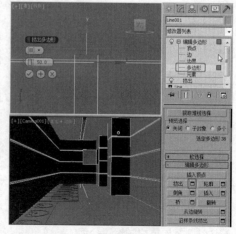

图 19-21 图 19-22

23 在场景中选择多边形，在"多边形：材质 ID"卷展栏中设置"设置 ID"为 1，如图 19-23 所示。

24 继续在场景中选择多边形，在"多边形：材质 ID"卷展栏中设置"设置 ID"为 2，如图 19-24 所示。

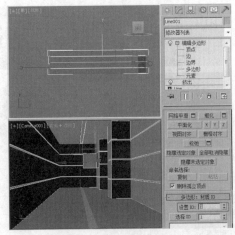 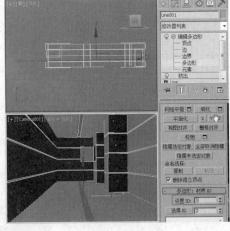

图 19-23　　　　　　　　　　图 19-24

25 继续在场景中选择多边形，在"多边形：材质 ID"卷展栏中设置"设置 ID"为 3，如图 19-25 所示。
创建场景模型后下面将介绍如何
设置场景模型的材质。

26 在场景中选择室内框架模型，
打开"材质编辑器"窗口，选择
新 的 材 质 样 本 球，单 击
Standard 按钮，在弹出的对话
框中为其指定"多维 / 子对象"
材质，在"多维 / 子对象基本参数"
卷展栏中单击"设置数量"按钮，
在弹出的对话框中设置"材质数
量"为 3，分别将 1 号、2 号和
3 号材质指定为 VRayMtl 材质，
如图 19-26 所示。

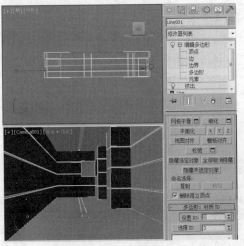 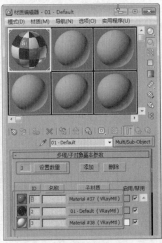

图 19-25　　　　　　　　　　图 19-26

27 进入 1 号材质设置面板，在"基本参数"卷展栏中设置"反射"组中"反射"的红、绿、蓝值均为 23，设置"反
射光泽度"为 0.85，如图 19-27 所示。

28 在"贴图"卷展栏中为"漫
反射"指定"位图"贴图，选
择随书资源文件中的"贴图素
材 > Cha19 > 实例 180 公共
女卫 > 3.jpg"文件，为"凹凸"
指定"位图"贴图，选择随书
资源文件中的"贴图素材 >
Cha19 > 实例 180 公共女卫
> 4.jpg"文件，如图 19-28
所示。

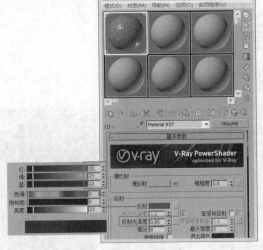 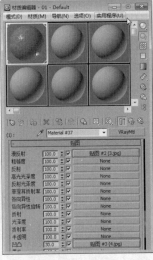

图 19-27　　　　　　　　　　图 19-28

29 进入2号材质设置面板，在"基本参数"卷展栏中设置"反射"组中"反射"的红、绿、蓝值均为17，设置"反射光泽度"为0.85，如图19-29所示。

30 在"贴图"卷展栏中为"漫反射"指定"位图"贴图，选择随书资源文件中的"贴图素材 > Cha19 > 实例180 公共女卫 > 1.jpg"文件，如图19-30所示。

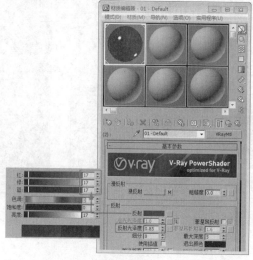

图 19-29   图 19-30

31 进入3号材质设置面板，在"基本参数"卷展栏中设置"漫反射"组中"漫反射"的红、绿、蓝值均为255，设置"反射"组中"反射"的红、绿、蓝值均为5，设置"反射光泽度"为0.85，如图19-31所示，单击 （转到父对象）按钮，返回主材质面板，单击 （将材质指定给选定对象）按钮，将材质指定给场景中选定的模型。

32 在场景中选择布尔出的模型，在"材质编辑器"窗口中，选择新的材质样本球，单击 Standard 按钮，在弹出的对话框中为其指定 VRayMtl 材质，在"基本参数"卷展栏中设置"反射"组中"反射"的红、绿、蓝值均为23，设置"反射光泽度"为0.85，如图19-32所示。

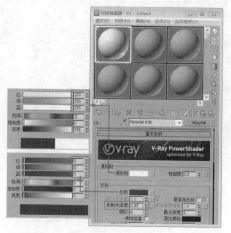
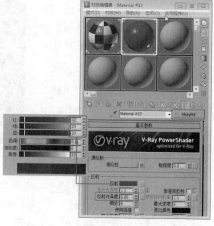

图 19-31   图 19-32

33 在"贴图"卷展栏中为"漫反射"指定"位图"贴图，选择随书资源文件中的"贴图素材 > Cha19 > 实例180 公共女卫 > 5.jpg"文件，为"凹凸"指定"位图"贴图，选择随书资源文件中的"贴图素材 > Cha19 > 实例180 公共女卫 > 4.jpg"文件，如图19-33所示，单击 （将材质指定给选定对象）按钮，将材质指定给场景中选定的模型。

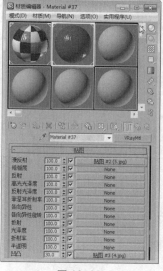
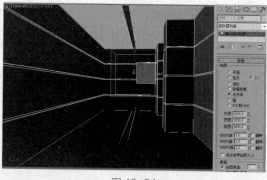

图 19-33   图 19-34

34 为场景中选择的模型施加"UVW 贴图"修改器，在"参数"卷展栏中选择"贴图"组中的"长方体"选项，设置长度、宽度和高度均为 1000，如图 19-34 所示。

35 选择随书资源文件中的"案例源文件 > Cha19 > 实例 180 公共女卫 > 窗帘、模型 01、模型 02、筒灯 .max"文件，将其合并到场景中并对筒灯进行复制，调整各个模型至合适的大小、角度和位置，如图 19-35 所示。接下来对场景进行测试渲染设置。

36 打开"渲染设置"窗口，切换到 VRay 选项卡，在"VRay：：图像采样器（反锯齿）"卷展栏的"图像采样器"组中选择"类型"为"固定"，在"抗锯齿过滤器"组中勾选"开"，在下拉列表中选择"区域"，如图 19-36 所示。

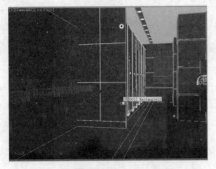

图 19-35

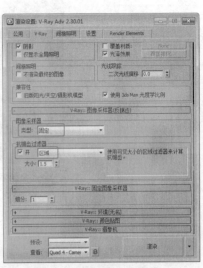

图 19-36

37 切换到"间接照明"选项卡，在"VRay：：间接照明（GI）"卷展栏的"二次反弹"组中设置"全局照明引擎"为"灯光缓存"，在"VRay：：发光图 [无名]"卷展栏中设置"内建预置"组中"当前预置"为"非常低"，如图 19-37 所示。

38 在"VRay：：灯光缓存"卷展栏中设置"计算参数"组中"细分"为 100，单击"渲染"按钮即可进行渲染，如图 19-38 所示。

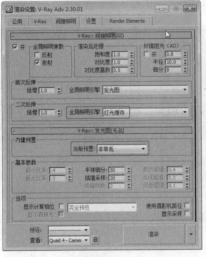

图 19-37

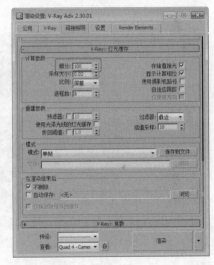

图 19-38

39 测试渲染效果如图 19-39 所示。

40 单击" ✳（创建）> 💡（灯光）> VRay > VRay 灯光"按钮，在窗户的位置创建 VRay 平面灯光，在"参数"卷展栏中设置"类型"为"平面"，设置"倍增"为 8，设置颜色的红、绿、蓝值分别为 206、221、255，设置合适的尺寸，如图 19-40 所示。

图 19-39

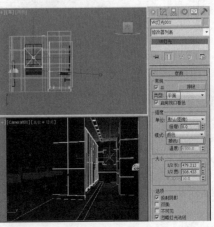

图 19-40

41 设置灯光后的渲染效果如图 19-41 所示。

42 继续创建 VRay 灯光，调整灯光的位置，在"参数"卷展栏中调整"强度"组中"倍增"为1，设置颜色的红、绿、蓝值分别为206、221、255；在"大小"组中调整至合适的大小；在"选项"组中勾选"不可见"复选框，如图 19-42所示。

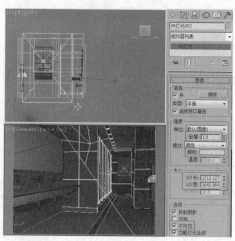

图 19-41　　　　　　　　　　图 19-42

43 调整灯光后的渲染效果如图 19-43 所示。

44 单击"＊（创建）＞☀（灯光）＞光度学 ＞ 目标灯光"按钮，在"左"视图中创建目标灯光，在"常规参数"卷展栏中勾选"阴影"组中的"启用"复选框，在下拉列表中选择"VRay 阴影"，在"灯光分布（类型）"组中选择"光度学 Web"；在"分布（光度学 Web）"卷展栏中单击"选择光度学文件"按钮，选择随书资源文件中的"贴图素材 ＞ Cha19 ＞ 实例 180 公共女卫 ＞ 5.IES"文件；在"强度/颜色/衰减"卷展栏中设置"强度"组中 cd 为 8564，如图 19-44 所示。

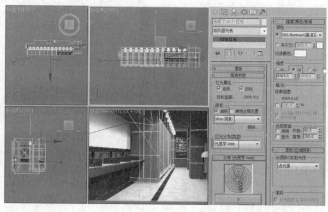

图 19-43　　　　　　　　　　图 19-44

45 渲染当前的场景效果如图 19-45 所示。
创建完灯光后，接下来将介绍最终渲染设置。

46 在"渲染设置"窗口的"公用"选项卡中设置"输出大小"组中的"宽度"为 1500，"高度"为 1125，如图 19-46 所示。

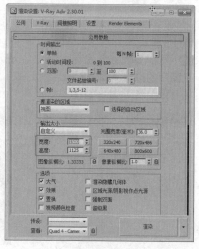

图 19-45　　　　　　　　　　图 19-46

47 切换到 VRay 选项卡，在"VRay：：图像采样器（反锯齿）"卷展栏的"图像采样器"组中选择"类型"为"自适应确定性蒙特卡洛"，在"抗锯齿"过滤器组中勾选"开"，在下拉列表中选择 Mitchell-Netravali，如图 19-47 所示。

48 切换到"间接照明"选项卡，在"VRay：：发光图 [无名]"卷展栏中设置"内建预置"组中"当前预置"为"高"，如图 19-48 所示。

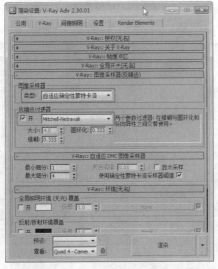

图 19-47

图 19-48

49 在"VRay：：灯光缓存"卷展栏中设置"计算参数"组中"细分"为 1500，勾选"显示计算相位"复选框，如图 19-49 所示。

50 切换到 RenderElements 选项卡，在"渲染元素"卷展栏中单击"添加"按钮，添加"VRay 线框颜色"，单击"渲染"按钮即可进行最终渲染，如图 19-50 所示。将渲染出的图像和线框图存储为 .tif 格式。

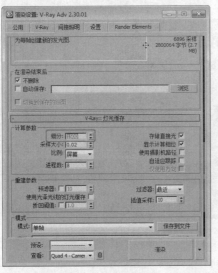

图 19-49

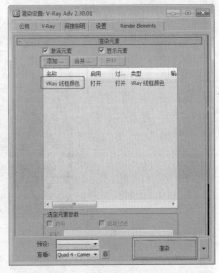

图 19-50

实例 181　中式卧室的制作

- **案例场景位置** | 案例源文件 > Cha19 > 实例181 中式卧室
- **效果场景位置** | 案例源文件 > Cha19 > 实例181 中式卧室
- **贴图位置** | 贴图素材 > Cha19 > 实例181 中式卧室
- **视频教程** | 教学视频 > Cha19 > 实例181
- **视频长度** | 41分6秒
- **制作难度** | ★★★☆☆

━┥ **操作步骤** ┝━

01 运行 3ds Max 2013 软件，选择"文件 > 导入"命令，在弹出的对话框中选择随书资源文件中的"案例源文件

> Cha19 > 实例181 中式卧室 > 中式卧室.DWG"文件，单击"打开"按钮，如图19-51所示。

02 将图纸导入到3ds Max 2013软件中，调整图形的颜色，选择导入的图形，单击鼠标右键，在弹出的快捷菜单中选择"冻结当前选择"命令，如图19-52所示。

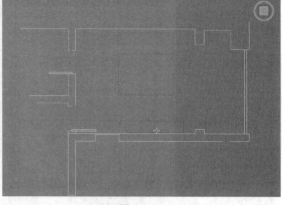

图 19-51　　　　　　　　　　　　　　图 19-52

03 单击" （创建）> （图形）> 线"按钮，在"顶"视图中绘制墙体轮廓，切换到 （修改）命令面板，将
选择集定义为"顶点"，
调整图形的形状，如图
19-53所示。

04 为绘制的室内框架图
形施加"挤出"修改器，
在"参数"卷展栏中设
置"数量"为2800，
如图19-54所示。

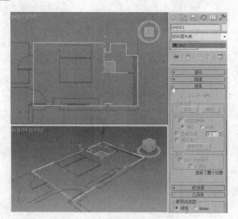

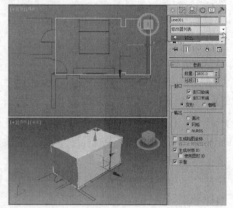

图 19-53　　　　　　　　　　　　　　图 19-54

05 为挤出的模型施加"编辑多边形"修改器，将选择集定义为"边"，在场景中选择边，如图19-55所示。

06 在"编辑边"卷展
栏中单击"连接"后的
 （设置）按钮，在弹
出的小盒中设置"分段"
为2，"收缩"为65，"滑
块"为10，如图
19-56所示。

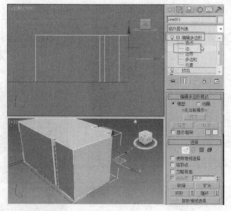

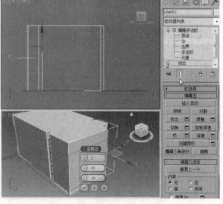

图 19-55　　　　　　　　　　　　　　图 19-56

07 将选择集定义为"多边形"，在场景中选择多边形，在"编辑多边形"卷展栏中单击"挤出"后的 （设置）按
钮，在弹出的小盒中设置"高度"为240，如图19-57所示。

08 选择多边形，并将其删除，如图19-58所示。

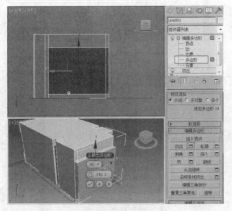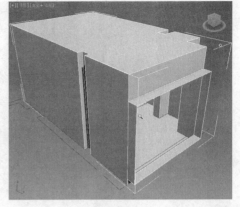

图 19-57   图 19-58

09 单击 "☀（创建）> ⊙（几何体）> 长方体" 按钮，在 "顶" 视图中创建长方体，在 "参数" 卷展栏中设置合
适的参数，并在场景中
调整其至合适的位置，
如图 19-59 所示。

10 在场景中选择模型，
将选择集定义为 "边"，
在场景中选择边，如图
19-60 所示。

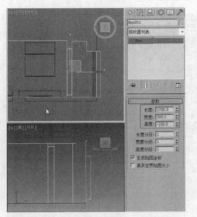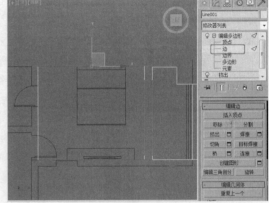

图 19-59   图 19-60

11 在 "编辑边" 卷展栏中单击 "连接" 后的 ▣（设置）按钮，在弹出的小盒中设置 "分段" 为 2，"收缩" 为 70，
如图 19-61 所示。

12 继续单击 "连接" 后的 ▣（设置）按钮，在弹出的小盒中设置 "分段" 为 2，"收缩" 为 70，如图 19-62 所示。

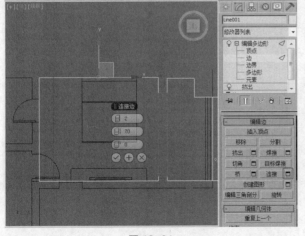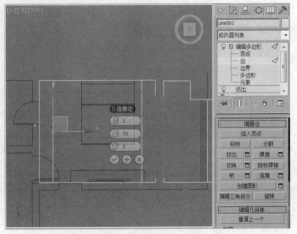

图 19-61   图 19-62

13 将选择集定义为 "多边形"，在场景中选择多边形，在 "编辑多边形" 卷展栏中单击 "挤出" 后的 ▣（设置）按
钮，从弹出的小盒中设置 "高度" 为 150，如图 19-63 所示。

14 在 "顶" 视图中创建样条线，将选择集定义为 "顶点"，在场景中调整顶点的位置，如图 19-64 所示。

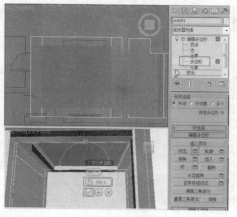

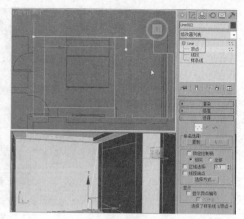

图 19-63　　　　　　　　　　　　　　　　　　图 19-64

15 为绘制的图形施加"挤出"修改器，在"参数"卷展栏中设置"数量"为2200，"分段"为6，如图 19-65 所示。

16 为挤出的模型施加"编辑多边形"修改器，将选择集定义为"边"，在场景中选择边，如图 19-66 所示。

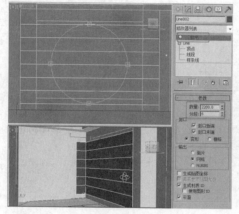

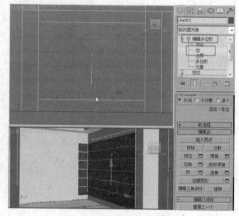

图 19-65　　　　　　　　　　　　　　　　　　图 19-66

17 在"编辑边"卷展栏中单击"连接"后的▢（设置）按钮，在弹出的小盒中设置"分段"为5，如图 19-67 所示。

18 将选择集定义为"多边形"，在场景中选择全部多边形，在"编辑多边形"卷展栏中单击"倒角"后的▢（设置）按钮，从弹出的小盒中设置"高度"为-25，"轮廓"为-20，如图 19-68 所示。

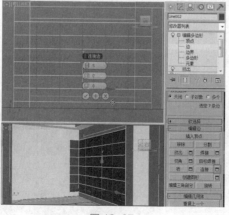

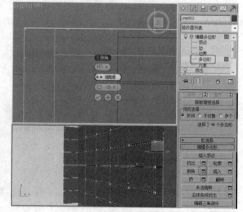

图 19-67　　　　　　　　　　　　　　　　　　图 19-68

19 将选择集定义为"边"，在场景中选择边，如图 19-69 所示。

20 在"编辑边"卷展栏中单击"切角"后的▢（设置）按钮，在弹出的小盒中设置"数量"为 22.512，"分段"为 3，如图 19-70 所示。

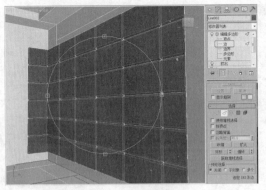

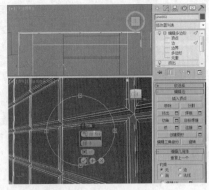

图 19-69　　　　　　　　　　　　图 19-70

21 在"顶"视图中创建样条线，在"渲染"卷展栏中勾选"在渲染中启用"和"在视口中启用"选项，在"渲染"组中选择"矩形"选项，设置"长度"为100，"宽度"为25，"角度"为90，"纵横比"为4，如图 19-71 所示。

22 继续在"顶"视图中创建样条线，在"渲染"卷展栏中勾选"在渲染中启用"和"在视口中启用"，在"渲染"组中选择"矩形"选项，设置"长度"为50，"宽度"为25，"角度"为90，"纵横比"为2，如图 19-72 所示。

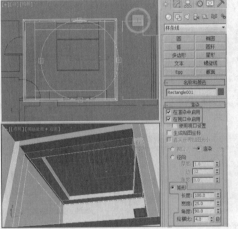
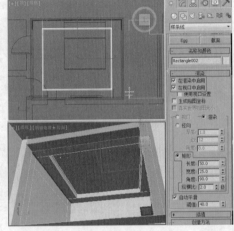

图 19-71　　　　　　　　　　　　图 19-72

23 对可渲染的样条线进行复制，并对其缩放，调整其至合适的大小，如图 19-73 所示。

24 继续创建可渲染的样条线，在"渲染"组中选择"矩形"选项，设置"长度"为30，"宽度"为20，"角度"为90，"纵横比"为1.5，如图 19-74 所示。

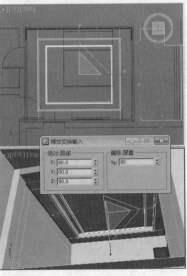
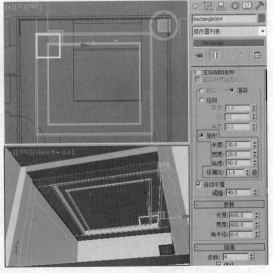

图 19-73　　　　　　　　　　　　图 19-74

25 继续复制缩放后的可渲染的样条线，并调整其至合适的位置，如图 19-75 所示。

26 在场景中选择模型，将选择集定义为"多边形"，在"编辑几何体"卷展栏中单击"分离"后的 ▢（设置）按钮，从弹出的对话框中设置"分离为"为"地面"，如图 19-76 所示。

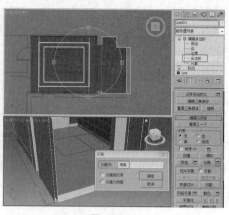

图 19-75　　　　　　　　　　图 19-76

27 在场景中选择多边形，在"多边形：材质 ID"卷展栏中设置"设置 ID"为 1，如图 19-77 所示。

28 在场景中选择多边形，在"多边形：材质 ID"卷展栏中设置"设置 ID"为 2，如图 19-78 所示。

创建场景模型后下面将介绍如何设置场景模型的材质。

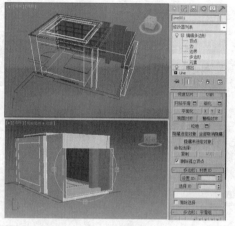
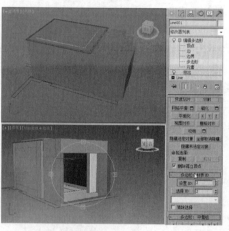

图 19-77　　　　　　　　　　图 19-78

29 在场景中选择地面模型，打开"材质编辑器"窗口，选择新的材质样本球，单击 Standard 按钮，在弹出的对话框中为其指定 VRayMtl 材质，在"基本参数"卷展栏中设置"反射"组中"反射"的红、绿、蓝值均为 10，设置"反射光泽度"为 0.9，如图 19-79 所示。

30 在"贴图"卷展栏中为"漫反射"指定"位图"贴图，选择随书资源文件中的"贴图素材 > Cha19 > 实例 181 中式卧室 > 木地板 .jpg"文件，如图 19-80 所示。

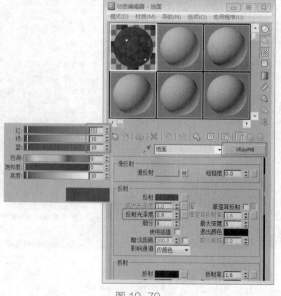
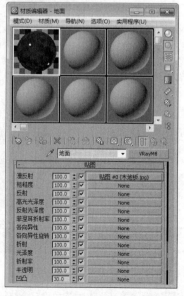

图 19-79　　　　　　　　　　图 19-80

31 进入"漫反射"贴图层级面板，在"坐标"卷展栏中设置"角度"下 W 值为 90，如图 19-81 所示，单击 （转

到父对象）按钮，返回主材
质面板，单击 （将材质指
定给选定对象）按钮，将材
质指定给场景中选定的模型。

32 在修改器列表中为其施
加"UVW 贴图"，在"参数"
卷展栏中选择"贴图"组中
的"平面"选项，设置"长度"
为 700，"宽度"为 2000，
如图 19-82 所示。

图 19-81

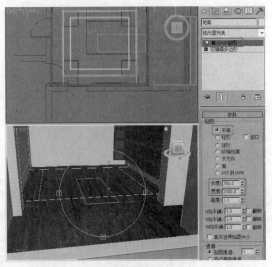

图 19-82

33 在场景中选择 Line001，选择新的材质样本球，单击 Standard 按钮，在弹出的对话框中为其指定"多维/子
对象"材质，在"多维/子对象基本参数"卷展栏中单击"设置数量"按钮，在弹出的对话框中设置"材质数量"
为 2，如图 19-83 所示。

34 进入 1 号材质设置面板，单击 Standard 按钮，在弹出的对话框中为其指定 VRayMtl 材质，在"贴图"卷展
栏中为"漫反射"指定"位图"贴图，选择随书资源文件中的"贴图素材 > Cha19 > 实例 181 中式卧室 > 旧木
031.jpg"文件，为"反射"指定"衰减"贴图，如图 19-84 所示。

35 进入"反射"贴图层级面板，在"衰减参数"卷展栏的"前/侧"组中设置"衰减类型"为 Fresnel，在"模
式特定参数"组中设置"折射率"为 2.2，如图 19-85 所示。

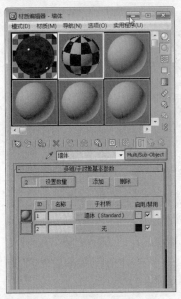

图 19-83

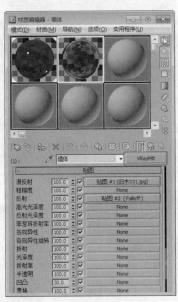

图 19-84

图 19-85

36 单击 （转到父对象）按钮，返回 1 号材质设置面板，在"基本参数"卷展栏中设置"反射光泽度"为 0.75，"细
分"为 20，如图 19-86 所示。

37 单击 （转到父对象）按钮，返回主材质面板，进入 2 号材质设置面板，单击 Standard 按钮，在弹出的对话
框中为其指定 VRayMtl 材质，在"基本参数"卷展栏中设置"漫反射"组中"漫反射"的红、绿、蓝值均为
250，在"反射"组中设置"反射"的红、绿、蓝值均为 30，单击"高光光泽度"后的 L 按钮，设置"高光光泽度"

为0.5，如图19-87所示。单击 按钮，返回主材质面板，单击 按钮，将材质指定给场景中选定的模型。

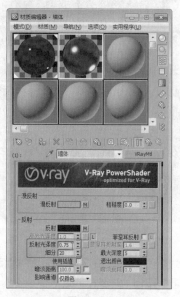
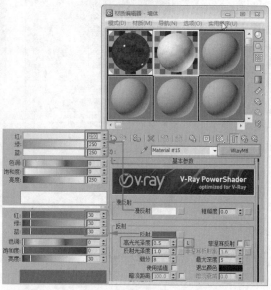

图 19-86　　　　　　　　　　　　图 19-87

38 在场景中选择 Line002，在"材质编辑器"窗口中选择新的材质样本球，单击 Standard 按钮，在弹出的对话框中为其指定 VRayMtl 材质，在"基本参数"卷展栏中设置"反射"组中"反射"的红、绿、蓝值均为17，"反射光泽度"为0.7，"细分"为25，如图19-88所示。

39 在"双向反射分布函数"卷展栏中设置"双向反射分布函数"类型为"多面"，在"贴图"卷展栏中为"漫反射"指定"衰减"贴图，如图19-89所示。

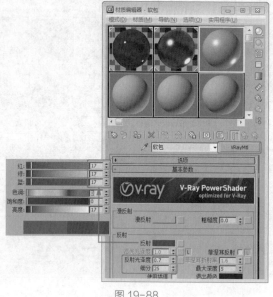
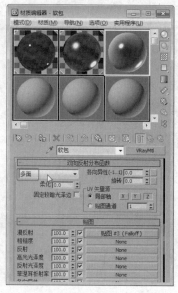

图 19-88　　　　　　　　　　　　图 19-89

40 进入"漫反射"贴图层级面板，在"前/侧"组中设置第一个色块的值为50，红、绿、蓝值分别为6、0、0，设置第二个色块的值为60，红、绿、蓝值分别为115、35、24，如图19-90所示。

41 单击第一个色块后的 None 按钮，为其指定"RGB 染色"贴图，进入"贴图1"层级面板，设置 R、G、B 色块的红、绿、蓝值分别为126、28、15，单击"贴图"下的"无"按钮，为其指定"位图"贴图，选择随书资源文件中的"贴图素材＞Cha19＞实例181中式卧室＞de.jpg"文件，如图19-91所示。

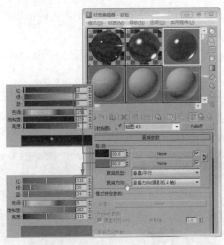
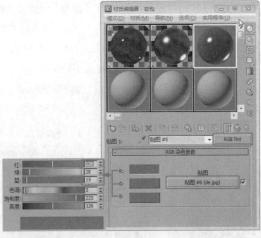

图 19-90　　　　　　　　　　　　　　　　图 19-91

42 单击（转到父对象）按钮，返回"漫反射"贴图层级面板，单击第二个色块后的 None 按钮，为其指定"RGB 染色"贴图，进入"贴图 2"层级面板，设置 R、G、B 色块的红、绿、蓝值分别为 141、90、39，单击"贴图"下的"无"按钮，为其指定"位图"贴图，选择随书资源文件中的"贴图素材 > Cha19 > 实例 181 中式卧室 > de.jpg"文件，如图 19-92 所示。

43 双击（转到父对象）按钮，返回主材质面板，在"贴图"卷展栏中设置"凹凸"为 8，为"凹凸"指定"位图"贴图，选择随书资源文件中的"贴图素材 > Cha19 > 实例 181 中式卧室 > de_a.jpg"文件，如图 19-93 所示。单击（将材质指定给选定对象）按钮，将材质指定给场景中选定的模型。

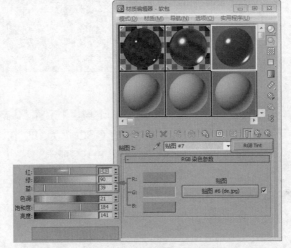

图 19-92　　　　　　　　　　　　　　　　图 19-93

44 为 Line002 模型施加"UVW 贴图"，在"参数"卷展栏中选择"贴图"组中的"长方体"选项，设置长度、宽度和高度均为 2000，如图 19-94 所示。

45 在场景中选择全部的可渲染样条线模型，在"材质编辑器"窗口中选择新的材质样本球，单击 Standard 按钮，在弹出的对话框中为其指定 VRayMtl 材质，在"基本参数"卷展栏中单击"反射"组中"高光光泽度"后的 L 按钮，设置"高光光泽度"为 0.8，设置"反射光泽度"为 0.95，"细分"为 40，如图 19-95 所示。

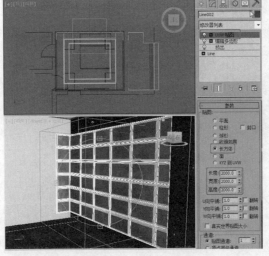
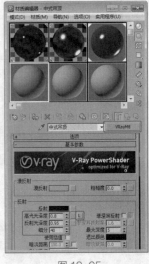

图 19-94　　　　　　　　　　　　　　　　图 19-95

46 在"贴图"卷展栏中为"漫反射"指定"位图"贴图，选择随书资源文件中的"贴图素材 > Cha19 > 实例 181 中式卧室 > 56.jpg"文件，为"反射"指定"衰减"贴图，如图 19-96 所示。

47 进入"反射"贴图层级面板，在"衰减参数"卷展栏的"前 / 侧"组中设置"衰减类型"为 Fresnel，在"模式 特定参数"组中设置"折射率"为 2.2，如图 19-97 所示。

48 将设置的第二个材质样本球的 2 号材质拖曳到新的材质样本球上，并将其指定给场景中的 Box001 模型。

49 单击" （创建）>   （摄影机）> VRay > VR 物理摄影机"按钮，在"顶"视图中创建 VR 物理摄影机，如 图 19-98 所示。

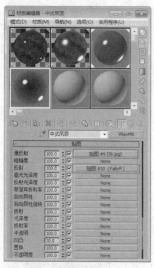
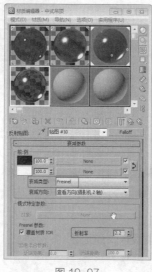
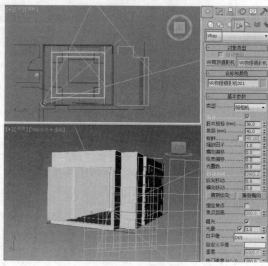

图 19-96　　　　　　　　　　　　　图 19-97　　　　　　　　　　　　　图 19-98

50 在场景中调整 VR 物理摄影机至合适的位置，在"基本参数"卷展栏中设置"焦距"为 23，"光圈数"为 4，"白 平衡"类型为"自定义"，"快门速度（s^-1）"为 30，"胶片速度（ISO）"为 180；在"其他"卷展栏中勾选"剪切"，设置"近端裁剪平面"为 500，"远端裁剪平面"为 8000，如图 19-99 所示。

51 选择"文件 > 导入 > 合并"命令，如图 19-100 所示。

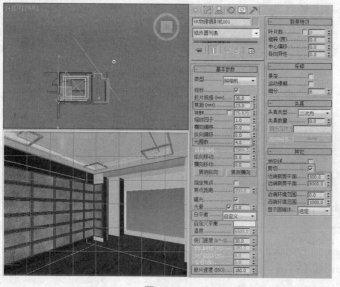

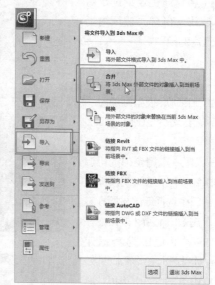

图 19-99　　　　　　　　　　　　　　　　　　图 19-100

52 在弹出的"合并文件"对话框中选择随书资源文件中的"案例源文件 > Cha19 > 实例 181 中式卧室 > 筒灯 .max"文件，如图 19-101 所示。

53 将其合并到场景中并对筒灯进行复制，调整各个模型至合适的位置，如图 19-102 所示。

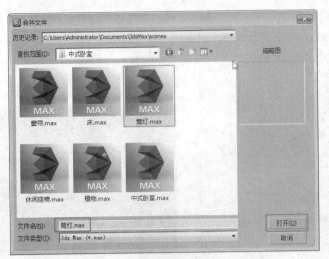

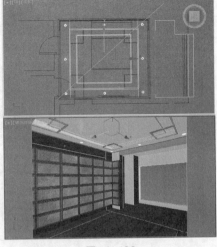

图 19-101

图 19-102

54 继续将"窗帘"文件合并至大场景中，调整模型至合适的位置，如图 19-103 所示。

55 继续将"床、休闲座椅、植物"文件合并至大场景中，调整模型至合适的大小、角度和位置，如图 19-104 所示。

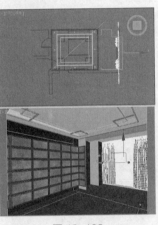

图 19-103

图 19-104

56 打开"渲染设置"窗口，切换到 VRay 选项卡，在"VRay∷全局开关 [无名]"卷展栏的"照明"组中选择"默认灯光"类型为"关"；在"VRay∷图像采样器（反锯齿）"卷展栏的"图像采样器"组中选择"类型"为"固定"，在"抗锯齿过滤器"组中取消勾选"开"选项，如图 19-105 所示。

57 切换到"间接照明"选项卡，在"VRay∷间接照明（GI）"卷展栏的"二次反弹"组中设置"全局照明引擎"为"灯光缓存"，在"VRay∷发光图 [无名]"卷展栏中设置"内建预置"组中"当前预置"为"非常低"，如图 19-106 所示。

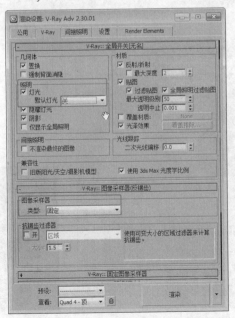

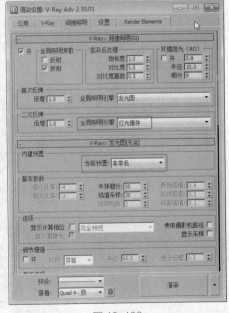

图 19-105

图 19-106

58 在"VRay∶:灯光缓存"卷展栏中设置"计算参数"组中"细分"为100，单击"渲染"按钮即可进行渲染，如图19-107所示。

59 测试渲染效果如图19-108所示。

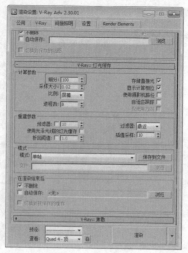
图 19-107

图 19-108

60 单击" （创建）> （灯光）>VRay>VR太阳"按钮，在"左"视图中创建VR太阳，在"VRay太阳参数"卷展栏中设置"强度倍增"为0.4，"大小倍增"为2，"阴影细分"为8，如图19-109所示。

61 按8键打开"环境和效果"面板，在"环境"选项卡的"公用参数"卷展栏中将背景组中的环境贴图拖曳到"材质编辑器"窗口中一个新的材质样本球上，在弹出的对话框中选择"实例"，如图19-110所示。

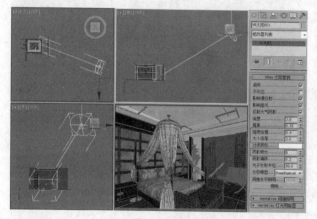
图 19-109

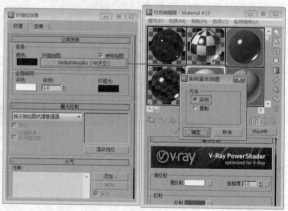
图 19-110

62 在"VRay天空参数"卷展栏中设置"太阳强度倍增"为0.4，如图19-111所示。

63 渲染当前场景的效果如图19-112所示。

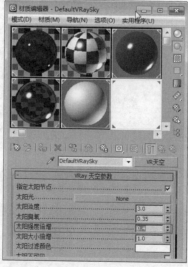
图 19-111

图 19-112

64 单击"　　（创建）>　　（灯光）> VRay > VR 灯光"按钮，在"左"视图中创建 VR 灯光，在"参数"卷展栏中设置"常规"组中"类型"为"平面"；在"强度"组中设置"倍增"为 15，设置"颜色"的红、绿、蓝值分别为 78、161、255；在"选项"组中勾选"不可见"复选框，在场景中调整其至合适的位置，如图 19-113 所示。

65 创建灯光后的渲染效果如图 19-114 所示。

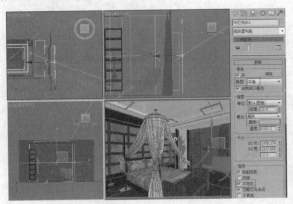

图 19-113　　　　　　　　　　　　　　　　　图 19-114

66 单击"　　（创建）>　　（灯光）> 光度学 > 目标灯光"按钮，在"左"视图中创建目标灯光，在"常规参数"卷展栏中勾选"阴影"组中的"启用"复选框，在下拉列表中选择"VRay 阴影"，在"灯光分布（类型）"组中选择"光度学 Web"；在"分布（光度学 Web）"卷展栏中单击"选择光度学文件"按钮，选择随书资源文件中的"贴图素材 > Cha19 > 实例 181 中式卧室 > 竹筒 .IES"文件；在"强度 / 颜色 / 衰减"卷展栏中设置"过滤颜色"的红、绿、蓝值分别为 255、200、151，在"强度"组中设置 cd 为 40000，如图 19-115 所示。

67 当前的场景渲染效果如图 19-116 所示。

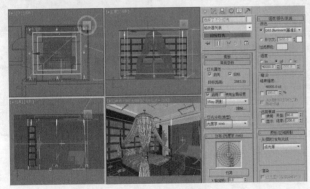

图 19-115　　　　　　　　　　　　　　　　　图 19-116

68 继续在"前"视图中创建 VR 灯光，在"参数"卷展栏中设置"常规"组中"类型"为"球体"；在"强度"组中设置"倍增"为 50，设置"颜色"的红、绿、蓝值分别为 255、190、78；在"大小"组中设置合适的半径；在"选项"组中勾选"不可见"复选框，在场景中对其复制并调整其至合适的位置，如图 19-117 所示。

69 当前的场景渲染效果如图 19-118 所示。

创建完成灯光后接下来设置场景的最终渲染参数。

图 19-117　　　　　　　　　　　　　　　图 19-118

70 在"渲染设置"窗口的"公用"选项卡中设置"输出大小"组中的"宽度"为1500，"高度"为1125，如图19-119所示。

71 切换到VRay选项卡，在"VRay：：图像采样器（反锯齿）"卷展栏的"图像采样器"组中选择"类型"为"自适应细分"，在"抗锯齿过滤器"组中勾选"开"，在下拉列表中选择Catmull-Rom，如图19-120所示。

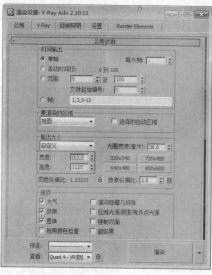

图 19-119

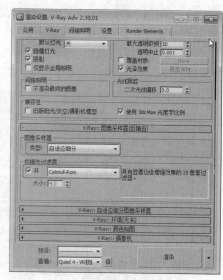

图 19-120

72 切换到"间接照明"选项卡，在"VRay：：发光图[无名]"卷展栏中设置"内建预置"组中"当前预置"为"高"，如图19-121所示。

73 在"VRay：：灯光缓存"卷展栏中设置"计算参数"组中"细分"为1200，单击"渲染"按钮即可进行最终渲染，如图19-122所示。将渲染的效果图文件存储为.tif文件格式。

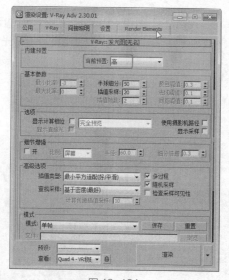

图 19-121

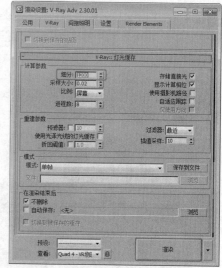

图 19-122

实例 182 **欧式客厅的制作**

- **案例场景位置** ▎案例源文件 > Cha19 > 实例182 欧式客厅
- **效果场景位置** ▎案例源文件 > Cha19 > 实例182 欧式客厅
- **贴图位置** ▎贴图素材 > Cha19 > 实例182 欧式客厅
- **视频教程** ▎教学视频 > Cha19 > 实例182
- **视频长度** ▎52分39秒
- **制作难度** ▎★★★☆☆

▎操作步骤 ▎

01 运行 3ds Max 2013 软件，选择"文件 > 导入"命令，在弹出的对话框中选择随书资源文件中的"案例源文件 > Cha19 > 实例182 欧式客厅 > 欧式客厅.DWG"文件，单击"打开"按钮，如图19-123所示。

02 将图纸导入到 3ds Max 2013 软件中，调整图形的颜色，选择导入的图形，单击鼠标右键，在弹出的快捷菜单中选择"冻结当前选择"命令，如图 19-124 所示。

03 单击"（创建）>（图形）> 线"按钮，在"顶"视图中绘制墙体轮廓，切换到（修改）命令面板，将选择集定义为"顶点"，调整图形的形状，如图 19-125 所示。

图 19-123

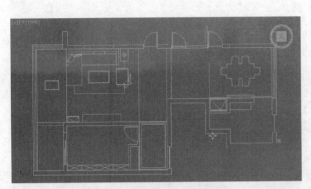

图 19-124

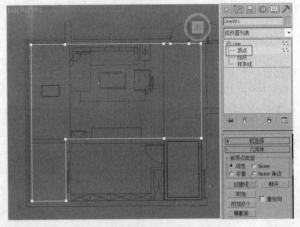

图 19-125

04 为绘制的室内框架图形施加"挤出"修改器，在"参数"卷展栏中设置"数量"为 2800，如图 19-126 所示。

05 为挤出的模型施加"编辑多边形"修改器，将选择集定义为"多边形"，在场景中选择多边形，在"编辑多边形"卷展栏中单击"倒角"后的（设置）按钮，在弹出的小盒中设置合适的参数，如图 19-127 所示。

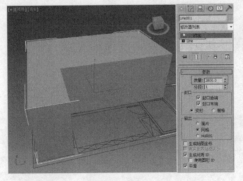

图 19-126

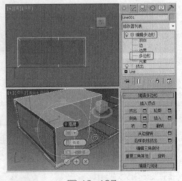

图 19-127

06 在"编辑多边形"卷展栏中单击"挤出"后的（设置）按钮，在弹出的小盒中设置合适的参数，如图 19-128 所示。按 Delete 键将多边形删除。

07 单击"（创建）>（几何体）> 长方体"按钮，在"顶"视图中创建长方体，在"参数"卷展栏中设置合适的参数，并在场景中调整其至合适的位置，如图 19-129 所示。

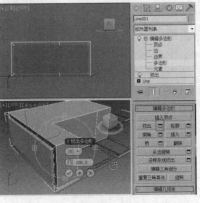

图 19-128

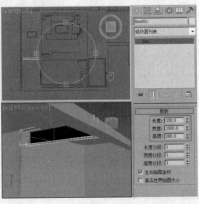

图 19-129

08 在"顶"视图中创建样条线，作为放样路径，如图 19-130 所示。

09 继续在"左"视图中创建样条线作为放样图形，将选择集定义为顶点，在场景中逐个调整顶点的位置，如图 19-131 所示。

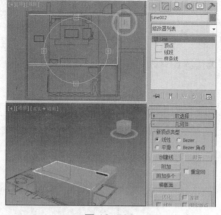

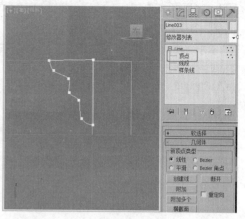

图 19-130 　　　　　　　　　　　　图 19-131

10 在场景中选择作为放样路径的图形，单击"✦（创建）> ◯（几何体）> 复合对象 > 放样"按钮，在"创建方法"卷展栏中单击"获取图形"按钮，在场景中获取放样图形，如图 19-132 所示。

11 如果创建的放样模型出现图 19-132 所示的错误情况，将选择集定义为"图形"，在场景中对图形的角度进行调整，如图 19-133 所示。

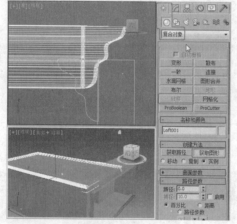

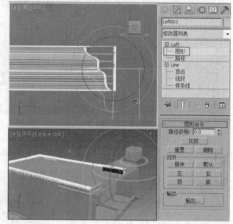

图 19-132 　　　　　　　　　　　　图 19-133

12 在场景中选择放样图形，将选择集定义为"顶点"，在场景中调整放样图形的大小和形状，如图 19-134 所示。

13 在"顶"视图中创建样条线，将其命名为"踢脚线"，如图 19-135 所示。

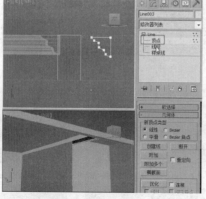

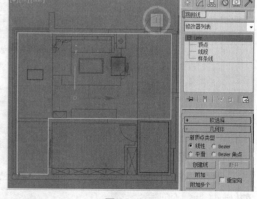

图 19-134 　　　　　　　　　　　　图 19-135

14 将选择集定义为"样条线"，在"几何体"卷展栏中单击"轮廓"按钮，为其设置合适的轮廓，如图 19-136 所示。

15 为踢脚线图形施加"挤出"修改器，在"参数"卷展栏中设置"数量"为 200，如图 19-137 所示。

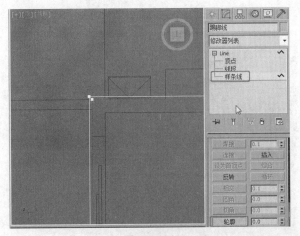

图 19-136

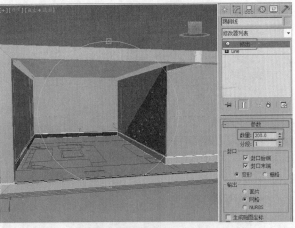

图 19-137

16 在"前"视图中创建矩形，在"参数"卷展栏中设置合适的参数，调整其至合适的位置，如图 19-138 所示。

17 为矩形施加"挤出"修改器，在"参数"卷展栏中设置"数量"为 20，如图 19-139 所示。

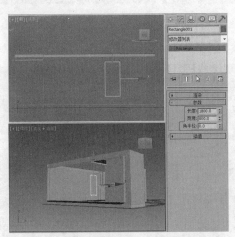

图 19-138

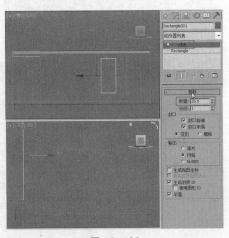

图 19-139

18 继续为其施加"编辑多边形"修改器，将选择集定义为"多边形"，在"编辑多边形"卷展栏中单击"倒角"后的■（设置）按钮，在弹出的小盒中设置合适的参数，如图 19-140 所示。

19 在"编辑多边形"卷展栏中单击"挤出"后的■（设置）按钮，在弹出的小盒中设置合适的参数，如图 19-141 所示。

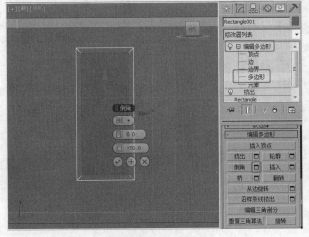

图 19-140

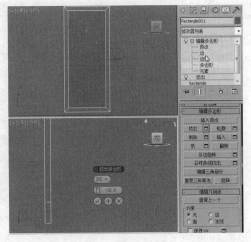

图 19-141

20 在"多边形 : 材质 ID"卷展栏中设置"设置 ID"为 1 ; 在"多边形 : 平滑组"卷展栏中单击 5 按钮，设置多边形的平滑程度，如图 19-142 所示。

21 继续在场景中选择多边形，在"多边形：材质ID"卷展栏中设置"设置ID"为2，如图19-143所示。

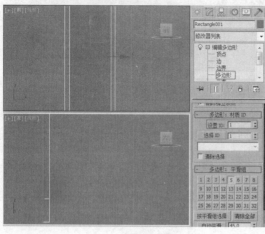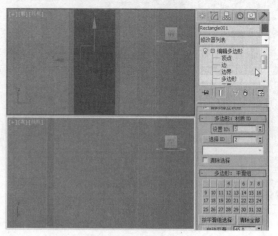

图 19-142　　　　　　　　　　图 19-143

22 对模型进行复制，并调整其至合适的位置，如图19-144所示。

23 继续对模型进行复制，并调整其至合适的位置，将选择集定义为"顶点"，在场景中调整顶点至合适的位置，如图19-145所示。

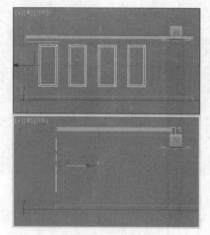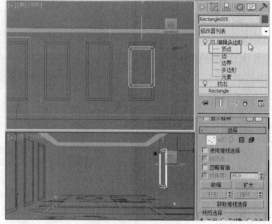

图 19-144　　　　　　　　　　图 19-145

24 对调整后的模型进行复制，并调整其至合适的位置，如图19-146所示。

25 在"顶"视图中创建矩形，在"参数"卷展栏中设置合适的参数，调整其至合适的位置，如图19-147所示。

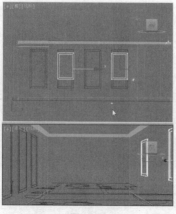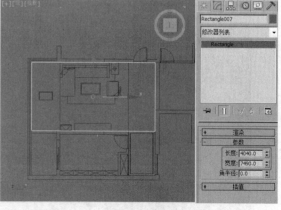

图 19-146　　　　　　　　　　图 19-147

26 为其施加"编辑样条线"修改器，将选择集定义为"样条线"，在"几何体"卷展栏中单击"轮廓"按钮，为其设置合适的轮廓，如图19-148所示。

27 继续为样条线设置合适的轮廓，如图19-149所示。

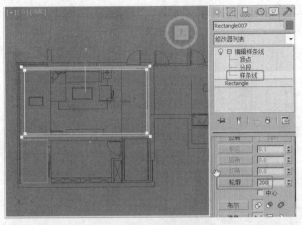

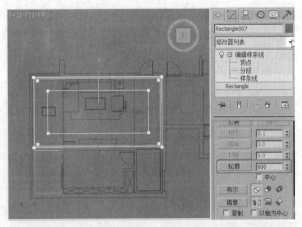

图 19-148

图 19-149

28 继续为样条线设置合适的轮廓，如图 19-150 所示。

29 为其施加"挤出"修改器，在"参数"卷展栏中设置"数量"为 2，如图 19-151 所示。

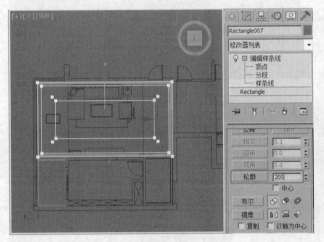

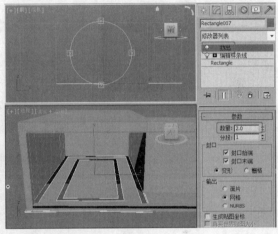

图 19-150

图 19-151

30 单击" （创建）> ◎（几何体）> 长方体"按钮，在"顶"视图中创建长方体，在"参数"卷展栏中设置合适的参数，并在场景中调整其至合适的位置，如图 19-152 所示。

31 在场景中选择 Line001 模型，将选择集定义为"边"，在"编辑几何体"卷展栏中单击"切割"按钮，在场景中对模型进行切割，如图 19-153 所示。

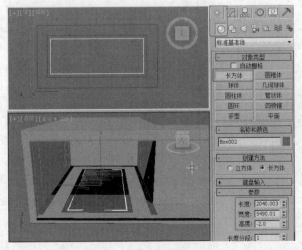

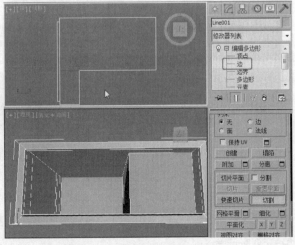

图 19-152

图 19-153

32 将选择集定义为"多边形"，在场景中选择多边形，在"编辑多边形"卷展栏中单击"倒角"后的□（设置）按钮，在弹出的小盒中设置合适的参数，如图19-154所示。

33 在"编辑多边形"卷展栏中单击"挤出"后的□（设置）按钮，在弹出的小盒中设置合适的参数，如图19-155所示。

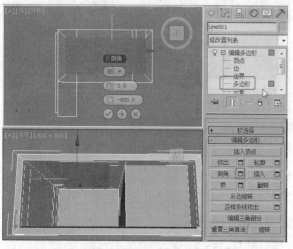

图 19-154

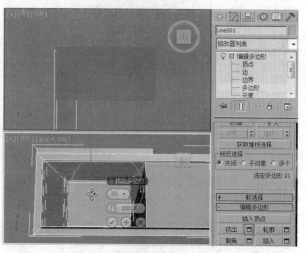

图 19-155

34 在"顶"视图中创建矩形作为放样路径，在"参数"卷展栏中设置合适的参数，调整其至合适的位置，如图19-156所示。

35 在"左"视图中创建样条线作为放样图形，将选择集定义为"顶点"，调整图形的形状，如图19-157所示。

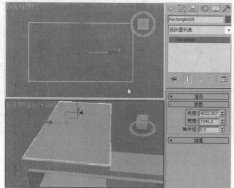

图 19-156

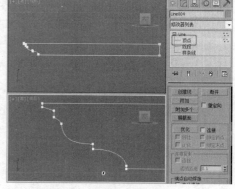

图 19-157

36 在场景中选择作为放样路径的图形，单击" （创建）> （几何体）> 复合对象 > 放样"按钮，在"创建方法"卷展栏中单击"获取图形"按钮，在场景中获取放样图形，如图19-158所示。

37 将选择集定义为图形，在场景中对图形的角度进行调整，如图19-159所示。

图 19-158

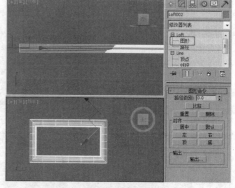

图 19-159

38 在"顶"视图中创建长方体，在"参数"卷展栏中设置合适的参数，并在场景中调整其至合适的位置，如图19-160所示。

39 继续在"顶"视图中创建切角长方体,在"参数"卷展栏中设置合适的参数,并在场景中调整其至合适的位置,如图 19-161 所示。

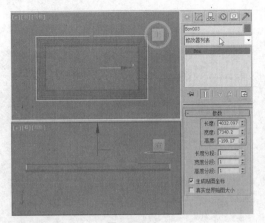
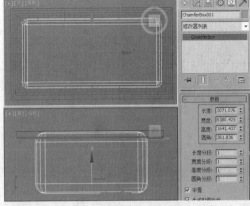

图 19-160   图 19-161

40 为切角长方体施加"编辑多边形"修改器,将选择集定义为"多边形",在场景中选择多边形,在"编辑多边形"卷展栏中单击"挤出"后的 □(设置)按钮,在弹出的小盒中设置合适的参数,如图 19-162 所示。

41 在场景中选择长方体模型,单击" ※ (创建)> ◎ (几何体)> 复合对象 > ProBoolean"按钮,在"拾取布尔对象"卷展栏中单击"开始拾取"按钮,拾取场景中的切角长方体模型,如图 19-163 所示。

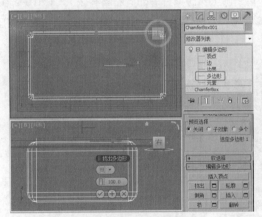

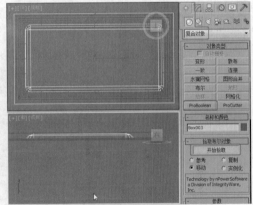

图 19-162   图 19-163

42 在"顶"视图中创建可渲染的矩形,在"渲染"卷展栏中设置合适的参数,如图 19-164 所示。

43 在场景中选择 Line001 模型,将选择集定义为"多边形",在场景中选择妨碍摄影机镜头处的多边形,如图 19-165 所示。

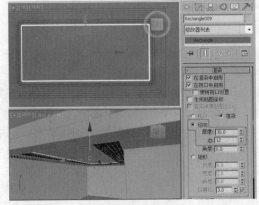
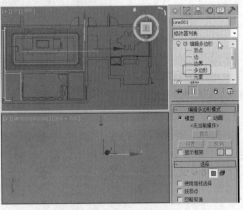

图 19-164   图 19-165

44 将选择的多边形删除，调整"透"视图的角度，按 Ctrl+C 组合键将透视图转换为摄影机视图，创建物理摄影机，如图 19-166 所示。

45 调整地面上的装饰模型，如图 19-167 所示。

创建场景模型后下面将介绍如何设置场景模型的材质。

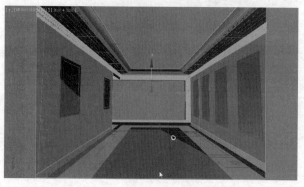

图 19-166

图 19-167

46 在场景中选择 Box001 和墙体模型，在"材质编辑器"窗口中选择新的材质样本球，单击 Standard 按钮，在弹出的对话框中为其指定 VRayMtl 材质，在"基本参数"卷展栏中设置"反射"组中"反射"的红、绿、蓝值均为 37，单击"高光光泽度"后的 L 按钮，设置"高光光泽度"为 0.82，"反射光泽度"为 0.98，如图 19-168 所示。

47 在"贴图"卷展栏中为"漫反射"指定"位图"贴图，选择随书资源文件中的"贴图素材 > Cha19 > 实例 182 欧式客厅 > B100024x.jpg"文件，如图 19-169 所示，单击 （将材质指定给选定对象）按钮，将材质指定给场景中选定的模型。

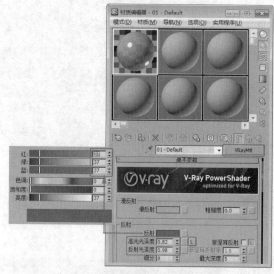

图 19-168

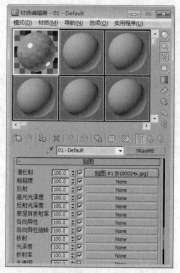

图 19-169

48 在场景中选择 Line001 模型，将选择集定义为"多边形"，在"编辑几何体"卷展栏中单击"分离"后的 （设置）按钮，在弹出的对话框中设置"分离为"为"墙体"，如图 19-170 所示。

49 在场景中选择两侧墙壁，用矩形挤出并调整复制的模型，在"材质编辑器"窗口中选择新的材质样本球，单击 Standard 按钮，在弹出的对话框中为其指定"多维/子对象"材质，在"多维/子对象基本参数"卷展栏中单击"设置数量"按钮，在弹出的对话框中设置"材质数量"为 2，分别为 1 号和 2 号材质指定 VRayMtl 材质。进入 1 号材质设置面板，在"基本参数"卷展栏中设置"反射"组中"反射"的红、绿、蓝值均为 35，单击"高光光泽度"后的 L 按钮，设置"高光光泽度"为 0.82，"反射光泽度"为 0.98，"细分"为 12，如图 19-171 所示。

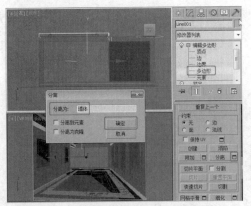

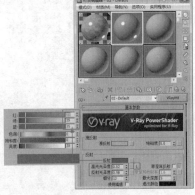

图 19-170　　　　　　　　　　　　　　　　　图 19-171

50 在"贴图"卷展栏中为"漫反射"指定"位图"贴图，选择随书资源文件中的"贴图素材 > Cha19 > 实例 182 欧式客厅 > 石材 -029.jpg"文件，如图 19-172 所示。

51 进入 2 号材质设置面板，在"基本参数"卷展栏中设置"反射"组中"反射"的红、绿、蓝值均为 52，单击"高光光泽度"后的 L 按钮，设置"高光光泽度"为 0.82，"反射光泽度"为 0.98，"细分"为 12，如图 19-173 所示。

52 在"贴图"卷展栏中为"漫反射"指定"位图"贴图，选择随书资源文件中的"贴图素材 > Cha19 > 实例 182 欧式客厅 > 石材 -027.jpg"文件，如图 19-174 所示。单击 🔲（转到父对象）按钮，返回主材质面板，单击 🔲（将材质指定给选定对象）按钮，将材质指定给场景中选定的模型。

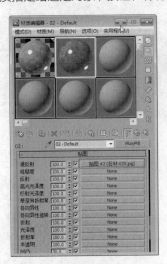

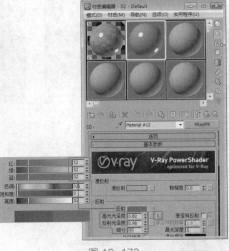

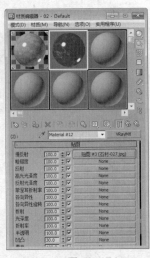

图 19-172　　　　　　　　　　　　图 19-173　　　　　　　　　　　　图 19-174

53 在修改器列表中为其施加"UVW 贴图"，在"参数"卷展栏中选择"贴图"组中的"长方体"选项，设置长度、宽度和高度均为 1000，如图 19-175 所示。

54 在场景中选择踢脚线、Rectangle007 和 Loft001 模型，在"材质编辑器"窗口中将 2 号材质拖曳到新的材质样本球上，在弹出的对话框中选择"实例"，如图 19-176 所示。

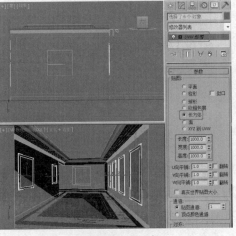

图 19-175　　　　　　　　　　　　　　　　　图 19-176

55 单击 ⬚（将材质指定给选定对象）按钮，将材质指定给场景中选定的模型，如图 19-177 所示。

56 在修改器列表中为其施加"UVW 贴图"，在"参数"卷展栏中选择"贴图"组中的"长方体"选项，设置长度、宽度和高度均为 1000，如图 19-178 所示。

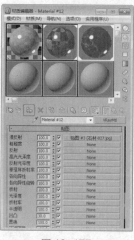

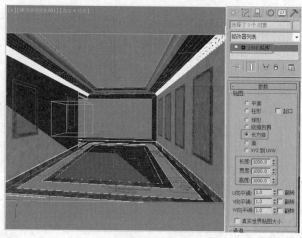

图 19-177　　　　　　　　　　　　图 19-178

57 在场景中选择 Line001 模型，将选择集定义为"多边形"，在场景中选择多边形，在"多边形：材质 ID"卷展栏中设置"设置 ID"为 1，如图 19-179 所示。

58 继续在场景中选择多边形，在"多边形：材质 ID"卷展栏中设置"设置 ID"为 2，如图 19-180 所示。

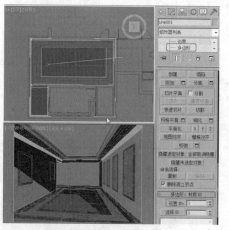

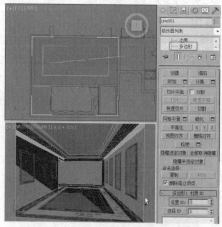

图 19-179　　　　　　　　　　　　图 19-180

59 在场景中选择 Line001 模型，在"材质编辑器"窗口中选择新的材质样本球，单击 Standard 按钮，在弹出的对话框中为其指定"多维/子对象"材质，在"多维/子对象基本参数"卷展栏中单击"设置数量"按钮，在弹出的对话框中设置"材质数量"为 2，为 1 号材质指定 VRayMtl 材质，如图 19-181 所示。

60 进入 1 号材质设置面板，在"基本参数"卷展栏中设置"反射"组中"反射"的红、绿、蓝值均为 52，如图 19-182 所示。

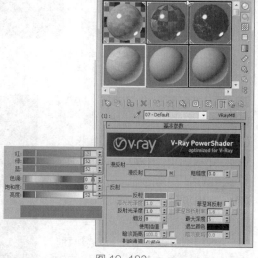

图 19-181　　　　　　　　　　　　图 19-182

61 在"贴图"卷展栏中为"漫反射"指定"位图"贴图，选择随书资源文件中的"贴图素材 > Cha19 > 实例 182 欧式客厅 > 金花米黄 .jpg"文件，如图 19-183 所示。

62 进入 2 号材质设置面板，单击 Standard 按钮，在弹出的对话框中为其指定 VRayMtl 材质，在"基本参数"卷展栏中设置"漫反射"组中"漫反射"的红、绿、蓝值分别为 255、235、201，如图 19-184 所示。

63 在"反射"组中设置"反射"的红、绿、蓝值均为 20，如图 19-185 所示。单击 🔧（转到父对象）按钮，返回主材质面板，单击 🎨（将材质指定给选定对象）按钮，将材质指定给场景中选定的模型。

图 19-183

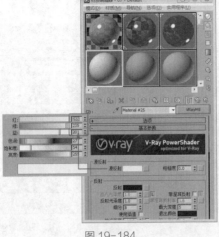

图 19-184

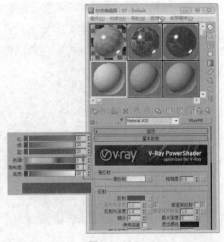

图 19-185

64 在修改器列表中为其施加"UVW 贴图"，在"参数"卷展栏中选择"贴图"组中的"长方体"选项，设置长度、宽度和高度均为 800，如图 19-186 所示。

65 在场景中选择图 19-187 所示的模型，在"材质编辑器"窗口中将 2 号材质拖曳到新的材质样本球上，在弹出的对话框中选择"实例"，单击 🎨（将材质指定给选定对象）按钮，将材质指定给场景中选定的模型。

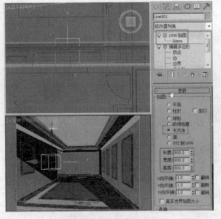

图 19-186

图 19-187

66 在场景中选择 Box002 模型，选择新的材质样本球，单击 Standard 按钮，在弹出的对话框中为其指定 VRayMtl 材质，在"基本参数"卷展栏中设置"反射"组中"反射"的红、绿、蓝值均为 45，单击"高光光泽度"后的 L 按钮，设置"高光光泽度"为 0.82，"反射光泽度"为 0.98，如图 19-188 所示。

67 在"贴图"卷展栏中为"漫反射"指定"位图"贴图，选择随书资源文件中的"贴图素材 > Cha19 > 实例 182 欧式客厅 > 欧式点点地砖 .jpg"文件，如图 19-189 所示，单击 🎨（将材质指定给选定对象）按钮，将材质指定给场景中选定的模型。

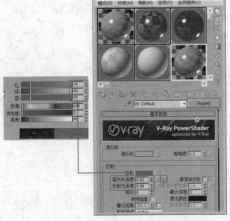

图 19-188

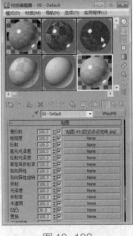

图 19-189

68 在修改器列表中为其施加"UVW 贴图"，在"参数"卷展栏中选择"贴图"组中的"平面"选项，设置长度和宽度均为 500，如图 19-190 所示。

69 选择"文件 > 导入 > 合并"命令，在弹出的"合并文件"对话框中选择随书资源文件中的"案例源文件 > Cha19 > 实例 182 欧式客厅 > 筒灯 .max"文件，如图 19-191 所示。

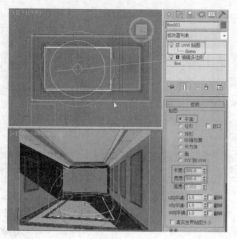

图 19-190

图 19-191

70 将窗帘、电视柜、吊灯、沙发组合、休闲座椅和植物文件合并到大场景中，调整模型至合适的大小、角度和位置，如图 19-192 所示。

下面将设置场景的测试渲染参数。

71 打开"渲染设置"窗口，切换到 VRay 选项卡，在"VRay：：全局开关 [无名]"卷展栏中设置"照明"组中"默认灯光"类型为"关"；在"VRay：：图像采样器（反锯齿）"卷展栏的"图像采样器"组中选择"类型"为"固定"，在"抗锯齿"过滤器组中勾选"开"，在下拉列表中选择"区域"，如图 19-193 所示。

图 19-192

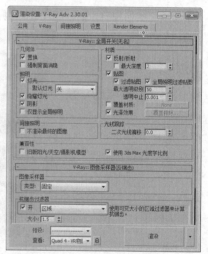

图 19-193

72 切换到"间接照明"选项卡，在"VRay：：间接照明（GI）"卷展栏的"二次反弹"组中设置"全局照明引擎"为"灯光缓存"，在"VRay：：发光图 [无名]"卷展栏中设置"内建预置"组中"当前预置"为"非常低"，如图 19-194 所示。

73 在"VRay：：灯光缓存"卷展栏中设置"计算参数"组中"细分"为 100，单击"渲染"按钮即可进行渲染，如图 19-195 所示。

图 19-194

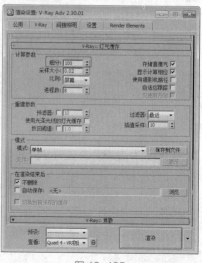

图 19-195

74 测试渲染效果如图 19-196 所示。

下面将为场景创建灯光。

75 单击"■（创建）> ■（灯光）> VRay > VR 灯光"按钮，在"左"
视图中创建 VR 灯光，在"参数"卷展栏中设置"常规"组中"类型"
为"平面"，在"强度"组中
设置"倍增"为 12，设置"颜
色"的红、绿、蓝值分别为
167、219、249，在"选项"
组中勾选"不可见"复选框，
在场景中调整其至合适的位
置，如图 19-197 所示。

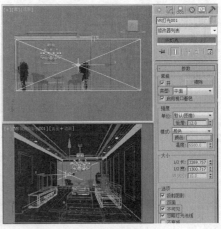

图 19-196

图 19-197

76 渲染当前场景的效果如图 19-198 所示。

77 单击"■（创建）> ■（灯光）> 光度学 > 目标灯光"按钮，在"左"视图中创建目标灯光，在"常规参数"
卷展栏中勾选"阴影"组中的"启用"复选框，在下拉列表中选择"VRay 阴影"，在"灯光分布（类型）"组中选
择"光度学 Web"；在"分布（光度学 Web）"卷展栏中单击"选择光度学文件"按钮，选择随书资源文件中的
"贴图素材 > Cha19 > 实例 181 中式卧室 > 10 .IES"文件；在"强度 / 颜色 / 衰减"卷展栏中设置"过滤颜色"
的红、绿、蓝值分别为 255、220、159，在"强度"组中设置 cd 为 2000，如图 19-199 所示。

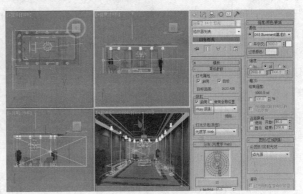

图 19-198

图 19-199

78 渲染当前场景的效果如图 19-200 所示。

79 在"顶"视图中创建 VR 灯光，在"参数"卷展栏中设置"常规"组中"类型"为"平面"，在"强度"组中设
置"倍增"为 3，设置"颜色"的红、绿、蓝值分别为 255、220、146，在"选项"组中勾选"不可见"复选框，
在场景中调整其至合适的位置，如图 19-201 所示。

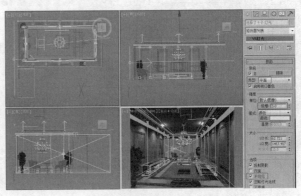

图 19-200

图 19-201

80 渲染当前的场景效果如图19-202所示。

下面将介绍场景的最终渲染设置。

81 在"渲染设置"窗口的"公用"选项卡中设置"输出大小"组中的"宽度"为1500，"高度"为1125，如图19-203所示。

图 19-202

图 19-203

82 切换到VRay选项卡，在"VRay::图像采样器（反锯齿）"卷展栏的"图像采样器"组中选择"类型"为"自适应确定性蒙特卡洛"，在"抗锯齿"过滤器组中勾选"开"，在下拉列表中选择Catmull-Rom，如图19-204所示。

83 切换到"间接照明"选项卡，在"VRay::发光图[无名]"卷展栏中设置"内建预置"组中"当前预置"为"高"，如图19-205所示。

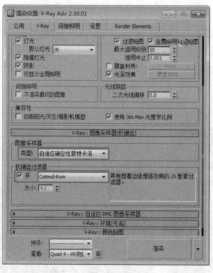

图 19-204

图 19-205

84 在"VRay::灯光缓存"卷展栏中设置"计算参数"组中"细分"为1200，如图19-206所示。

85 切换到Render Elements选项卡，在"渲染元素"卷展栏中单击"添加"按钮，添加"VRay线框颜色"，单击"渲染"按钮即可进行最终渲染，如图19-207所示。将渲染后的效果文件存储为.tif文件格式。

图 19-206

图 19-207

实例 183　简约餐厅的制作

- **案例场景位置** | 案例源文件 > Cha19 > 实例183简约餐厅
- **效果场景位置** | 案例源文件 > Cha19 > 实例183简约餐厅
- **贴图位置** | 贴图素材 > Cha19 > 实例183简约餐厅
- **视频教程** | 教学视频 > Cha19 > 实例183
- **视频长度** | 37分10秒
- **制作难度** | ★★★☆☆

操作步骤

01 运行 3ds Max 2013 软件，选择"文件 > 导入"命令，在弹出的对话框中选择随书资源文件中的"案例源文件 > Cha19 > 实例 183 简约餐厅 > 简约餐厅 .DWG"文件，单击"打开"按钮，如图 19-208 所示。

02 将图纸导入到 3ds Max 2013 软件中，调整图形的颜色，选择导入的图形，单击鼠标右键，在弹出的快捷菜单中选择"冻结当前选择"命令，如图 19-209 所示。

03 单击"（创建）>（图形）>线"按钮，在"顶"视图中绘制墙体轮廓，切换到（修改）命令面板，将选择集定义为"顶点"，调整样条线的形状，如图 19-210 所示。

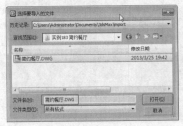

图 19-208

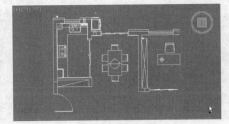

图 19-209

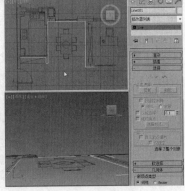

图 19-210

04 为绘制的室内框架图形施加"挤出"修改器，在"参数"卷展栏中设置"数量"为1700，"分段"为2，如图 19-211 所示。

05 为挤出的模型施加"编辑多边形"修改器，将选择集定义为"顶点"，在场景中调整顶点的位置，如图 19-212 所示。

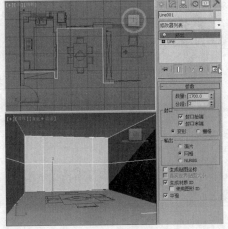

图 19-211

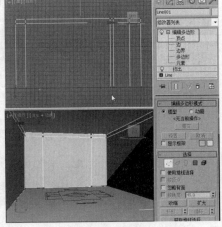

图 19-212

06 将选择集定义为"多边形"，在场景中选择多边形，在"编辑多边形"卷展栏中单击"挤出"后的（设置）按钮，从弹出的小盒中设置合适的参数，如图 19-213 所示。

07 将挤出后的多边形删除，如图 19-214 所示。

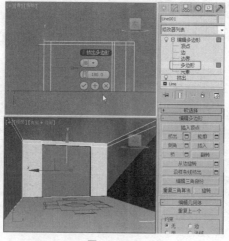
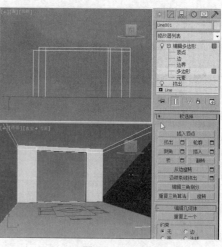

图 19-213　　　　　　　　　　　图 19-214

08 继续在场景中选择多边形，如图 19-215 所示。

09 在"编辑多边形"卷展栏中单击"挤出"后的 □（设置）按钮，从弹出的小盒中设置合适的参数，如图 19-216 所示。

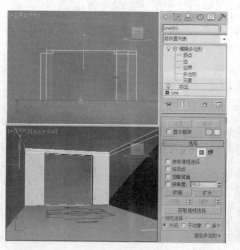
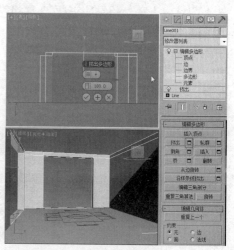

图 19-215　　　　　　　　　　　图 19-216

10 将挤出后的多边形删除，如图 19-217 所示。

11 单击" ＊（创建）> ◎（图形）> 矩形"按钮，在"前"视图中创建可渲染的矩形，在"渲染"卷展栏中设置合适的参数，调整其至合适的位置，如图 19-218 所示。

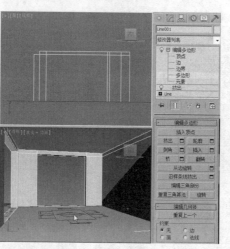
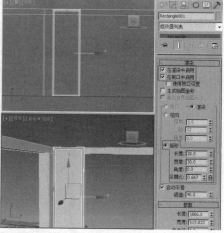

图 19-217　　　　　　　　　　　图 19-218

12 在"前"视图中创建可渲染的样条线，在"渲染"卷展栏中设置合适的参数，调整其至合适的位置，如图 19-219 所示。

13 对创建出的可渲染的矩形和可渲染的样条线进行复制，并调整其至合适的位置，如图 19-220 所示。

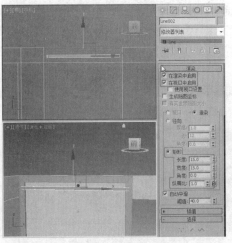

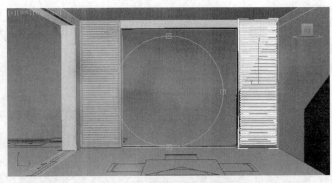

图 19-219   图 19-220

14 继续在"前"视图中创建样条线，将选择集定义为"顶点"，调整其至合适的位置，如图 19-221 所示。

15 将选择集定义为"样条线"，在"几何体"卷展栏中单击"轮廓"按钮，设置合适的轮廓，并在场景中调整顶点的位置，如图 19-222 所示。

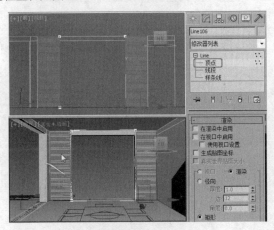

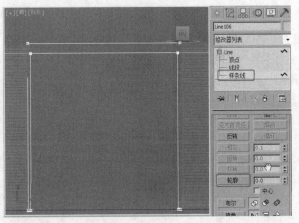

图 19-221   图 19-222

16 为其施加"挤出"修改器，在"参数"卷展栏中设置"数量"为 20，"分段"为 2，如图 19-223 所示。

17 对可渲染的样条线进行复制，并调整其至合适的长度和位置，如图 19-224 所示。

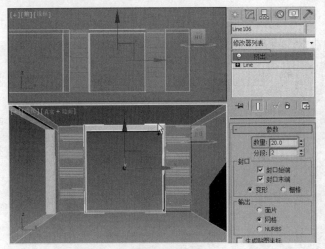

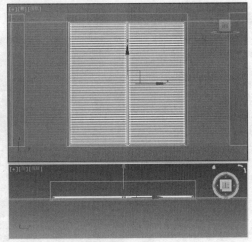

图 19-223   图 19-224

18 单击"（创建）>（几何体）> 门 > 推拉门"按钮，在"顶"视图中创建推拉门，在"参数"卷展栏中设置合适的参数，勾选"前后翻转"复选框，在"门框"组中设置"宽度"为30，"深度"为20；在"页扇参数"卷展栏中设置"厚度"为20，"门挺/顶梁"为30，"水平窗格数"为2，在场景中调整其至合适的位置，如图19-225所示。

19 单击"（创建）>（几何体）> 长方体"按钮，在"左"视图中创建长方体，在"参数"卷展栏中设置合适的参数，并调整其至合适的位置，如图19-226所示。

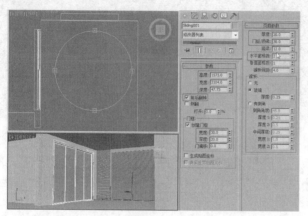
图 19-225

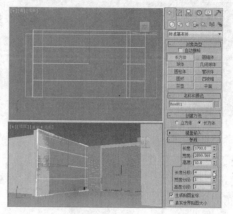
图 19-226

20 为长方体模型施加"编辑多边形"修改器，将选择集定义为"多边形"，选择图19-227所示的多边形，在"编辑多边形"卷展栏中单击"倒角"后的（设置）按钮，从弹出的小盒中设置合适的参数。

21 继续在"左"视图中创建长方体作为布尔对象，在"参数"卷展栏中设置合适的参数，调整其至合适的位置，如图19-228所示。

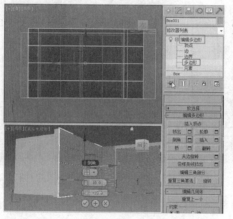
图 19-227

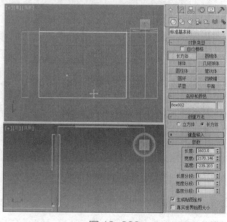
图 19-228

22 在场景中选择倒角后的长方体模型，单击"（创建）>（几何体）> 复合对象 > ProBoolean"按钮，在"拾取布尔对象"卷展栏中单击"开始拾取"按钮，在场景中拾取作为布尔对象的长方体模型，如图19-229所示。

23 继续在"左"视图中创建长方体，在"参数"卷展栏中设置合适的参数，调整其至合适的位置，如图19-230所示。

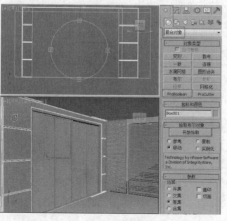
图 19-229

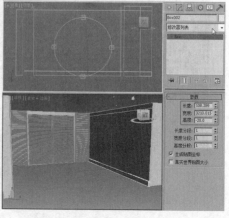
图 19-230

24 在"顶"视图中创建平面,在"参数"卷展栏中设置合适的参数,复制该平面并在场景中调整其至合适的位置,如图 19-231 所示。

25 在"渲染设置"窗口的"公用"选项卡中设置"输出大小"组中的"宽度"为 800,"高度"为 800,如图 19-232 所示。

26 在场景中调整透视图至合适的角度,按 Ctrl+C 组合键创建目标摄影机,如图 19-233 所示。

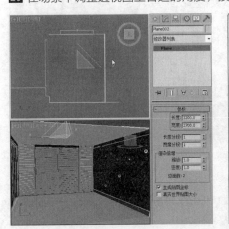

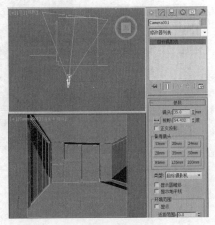

图 19-231　　　　　　　　　　　图 19-232　　　　　　　　　　　图 19-233

创建场景模型后下面将介绍如何设置场景模型的材质。

27 在场景中选择 Plane001 模型,在"材质编辑器"窗口中选择新的材质样本球,单击 Standard 按钮,在弹出的对话框中为其指定 VRayMtl 材质,在"基本参数"卷展栏中设置"反射光泽度"为 0.85,如图 19-234 所示。

28 在"贴图"卷展栏中为"漫反射"指定"位图"贴图,选择随书资源文件中的"贴图素材 > Cha19 > 实例 183 简约餐厅 > cherry.jpg"文件,为"反射"指定"衰减"贴图,如图 19-235 所示。

29 进入"反射"贴图层级面板,在"衰减参数"卷展栏中设置"前 / 侧"组中衰减类型为 Fresnel,如图 19-236 所示。单击 (转到父对象)按钮,返回主材质面板,单击 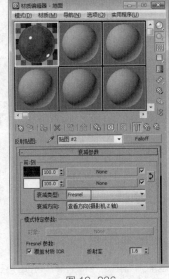 (将材质指定给选定对象)按钮,将材质指定给场景中选定的模型。

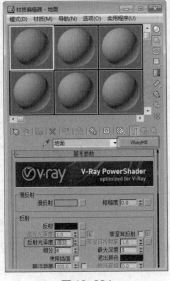
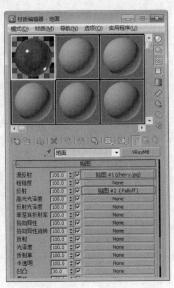

图 19-234　　　　　　　　　　　图 19-235　　　　　　　　　　　图 19-236

30 在修改器列表中为其施加"UVW 贴图",在"参数"卷展栏中选择"贴图"组中的"平面"选项,设置长度和宽度均为 1000,如图 19-237 所示。

31 在场景中选择 Plane002 模型,选择新的材质样本球,单击 Standard 按钮,在弹出的对话框中为其指定

VRayMtl 材质，在"基本参数"卷展栏中设置"漫反射"组中"漫反射"的红、绿、蓝值均为 238，在"反射"

组中设置"反射"的红、绿、蓝值均为 20，单击"高光光泽度"后的 L 按钮，设置"高光光泽度"为 0.6，"反射光泽度"为 0.6，如图 19-238 所示。单击 （将材质指定给选定对象）按钮，将材质指定给场景中选定的模型。

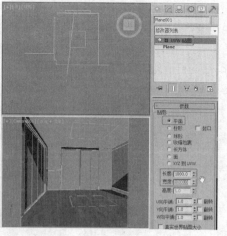

图 19-237

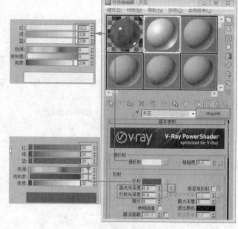

图 19-238

32 在场景中选择 Line001 模型，选择一个新的材质样本球，将材质转换为 VRayMtl，在"贴图"卷展栏中为"漫反射"指定"位图"贴图，选择随书资源文件中的"贴图素材 > Cha19 > 实例 183 简约餐厅 > 09120111.jpg"文件，如图 19-239 所示。

33 进入"漫反射"贴图层级面板，在"坐标"卷展栏中设置"角度"下的 W 值为 90，如图 19-240 所示。单击 （转到父对象）按钮，返回主材质面板，单击 （将材质指定给选定对象）按钮，将材质指定给场景中选定的模型。

34 在修改器列表中为其施加"UVW 贴图"，在"参数"卷展栏中选择"贴图"组中的"长方体"选项，设置长度、宽度和高度均为 1000，如图 19-241 所示。

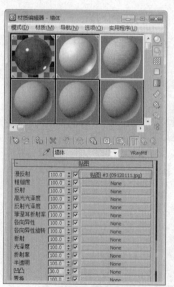

图 19-239

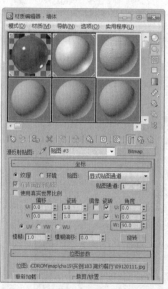

图 19-240

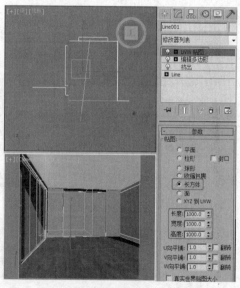

图 19-241

35 在场景中选择 Box001、Box002 及窗户处的所有模型，选择新的材质样本球，单击 Standard 按钮，在弹出的对话框中为其指定 VRayMtl 材质，在"基本参数"卷展栏中设置"反射光泽度"为 0.85，如图 19-242 所示。

36 在"贴图"卷展栏中为"漫反射"指定"位图"贴图，选择随书资源文件中的"贴图素材 > Cha19 > 实例 183 简约餐厅 > 柚木 -02.jpg"文件，为"反射"指定"衰减"贴图，如图 19-243 所示。

37 进入"反射"贴图层级面板，在"衰减参数"卷展栏中设置"前 / 侧"组中衰减类型为 Fresnel，如图 19-244 所示。单击 （转到父对象）按钮，返回主材质面板，单击 （将材质指定给选定对象）按钮，将材质指定给场景中选定的模型。

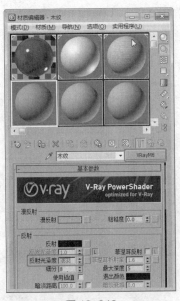
图 19-242

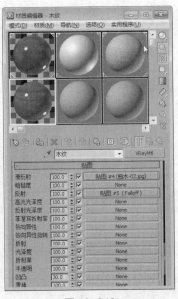
图 19-243

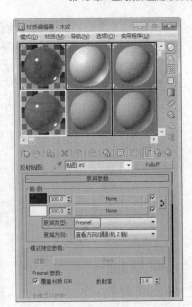
图 19-244

38 在修改器列表中为其施加"UVW 贴图",在"参数"卷展栏中选择"贴图"组中的"长方体"选项,设置长度、宽度和高度均为 1000,如图 19-245 所示。

39 在场景中选择推拉门模型,我们已经为模型设置了材质 ID,这里就不详细介绍了。在"材质编辑器"窗口中选择新的材质样本球,单击 Standard 按钮,在弹出的对话框中为其指定"多维 / 子对象"材质,在"多维 / 子对象基本参数"卷展栏中单击"设置数量"按钮,从弹出的对话框中设置"材质数量"为 3,将设置好的"木纹"材质分别以"实例"的方式复制到 1 号和 2 号材质上,并为 3 号材质指定 VRayMtl 材质,如图 19-246 所示。

40 进入 3 号材质设置面板,在"基本参数"卷展栏中设置"反射"组中"反射"的红、绿、蓝值均为 23,在"折射"组中设置"折射"的红、绿、蓝值均为 255,如图 19-247 所示。单击 (将材质指定给选定对象)按钮,将材质指定给场景中选定的模型。

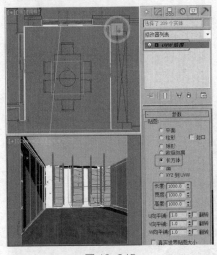
图 19-245

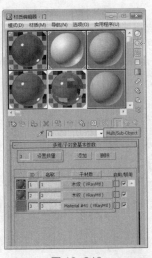
图 19-246

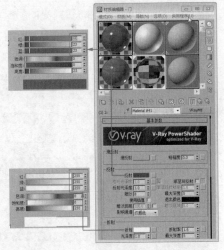
图 19-247

41 选择随书资源文件中的"案例源文件 > Cha19 > 实例 183 简约餐厅 > 餐厅储物、餐厅吊灯、餐桌椅和筒灯 .max"文件,调整模型至合适的大小、角度和位置,如图 19-248 所示。

下面设置场景的测试渲染参数。

42 打开"渲染设置"窗口,切换到 VRay 选项卡,在"VRay::全局开关 [无名]"卷展栏中设置"照明"组中"默认灯光"类型为"关";在"VRay::图像采样器(反锯齿)"卷展栏的"图像采样器"组中选择"类型"为"固定",在"抗锯齿"过滤器组中勾选"开",在下拉列表中选择"区域",如图 19-249 所示。

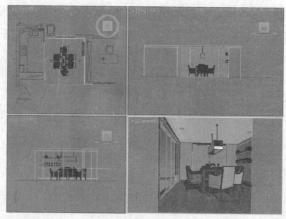

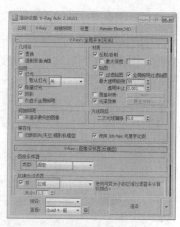

图 19-248　　　　　　　　　　　　　　　　　　　　图 19-249

43 切换到"间接照明"选项卡，在"VRay：：间接照明（GI）"卷展栏的"二次反弹"组中设置"全局照明引擎"为"灯光缓存"，在"VRay：：发光图［无名］"卷展栏中设置"内建预置"组中"当前预置"为"非常低"，如图 19-250 所示。

44 在"VRay：：灯光缓存"卷展栏中设置"计算参数"组中"细分"为 100，如图 19-251 所示。

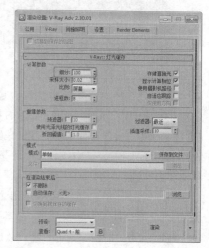

图 19-250　　　　　　　　　　　　　　　　　　　　图 19-251

设置测试渲染后下面介绍场景灯光的创建。

45 单击" （创建）> （灯光）> VRay > VR 灯光"按钮，在"前"视图中创建 VR 灯光，在"参数"卷展栏中设置"常规"组中"类型"为"平面"，在"强度"组中设置"倍增"为 8，设置"颜色"的红、绿、蓝值分别为 234、240、255，在"选项"组中勾选"不可见"复选框，在场景中调整其至合适的位置，如图 19-252 所示。

46 测试渲染效果如图 19-253 所示。

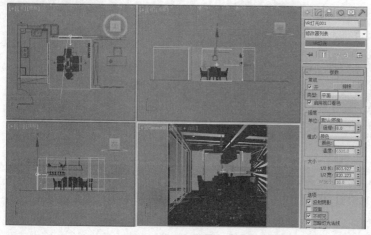

图 19-252　　　　　　　　　　　　　　　　　　　　图 19-253

47 继续在"顶"视图中创建 VR 灯光，在"参数"卷展栏中设置"常规"组中"类型"为"平面"，在"强度"组中设置"倍增"为 8，设置"颜色"的红、绿、蓝值分别为 255、241、217，在"选项"组中勾选"不可见"复选框，在场景中调整其至合适的位置，如图 19-254 所示。

48 单击"[图标]（创建）>[图标]（灯光）> 光度学 > 目标灯光"按钮，在"左"视图中创建目标灯光，在"常规参数"卷展栏中勾选"阴影"组中的"启用"复选框，在下拉列表中选择"VRay 阴影"，在"灯光分布（类型）"组中选择"光度学 Web"；在"分布（光度学 Web）"卷展栏中单击"选择光度学文件"按钮，选择随书资源文件中的"贴图素材 > Cha19 > 实例 183 简约餐厅 > 风的牛眼灯 .IES"文件；在"强度 / 颜色 / 衰减"卷展栏中设置"过滤颜色"的红、绿、蓝值均为 255，在"强度"组中设置 cd 为 1654，如图 19-255 所示。

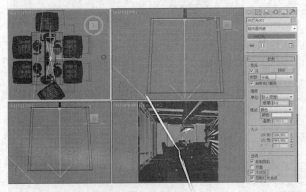

图 19-254

图 19-255

49 当前场景的渲染效果如图 19-256 所示。

50 在"前"视图中创建 VR 灯光，在"参数"卷展栏中设置"常规"组中"类型"为"平面"，在"强度"组中设置"倍增"为 1，设置"颜色"的红、绿、蓝值分别为 255、246、234，在"选项"组中勾选"不可见"复选框，在场景中调整其至合适的位置，如图 19-257 所示。

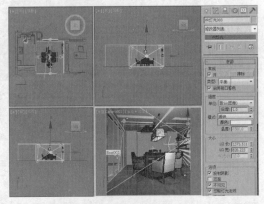

图 19-256

图 19-257

51 当前场景的渲染效果如图 19-258 所示。下面介绍场景的最终渲染设置。

52 切换到 VRay 选项卡，在"VRay：：图像采样器（反锯齿）"卷展栏的"图像采样器"组中选择"类型"为"自适应细分"，在"抗锯齿"过滤器组中勾选"开"，在下拉列表中选择 Mitchell-Netravali，如图 19-259 所示。

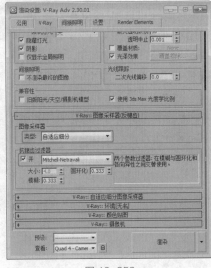

图 19-258

图 19-259

53 切换到"间接照明"选项卡，在"VRay：：发光图［无名］"卷展栏中设置"内建预置"组中"当前预置"为"高"，如图19-260所示。

54 在"VRay：：灯光缓存"卷展栏中设置"计算参数"组中"细分"为1500，如图19-261所示。

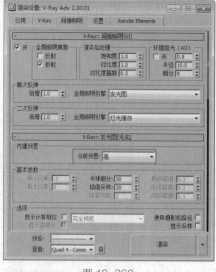

图 19-260

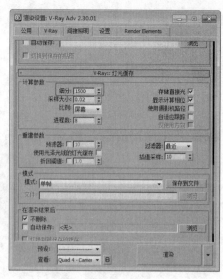

图 19-261

55 在"VRay：：DMC采样器"卷展栏中设置"适应数量"为0.2，如图19-262所示。

56 在"渲染设置"窗口的"公用"选项卡中设置"输出大小"组中的"宽度"为1800，"高度"为1500，如图19-263所示。

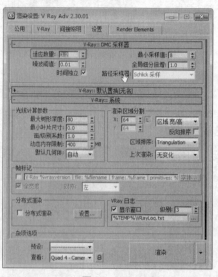

图 19-262

图 19-263

57 切换到RenderElements选项卡，在"渲染元素"卷展栏中单击"添加"按钮，添加"VRay线框颜色"，单击"渲染"按钮即可进行最终渲染，如图19-264所示。将渲染出的效果图和线框效果图存储为.tga文件格式。

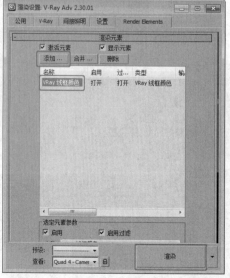

图 19-264

第

20章

室外效果图的综合制作

本章介绍室外效果图的综合制作。本章将以建筑门头、商业建筑、商业门头、圆形亭子和别墅为例介绍室外模型的创建，材质、灯光、摄影机和渲染等的设置。

建筑门头效果图的制作

- **案例场景位置** | 案例源文件 > Cha20 > 实例184建筑门头
- **效果场景位置** | 案例源文件 > Cha20 > 实例184建筑门头
- **贴图位置** | 贴图素材 > Cha20 > 实例184建筑门头
- **视频教程** | 教学视频 > Cha20 > 实例184
- **视频长度** | 42分18秒
- **制作难度** | ★★★★★

◢ **操作步骤** ◣

01 运行 3ds Max 2013 软件，选择"文件 > 导入"命令，在弹出的对话框中选择随书资源文件中的"案例源文件 > Cha20 > 实例184建筑门头 > 高层建筑 .dwg"文件，单击"打开"按钮，如图 20-1 所示。

02 将图纸导入到 3ds Max 2013 软件中，调整图形的颜色，在场景中调整其至合适的角度，选择导入的图形，单击鼠标右键，在弹出的快捷菜单中选择"冻结当前选择"命令，如图 20-2 所示。

03 单击" （创建）> （图形）> 线"按钮，在"前"视图中绘制门顶轮廓，如图 20-3 所示。

图 20-1

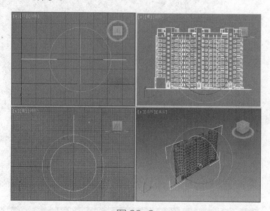

图 20-2

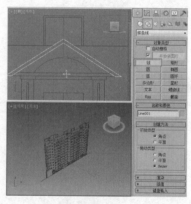

图 20-3

04 为绘制的门顶轮廓图形施加"挤出"修改器，在"参数"卷展栏中设置"数量"为 2000，在场景中调整其至合适的位置，如图 20-4 所示。

05 继续在"前"视图中创建样条线，并调整图形的形状，如图 20-5 所示。

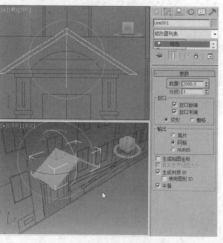

图 20-4

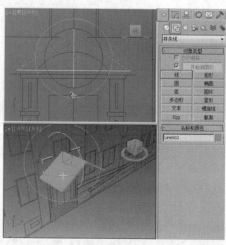

图 20-5

06 为绘制的图形施加"挤出"修改器，在"参数"卷展栏中设置"数量"为 1800，在场景中调整其至合适的位置，如图 20-6 所示。

07 在"前"视图中创建样条线，并调整图形的形状，为绘制的图形施加"挤出"修改器，在"参数"卷展栏中设置"数量"为 100，在场景中调整其至合适的位置，如图 20-7 所示。

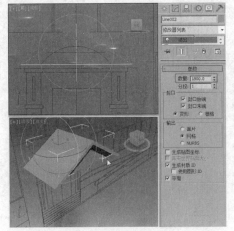

图 20-6

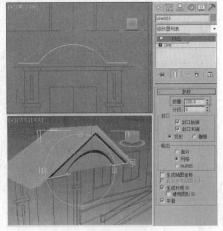

图 20-7

08 继续在"前"视图中创建样条线，并调整图形的形状，为绘制的图形施加"挤出"修改器，在"参数"卷展栏中设置"数量"为 1900，在场景中调整其至合适的位置，如图 20-8 所示。

09 单击" （创建）> （几何体）> 长方体"按钮，在"前"视图中创建长方体，在"参数"卷展栏中设置"长度"为 100，"宽度"为 2600，"高度"为 1850，调整其至合适的位置，如图 20-9 所示。

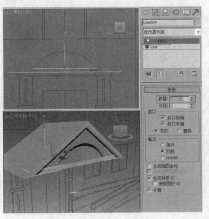

图 20-8

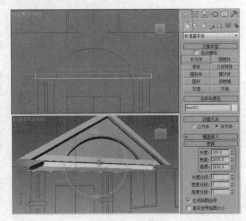

图 20-9

10 在"前"视图中创建长方体，在"参数"卷展栏中设置"长度"为 2500，"宽度"为 360，"高度"为 360，调整其至合适的位置，如图 20-10 所示。

11 继续在"前"视图中创建长方体，在"参数"卷展栏中设置"长度"为 100，"宽度"为 460，"高度"为 460，调整其至合适的位置，如图 20-11 所示。

图 20-10

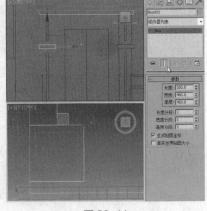

图 20-11

12 在"前"视图中创建矩形，为其施加"可编辑样条线"命令，为矩形设置合适的轮廓，调整顶点至合适的位置，如图 20-12 所示。

13 在"前"视图中创建 3 个合适大小的矩形，将其中一个矩形转换为可编辑样条线，将另两个矩形附加到一起，

为其施加"挤出"修
改器，在"参数"卷
展栏中设置"数量"
为 20，在场景中调整
其至合适的位置，如
图 20-13 所示。

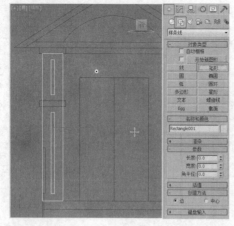

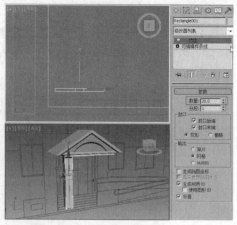

图 20-12　　　　　　　　　　　　图 20-13

14 复制立柱和立柱装饰模型至另一侧，调整场景中模型的位置。在"左"视图中创建样条线，将选择集定义为"顶点"，对样条线进行调整，如图 20-14 所示。

15 为其施加"挤出"
修改器，设置合适的
挤出"数量"，并调
整其至合适的位置，
使用同样的方法在
"前"视图中创建图
形，为图形施加"挤
出"修改器，调整模
型至合适的位置，如
图 20-15 所示。

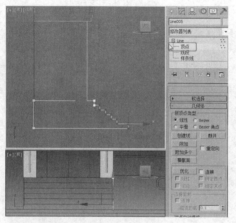

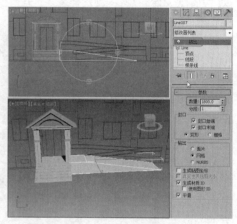

图 20-14　　　　　　　　　　　　图 20-15

16 在"左"视图中创建可渲染的样条线，设置"厚度"为 50，在"插值"组中设置"步数"为 20，如图 20-16 所示。

17 继续在"左"视
图中创建可渲染的样
条线，设置"厚度"
为 40，在"插值"组
中设置"步数"为
20，对其复制并调整
合适的位置，如图
20-17 所示。

图 20-16　　　　　　　　　　　　图 20-17

18 继续在场景中创建可渲染的样条线，调整其至合适的位置，如图 20-18 所示。

19 在"前"视图中创建矩形，为其施加"可编辑样条线"命令，为矩形设置合适的轮廓，如图 20-19 所示。

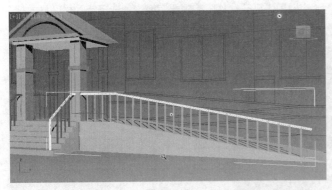

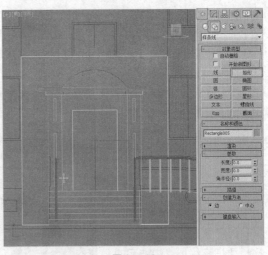

图 20-18

图 20-19

20 为其施加"挤出"修改器，在"参数"卷展栏中设置合适的数量，并调整其至合适的位置，如图 20-20 所示。

21 在场景中门处创建两个长发方体作为门模型，并使用同样的方法根据图纸继续创建门上建筑墙体模型，如图 20-21 所示。

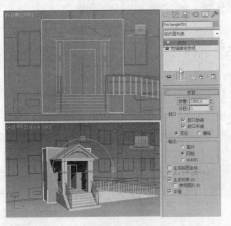

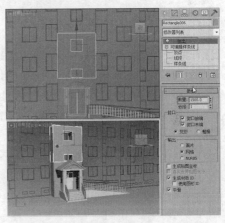

图 20-20

图 20-21

22 继续使用同样的方法在窗口处创建窗框模型，调整其至合适的位置，如图 20-22 所示。

23 在"前"视图中创建平面，在"参数"卷展栏中设置合适的参数并调整其至合适的位置作为玻璃，如图 20-23 所示。

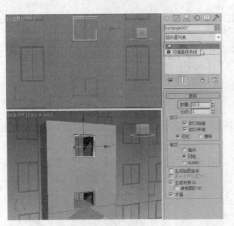

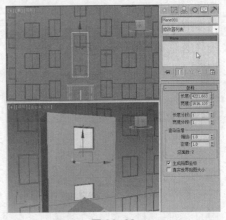

图 20-22

图 20-23

24 使用同样的方法继续创建模型，完成的模型如图 20-24 所示。

25 在"透"视图中调整模型至合适的角度，按 Ctrl+C 组合键创建摄影机，如图 20-25 所示。

图 20-24

图 20-25

26 继续在"顶"视图中创建平面作为地面模型，在"参数"卷展栏中设置合适的参数并调整其至合适的位置，如图 20-26 所示。

创建场景模型后下面将介绍如何设置场景模型的材质。

27 在场景中选择 Line002，Rectangle001、002 和 006 模型，打开"材质编辑器"窗口，选择新的材质样本球，

单击 Standard 按钮，在弹出的对话框中为其指定 VRayMtl 材质，在"基本参数"卷展栏中设置"漫反射"组中"漫反射"的红、绿、蓝值分别为 255、54、0，如图 20-27 所示，单击 🞀（将材质指定给选定对象）按钮，将材质指定给场景中选定的模型。

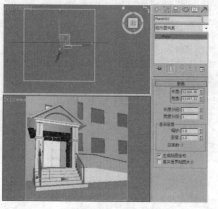

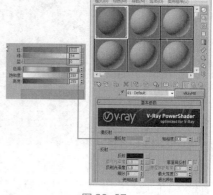

图 20-26　　　　　　　　　　　　　　　　　　图 20-27

28 在场景中选择 Box001、002、003、004、005，Line003，Rectangle005 和 009 模型，打开"材质编辑器"窗口，选择新的材质样本球，单击 Standard 按钮，在弹出的对话框中为其指定 VRayMtl 材质，在"基本参数"卷展栏中设置"漫反射"组中"漫反射"的红、绿、蓝值均为 255，如图 20-28 所示，单击 🞀（将材质指定给选定对象）按钮，将材质指定给场景中选定的模型。

29 在场景中选择 Line001 和 004 模型，打开"材质编辑器"窗口，选择新的材质样本球，单击 Standard 按钮，

在弹出的对话框中为其指定 VRayMtl 材质，在"基本参数"卷展栏中设置"漫反射"组中"漫反射"的红、绿、蓝值分别为 41、142、255，如图 20-29 所示，单击 🞀（将材质指定给选定对象）按钮，将材质指定给场景中选定的模型。

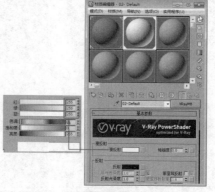

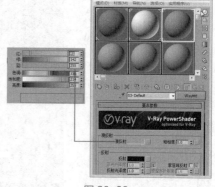

30 在场景中选择 Line006　　　　　　图 20-28　　　　　　　　　　图 20-29

和 007 模型，打开"材质编辑器"窗口，选择新的材质样本球，单击 Standard 按钮，在弹出的对话框中为其指定 VRayMtl 材质，在"基本参数"卷展栏中设置"反射"组中"反射"的红、绿、蓝值均为 25，设置"反射光泽度"为 0.85，如图 20-30 所示。

31 在"贴图"卷展栏中为"漫反射"指定"位图"贴图，选择随书资源文件中的"贴图素材 > Cha20 > 实例 184 建筑门头 > 大理石 139.jpg"文件，如图 20-31 所示，单击 🞀（将材质指定给选定对象）按钮，将材质指定给场景中选定的模型。

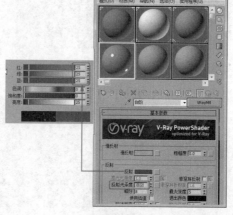

　　　　　　　　　　　　图 20-30　　　　　　　　　　　图 20-31

32 为场景中选择的模型施加"UVW 贴图"修改器，在"参数"卷展栏中选择"贴图"组中的"长方体"选项，设置长度、宽度和高度均为 500，如图 20-32 所示。

33 在场景中选择作为窗框模型和作为门长方体模型及场景中可渲染的样条线，打开"材质编辑器"窗口，选择新的材质样本球，单击 Standard 按钮，在弹出的对话框中为其指定 VRayMtl 材质，在"基本参数"卷展栏中设置"反射"组中"反射"的红、绿、

蓝值均为 218，设置"反射光泽度"为 0.85，如图 20-33 所示，单击 🔳（将材质指定给选定对象）按钮，将材质指定给场景中选定的模型。

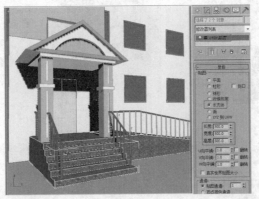

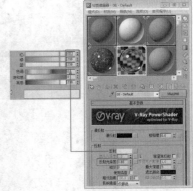

图 20-32　　　　　　　　　　　　　　　图 20-33

34 在场景中选择 Plane001 和 002 模型，打开"材质编辑器"窗口，选择新的材质样本球，单击 Standard 按钮，在弹出的对话框中为其指定 VRayMtl 材质，在"基本参数"卷展栏中设置"反射"组中"反射"的红、绿、蓝值均为 80，设置"反射光泽度"为 0.85，在"折射"组中设置"折射"的红、绿、蓝值均为 255，如图 20-34 所示，单击 🔳（将材质指定给选定对象）按钮，将材质指定给场景中选定的模型。

35 在场景中选择 Plane003 模型，打开"材质编辑器"窗口，选择新的材质样本球，单击 Standard 按钮，在弹出的对话框中为其指定 VRayMtl 材质，在"贴图"卷展栏中为"漫反射和凹凸"指定相同的"位图"贴图，选择随

书资源文件中的"贴图素材 > Cha20 > 实例 184 建筑门头 > 地面 .jpg"文件，如图 20-35 所示，单击 🔳（将材质指定给选定对象）按钮，将材质指定给场景中选定的模型。

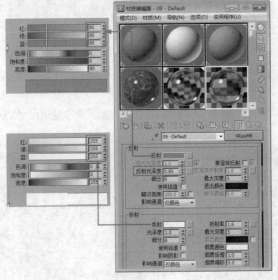
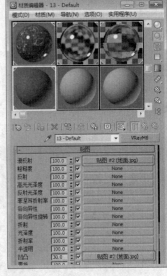

图 20-34　　　　　　　　　　　　　　　图 20-35

36 为场景中选择的模型施加"UVW 贴图"修改器，在"参数"卷展栏中选择"贴图"组中的"平面"选项，设置长度和宽度均为 1500，如图 20-36 所示。

37 打开渲染设置面板，选择"VRay"选项卡，在"VRay：：环境 [无名]"卷展栏中勾选"反射 / 折射环境覆盖"中的"开"选项，为其指定 VRayHDRI 贴图。将指定的 VRayHDRI 贴图拖曳到新的材质样本球上，使用"实例"的方式进行复制，贴图位于随书资源文件中的"贴图素材 > Cha20 > 实例 184 建筑门头 > 002.hdr"文件，在"贴图"组中选择"贴图类型"为 3ds Max 标准，如图 20-37 所示。

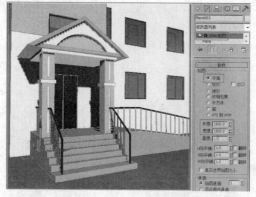

图 20-36

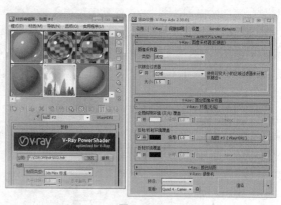

图 20-37

38 切换到"间接照明"选项卡，在"VRay：：间接照明（GI）"卷展栏的"二次反弹"组中设置"全局照明引擎"为"灯光缓存"，在"VRay：：发光图[无名]"卷展栏中设置"内建预置"组中"当前预置"为"非常低"，如图 20-38 所示。

39 在"VRay：：灯光缓存"卷展栏中设置"计算参数"组中"细分"为100，单击"渲染"按钮即可进行渲染，如图 20-39 所示。

图 20-38

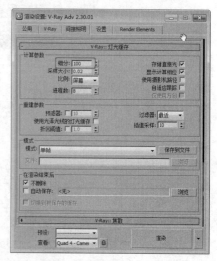

图 20-39

40 单击"   （创建）>   （灯光）> VRay > VR 太阳"按钮，在场景中创建并调整 VR 太阳，在"VRay 太阳参数"卷展栏中设置"强度倍增"为 0.015，"大小倍增"为 4，如图 20-40 所示。

41 按 8 键打开"环境和效果"窗口，在"环境"选项卡的"背景"组中为其指定"VR 天空"，并将其拖曳到新的材质样本球上，如图 20-41 所示。

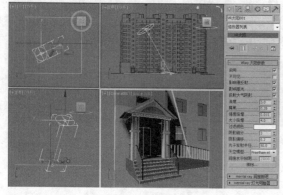

图 20-40

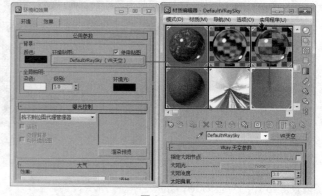

图 20-41

42 渲染当前场景的效果如图 20-42 所示。

下面介绍最终渲染设置。

43 切换到 Render Elements 选项卡，在"渲染元素"卷展栏中单击"添加"按钮，添加"VRay 线框颜色"，如图 20-43 所示。

图 20-42

图 20-43

44 在"渲染设置"窗口的"公用"选项卡中设置"输出大小"组中的"宽度"为 1500,"高度"为 1500,如图 20-44 所示。

45 切换到 VRay 选项卡,在"VRay::图像采样器(反锯齿)"卷展栏的"图像采样器"组中选择"类型"为"自适应细分",在"抗锯齿"过滤器组中勾选"开",在下拉列表中选择 Mitchell-Netravali,如图 20-45 所示。

图 20-44

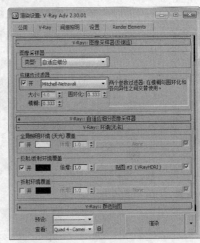

图 20-45

46 切换到"间接照明"选项卡,在"VRay::发光图[无名]"卷展栏中设置"内建预置"组中"当前预置"为"高",如图 20-46 所示。

47 在"VRay::灯光缓存"卷展栏中设置"计算参数"组中"细分"为 1200,单击"渲染"按钮即可进行最终渲染,如图 20-47 所示,将渲染出的图像存储为 .tif 文件格式。

图 20-46

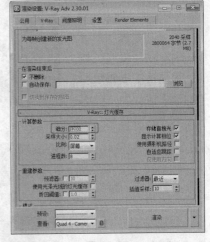

图 20-47

实例 185 商业建筑效果图的制作

● **案例场景位置** | 案例源文件 > Cha20 > 实例185商业建筑

● **效果场景位置** | 案例源文件 > Cha20 > 实例185商业建筑场景

● **贴图位置** | 贴图素材 > Cha20 > 实例185商业建筑

● **视频教程** | 教学视频 > Cha20 > 实例185

● **视频长度** | 15分51秒

● **制作难度** | ★★★★★

操作步骤

01 单击"　（创建）> 　（图形）> 矩形"按钮，在"前"视图中创建矩形，在"参数"卷展栏中设置合适的参数，如图20-48所示。

02 为其施加"编辑样条线"修改器，将选择集定义为"样条线"，单击"轮廓"按钮，在场景中为其设置合适的轮廓，如图20-49所示。

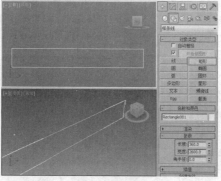

图20-48

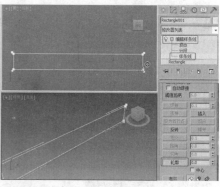

图20-49

03 将选择集定义为"顶点"，在场景中调整顶点的位置，如图20-50所示。

04 为其施加"挤出"修改器，在"参数"卷展栏中设置合适的"数量"，在场景中调整其至合适的位置，如图20-51所示。

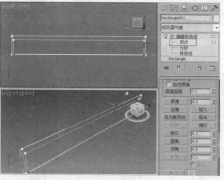

图20-50

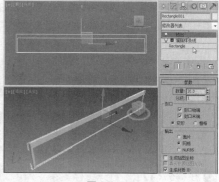

图20-51

05 复制并调整模型，如图20-52所示。

06 对制作出的第二个模型进行"实例"复制，设置"副本数"为39，如图20-53所示。

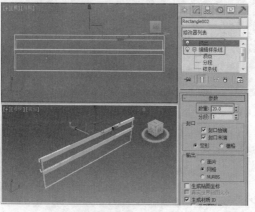

图20-52

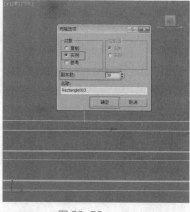

图20-53

07 在"顶"视图中创建长方体，在"参数"卷展栏中设置合适的参数，在场景中调整其至合适的位置，如图 20-54 所示。

08 对长方体模型进行复制，在场景中调整其至合适的位置，如图 20-55 所示。

09 继续在"前"视图中创建长方体，在"参数"卷展栏中设置合适的参数，复制并调整其至合适的位置，如图 20-56 所示。

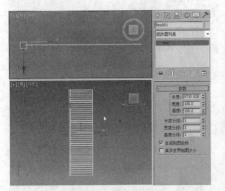
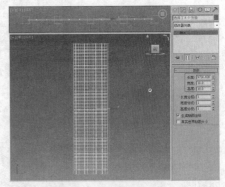

图 20-54　　　　　　　　　　　　图 20-55　　　　　　　　　　　　图 20-56

10 继续在"顶"视图中创建长方体，在"参数"卷展栏中设置合适的参数，调整其至合适的位置，如图 20-57 所示。

11 在"前"视图中创建平面，在"参数"卷展栏中设置合适的参数，调整其至合适的位置，如图 20-58 所示。

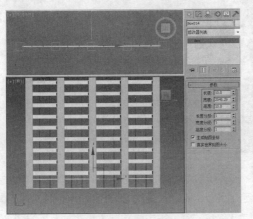
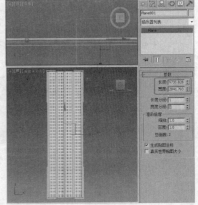

图 20-57　　　　　　　　　　　　图 20-58

12 对场景模型进行复制，在场景中调整其至合适的位置，如图 20-59 所示。

13 在"顶"视图中创建矩形，在"参数"卷展栏中设置合适的参数，如图 20-60 所示。

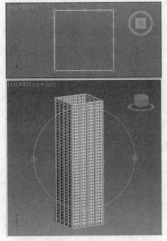
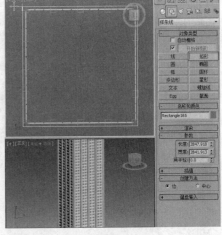

图 20-59　　　　　　　　　　　　图 20-60

14 为其施加"编辑样条线"修改器，将选择集定义为"样条线"，单击"轮廓"按钮，在场景中为其设置合适的轮廓，如图 20-61 所示。

15 继续为其施加"挤出"修改器，设置合适的"挤出"数量，并调整其至合适的位置，如图 20-62 所示。

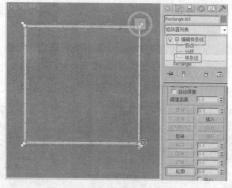

图 20-61　　　　　　　　　　　　图 20-62

16 在"顶"视图中创建平面，在"参数"卷展栏中设置合适的参数，调整其至合适的位置，如图 20-63 所示。
创建场景模型后下面将
介绍如何设置场景模型
的材质。

17 在场景中选择作为墙
体和墙体装饰的模型。
选择一个新的材质样本
球， 将 其 转 换 为
VRayMtl 材质，设置"漫
反射"的红、绿、蓝值
均为 154，如图 20-64
所示。

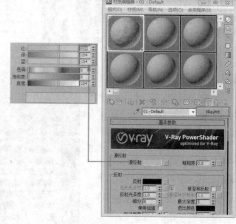

图 20-63　　　　　　　　　　　图 20-64

18 在"贴图"卷展栏中为"凹凸"指定"噪波"贴图，如图 20-65 所示。
19 进入"凹凸"贴图层级面板，在"噪波参数"卷展栏中设置"大小"为 5，如图 20-66 所示，将材质指定给场
景中的选择对象。
20 为选择的模型施加"UVW 贴图"修改器，在"参数"卷展栏中选择"贴图"组中的"长方体"选项，设置长度、
宽度和高度均为 10，如图 20-67 所示。

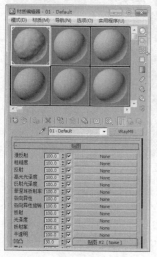
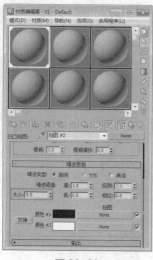
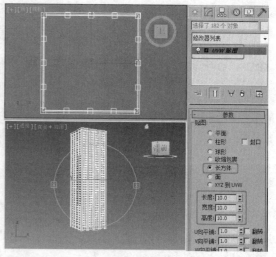

图 20-65　　　　　　图 20-66　　　　　　　　图 20-67

21 在场景中选择作为窗框的较细的长方体模型，选择一个新的材质样本球，将材质转换为 VRayMtl，设置"漫反射"的红、绿、蓝值均为 17，设置"反射"的红、绿、蓝值均为 198，如图 20-68 所示，将材质指定给选定对象。

22 在场景中选择作为玻璃的平面模型，选择一个新的材质样本球，将材质转换为 VRayMtl 材质，设置"漫反射"的红、绿、蓝值分别为 0、18、119，设置"反射"的红、绿、蓝值均为 25，设置"折射"的红、绿、蓝值均为 37，如图 20-69 所示，将材质指定给选定对象。

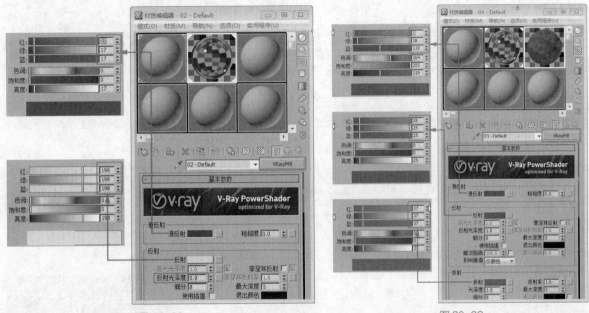

图 20-68　　　　　　　　　　　　　　图 20-69

23 在"透"视图中调整模型至合适的角度，按 Ctrl+C 组合键创建摄影机，如图 20-70 所示。

24 单击" （创建）> （灯光）> VRay > VR 太阳"按钮，在场景中创建并调整 VR 太阳，在"VRay 太阳参数"卷展栏中设置"强度倍增"为 0.01，"大小倍增"为 1，如图 20-71 所示。

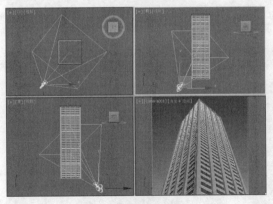 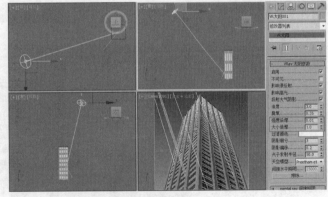

图 20-70　　　　　　　　　　　　　　图 20-71

25 在"渲染设置"窗口的"公用"选项卡中设置"输出大小"组中的"宽度"为 3000，"高度"为 2250，如图 20-72 所示。

26 切换到 Render Elements 选项卡，在"渲染元素"卷展栏中单击"添加"按钮，添加"VRay 线框颜色"，如图 20-73 所示。

27 按 8 建打开"环境和效果"窗口，在"公共参数"卷展栏中为"背景"指定"位图"贴图，选择随书资源文件中的"贴图素材 > Cha20 > 实例 185 商业建筑 > 13.jpg"文件，如图 20-74 所示，将渲染出的图像存储为 .tga 文件格式。

图 20-72

图 20-73

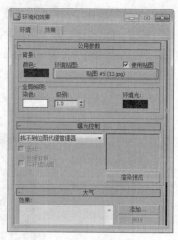

图 20-74

实 例 186 商业门头效果图的制作

● **案例场景位置 |** 案例源文件 > Cha20 > 实例186商业门头

● **效果场景位置 |** 案例源文件 > Cha20 > 实例186商业门头

● **贴图位置 |** 贴图素材 > Cha20 > 实例186商业门头

● **视频教程 |** 教学视频 > Cha20 > 实例186

● **视频长度 |** 22分20秒

● **制作难度 |** ★★★★★

▌操作步骤 ▐

01 单击" █（创建）> ◯（几何体）> 长方体"按钮，在"顶"视图中创建长方体，在"参数"卷展栏中设置合适的参数，如图 20-75 所示。

02 为其施加"编辑多边形"修改器，将选择集定义为"边"，在"前"视图中选择两边的边，在"编辑边"卷展栏中单击"连接"后的█（设置）按钮，在弹出的小盒中设置合适的参数，如图 20-76 所示。

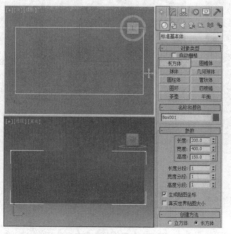

图 20-75

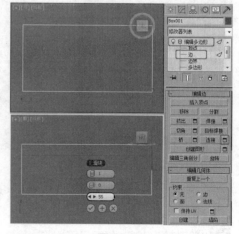

图 20-76

03 将选择集定义为"多边形"，在场景中选择多边形，在"编辑多边形"卷展栏中单击"挤出"后的█（设置）按钮，在弹出的小盒中设置合适的参数，如图 20-77 所示。

04 将选择集定义为"边"，在场景中选择边，在"编辑边"卷展栏中单击"连接"后的█（设置）按钮，在弹出的小盒中设置合适的参数，如图 20-78 所示。

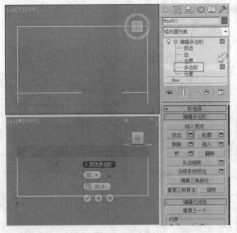

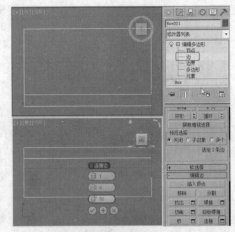

图 20-77　　　　　　　　　　　　　　　　　　图 20-78

05 继续选择边，单击"连接"后的 □（设置）按钮，在弹出的小盒中设置合适的参数，如图 20-79 所示。

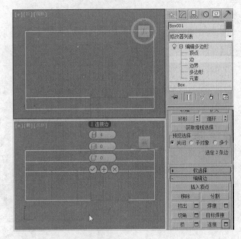

图 20-79

06 将选择集定义为"多边形"，在场景中选择多边形，在"编辑多边形"卷展栏中单击"倒角"后的 □（设置）按钮，在弹出的小盒中设置合适的参数，如图 20-80 所示。

07 继续在场景中选择多边形，在"编辑多边形"卷展栏中单击"挤出"后的 □（设置）按钮，在弹出的小盒中设置合适的参数，如图 20-81 所示。

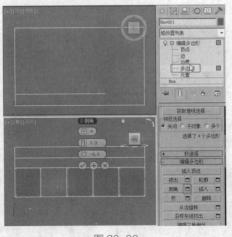

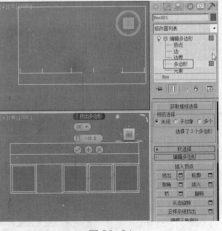

图 20-80　　　　　　　　　　　　　　　　　　图 20-81

08 继续在场景中选择多边形，在"编辑多边形"卷展栏中单击"挤出"后的 □（设置）按钮，在弹出的小盒中设置合适的参数，如图 20-82 所示。

09 在场景中将多余的多边形删除，如图 20-83 所示。

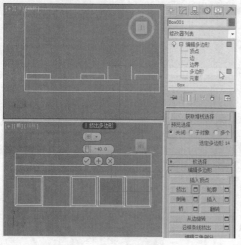
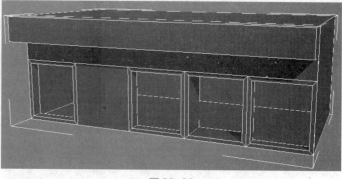

图 20-82　　　　　　　　　　　　　　　　图 20-83

10 将选择集定义为"顶点"，在场景中调整顶点至合适的位置，如图 20-84 所示。

11 在"前"视图中
创建可渲染的矩形，
在"参数"卷展栏中
设置合适的参数，调
整其至合适的位置，
如图 20-85 所示。

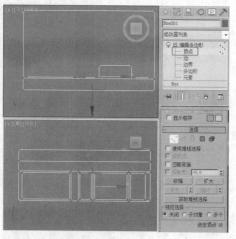
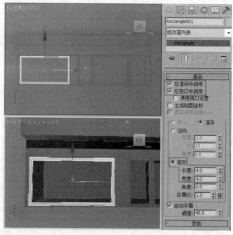

图 20-84　　　　　　　　　　　　　　　　图 20-85

12 在"前"视图中创建可渲染的样条线，在"参数"卷展栏中设置合适的参数，调整其至合适的位置，如图 20-86 所示。

13 使用同样的方法
继续创建模型，调
整其至合适的位置，
并在场景中选择长
方体模型，将选择
集定义为"顶点"，
在场景中对顶点的
位置进行调整，如
图 20-87 所示。

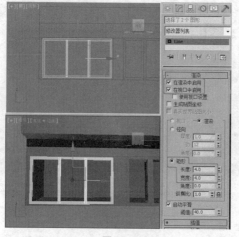
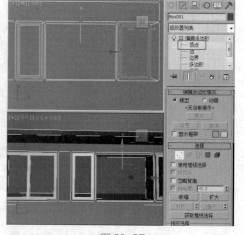

图 20-86　　　　　　　　　　　　　　　　图 20-87

14 使用同样的方法继续创建模型，设置合适的参数，调整其至合适的位置，如图 20-88 所示。

15 在"前"视图中创建弧，调整其至合适的位置，如图 20-89 所示。

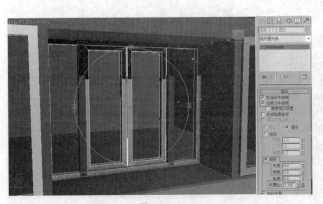

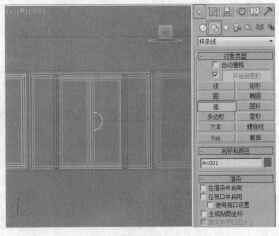

图 20-88　　　　　　　　　　　　　　　图 20-89

16 为其施加"编辑样条线"修改器，将选择集定义为"顶点"，在"几何体"卷展栏中单击"连接"按钮，在场景中将两个顶点连接在一起，如图 20-90 所示，关闭选择集。

17 继续为其施加"挤出"修改器，在"参数"卷展栏中设置合适的挤出数量，并对模型进行复制，调整其至合适的角度和位置，如图 20-91 所示。

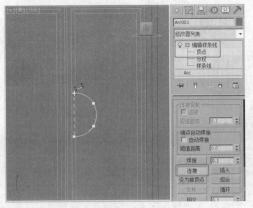

图 20-90　　　　　　　　　　　　　　　图 20-91

18 在"前"视图中创建平面，在"参数"卷展栏中设置合适的参数，调整其至合适的位置，如图 20-92 所示。
19 继续在"前"视图中创建平面，在"参数"卷展栏中设置合适的参数，调整其至合适的位置，如图 20-93 所示。

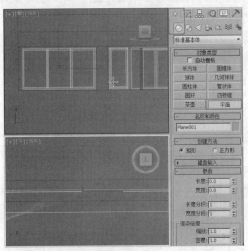

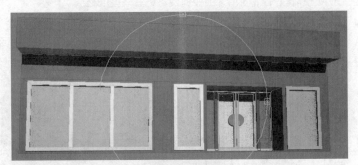

图 20-92　　　　　　　　　　　　　　　图 20-93

20 在"前"视图中创建长方体，在"参数"卷展栏中设置合适的参数，调整其至合适的位置，如图 20-94 所示。
21 在"前"视图中创建可渲染的样条线，在"参数"卷展栏中设置合适的参数，调整其至合适的位置，如图 20-95 所示。

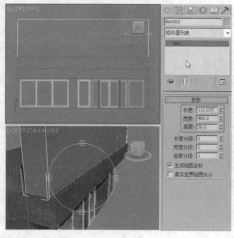

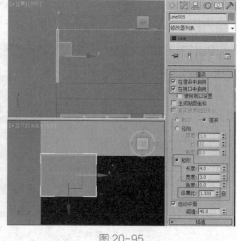

图 20-94 图 20-95

22 对可渲染的样条线进行复制，调整其至合适的位置，如图 20-96 所示。

23 将随书资源文件中的"案例源文件 > Cha20 > 实例 186 商业门头 > 筒灯 .max"文件合并到场景中，如图 20-97 所示。

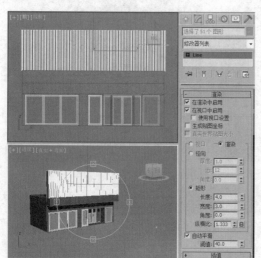

图 20-96

图 20-97

24 对筒灯进行复制，调整各个模型至合适的位置，如图 20-98 所示。

创建场景模型后下面将介绍如何设置场景模型的材质。

25 在场景中选择门头一层上方的广告位处，打开"材质编辑器"窗口，选择新的材质样本球，单击 Standard 按钮，在弹出的对话框中为其指定 VRayMtl 材质，在"基本参数"卷展栏中设置"漫反射"组中"漫反射"的红、绿、蓝值均为 255，在"反射"组中设置"反射"的红、绿、蓝值均为 40，设置"反射光泽度"为 0.9，如图 20-99 所示。

图 20-98

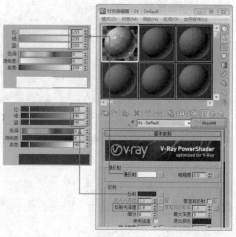

图 20-99

26 在"贴图"卷展栏中为"环境"指定"输出"贴图，如图 20-100 所示，将材质指定给场景中的选定对象。

27 在场景中选择底部长方体模型，打开"材质编辑器"窗口，选择新的材质样本球，单击 Standard 按钮，在弹出的对话框中为其指定 VRayMtl 材质，在"基本参数"卷展栏中单击"反射"组中"高光光泽度"后的 L 按钮，设置"高光光泽度"为 0.7，设置"反射光泽度"为 0.85，如图 20-101 所示。

28 在"贴图"卷展栏中为"漫反射和凹凸"指定相同的"位图"贴图，选择随书资源文件中的"贴图素材 > Cha20 > 实例 186 商业门头 > 11t.tif"文件，为"反射"指定"衰减"贴图，如图 20-102 所示。

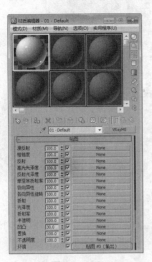
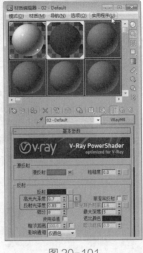
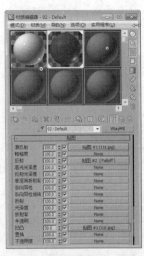

图 20-100　　　　　　图 20-101　　　　　　图 20-102

29 进入"反射"贴图层级面板，在"衰减参数"卷展栏中设置"前 / 侧"组中第二个色块颜色的红、绿、蓝值分别为 88、88、100，设置"衰减类型"为 Fresnel，如图 20-103 所示，将材质指定给场景中的选定对象。

30 为场景中选择的模型施加"UVW 贴图"修改器，在"参数"卷展栏中选择"贴图"组中的"长方体"选项，设置合适的长度、宽度和高度参数，如图 20-104 所示。

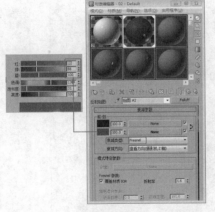

图 20-103　　　　　　　　　　图 20-104

31 在场景中选择所有的窗框、门框模型，打开"材质编辑器"窗口，选择一个新的材质样本球，将材质转换为 VRayMtl 材质，在"基本参数"卷展栏中的"漫反射"组中设置"漫反射"的红绿蓝值均为 0，在"反射"组中设置"反射"的红、绿、蓝值均为 69，单击"高光光泽度"后的 L 按钮解除其锁定，设置"高光光泽度"为 0.7，"反射光泽度"为 0.85，如图 20-105 所示。

32 在"顶"视图中创建平面作为地面模型，在"参数"卷展栏中设置合适的参数，调整其至合适的位置，如图 20-106 所示。

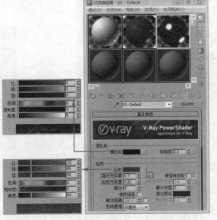
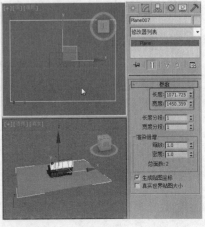

图 20-105　　　　　　　　　　图 20-106

33 在场景中选择作为地面模型的平面，打开"材质编辑器"窗口，选择新的材质样本球，在"Blinn基本参数"卷展栏中设置"环境光和漫反射"的红、绿、蓝值均为102，如图20-107所示。

34 在场景中为作为玻璃的平面模型指定相同的颜色，如图20-108所示。

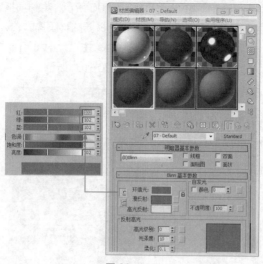

图 20-107

图 20-108

35 在场景中创建"目标灯光"，在"常规参数"卷展栏中选择"灯光分布（类型）"为光度学Web，在"分布（光度学Web）"卷展栏中为其指定光度学文件，在"强度/颜色/衰减"卷展栏中设置强度cd为10，复制并调整灯光，如图20-109所示。

36 切换到Render Elements选项卡，在"渲染元素"卷展栏中单击"添加"按钮，添加"VRay线框颜色"，如图20-110所示，将渲染出的图像存储为.tga文件格式。

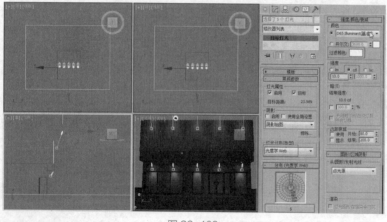

图 20-109

图 20-110

实例 187　圆形亭子效果图的制作

- **案例场景位置** | 案例源文件 > Cha20 > 实例187圆形亭子
- **效果场景位置** | 案例源文件 > Cha20 > 实例187圆形亭子
- **贴图位置** | 贴图素材 > Cha20 > 实例187圆形亭子
- **视频教程** | 教学视频 > Cha20 > 实例187
- **视频长度** | 27分33秒
- **制作难度** | ★★★★★

操作步骤

01 运行 3ds Max 2013 软件，选择"文件 > 导入"命令，在弹出的对话框中选择随书资源文件中的"案例源文件 > Cha20 > 实例 187 圆形亭子 > 圆形亭子 .dwg"文件，单击"打开"按钮，如图 20-111 所示。

02 将图纸导入到 3ds Max 2013 软件中，调整图形的颜色，选择导入的图形，单击鼠标右键，在弹出的快捷菜单中选择"冻结当前选择"命令，如图 20-112 所示。

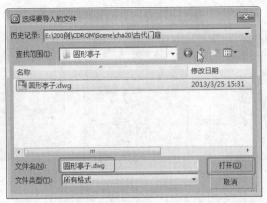

图 20-111　　　　　　　　　图 20-112

03 单击"（创建）>（几何体）> 圆柱体"按钮，在"前"视图中创建圆柱体，在"参数"卷展栏中设置合适的参数，如图 20-113 所示。

04 单击"（创建）>（图形）> 线"按钮，在"前"视图中绘制图形，为绘制的图形施加"挤出"修改器，在"参数"卷展栏中设置合适的"数量"，在场景中调整其至合适的位置，如图 20-114 所示。

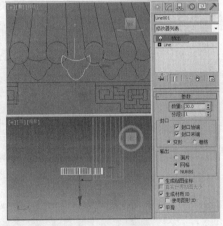

图 20-113　　　　　　　　　图 20-114

05 在场景中对模型进行复制，设置"副本数"为 50，如图 20-115 所示。

06 将所有模型成组，并为其施加"弯曲"修改器，将选择集定义为 Gizmo，在场景中调整 Gizmo，在"参数"卷展栏中设置合适的参数，如图 20-116 所示。

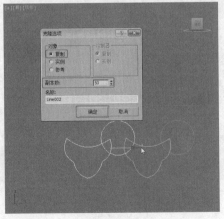
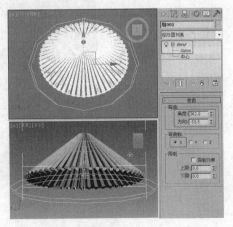

图 20-115　　　　　　　　　图 20-116

07 调整整个顶部模型的角度，如图 20-117 所示。

08 在"顶"视图中创建管状体，在"参数"卷展栏中设置合适的参数，如图 20-118 所示。

09 为其施加"编辑多边形"修改器，将选择集定义为"顶点"，在场景中调整顶点，如图 20-119 所示。

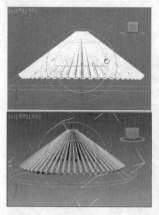
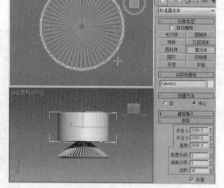
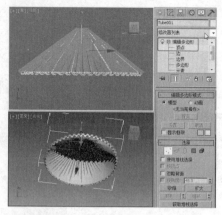

图 20-117   图 20-118   图 20-119

10 在"左"视图中创建样条线，将选择集定义为"顶点"，在场景中调整顶点，如图 20-120 所示。

11 为其施加"车削"
修改器，在"参数"
卷展栏中设置合适
的参数，如图 20-
121 所示。

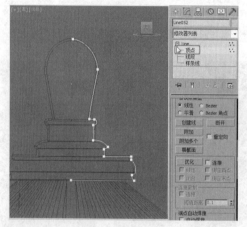

图 20-120   图 20-121

12 在"顶"视图中创建管状体，在"参数"卷展栏中设置合适的参数，如图 20-122 所示。

13 在"左"视图中
创建可渲染的样条
线，在"渲染"卷展
栏中设置合适的"厚
度"，如图 20-123
所示。

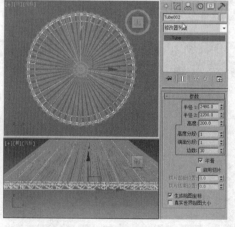
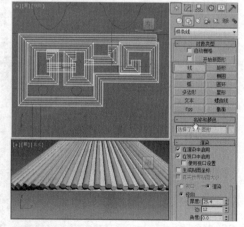

图 20-122   图 20-123

14 在"顶"视图中创建长方体，在"参数"卷展栏中设置合适的参数，调整其至合适的位置，如图 20-124
所示。

15 将其中一个可渲染的样条线转换为"可编辑样条线"，将其他可渲染的样条线"附加"到一起，调整模型的角度
和位置，如图 20-125 所示。

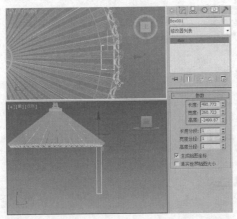

图 20-124　　　　　　　　　　　　　　　图 20-125

16 在场景中"镜像"复制可编辑样条线，并调整模型至合适的位置，选择立柱与两个装饰模型，切换到 ▦（层次）命令面板，在"调整轴"卷展栏中单击"仅影响轴"按钮，在场景中调整轴的位置，如图 20-126 所示，关闭"仅影响轴"按钮。

17 在菜单栏中单击"工具 > 阵列"命令，在弹出的"阵列"对话框中单击"总计"下"旋转"右侧的 **>** 按钮，设置 Z 为 360，在"对象类型"组中选择"实例"选项，在"阵列维度"组中选择"1D"选项，设置"数量"为 4，单击"确定"按钮，如图 20-127 所示。

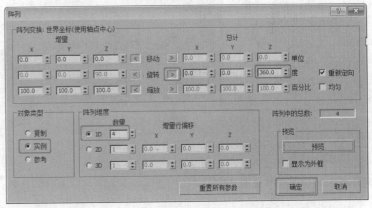

图 20-126　　　　　　　　　　　　　　　图 20-127

18 阵列出的模型如图 20-128 所示。

19 在"顶"视图中创建管状体，在"参数"卷展栏中设置合适的参数，调整其至合适的位置，如图 20-129 所示。

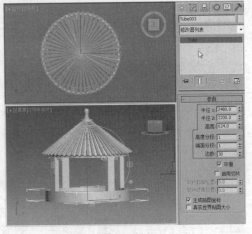

图 20-128　　　　　　　　　　　　　　　图 20-129

20 继续在"顶"视图中创建管状体，在"参数"卷展栏中设置合适的参数，调整其至合适的位置，如图 20-130

所示。

21 为其中一个管状体模型施加"编辑多边形"修改器，在"编辑几何体"卷展栏中单击"附加"按钮，将另外一个管状体模型附加到一起，如图 20-131 所示。

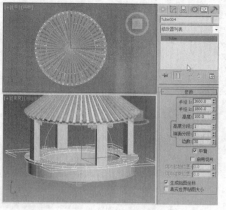
图 20-130

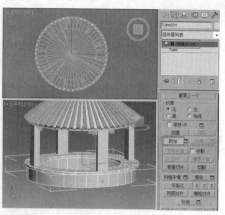
图 20-131

22 在"顶"视图中创建长方体模型作为布尔模型，调整其至合适的位置，如图 20-132 所示。

23 在场景中选择附加到一起的模型，单击" ✳ "（创建）> ◯（几何体）> 复合对象 > ProBoolean"按钮，在"拾取布尔对象"卷展栏中单击"开始拾取"按钮，在场景中拾取作为布尔对象的长方体模型，如图 20-133 所示。

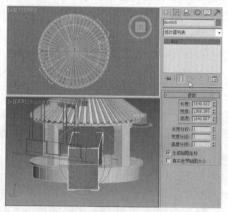
图 20-132

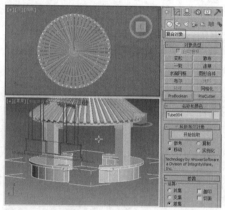
图 20-133

24 在"顶"视图中创建圆柱体，在"参数"卷展栏中设置合适的参数，如图 20-134 所示，调整其至合适的位置。创建场景模型后下面将介绍如何设置场景模型的材质。

25 在场景中选择亭子顶部的圆柱体和顶部内侧的管状体模型，打开"材质编辑器"窗口，选择新的材质样本球，单击 Standard 按钮，在弹出的对话框中为其指定 VRayMtl 材质，在"基本参数"卷展栏中设置"漫反射"组中"漫反射"的红、绿、蓝值分别为 255、165、0，在"反射"组中设置"反射"的红、绿、蓝值均为 45、设置"反射光泽度"为 0.85，如图 20-135 所示。

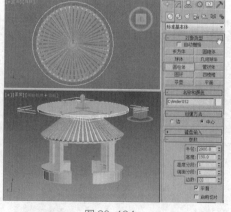
图 20-134

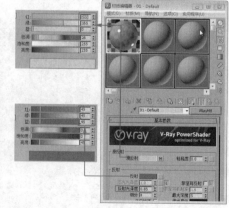
图 20-135

26 在"贴图"卷展栏中设置"漫反射"的数值为 50，为"漫反射"指定"位图"贴图，选择随书资源文件中的"贴图素材 > Cha20 > 实例 187 圆形亭子 > A-D-007.tif"文件，如图 20-136 所示，将材质指定给场景中的选定对象。

27 在场景中选择亭子顶部，用图形挤出并复制所有模型和阵列的模型，打开"材质编辑器"窗口，选择新的材质样本球，单击 Standard 按钮，在弹出的对话框中为其指定 VRayMtl 材质，在"基本参数"卷展栏中设置"漫反射"组中"漫反射"的红、绿、蓝值分别为 166、0、0，如图 20-137 所示，将材质指定给场景中的选定对象。

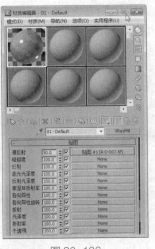

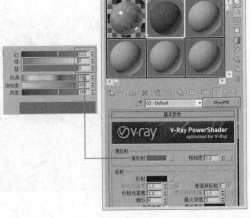

图 20-136　　　　　　　　图 20-137

28 在场景中选择顶部外侧的管状体模型，打开"材质编辑器"窗口，选择新的材质样本球，单击 Standard 按钮，在弹出的对话框中为其指定 VRayMtl 材质，在"基本参数"卷展栏中设置"漫反射"组中"漫反射"的红、绿、蓝值分别为 255、132、0，如图 20-138 所示，将材质指定给场景中的选定对象。

29 在场景中选择布尔后的模型和底部圆柱体模型，在"贴图"卷展栏中为"漫反射"指定"位图"贴图，选择随书资源文件中的"贴图素材 > Cha20 > 实例 187 圆形亭子 > 大理石 039.jpg"文件，如图 20-139 所示，将材质指定给场景中的选定对象。

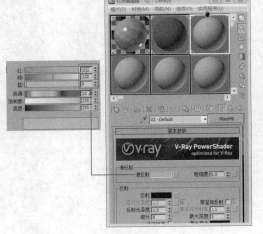
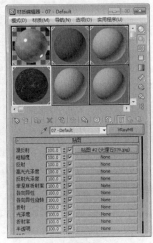

图 20-138　　　　　　　　图 20-139

30 在"顶"视图中创建平面作为地面，在场景中选择作为地面的平面模型，在"贴图"卷展栏中为"漫反射"指定"位图"贴图，选择随书资源文件中的"贴图素材 > Cha20 > 实例 187 圆形亭子 > 灰泥 .jpg"文件，如图 20-140 所示，将材质指定给场景中的选定对象。

31 在场景中选择亭子顶部的模型，为其施加"UVW 贴图"修改器，在"参数"卷展栏中选择"贴图"组中的"长方体"选项，设置长度、宽度和高度均为 1000，如图 20-141 所示。

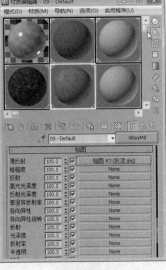
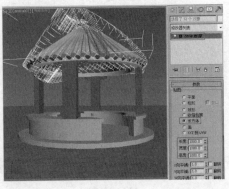

图 20-140　　　　　　　　图 20-141

32 在场景中选择亭子底部的模型，为其施加"UVW 贴图"修改器，在"参数"卷展栏中选择"贴图"组中的"长方体"选项，设置长度、宽度和高度均为 1000，如图 20-142 所示。

33 在场景中选择的底部平面模型，为其施加"UVW 贴图"修改器，在"参数"卷展栏中选择"贴图"组中的"平面"选项，设置长度和宽度均为2000，如图 20-143 所示。

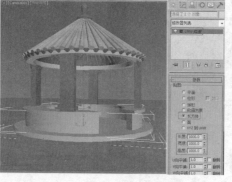

图 20-142

图 20-143

34 打开"渲染设置"窗口，切换到 VRay 选项卡，在"VRay：：图像采样器（反锯齿）"卷展栏的"图像采样器"组中选择"类型"为"固定"，在"抗锯齿"过滤器组中勾选"开"，在下拉列表中选择"区域"，如图 20-144 所示。

35 切换到"间接照明"选项卡，在"VRay：：间接照明（GI）"卷展栏的"二次反弹"组中设置"全局照明引擎"为"灯光缓存"。在"VRay：：发光图[无名]"卷展栏中设置"内建预置"组中"当前预置"为"非常低"，如图 20-145 所示。

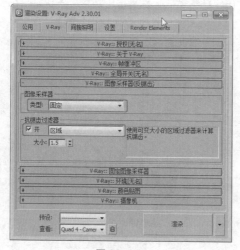

图 20-144

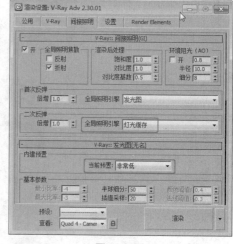

图 20-145

36 在"VRay：：灯光缓存"卷展栏中设置"计算参数"组中"细分"为100，如图 20-146 所示。

37 在场景中创建并调整 VR 太阳，在"VRay 太阳参数"卷展栏中设置"强度倍增"为 0.01，"大小倍增"为 5、"阴影细分"为 15，如图 20-147 所示。

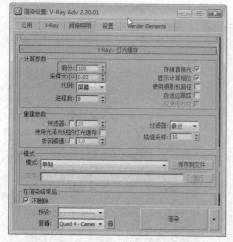

图 20-146

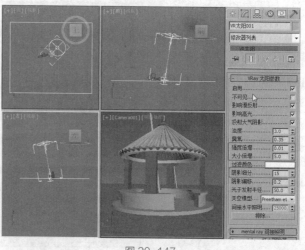

图 20-147

38 按 8 键打开"环境和效果"面板,在"环境"选项卡的背景组中为其指定"VR 天空",并将其拖曳到新的材质样本球上,如图 20-148 所示。

39 当前场景的渲染效果如图 20-149 所示。

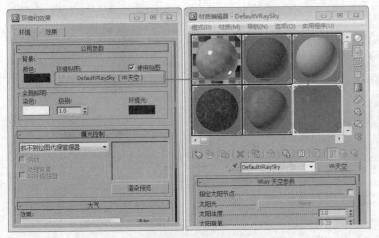

图 20-148

图 20-149

40 在"左"视图中创建并调整 VR 灯光,在"参数"卷展栏中设置"类型"为平面,"倍增"为 5,"颜色"的红、绿、蓝值均为 255,在"选项"组中勾选"不可见",如图 20-150 所示。

41 当前场景的渲染效果如图 20-151 所示。

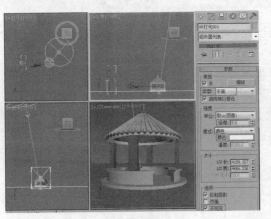

图 20-150

图 20-151

42 在"渲染设置"窗口的"公用"选项卡中设置"输出大小"组中的"宽度"为 1800,"高度"为 1800,如图 20-152 所示。

43 切换到 VRay 选项卡,在"VRay::图像采样器(反锯齿)"卷展栏的"图像采样器"组中选择"类型"为"自适应细分",在"抗锯齿"过滤器组中勾选"开",在下拉列表中选择 Mitchell-Netravali,如图 20-153 所示。

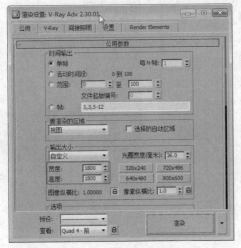

图 20-152

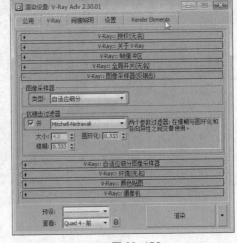

图 20-153

44 切换到"间接照明"选项卡,在"VRay::间接照明(GI)"卷展栏的"二次反弹"组中设置"全局照明引擎"

为"灯光缓存"。在"VRay：：发光图 [无名]"卷展栏中设置"内建预置"组中"当前预置"为"高"，如图 20-154 所示。

45 在"VRay：：灯光缓存"卷展栏中设置"计算参数"组中"细分"为 1500，单击"渲染"按钮即可进行最终渲染，如图 20-155 所示，将渲染出的图像存储为 .tga 文件格式。

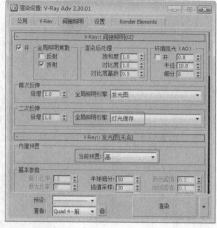

图 20-154

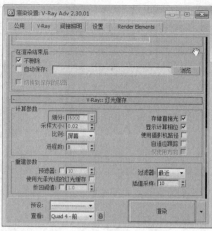

图 20-155

<table>
<tr><td>实 例
188</td><td>**别墅效果图的制作**</td></tr>
</table>

- **案例场景位置 |** 案例源文件 > Cha20 > 实例188别墅效果图
- **效果场景位置 |** 案例源文件 > Cha20 > 实例188别墅效果图
- **贴图位置 |** 贴图素材 > Cha20 > 实例188别墅效果图
- **视频教程 |** 教学视频 > Cha20 > 实例188
- **视频长度 |** 47分54秒
- **制作难度 |** ★★★★★

| 操作步骤 |

01 单击" ![图标]（创建）> ![图标]（图形）> 矩形"按钮，在"前"视图中创建矩形，在"参数"卷展栏中设置合适的参数，如图 20-156 所示。

02 为其施加"编辑样条线"修改器，将选择集定义为"顶点"，在场景中调整顶点的位置，如图 20-157 所示。

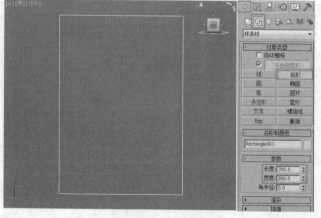

图 20-156

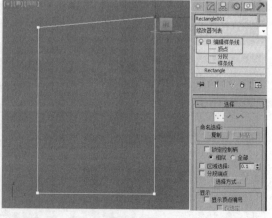

图 20-157

03 为其施加"挤出"修改器，在"参数"卷展栏中设置合适的"数量"，在场景中调整其至合适的位置，如图 20-158 所示。

04 将选择集定义为
"边"，在场景中选择
图 20-159 所示的边。

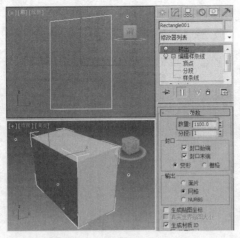
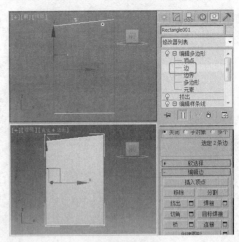

图 20-158   图 20-159

05 在"编辑边"卷
展栏中单击"连接"
后的□（设置）按钮，
在弹出的小盒中设置
合适的参数，如图
20-160 所示。

06 将选择集定义为
"顶点"，在场景中调
整顶点的位置，如图
20-161 所示。

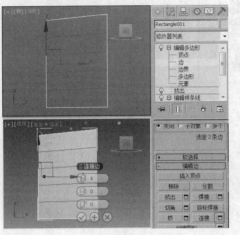
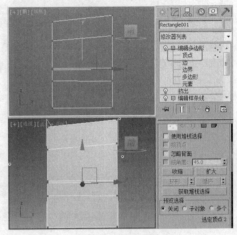

图 20-160   图 20-161

07 将选择集定义为"边"，继续在场景中选择边，在"编辑边"卷展栏中单击"连接"后的□（设置）按钮，在弹
出的小盒中设置合适的参数，如图 20-162 所示。

08 将选择集定义为
"多边形"，在场景中
选择多边形，在"编
辑多边形"卷展栏中
单击"挤出"后的□
（设置）按钮，在弹
出的小盒中设置合适
的参数，如图 20-
163 所示。

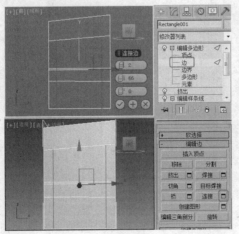
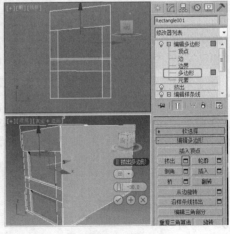

图 20-162   图 20-163

09 挤出模型后将多边形删除，如图 20-164 所示。

10 继续在场景中选择多边形，在"编辑多边形"卷展栏中单击"挤出"后的□（设置）按钮，在弹出的小盒中设
置合适的参数，如图 20-165 所示。

图 20-164

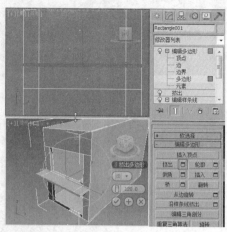

图 20-165

11 将选择集定义为"边"，在场景中选择图 20-166 所示的边。

12 在"编辑边"卷展栏中单击"连接"后的 ▣（设置）按钮，在弹出的小盒中设置合适的参数，如图 20-167 所示。

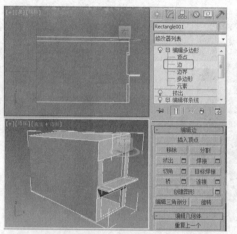

图 20-166

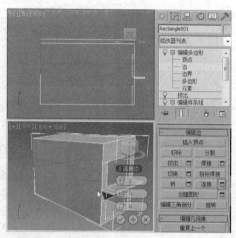

图 20-167

13 将选择集定义为"顶点"，在场景中调整顶点的位置，如图 20-168 所示。

14 将选择集定义为"边"，继续在场景中选择边，在"编辑边"卷展栏中单击"连接"后的 ▣（设置）按钮，在弹出的小盒中设置合适的参数，如图 20-169 所示。

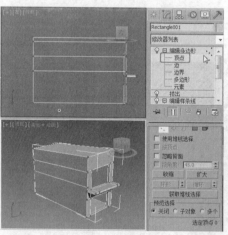

图 20-168

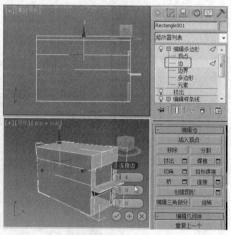

图 20-169

15 将选择集定义为"多边形"，在场景中选择多边形，在"编辑多边形"卷展栏中单击"挤出"后的 ▣（设置）按钮，在弹出的小盒中设置合适的参数，如图 20-170 所示。按 Delete 键将多边形删除。

16 将选择集定义为"边"，继续在场景中选择边，在"编辑边"卷展栏中单击"连接"后的 ▣（设置）按钮，在弹出的小盒中设置合适的参数，如图 20-171 所示。

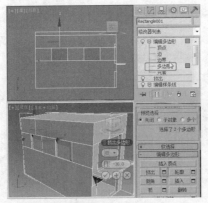
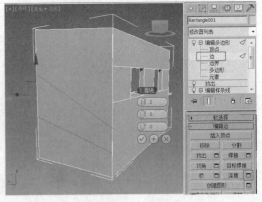

<table>
<tr><td>图 20-170</td><td>图 20-171</td></tr>
</table>

17 将选择集定义为"顶点"，在场景中调整顶点的位置，如图 20-172 所示。

18 将选择集定义为"边"，继续在场景中选择边，在"编辑边"卷展栏中单击"连接"后的 ▣（设置）按钮，在弹出的小盒中设置合适的参数，如图 20-173 所示。

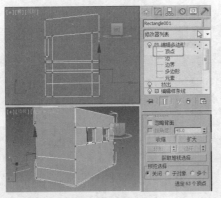
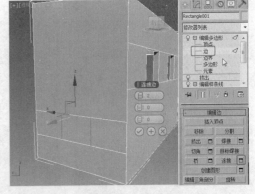

<table>
<tr><td>图 20-172</td><td>图 20-173</td></tr>
</table>

19 将选择集定义为"多边形"，在场景中选择多边形，在"编辑多边形"卷展栏中单击"挤出"后的 ▣（设置）按钮，在弹出的小盒中设置合适的参数，如图 20-174 所示。按 Delete 键将多边形删除。

20 在"前"视图中创建可渲染的样条线，在"参数"卷展栏中设置合适的参数，调整其至合适的位置，如图 20-175 所示。

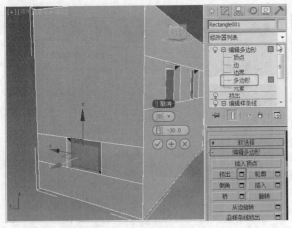
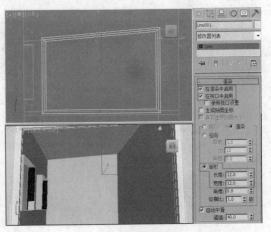

<table>
<tr><td>图 20-174</td><td>图 20-175</td></tr>
</table>

21 继续在"前"视图中创建可渲染的样条线，在"参数"卷展栏中设置合适的参数，对其复制并调整其至合适的位置，如图 20-176 所示。

22 继续在"前"视图中创建可渲染的样条线，在"参数"卷展栏中设置合适的参数，并调整其至合适的位置，如图 20-177 所示。

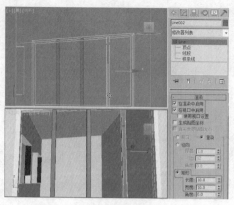

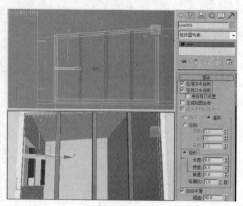

图 20-176

图 20-177

23 在"前"视图中创建平面，在"参数"卷展栏中设置合适的参数，并调整其至合适的位置，如图 20-178 所示。

24 继续创建平面模型，并调整其至合适的位置，如图 20-179 所示。

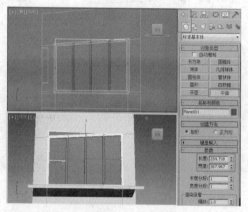

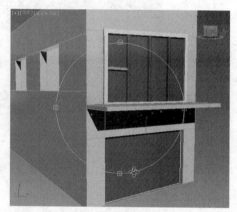

图 20-178

图 20-179

25 使用同样的方法继续创建可渲染的样条线和平面模型，调整其至合适的位置，如图 20-180 所示。

26 在"顶"视图中创建长方体，在"参数"卷展栏中设置合适的参数，并调整其至合适的角度和位置，如图 20-181 所示。

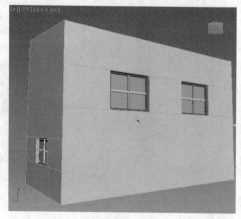

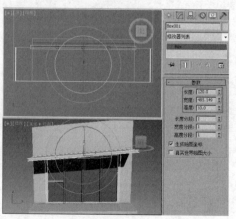

图 20-180

图 20-181

27 继续在场景中创建长方体模型，在"参数"卷展栏中设置合适的参数，对其复制并调整其至合适的位置，如图 20-182 所示。

28 在"前"视图中创建矩形，为其施加"编辑样条线"修改器，将选择集定义为"顶点"，在场景中调整顶点的位置，如图 20-183 所示。

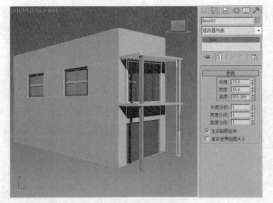 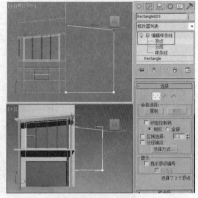

图 20-182　　　　　　　　　　　　图 20-183

29 使用和前面模型同样的方法设置模型的挤出，并设置边的连接，将选择集定义为"顶点"，在场景中调整顶点的位置，如图 20-184 所示。

30 将选择集定义为"边"，在场景中选择边，在"编辑边"卷展栏中单击"连接"后的 ■（设置）按钮，在弹出的小盒中设置合适的参数，如图 20-185 所示。

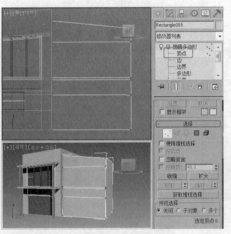 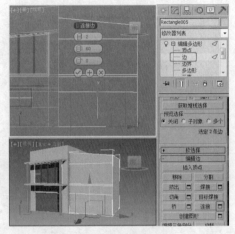

图 20-184　　　　　　　　　　　　图 20-185

31 继续在场景中选择边，在"编辑边"卷展栏中单击"连接"后的 ■（设置）按钮，从弹出的小盒中设置合适的参数，如图 20-186 所示。

32 继续在场景中选择边，在"编辑边"卷展栏中单击"连接"后的 ■（设置）按钮，从弹出的小盒中设置合适的参数，如图 20-187 所示。

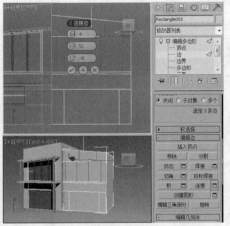 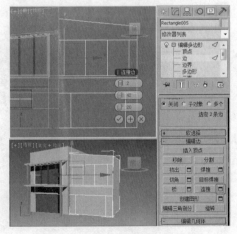

图 20-186　　　　　　　　　　　　图 20-187

33 将选择集定义为"多边形"，在场景中选择多边形，在"编辑多边形"卷展栏中单击"挤出"后的 ■（设置）按钮，从弹出的小盒中设置合适的参数，如图 20-188 所示，将挤出后的多边形删除。

34 将选择集定义为"边"，在场景中选择边，在"编辑边"卷展栏中单击"连接"后的 ■（设置）按钮，从弹出的小盒中设置合适的参数，如图 20-189 所示。

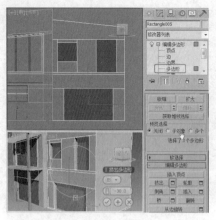
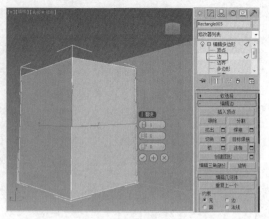

图 20-188　　　　　　　　　　　　図 20-189

35 将选择集定义为"多边形"，在场景中选择多边形，在"编辑多边形"卷展栏中单击"挤出"后的 ■（设置）按钮，从弹出的小盒中设置合适的参数，如图 20-190 所示，将挤出后的多边形删除。

36 将选择集定义为"边"，并设置边的连接，如图 20-191 所示。

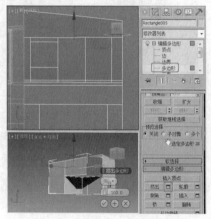
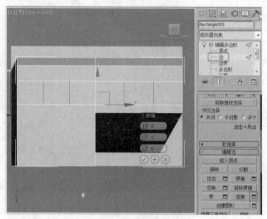

图 20-190　　　　　　　　　　　　图 20-191

37 继续在场景中选择边，并设置边的连接，如图 20-192 所示。

38 继续在场景中选择边，并设置边的连接，如图 20-193 所示。

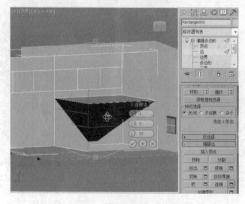
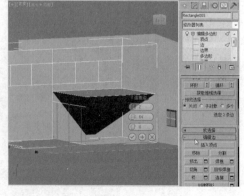

图 20-192　　　　　　　　　　　　图 20-193

39 将选择集定义为"多边形"，在场景中选择多边形，设置多边形的挤出，如图 20-194 所示，将挤出后的多边形删除。

40 使用和前面模型同样的方法继续创建可渲染的样条线和平面模型，调整其至合适的位置，如图 20-195 所示。

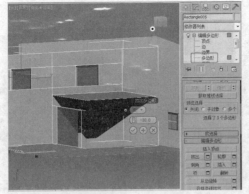

图 20-194　　　　　　　　　　　　　　　　图 20-195

41 使用同样的方法继续创建可渲染的样条线和平面模型，调整其至合适的位置，如图 20-196 所示。

42 在"顶"视图
中两个模型的顶部
创建长方体模型，
在"参数"卷展栏
中设置合适的参
数，对其复制并调
整其至合适的位
置，如图 20-197
所示。

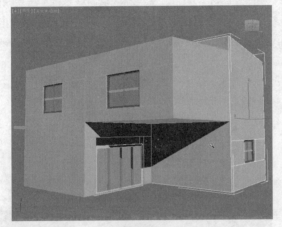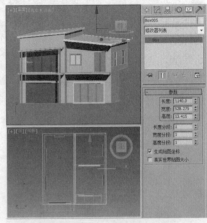

图 20-196　　　　　　　　　　　　　　　　图 20-197

43 继续在"顶"视图中创建长方体作为支柱模型，在"参数"卷展栏中设置合适的参数，并调整其至合适的位置，
如图 20-198 所示。

44 在"顶"视图
中创建平面,在"参
数"卷展栏中设置
合适的参数，调整
其至合适的位置，
如图 20-199 所示。

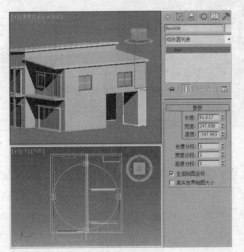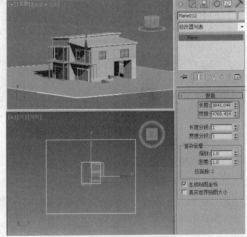

图 20-198　　　　　　　　　　　　　　　　图 20-199

45 在"顶"视图中两个模型阳台窗户的位置分别创建样条线，并为其施加"挤出"修改器，设置合适的参数，如
图 20-200 所示。

46 在"透"视图中调整模型至合适的角度，按 Ctrl+C 组合键创建摄影机，摄影机视图如图 20-201 所示。
创建场景模型后下面将介绍如何设置场景模型的材质。

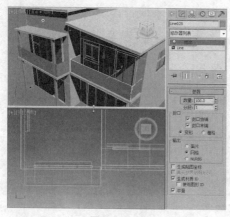

图 20-200

图 20-201

47 在场景中选择作为墙体的模型，打开"材质编辑器"窗口，选择新的材质样本球，单击 Standard 按钮，在弹出的对话框中为其指定 VRayMtl 材质，在"贴图"卷展栏中为"漫反射"和"凹凸"指定相同的"位图"贴图，选择随书资源文件中的"贴图素材 > Cha20 > 实例 188 别墅 > 15Diff.jpg"文件，如图 20-202 所示，将材质指定给选定对象。

48 为场景中选择的模型施加"UVW 贴图"修改器，在"参数"卷展栏中选择"贴图"组中的"长方体"选项，设置合适的长度、宽度和高度参数，如图 20-203 所示。

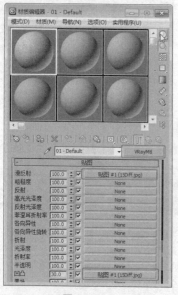

图 20-202

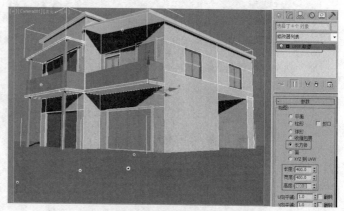

图 20-203

49 在场景中选择作为顶支架的长方体，选择作为窗框的模型及作为门的平面，打开"材质编辑器"窗口，选择新的材质样本球，单击 Standard 按钮，在弹出的对话框中为其指定 VRayMtl 材质，在"贴图"卷展栏中为"漫反射"指定"位图"贴图，选择随书资源文件中的"贴图素材 >Cha20 > 实例 188 别墅 > wood sofa.jpg"文件，如图 20-204 所示，将材质指定给选定对象。

50 在场景中选择作为窗户玻璃的模型，打开"材质编辑器"窗口，选择新的材质样本球，单击 Standard 按钮，在弹出的对话框中为其指定 VRayMtl 材质，在"基本参数"卷展栏中设置"漫反射"组中"漫反射"的红、绿、蓝值均为 0，在"反射"组中设置"反射"的红、绿、蓝值均为 91，在"折射"组中设置"折射"的红、绿、蓝值均为 106，如图 20-205 所示，将材质指定给选定对象。

51 在场景中选择作为顶的模型，选择新的材质样本球，将材质转换为 VRayMtl 材质，在"贴图"卷展栏中为"漫反射"和"凹凸"指定相同的"位图"贴图，选择随书资源文件中的"贴图素材 > Cha20 > 实例 188 别墅 >

ff.jpg"文件，如图 20-206 所示，将材质指定给选定对象。

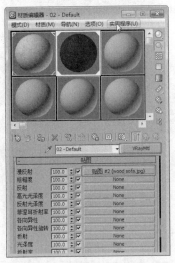
图 20-204

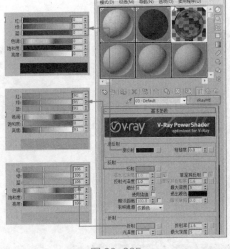
图 20-205

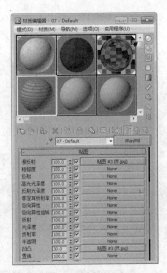
图 20-206

52 为场景中选择的模型施加"UVW 贴图"修改器，在"参数"卷展栏中选择"贴图"组中的"平面"选项，设置合适的长度和宽度参数，如图 20-207 所示。

53 在场景中选择两个用样条线挤出的栅栏模型，打开"材质编辑器"窗口，选择新的材质样本球，在"明暗器基本参数"卷展栏中勾选"双面"选项，选择随书资源文件中的"贴图素材 > Cha20 > 实例 188 别墅 > board_alpha.jpg"文件，如图 20-208 所示，将材质指定给选定对象。

图 20-207

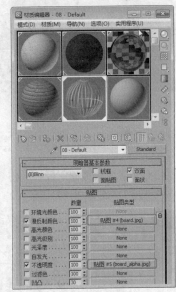
图 20-208

54 为场景中选择的模型施加"UVW 贴图"修改器，在"参数"卷展栏中选择"贴图"组中的"长方体"选项，设置合适的长度、宽度和高度参数，如图 20-209 所示。

55 在场景中选择平面模型，打开"材质编辑器"窗口，选择新的材质样本球，在"Blinn 基本参数"卷展栏中设置"环境光和漫反射"的红、绿、蓝值均为 42，如图 20-210 所示，将材质指定给选定对象。

56 继续在场景中复制并调整模型，如图 20-211 所示。

57 进入"渲染设置"窗口的 VRay 选项卡，在"VRay：：环境 [无名]"卷展栏的"反射 / 折射环境覆盖"组中勾选"开"复选框，单击 None 按钮，为其指定"位图"贴图，选择随书资源文件中的"贴图素材 > Cha20 > 实例 188 别墅 > ZZ009 副本 .jpg"文件，如图 20-212 所示。

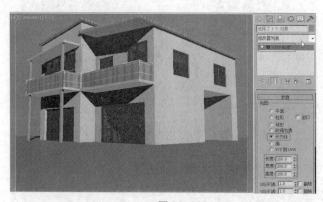

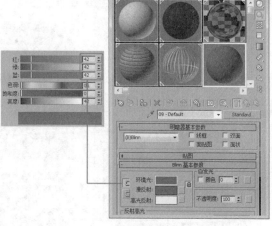

图 20-209

图 20-210

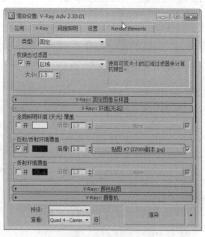

图 20-211

图 20-212

58 在场景中创建并调整 VR 太阳，在"VRay 太阳参数"卷展栏中设置"强度倍增"为 0.02，"大小倍增"为 1，如图 20-213 所示。

59 按 8 键打开"环境和效果"面板，在"环境"选项卡的背景组中为其指定"VR 天空"，如图 20-214 所示。

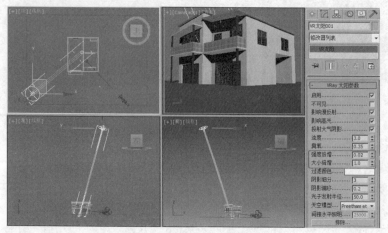

图 20-213

图 20-214

60 打开渲染设置面板,将"VRay：：环境 [无名]"卷展栏中"反射 / 折射环境覆盖"的"位图"贴图拖曳到新的材质样本球上,使用"实例"的方式进行复制,在"位图参数"卷展栏中勾选"应用"选项,单击"查看图像"按钮,在弹出的对话框中指定裁剪区域,如图 20-215 所示。

图 20-215

61 当前场景的渲染效果如图 20-216 所示。

62 切换到 Render Elements 选项卡,在"渲染元素"卷展栏中单击"添加"按钮,添加"VRay 线框颜色",单击"渲染"按钮即可进行渲染,如图 20-217 所示。将渲染出的图像存储为 .tga 文件格式。

图 20-216

图 20-217

第

21 章

室内效果图的后期处理

本章介绍室内效果图的后期处理。在前面章节中介绍了室内效果图的制作，通过对输出效果图的调整来完成效果图的后期处理。

实例
189
公共女卫的后期处理

- **案例场景位置** | 案例源文件 > Cha21 > 实例189 公共女卫的后期处理
- **效果场景位置** | 案例源文件 > Cha21 > 实例189 公共女卫的后期处理
- **贴图位置** | 贴图素材 > Cha21 > 实例189 公共女卫的后期处理
- **视频教程** | 教学视频 > Cha21 > 实例189
- **视频长度** | 6分23秒
- **制作难度** | ★★★★★

■ **操作步骤** ■

01 运行 Photoshop 软件，在菜单栏中选择"文件 > 打开"命令，打开前面章节制作的"公共女卫 .tif"文件，如图 21-1 所示。

02 继续打开"公共女卫线框图 .tif"文件，如图 21-2 所示。

03 在"公共女卫线框图 .tif"文件中按 Ctrl+A 组合键选择图像，按 Ctrl+C 组合键复制图像，切换到"公共女卫 .tif"文件中，按 Ctrl+V 组合键将复制的图像粘贴到文件中，在"图层"面板中将显示粘贴过来的图层 1，如图 21-3 所示。

04 在"图层"面板中选择"背景"图层，按 Ctrl+J 组合键复制图层，将复制出的"背景副本"图层调整至"图层 1"上方，如图 21-4 所示。

05 在"图层"面板中取消"背景副本"图层的可见性，选择"图层 1"图层，使用工具箱中的 （魔术棒工具）选择顶部区域，如图 21-5 所示。

图 21-1

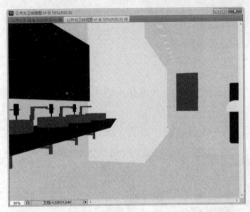

图 21-2

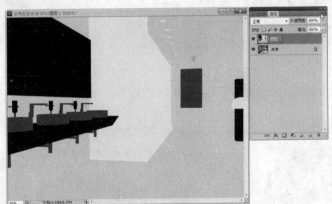

图 21-3

图 21-4

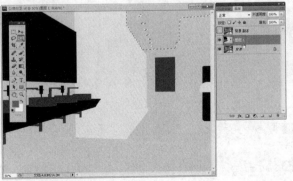

图 21-5

06 显示"背景副本"图层，按 Ctrl+M 组合键，在弹出的对话框中调整曲线，如图 21-6 所示。

07 按 Ctrl+B 组合键，在弹出的"色彩平衡"对话框中设置色阶参数，如图 21-7 所示。

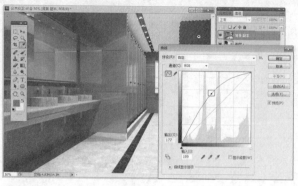

图 21-6   图 21-7

08 隐藏"背景副本"图层，选择"图层 1"，使用 （魔术棒工具）在绘图区域中选择地面颜色，如图 21-8 所示。

09 显示并选择"背景副本"图层，按 Ctrl+U 组合键，在弹出的"色相/饱和度"对话框中调整"饱和度"参数，如图 21-9 所示。

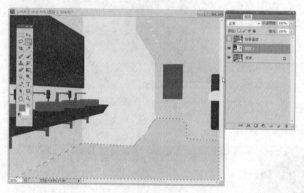
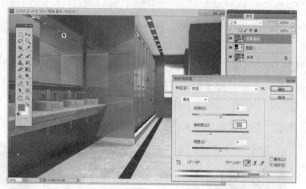

图 21-8   图 21-9

10 隐藏"背景副本"图层，选择"图层 1"图层，使用 （魔术棒工具）在绘图区域中选择墙面颜色，如图 21-10 所示。

11 显示并选择"背景副本"图层，按 Ctrl+M 组合键，在弹出的对话框中调整曲线，如图 21-11 所示。

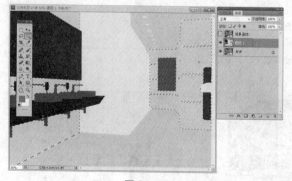

图 21-10   图 21-11

12 隐藏"背景副本"图层，选择"图层 1"，使用 （魔术棒工具）选择绘图区中的黑色模型区域，如图 21-12 所示。

13 显示并选择"背景副本"图层，按 Ctrl+M 组合键，在弹出的对话框中调整曲线，如图 21-13 所示。

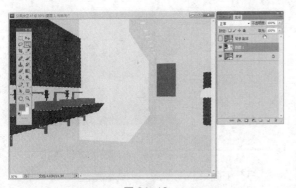
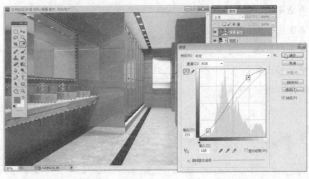

图 21-12   图 21-13

14 选择"背景副本"图层，按 Ctrl+J 组合键复制出新图层"背景副本 2"，如图 21-14 所示。

15 在菜单栏中选择"滤镜 > 模糊 > 高斯模糊"命令，在弹出的"高斯模糊"对话框中设置"半径"为 3，如图 21-15 所示。

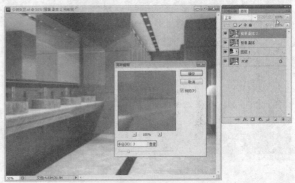

图 21-14   图 21-15

16 按 Ctrl+M 组合键，在弹出的对话框中调整曲线，如图 21-16 所示。

17 设置图层的混合模式为"柔光"，设置"不透明度"为 50%，如图 21-17 所示。

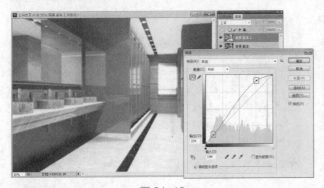
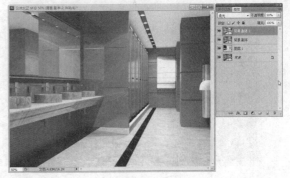

图 21-16   图 21-17

18 选择"文件 > 存储为"命令，保存效果图，选择文件类型为 psd，存储完成 psd 带有图层的场景文件后，单击图层右侧的 按钮，在弹出的菜单中选择"拼合图像"命令，合并所有的图层，选择"文件 > 存储为"命令，将合并图层后的效果文件存储为 tif 文件。

实例 190 中式卧室的后期处理

● **案例场景位置** | 案例源文件 > Cha21 > 实例190 中式卧室

- **效果场景位置** ┃ 案例源文件 > Cha21 > 实例190中式卧室
- **贴图位置** ┃ 贴图素材 > Cha21 > 实例190中式卧室
- **视频教程** ┃ 教学视频 > Cha21 > 实例190
- **视频长度** ┃ 2分59秒
- **制作难度** ┃ ★ ★ ★ ★ ★

▌操作步骤▐

01 运行 Photoshop 软件，在菜单栏中选择"文件 > 打开"命令，打开前面章节制作的"中式卧室渲染 .tif"文件，如图 21-18 所示。

02 按 Ctrl+J 组合键复制出新的图层"图层1"，按 Ctrl+M 组合键，在弹出的对话框中调整曲线，如图 21-19 所示。

图 21-18

图 21-19

03 按 Ctrl+J 组合键复制出新的图层"图层1副本"，在菜单栏中选择"滤镜 > 模糊 > 高斯模糊"命令，在弹出的对话框中设置"半径"为 2.2，如图 21-20 所示。

04 按 Ctrl+M 组合键，在弹出的对话框中调整曲线，如图 21-21 所示。

图 21-20

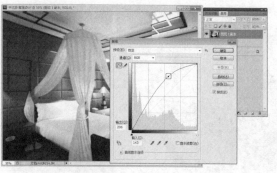

图 21-21

05 设置图层的混合模式为"叠加"，设置"不透明度"为 30%，如图 21-22 所示。

图 21-22

06 按 Ctrl+Alt+Shift+E 组合键盖印所有图像到新的图层"图层 2"中，在菜单栏中选择"图像 > 调整 > 亮度 / 对比度"命令，在弹出的"亮度 / 对比度"对话框中设置"亮度"为 16，"对比度"为 6，如图 21-23 所示。

07 选择"文件 > 存储为"命令，保存效果图，选择文件类型为 psd，存储完成 psd 带有图层的场景文件后，在"图层"面板中单击右侧的 按钮，从弹出的菜单中选择"拼合图像"命令，合并所有的图层，选择"文件 > 存储为"命令，将合并图层后的效果文件存储为 tif 文件。

图 21-23

<table>
<tr><td>实例
191</td><td>欧式客厅的后期处理</td></tr>
</table>

- **案例场景位置** | 案例源文件 > Cha21 > 实例191欧式客厅
- **效果场景位置** | 案例源文件 > Cha21 > 实例191欧式客厅
- **贴图位置** | 贴图素材 > Cha21 > 实例191欧式客厅
- **视频教程** | 教学视频 > Cha21 > 实例191
- **视频长度** | 4分11秒
- **制作难度** | ★★★★★

操作步骤

01 运行 Photoshop 软件，在菜单栏中选择"文件 > 打开"命令，打开前面章节制作的"欧式客厅渲染 .tif"文件，如图 21-24 所示。

02 打开欧式客厅的"线框颜色 .tif"文件，如图 21-25 所示。

图 21-24

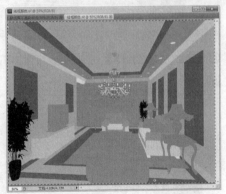

图 21-25

03 在"线框颜色"文件中按 Ctrl+A 组合键，全选图像，按 Ctrl+C 组合键复制图像，切换到"欧式客厅渲染 .tif"文件中，按 Ctrl+V 组合键，如图 21-26 所示。

图 21-26

04 选择"背景"图层，按 Ctrl+J 组合键，复制图层副本，调整图层的位置，如图 21-27 所示。

05 按 Ctrl+M 组合键，在弹出的对话框中调整曲线的形状，如图 21-28 所示。

图 21-27   图 21-28

06 隐藏"背景副本"图层，选择"图层 1"图层，使用 ▨（魔术棒工具）选择植物的颜色，如图 21-29 所示。

07 显示并选择"背景副本"图层，按住 Alt 键使用 ▨（套索工具）减选花盆区域，如图 21-30 所示。

图 21-29   图 21-30

08 按 Ctrl+U 组合键，在弹出的对话框中设置参数，如图 21-31 所示。

09 隐藏"背景副本"图层，选择"图层 1"，使用 ▨（魔术棒工具）选择植物的绿色和踢脚线，如图 21-32 所示。

 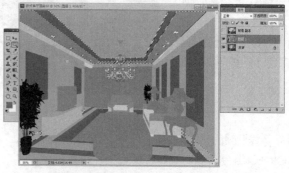

图 21-31   图 21-32

10 显示并选择"背景副本"图层，按 Ctrl+M 组合键，在弹出的对话框中调整曲线的形状，如图 21-33 所示。

图 21-33

11 按 Ctrl+Shift+Alt+E 组合键合并可见图层到新的图层中，在菜单栏中选择"滤镜 > 模糊 > 高斯模糊"命令，在弹出的对话框中设置模糊参数，如图 21-34 所示。

12 按 Ctrl+M 组合键，在弹出的对话框中调整曲线的形状，如图 21-35 所示。

图 21-34

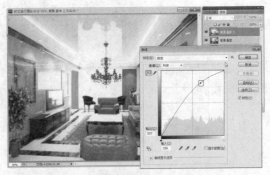
图 21-35

13 设置图层的混合模式为"柔光"，设置"不透明度"为 40%，如图 21-36 所示。

14 选择"文件 > 存储为"命令，保存效果图，选择文件类型为 psd，存储完成 psd 带有图层的场景文件后，在"图层"面板中单击右侧的 ▤ 按钮，从弹出的菜单中选择"拼合图像"命令，合并所有的图层，选择"文件 > 存储为"命令，将合并图层后的效果文件存储为 tif 文件。

图 21-36

实例
192　简约餐厅的后期处理

- **案例场景位置** | 案例源文件 > Cha21 > 实例192简约餐厅
- **效果场景位置** | 案例源文件 > Cha21 > 实例192简约餐厅
- **贴图位置** | 贴图素材 > Cha21 > 实例192简约餐厅
- **视频教程** | 教学视频 > Cha21 > 实例192
- **视频长度** | 4分24秒
- **制作难度** | ★★★★★

┃ 操作步骤 ┃

01 运行 Photoshop 软件，在菜单栏中选择"文件 > 打开"命令，打开前面章节制作的"简约餐厅 .tga"和"简约餐厅线框颜色 .tga"文件，如图 21-37 所示。

02 选择"简约餐厅 .tga"文件，选择"选择 > 载入选区"命令，在弹出的对话框中使用默认设置即可，如图 21-38 所示。

图 21-37

图 21-38

03 载入选区的效果如图 21-39 所示。

04 创建选区后，按 Ctrl+C 组合键复制选区，按 Ctrl+N 组合键新建文件，在新建的文件中按 Ctrl+V 组合键，粘贴选区中的图像，如图 21-40 所示。

图 21-39

图 21-40

05 切换到"简约餐厅线框颜色 .tga"文件，选择"选择 > 载入选区"命令，在弹出的对话框中使用默认设置即可，如图 21-41 所示。

06 同样，将线框图载入的选区图像粘贴到新建的文件中，如图 21-42 所示。

图 21-41

图 21-42

07 调整图层的位置，如图 21-43 所示。

08 选择"图层 1"图层，按 Ctrl+M 组合键，在弹出的对话框中调整曲线的形状，如图 21-44 所示。

图 21-43

图 21-44

09 隐藏"图层 1"图层，选择"图层 2"图层，在工具箱中选择 （魔术棒工具），在线框图中选择推拉门的颜色，如图 21-45 所示。

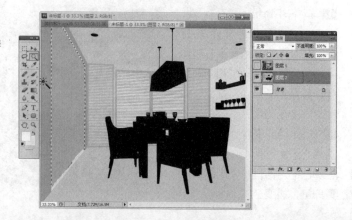
图 21-45

10 选择"图层 1"图层，按 Ctrl+M 组合键，在弹出的对话框中调整曲线的形状，如图 21-46 所示。

11 打开随书资源文件中的"贴图素材 > Cha21 > 实例 192 简约餐厅 > 272.jpg"文件，按 Ctrl+A 组合键，全选图像，按 Ctrl+C 组合键复制选区中的图像，如图 21-47 所示。

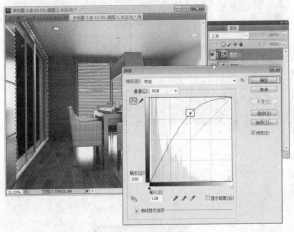

图 21-46

图 21-47

12 切换到新建的后期处理文件中，按 Ctrl+V 组合键，将复制的图像粘贴到文件中，调整图像所在图层的位置，如图 21-48 所示。

13 按 Ctrl+Shift+Alt+E 组合键，盖印所有图层到新的图层中，调整图层的位置，如图 21-49 所示。

图 21-48

图 21-49

14 在菜单栏中选择"滤镜 > 模糊 > 高斯模糊"命令，在弹出的对话框中设置模糊参数，如图 21-50 所示。

15 按 Ctrl+M 组合键，在弹出的对话框中调整曲线的形状，如图 21-51 所示。

图 21-50

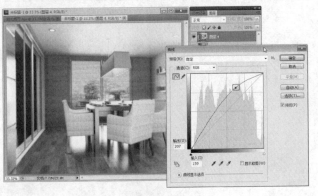

图 21-51

16 设置图层的混合模式为"柔光"，设置"不透明度"为 50%，如图 21-52 所示。

17 选择"文件 > 存储为"命令，保存效果图，选择文件类型为 psd，存储完成 psd 带有图层的场景文件后，在"图层"面板中单击右侧的▼Ξ按钮，从弹出的菜单中选择"拼合图像"命令，合并所有的图层，选择"文件 > 存储为"命令，将合并图层后的效果文件存储为 tif 文件。

图 21-52

| 实例 193 | 制作室内彩色平面图 |

- **案例场景位置**┃案例源文件 > Cha21 > 实例193 制作室内彩色平面图
- **效果场景位置**┃案例源文件 > Cha21 > 实例193 制作室内彩色平面图场景
- **贴图位置**┃贴图素材 > Cha21 > 实例193 制作室内彩色平面图
- **视频教程**┃教学视频 > Cha21 > 实例193
- **视频长度**┃9分45秒
- **制作难度**┃★★★★★

┃操作步骤┃

01 运行 Photoshop 软件，在菜单栏中选择"文件 > 打开"命令，打开随书资源文件中的"贴图素材 > Cha21 > 实例193 会做室内彩色平面图 > 室内平面图 .jpg"文件，如图 21-53 所示。

02 打开的"室内平面图 .jpg"文件如图 21-54 所示。

图 21-53

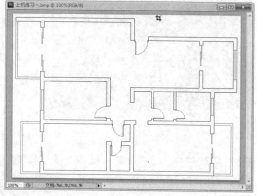

图 21-54

03 在工具箱中选择 （魔术棒工具），在绘图窗口中选择图 21-55 所示的区域。

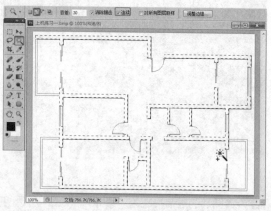

图 21-55

04 在"图层"面板中单击 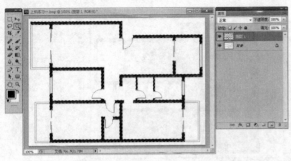（新建）按钮，新建"图层 1"，设置前景色为黑色，按 Alt+Delete 组合键，将选区填充为前景色黑色，如图 21-56 所示。

05 选择"背景"图层，按 Ctrl+U 组合键，在弹出的对话框中调整参数，如图 21-57 所示。

图 21-56

图 21-57

06 在菜单栏中选择"文件 > 打开"命令，打开随书资源文件中的"贴图素材 > Cha21 > 实例 193 会做室内彩色平面图 > 木地板 (4).jpg"文件，如图 21-58 所示。

07 将"木地板 (4).jpg"文件复制到场景文件中，按 Ctrl+T 组合键，调整图像的大小，如图 21-59 所示。

图 21-58

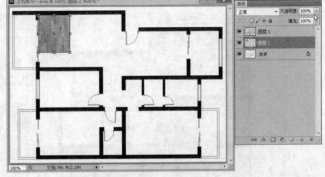

图 21-59

08 隐藏"图层 2"图层，选择"背景"图层，在菜单栏中选择"选择 > 色彩范围"命令，在弹出的对话框中拾取文件中的白色区域，如图 21-60 所示。

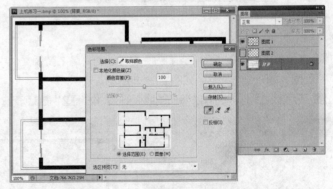

图 21-60

09 按 Ctrl+I 组合键，反向选取，选取黑色的线框，按 Ctrl+J 组合键，将选区中的图像复制到新的图层"图层 3"中，调整图层的顺序，如图 21-61 所示。

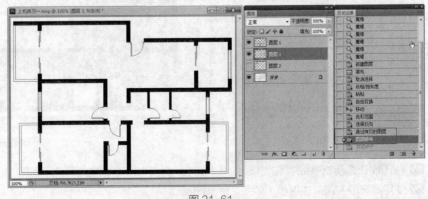

图 21-61

10 显示"图层2"图层，按住键盘上的 Alt 键，移动复制木地板，使其覆盖图 21-62 所示的区域，在"图层"面板中按住 Ctrl 键选择木地板的所有图层，按 Ctrl+E 组合键，合并为一个图层。

11 在工具箱中选择 ![矩形选框工具]（矩形选框工具），选取超图纸范围的木地板，并按 Delete 键删除，如图 21-63 所示。

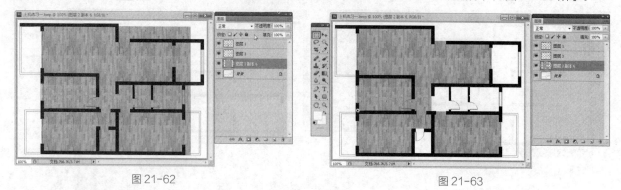

图 21-62   图 21-63

12 选择"图层3"图层，按 Ctrl+M 组合键，在弹出的对话框中调整曲线，如图 21-64 所示。

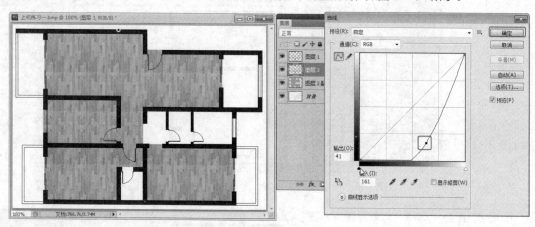

图 21-64

13 在菜单栏中选择"文件 > 打开"命令，打开随书资源文件中的"贴图素材 > Cha21 > 实例 193 会做室内彩色平面图 > 45.jpg"文件，如图 21-65 所示。

14 使用添加木地板的方法添加该地板效果，如图 21-66 所示。

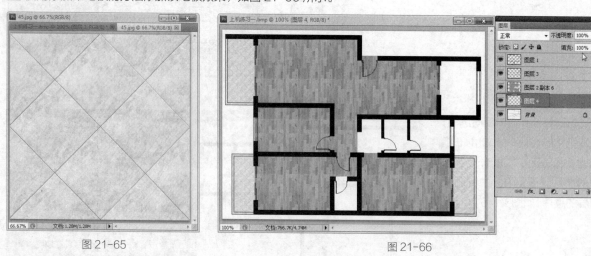

图 21-65   图 21-66

15 打开随书资源文件中的"贴图素材 > Cha21 > 实例 193 会做室内彩色平面图 > 01M.jpg"文件，如图 21-67 所示。

16 使用同样的方法添加地板，如图 21-68 所示。

图 21-67

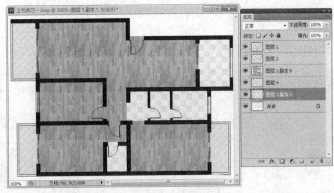

图 21-68

17 按 Ctrl+Shift+Alt+E 组合键，盖印所有图像到新的图层中，如图 21-69 所示。

18 按 Ctrl+M 组合键，在弹出的对话框中调整曲线，如图 21-70 所示。

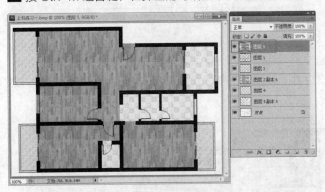

图 21-69

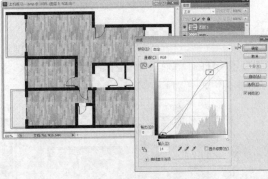

图 21-70

19 在菜单栏中选择"滤镜 > 模糊 > 高斯模糊"命令，在弹出的对话框中设置参数，如图 21-71 所示。

20 设置图层的混合模式为"柔光"，如图 21-72 所示。

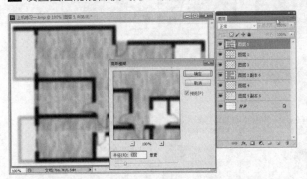

图 21-71

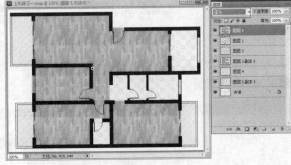

图 21-72

21 设置木地板的曲线，
如图 21-73 所示。

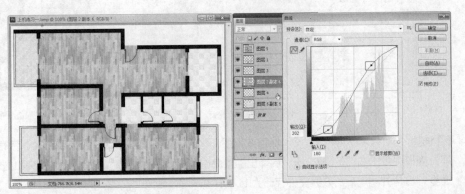

图 21-73

22 打开随书资源文件中的"贴图素材 > Cha21 > 实例 193 会做室内彩色平面图 > 平面素材 .psd"文件，如图 21-74 所示。

23 在打开的素材文件所需的素材上单击鼠标右键，从弹出的快捷菜单中选择素材图层，如图 21-75 所示。

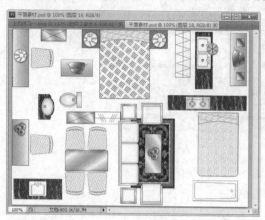
图 21-74

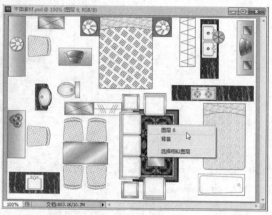
图 21-75

24 使用 ▶♣ （移动工具）将选取的素材图层图像拖曳到场景文件中，按 Ctrl+T 组合键，调整图像的大小，如图 21-76 所示。

25 使用同样的方法拖曳素材图像到场景中，调整图像的大小，将素材图像的图层选中并按 Ctrl+E 组合键，合并为一个图层，如图 21-77 所示。

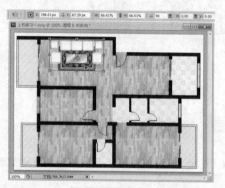

图 21-76

图 21-77

26 双击素材图层，在弹出的对话框中勾选"投影"选项，使用默认参数即可，如图 21-78 所示。

27 完成的效果如图 21-79 所示。

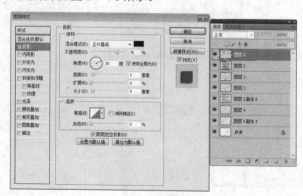
图 21-78

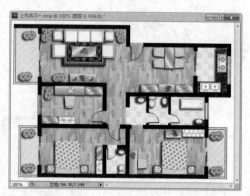
图 21-79

28 选择"文件 > 存储为"命令，保存效果图，选择文件类型为 psd，存储完成 psd 带有图层的场景文件后，在"图层"面板中单击右侧的 ▼☰ 按钮，从弹出的菜单中选择"拼合图像"命令，合并所有的图层，选择"文件 > 存储为"命令，将合并图层后的效果文件存储为 tif 文件。

第 **22** 章

室外效果图的后期处理

本章介绍室外效果图的后期处理。室外后期处理比室内后期处理来说，相对比较复杂一些，因为，制作室外建筑效果图时添加的户外素材图像比较多。

实例
194 建筑门头的后期处理

- **案例场景位置** | 案例源文件 > Cha22 > 实例194建筑门头的后期处理
- **效果场景位置** | 案例源文件 > Cha22 > 实例194建筑门头的后期处理
- **贴图位置** | 贴图素材 > Cha22 > 实例194建筑门头
- **视频教程** | 教学视频 > Cha22 > 实例194
- **视频长度** | 4分49秒
- **制作难度** | ★★★★★

┃**操作步骤**┃

01 运行 Photoshop 软件，在菜单栏中选择"文件 > 打开"命令，打开前面章节制作的"建筑门头 .tif"和"建筑门头线框 .tif"文件，如图 22-1 所示。

02 将"建筑门头线框 .tif"复制到"建筑门头 .tif"文件中，复制"背景"图层，调整图层的位置，如图 22-2 所示。

03 隐藏"背景副本"图层，选择"图层1"图层，在工具箱中选择![魔术棒]（魔术棒工具），在工具属性栏中取消对"连续"选项的勾选，选择场景中的玻璃颜色，如图 22-3 所示。

04 在工具箱中选择![矩形选框]（矩形选框工具），按住 Alt 键，减选多选的颜色区域，如图 22-4 所示。

05 打开随书资源文件中的"贴图素材 > Cha22 > 实例 194 建筑门头 > 13.jpg"文件，如图 22-5 所示。

图 22-1

图 22-2

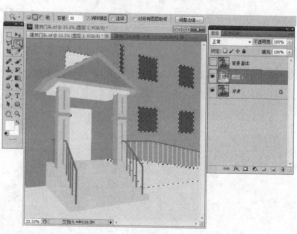

图 22-3

图 22-4

图 22-5

06 切换到"建筑门头 .tif"文件中,确定玻璃选区处于选择状态,按 Ctrl+J 组合键,将选区中的图像复制到新的图层中;将打开的素材图像复制到"建筑门头 .tif"文件中,如图 22-6 所示,按 Ctrl+T 组合键,调整图像的大小。
07 确定图像处于自由变换状态,单击鼠标右键,在弹出的快捷菜单中选择"水平翻转"命令,调整图层 3 图像至合适的位置,如图 22-7 所示。

图 22-6

图 22-7

08 调整图像后按住 Ctrl 键,单击窗户图层"图层 2"的缩览窗口,将其载入选区,如图 22-8 所示。
09 载入图层的选区后,单击图层面板底部的 ◯(添加图层蒙版)按钮,如图 22-9 所示。

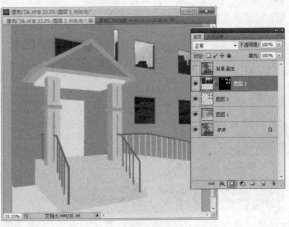

图 22-8

图 22-9

10 将"图层3"调整至背景副本的上方，使背景副本可见，选择添加的图层蒙版缩览图，按 Ctrl+M 组合键，在弹出的对话框中调整曲线，如图 22-10 所示。

11 按 Ctrl+Shift+Alt+E 组合键，合并所有图层到新的图层"图层4"中，如图 22-11 所示。

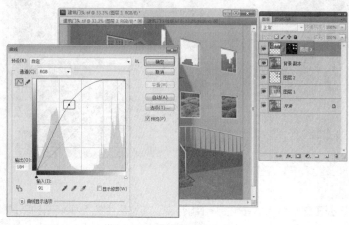

图 22-10　　　　　　　　　　　　　图 22-11

12 按 Ctrl+M 组合键，在弹出的对话框中调整曲线，如图 22-12 所示。

13 按 Ctrl+J 组合键，复制图层副本，在菜单栏中选择"滤镜 > 模糊 > 高斯模糊"命令，在弹出的对话框中设置参数，如图 22-13 所示。

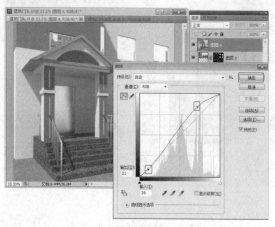

图 22-12　　　　　　　　　　　　　图 22-13

14 按 Ctrl+M 组合键，在弹出的对话框中调整曲线，如图 22-14 所示。

15 设置图层的混合模式为"柔光"，设置"不透明度"为 50%，如图 22-15 所示。

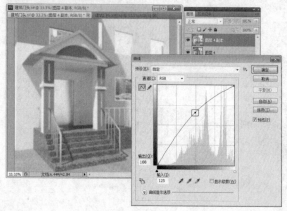

图 22-14　　　　　　　　　　　　　图 22-15

16 选择"文件 > 存储为"命令，保存效果图，选择文件类型为 psd，存储完成 psd 带有图层的场景文件后，单击图层右侧的 ■■ 按钮，在弹出的菜单中选择"拼合图像"命令，合并所有的图层，选择"文件 > 存储为"命令，将合并图层后的效果文件存储为 tif 文件。

<table>
<tr><td>实例
195</td><td>**商业建筑的后期处理**</td></tr>
</table>

- **案例场景位置** | 案例源文件 > Cha22 > 实例195商业建筑
- **效果场景位置** | 案例源文件 > Cha22 > 实例195商业建筑
- **贴图位置** | 贴图素材 > Cha22 > 实例195商业建筑
- **视频教程** | 教学视频 > Cha22 > 实例195
- **视频长度** | 5分26秒
- **制作难度** | ★★★★★

▌ **操作步骤** ▌

01 运行 Photoshop 软件，在菜单栏中选择"文件 > 打开"命令，打开前面章节制作的"商业建筑 .tga"和"商业建筑线框颜色 .tga"文件，如图 22-16 所示。

02 选择"商业建筑 .tga"文件，在菜单栏中选择"选择 > 载入选区"命令，在弹出的对话框中使用默认参数即可，如图 22-17 所示。

图 22-16

图 22-17

03 载入图像的选区后，按 Ctrl+C 组合键，复制选区中的建筑图像，按 Ctrl+N 组合键，新建文件，按 Ctrl+V 组合键，粘贴图像到新的文件中，如图 22-18 所示。

04 使用同样的方法将线框颜色复制到新建的场景文件中，调整图层的位置，如图 22-19 所示。

图 22-18

图 22-19

05 选择"图层 1"图层，按 Ctrl+M 组合键，在弹出的对话框中调整曲线，如图 22-20 所示。

06 打开随书资源文件中的"贴图素材 > Cha22 > 实例 195 商业建筑 > 天空 .jpg"文件，在工具箱中选择 ➕（移动工具），将天空拖曳到场景文件中，如图 22-21 所示。

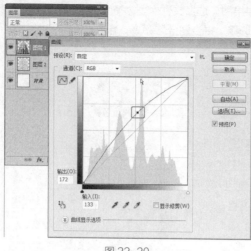

图 22-20

图 22-21

07 调整图层的位置，按 Ctrl+T 组合键，在场景中调整图像的大小，如图 22-22 所示。

08 打开随书资源文件中的"贴图素材 > Cha22 > 实例 195 商业建筑 > 树 .tif"文件，在工具箱中选择 ➕（移动工具），将树拖曳到场景文件中，如图 22-23 所示。

图 22-22

图 22-23

09 将树素材拖曳到场景中后，按住 Alt 键移动复制树，并调整树素材的位置，如图 22-24 所示。

10 按 Ctrl+Alt+Shift+E 组合键，盖印所有图像到新的图层"图层 5"中，在菜单栏中选择"滤镜 > 渲染 > 镜头光晕"命令，在弹出的对话框中调整图像的镜头光晕位置，设置参数，如图 22-25 所示。

图 22-24

图 22-25

11 按 Ctrl+J 组合键，复制图层，在菜单栏中选择"滤镜 > 模糊 > 高斯模糊"命令，在弹出的对话框中设置参数，如图 22-26 所示。

12 设置图层的混合模式为"柔光"，设置"不透明度"为50%，如图 22-27 所示。

图 22-26

图 22-27

13 打开随书资源文件中的"贴图素材 > Cha22 > 实例195 商业建筑 > 飞鸟 .psd"文件，在工具箱中选择 ▶♣（移动工具），将飞鸟拖曳到场景文件中，调整图像的位置，如图 22-28 所示。

14 选择"文件 > 存储为"命令，保存效果图，选择文件类型为 psd，存储完成 psd 带有图层的场景文件后，在"图层"面板中单击右侧的 ▼≣ 按钮，在弹出的菜单中选择"拼合图像"命令，合并所有的图层，选择"文件 > 存储为"命令，将合并图层后的效果文件存储为 tif 文件。

图 22-28

实例 196　商业门头的后期处理

- **案例场景位置** | 案例源文件 > Cha22 > 实例196 商业门头
- **效果场景位置** | 案例源文件 > Cha22 > 实例196 商业门头
- **贴图位置** | 贴图素材 > Cha22 > 实例196 商业门头
- **视频教程** | 教学视频 > Cha22 > 实例196
- **视频长度** | 11分12秒
- **制作难度** | ★ ★ ★ ★ ★

▌ 操作步骤 ▌

01 运行 Photoshop 软件，在菜单栏中选择"文件 > 打开"命令，打开前面章节制作的"商业门头 .tga"文件，如图 22-29 所示。

图 22-29

02 打开"商业门头线框颜色 .tga"文件，如图 22-30 所示。

03 选择"商业门头 .tga"文件，在菜单栏中选择"选择 > 载入选区"命令，在弹出的对话框中使用默认参数，如图 22-31 所示。

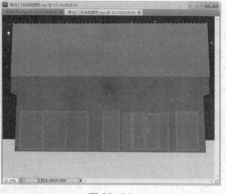

图 22-30

图 22-31

04 将建筑图像载入选区后，按 Ctrl+C 组合键，复制图像，按 Ctrl+N 组合键，新建文件，按 Ctrl+V 组合键，将图像粘贴到新建的场景文件中，如图 22-32 所示。

05 在工具箱中选择 （裁剪工具），在场景中裁剪文件大小，如图 22-33 所示。

图 22-32

图 22-33

06 将"商业门头线框颜色 .tga"文件载入选区，并粘贴到场景文件中，如图 22-34 所示。

07 隐藏"图层 2"图层，选择"图层 1"，在工具箱中使用 （矩形选框工具），在场景中框选左侧的地面区域，按 Ctrl+T 组合键，调整选区的大小，如图 22-35 所示，使用同样的方法调整右侧的地面。

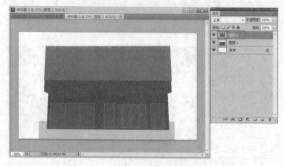

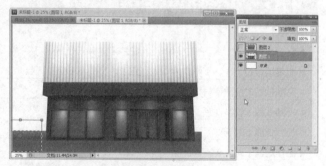

图 22-34

图 22-35

08 打开随书资源文件中的"贴图素材 > Cha22 > 实例 196 商业门头的后期处理 > 玻璃内 .tif"文件，在工具箱中选择 （移动工具），将打开的素材文件拖曳到场景文件中，如图 22-36 所示。

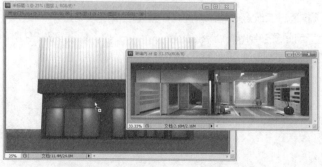

图 22-36

09 将其素材图像拖曳到场景后，按 Ctrl+T 组合键，在场景中调整图像的大小，如图 22-37 所示。

10 显示"图层 2"，使用 （魔术棒工具）选择窗玻璃颜色，如图 22-38 所示。

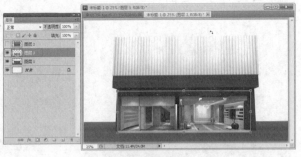 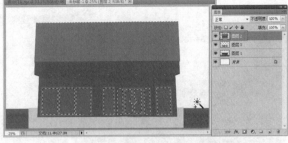

图 22-37　　　　　　　　　　　　　　　　图 22-38

11 创建玻璃选区后，隐藏"图层 2"图层，选择"图层 3"图层，单击图层面板底部的 ◻（施加图层按钮）按钮，如图 22-39 所示。

12 打开随书资源文件中的"贴图素材 > Cha22 > 实例 196 商业门头的后期处理 > 天空 .jpg"文件，如图 22-40 所示，在工具箱中选择 （移动工具），将打开的素材文件拖曳到场景文件中。

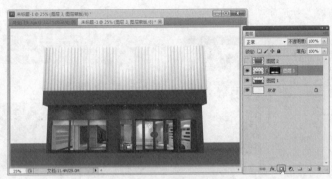 

图 22-39　　　　　　　　　　　　　　　　图 22-40

13 调整天空图层的位置，按 Ctrl+T 组合键，调整素材的大小，如图 22-41 所示。

14 选择"图层 1"，按 Ctrl+M 组合键，在弹出的对话框中调整图像的曲线，如图 22-42 所示。

 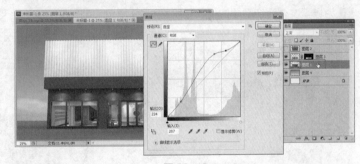

图 22-41　　　　　　　　　　　　　　　　图 22-42

15 打开随书资源文件中的"贴图素材 > Cha22 > 实例 196 商业门头的后期处理 > 人物 .psd"文件，如图 22-43 所示。

图 22-43

16 选择需要添加的人物所在图层，并使用 ▶️ （移动工具）将其拖曳到场景文件中，按 Ctrl+T 组合键，调整素材图像的大小，如图 22-44 所示。

17 使用同样的方法添加人物素材，如图 22-45 所示，将人物图层全部选中，按 Ctrl+E 组合键。

图 22-44 图 22-45

18 选择合并图层后的人物图层，按 Ctrl+U 组合键，在弹出的对话框中设置参数，如图 22-46 所示。

19 设置人物图层的"不透明度"为 70%，如图 22-47 所示。

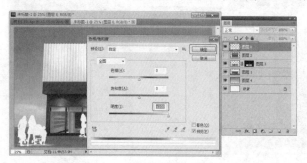

图 22-46 图 22-47

20 打开随书资源文件中的"贴图素材 > Cha22 > 实例 196 商业门头的后期处理 > 植物 .psd"文件，如图 22-48 所示。

21 为场景文件添加需要的树，如图 22-49 所示，调整植物的大小和图层的位置。

图 22-48 图 22-49

22 继续为场景添加半棵植物，如图 22-50 所示。

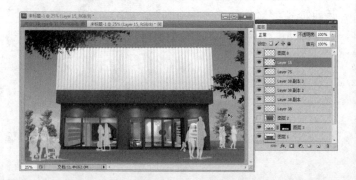

图 22-50

23 在工具箱中选择 T.（文本工具），在场景中单击创建文本，设置合适的字体和大小即可，如图 22-51 所示。

24 双击文本图层，在弹出的对话框中勾选"斜面和浮雕"选项，设置合适的参数，如图 22-52 所示。

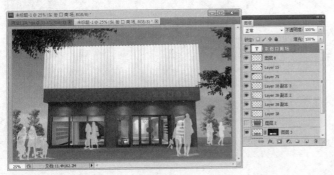
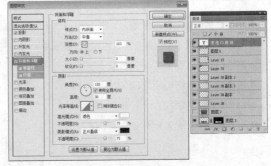

图 22-51   图 22-52

25 按 Ctrl+Alt+Shift+E 组合键，盖印可见图层到新的图层中，如图 22-53 所示，将盖印的图层调整到面板的最上方。

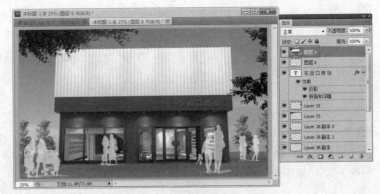

图 22-53

26 按 Ctrl+M 组合键，在弹出的对话框中调整曲线，如图 22-54 所示。

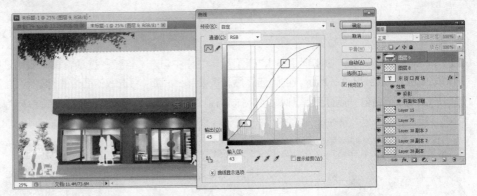

图 22-54

27 设置图层的混合模式为"柔光"，设置"不透明度"为 50%，如图 22-55 所示。

28 选择"文件 > 存储为"命令，保存效果图，选择文件类型为 psd，存储完成 psd 带有图层的场景文件后，在"图层"面板中单击右侧的 按钮，在弹出的菜单中选择"拼合图像"命令，合并所有的图层，选择"文件 > 存储为"命令，将合并图层后的效果文件存储为 tif 文件。

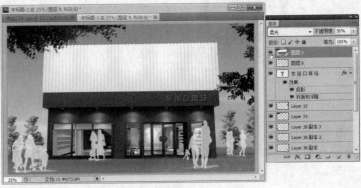

图 22-55

圆形亭子的后期处理

● **案例场景位置** ┃ 案例源文件 > Cha22 > 实例197圆形亭子

● **效果场景位置** ┃ 案例源文件 > Cha22 > 实例197圆形亭子

● **贴图位置** ┃ 贴图素材 > Cha22 > 实例197圆形亭子

● **视频教程** ┃ 教学视频 > Cha22 > 实例197

● **视频长度** ┃ 8分17秒

● **制作难度** ┃ ★★★★★

┃操作步骤┃

01 运行 Photoshop 软件，在菜单栏中选择"文件 > 打开"命令，打开前面章节制作的"圆形亭子.tga"文件，在菜单栏中选择"选择 > 载入选区"命令，在弹出的对话框中使用默认选项，如图 22-56 所示，将图像载入选区后，按

Ctrl+C 组合键，按 Ctrl+N
组合键，新建场景文件，
按 Ctrl+V 组合键，将图
像粘贴到场景文件。

02 使用 ⚄ （裁剪工具），
在场景中裁剪文件大小，
如图 22-57 所示。

图 22-56

图 22-57

03 在工具箱中选择 ⚄ （魔术棒工具），在工具属性栏中勾选"连续"选项，在场景中选择亭子所在的图层，并选择地面颜色，如图 22-58 所示，创建选区后，按 Delete 键，将选取的图像删除。

04 按 Ctrl+J 组合键，创建图层副本，将复制的副本图层隐藏，继续使用 ⚄ （魔术棒工具）选择图 22-59 所示的区域，按 Delete 键，删除选区。

图 22-58

图 22-59

05 选择"图层 1"图层，在工具箱中选择 ⚄ （橡皮擦工具），在场景中根据情况擦除部分区域，使其显得自然，如图 22-60 所示。

06 打开随书资源文件中的"贴图素材 > Cha22 > 实例197 圆形亭子的后期处理 > 背景.jpg"文件，如图 22-61所示。

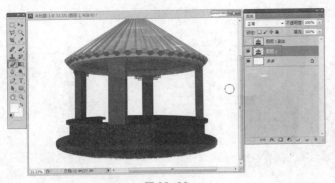

图 22-60

图 22-61

07 在工具箱中选择 ▶➕（移动工具），将背景素材图像拖曳到场景文件中，如图 22-62 所示，按 Ctrl+T 组合键调整图像的大小，按 Enter 键确定大小。

08 按住 Alt 键移动复制图像，按 Ctrl+T 组合键，在自由变换框中单击鼠标右键，从弹出的快捷菜单中选择"水平翻转"命令，如图 22-63 所示。

图 22-62

图 22-63

09 选择两个背景图像的所在图层，按 Ctrl+E 组合键合并为一个图层，使用 ▭（矩形选框工具）框选图 22-64 所示的区域。

10 按 Ctrl+T 组合键调整图像的大小，如图 22-65 所示。

图 22-64

图 22-65

11 打开随书资源文件中的"贴图素材 > Cha22 > 实例 197 圆形亭子的后期处理 > 砖路 .psd"文件，如图 22-66 所示。

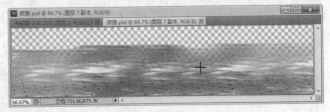

图 22-66

12 将素材图像拖曳到场
景文件中，按 Ctrl+T 组
合键，调整图像的大小，
如图 22-67 所示。

13 打开随书资源文件中
的"贴图素材 > Cha22
> 实例 197 圆形亭子的
后期处理 > 石 02.psd"
文件，如图 22-68 所示。

图 22-67

图 22-68

14 将"石 02.psd"素材图像拖曳到场景文件中，如图 22-69 所示，调整素材的大小。

15 打开随书资源文件中的"贴图素材 > Cha22 > 实例 197 圆形亭子的后期处理 > 树探头 01.psd"文件，如图 22-70 所示。

图 22-69

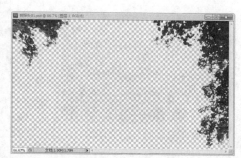

图 22-70

16 将"树探头 01.
psd"素材图像拖曳到
场景文件中，调整其大
小和角度，如图 22-71
所示。

17 打开随书资源文件
中的"贴图素材 >
Cha22 > 实例 197 圆
形亭子的后期处理 >
石 01.psd"文件，如
图 22-72 所示。

图 22-71

图 22-72

18 将素材图像拖曳到场景中，并调整各个图层的位
置，整体调整素材图像的大小，如图 22-73 所示。

图 22-73

19 按 Ctrl+Shift+Alt+E 组合键，盖印所有图层到新的图层中，在菜单栏中选择"滤镜 > 渲染 > 镜头光晕"命令，在弹出的对话框中设置参数，如图 22-74 所示。

20 选择"文件 > 存储为"命令，保存效果图，选择文件类型为 psd，存储完成 psd 带有图层的场景文件后，在"图层"面板中单击右侧的 按钮，从弹出的菜单中选择"拼合图像"命令，合并所有的图层，选择"文件 > 存储为"命令，将合并图层后的效果文件存储为 tif 文件。

图 22-74

实例 198 别墅的后期处理

● **案例场景位置** | 案例源文件 > Cha22 > 实例198别墅

● **效果场景位置** | 案例源文件 > Cha22 > 实例198别墅

● **贴图位置** | 贴图素材 > Cha22 > 实例198别墅

● **视频教程** | 教学视频 > Cha22 > 实例198

● **视频长度** | 6分46秒

● **制作难度** | ★ ★ ★ ★ ★

▌操作步骤 ▌

01 运行 Photoshop 软件，在菜单栏中选择"文件 > 打开"命令，打开随书资源文件中的"贴图素材 > Cha20 > 别墅 .tga"和"别墅线框颜色 .tga"文件，如图 22-75 所示。

02 选择"别墅 .tga"文件，在菜单栏中选择"选择 > 载入选区"命令，在弹出的对话框中使用默认参数，如图 22-76 所示，创建选区后，按 Ctrl+C 组合键，将选取的图像复制，按 Ctrl+N 组合键，创建新文件，按 Ctrl+V 组合键，粘贴图像到新建的文件中。

03 使用同样的方法将线框图粘贴到新建的场景文件中，在工具箱中选择 （魔术棒工具），选择地面颜色，如图 22-77 所示。

图 22-75

图 22-76

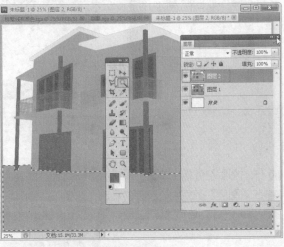

图 22-77

04 创建选区后，隐藏"图层2"图层线框颜色，选择"图层1"图层，按 Delete 键，将选区中的图像删除，如图 22-78 所示。

05 显示图层，并选择两个图层，单击"图层"面板底部的 ⊖ （链接图层）按钮，将两个图层的图像链接到一起，调整图像在文件中的位置，如图 22-79 所示。

图 22-78　　　　　　图 22-79

06 打开随书资源文件中的"贴图素材 > Cha22 > 实例 198 别墅的后期处理 > 背景 .psd"文件，如图 22-80 所示，将其拖曳到场景文件中。

07 调整拖曳到场景中素材图像的大小，如图 22-81 所示，调整图像所在图层的位置。

图 22-80　　　　　　图 22-81

08 打开随书资源文件中的"贴图素材 > Cha22 > 实例 198 别墅的后期处理 > 建筑前 .psd"文件，如图 22-82 所示。

09 在场景中调整素材的大小和素材所在图层的位置，如图 22-83 所示。

图 22-82　　　　　　图 22-83

10 在"图层"面板中单击 ⬜ （新建）按钮，新建"图层5"，调整图层的位置，如图 22-84 所示。

11 在"图层"面板中，选择前景素材图像所在的图层；在工具箱中选择 🖈 （仿制图章工具），在草地位置按住 Alt 键，拾取源点，选择新建的图层"图层5"，擦出草地效果，如图 22-85 所示。

图 22-84　　　　　　　　　　　　　图 22-85

12 调整图层的位置，看一下效果，如图 22-86 所示。

13 打开随书资源文件中的"贴图素材 > Cha22 > 实例 198 别墅的后期处理 > 树探头 .psd"文件，如图 22-87 所示。

图 22-86　　　　　　　　　　　　　图 22-87

14 将"树探头 .psd"素材文件拖曳到场景文件中，调整素材图像所在图层的位置，如图 22-88 所示。

15 复制"图层 3"，调整"图层 3 副本"的位置，并调整图像位置，如图 22-89 所示。

图 22-88　　　　　　　　　　　　　图 22-89

16 显示并选择"图层 2"别墅线框颜色和窗户颜色，接着隐藏"图层 2"，选择复制出的背景图像图层，单击 ◻（添加图层蒙版）按钮，如图 22-90 所示。

17 设置图层的混合模式为"深色"，如图 22-91 所示。

图 22-90　　　　　　　　　　　　　图 22-91

18 选择"文件 > 存储为"命令，保存效果图，选择文件类型为 psd，存储完成 psd 带有图层的场景文件后，在"图层"面板中单击右侧的 按钮，从弹出的菜单中选择"拼合图像"命令，合并所有的图层，选择"文件 > 存储为"命令，将合并图层后的效果文件存储为 tif 文件。

第23章

效果图漫游动画的设置

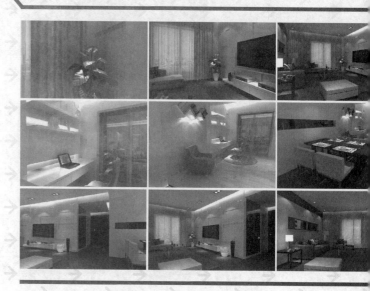

建筑漫游动画就是将"虚拟现实"技术应用在城市规划、建筑设计等领域。在建筑漫游动画应用中，人们能够在一个虚拟的三维环境中，用动画交互的方式对未来的建筑或城区进行身临其境的全方位审视，可以从任意角度、距离和精细程度观察场景，能够给用户带来强烈、逼真的感官冲击，使其具有身临其境的体验。

实例
199 室内浏览动画

- **案例场景位置** | 案例源文件 > Cha23 > 实例199室内浏览动画
- **效果场景位置** | 案例源文件 > Cha23 > 实例199室内浏览动画OK
- **贴图位置** | 贴图素材 > Cha23 > 实例199室内浏览动画
- **视频教程** | 教学视频 > Cha23 > 实例199
- **视频长度** | 5分15秒
- **制作难度** | ★★★★★

操作步骤

01 运行 3ds Max 软件,打开随书资源文件中的"案例源文件 > Cha23 > 实例 199 室内浏览动画 .max"场景文件,在场景中图 23-1 所示的位置创建摄影机。

02 打开"自动关键点"按钮,拖动时间滑块到 40 帧,在场景中调整摄影机的位置,如图 23-2 所示。

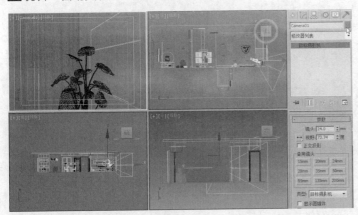

图 23-1

图 23-2

03 拖动时间滑块到 40 帧,在场景中图 23-3 所示的位置创建摄影机。

04 拖动时间滑块到 80 帧,调整摄影机 2 到图 23-4 所示的位置。

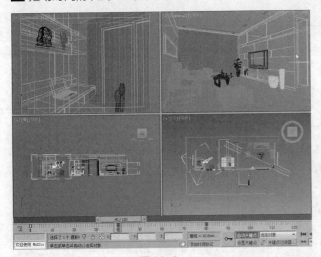

图 23-3

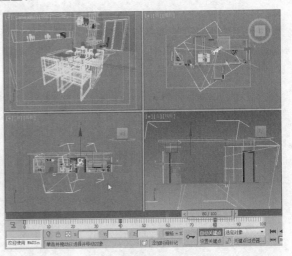

图 23-4

05 确定时间滑块在 80 帧,在场景中图 23-5 所示的位置创建摄影机 03。

06 拖动时间滑块到 100 帧,调整摄影机 03 到图 23-6 所示的位置。

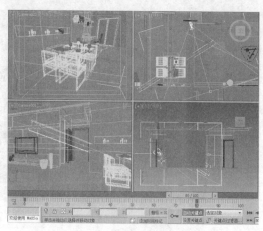

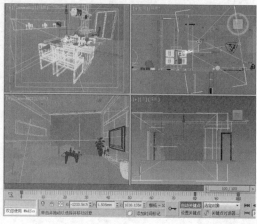

图 23-5　　　　　　　　　　　　　　　　　　图 23-6

07 在动画控制栏中单击 ⊡（时间配置）按钮，在弹出的对话框中设置"结束时间"为120，单击"确定"按钮，如图 23-7 所示。

08 打开渲染设置面板，在其中设置渲染尺寸，如图 23-8 所示。

09 设置一个较快渲染的图像采样器，如图 23-9 所示。

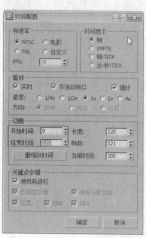

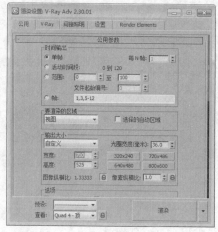

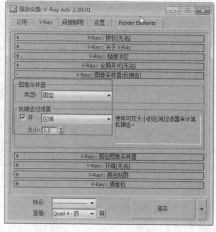

图 23-7　　　　　　　　　　图 23-8　　　　　　　　　　图 23-9

10 设置一个较低渲染参数，如图 23-10 和图 23-11 所示。

11 选择"渲染 > 批处理渲染"命令，在弹出的对话框中单击"添加"按钮，添加 3 个渲染视口，分别设置渲染的帧范围、输出路径和摄影机，如图 23-12 所示。

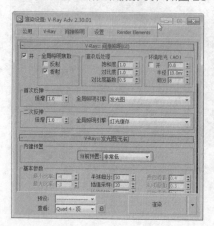

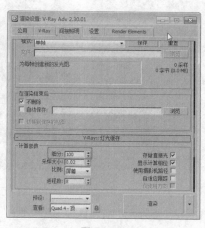

图 23-10　　　　　　　　　　图 23-11　　　　　　　　　　图 23-12

实 例
200

实 例
200　室外建筑动画

- **案例场景位置** | 案例源文件 > Cha23 > 实例 200 室外建筑动画
- **效果场景位置** | 案例源文件 > Cha23 > 实例 200 室外建筑动画 OK
- **贴图位置** | 贴图素材 > Cha23 > 实例 200 室外建筑动画
- **视频教程** | 教学视频 > Cha23 > 实例 200
- **视频长度** | 5 分 46 秒
- **制作难度** | ★★★★★

▌操作步骤▐

01 运行 3ds Max 软件，打开随书资源文件中的"案例源文件 > Cha23 > 实例 200 室外建筑动画 o.max"场景文件，在场景中图 23-13 所示的位置创建摄影机 01。

02 在场景中图 23-14 所示的位置创建摄影机 02。

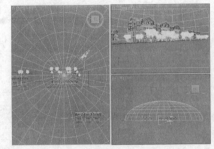

图 23-13

图 23-14

03 打开"自动关键点"，拖动时间滑块到 100 帧，在场景中移动摄影机 02，如图 23-15 所示。

04 在场景图 23-16 所示的位置创建摄影机 03。

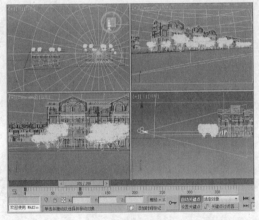

图 23-15

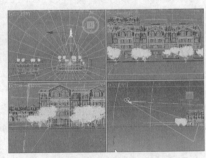

图 23-16

05 拖动时间滑块到 200 帧，调整摄影机 03 的位置，如图 23-17 所示。

06 拖动时间滑块到 300 帧，继续调整摄影机 03，如图 23-18 所示。

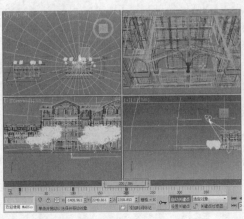

图 23-17

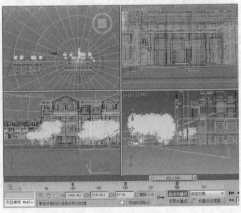

图 23-18

07 确定时间滑块位于300帧，在场景中调整摄影机01，如图23-19所示。

08 选择摄影机01的第0帧处的关键点，将其拖曳到350帧，如图23-20所示。

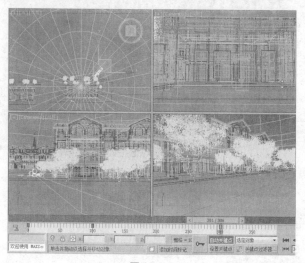

图 23-19

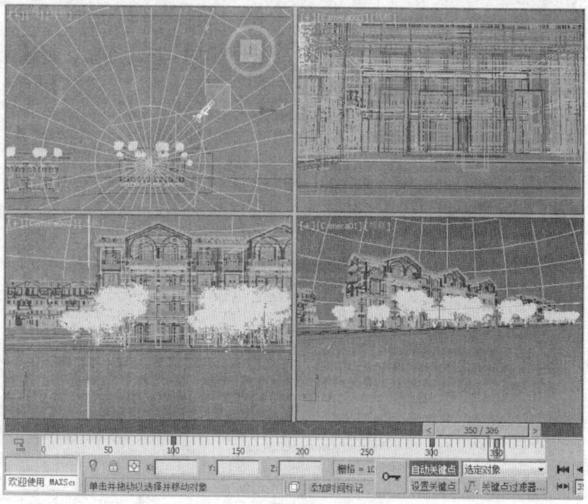

图 23-20

09 设置一个渲染尺寸，如图 23-21所示。

10 设置一个较低的渲染参数，可以快速渲染动画，如图23-22、图23-23和图23-24所示。

11 选择"渲染 > 批处理渲染"命令，在弹出的对话框中单击"添加"按钮，添加3个渲染视口，分别设置渲染的帧范围、输出路径和摄影机，如图23-25所示。

图 23-21

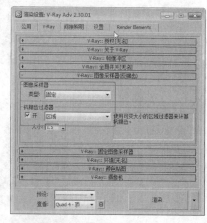

图 23-22

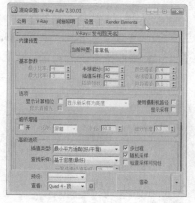

图 23-23

图 23-24

图 23-25